U0327463

有机化学习题课教程

周年琛　李　新　主　编

苏 州 大 学 出 版 社

图书在版编目(CIP)数据

有机化学习题课教程/周年琛,李新主编.—苏州:苏州大学出版社,2009.3(2018.1重印)
ISBN 978-7-81137-227-4

Ⅰ.有… Ⅱ.①周…②李… Ⅲ.有机化学—高等学校—习题 Ⅳ.O62-44

中国版本图书馆CIP数据核字(2009)第033115号

有机化学习题课教程
周年琛 李 新 主编
责任编辑 陈孝康

苏州大学出版社出版发行
(地址:苏州市十梓街1号 邮编:215006)
宜兴市盛世文化印刷有限公司印装
(地址:宜兴市万石镇南漕河滨路58号 邮编:214217)

开本787 mm×1 092 mm 1/16 印张16.5 字数412千
2009年3月第1版 2018年1月第5次修订印刷
ISBN 978-7-81137-227-4 定价:37.00元

苏州大学版图书若有印装错误,本社负责调换
苏州大学出版社营销部 电话:0512-65225020
苏州大学出版社网址 http://www.sudapress.com

《有机化学习题课教程》编委会

主　编　周年琛　李　新

编　委　虞　虹　陈维一　邱丽华

张振江　李　敏　胡丽华

前　言

为了便于读者对教材《有机化学》的学习，我们编写了与之配套的《有机化学习题课教程》一书。本书的章节顺序与教材一致，每章的内容包括“目的要求”、“本章要点”、“例题解析”、“习题”和“习题参考答案”。另外，书后附有三套有机化学水平测试题及其参考答案。

(1)“目的要求”：概括说明按教学大纲的要求，学生应该掌握或了解的有关内容。

(2)“本章要点”：按教学大纲的要求，概括了每章的重要内容，供学生学习或复习时参考。

(3)“例题解析”：精选了典型例题作详细的解题示范，使难懂和容易混淆的概念变得较为清晰。

(4)“习题”和“习题参考答案”：与教材各章后的习题基本相同，是针对各章内容并经过筛选的具有代表性的习题。

(5) 有机化学水平测试题：共三套水平测试卷。第一、二套与有机化学试题库的题型、题量和难度相似，都是根据教学大纲和考试要求编写的，第三套难度稍大些。本书所有习题均附有参考答案，既可和苏州大学出版社出版的《有机化学》配套使用，也可作为学习或考研时参考书和指导书。

苏州大学材料与化学化工学部的郎建平教授、倪沛红教授对本书的编写给予了热情的关心和支持。本书的出版得到了苏州大学材化部公共化学与教育系、高分子化学与物理研究所和其他部门师生的支持和帮助，还得到了苏州大学出版社陈孝康、周建兰等老师的大力支持，在此一并致谢。

由于作者水平有限，书中肯定存在错误和不当之处，恳请读者批评和指正。

编　者

2009 年 3 月

修订说明

《有机化学习题课教程》一书自出版以来，深受读者欢迎。为了更好地适合教学的需要，方便读者使用，编者对书中部分内容进行了修订。

1. 对原书中的个别错误及不妥之处进行了纠正。

2. 对部分例题解析做了较大的修改，使其更透彻和更容易理解，其中的概念也更精练和清晰。

3. 增加了“周环反应”一章内容，以适合当前教学及学生考研的需要。

本书所有习题均附有参考答案。本书可和苏州大学出版社出版的《有机化学》配套使用，也可作为自学或考研的参考书和指导书。

本书此次虽进行了较大范围的修订，但肯定还存在错误和不足之处，恳切欢迎读者批评和指正。

苏州大学材料与化学化工学部的郎建平教授、倪沛红教授对本书的修订给予了热情的关心和支持。感谢苏州大学公共化学与教育部、高分子化学与物理研究所的教师和学生的支持和帮助。感谢对本书给予支持和帮助的所有读者、朋友及相关的参考教材的作者。

编　者

2015 年 11 月

目　录

第十一章　含氮有机化合物

第十二章　杂环化合物和生物碱

第十三章　萜类和甾族化合物

第十四章　糖类

第十五章　氨基酸、蛋白质

第十六章　周环反应

第一章

绪　　论

一、目的要求

1. 掌握有机化学和有机化合物的概念。
2. 了解有机化合物的一般特性。
3. 掌握有机化合物的分类、构造和构型的概念。
4. 了解共价键理论及其属性。
5. 掌握有机化学反应的基本类型和反应中间体。
6. 了解研究有机化合物的一般步骤。
7. 了解有机化学中的酸碱理论。

二、本章要点

1. 有机化学和有机化合物的概念

有机化合物是指烃类化合物及其衍生物。有机化学是研究有机化合物的组成、结构、性质、合成、变化,以及伴随这些变化所发生的一系列现象的一门学科。

2. 有机化合物的一般特性

有机化合物的一般特性是:能燃烧;热稳定性差,受热易分解;大多数为非极性或极性较弱的化合物,难溶于水;有机化学反应一般较慢并常伴有副产物生成。

3. 有机化合物的分类

(1) 按碳链骨架分类:
- 开链族化合物
- 碳环族化合物
- 杂环族化合物

(2) 根据官能团分类(表 1-1):

表 1-1　一些重要官能团的结构和名称

官能团	名　称	官能团	名　称
C═C	双键	—O—	醚键
C≡C	叁键	—C(═O)—O—	酯键
—X	卤素	$—NH_2$	氨基
—OH	羟基	$—NO_2$	硝基
—C(═O)—H	醛基	—CN	氰基
—C(═O)—	羰基	—SH	巯基
—C(═O)—OH	羧基	—S—S—	二硫键
		$—SO_3H$	磺酸基

4. 有机分子的构造和构型

分子中原子间的连接顺序和方式称为分子的构造。表示分子中各原子的连接顺序和方式的化学式叫构造式(也叫结构式)。用短横线(—)表示共价键的构造式叫价键式。只表示官能团结构特点的化学式叫结构简式。结构简式较为常用。当结构复杂或为环状结构时，还采用更简单的键线式表示。键线式的骨架中不标出碳和氢的元素符号，键线的始端、末端、折角均表示碳原子，线上若不标明其他元素，就认为它是被氢原子所饱和。假若碳和其他原子或官能团相连，则必须写出。例如，2-戊烯-1-醇的价键式、结构简式和键线式可表示如下：

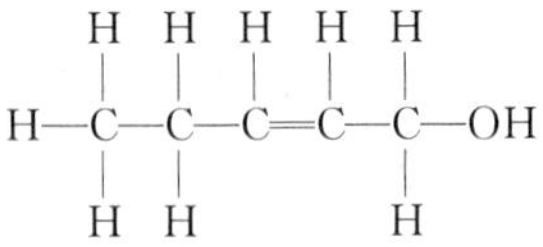

```
   H  H  H  H  H
   |  |  |  |  |
H—C—C—C═C—C—OH
   |  |        |
   H  H        H
```

价键式

$CH_3CH_2CH═CHCH_2OH$

结构简式

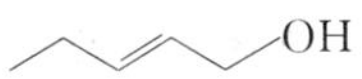

OH

键线式

分子中原子的空间排布(不论线型、面型或体型)统称分子构型，或叫立体结构。例如，二氯甲烷的立体结构可表示如下：

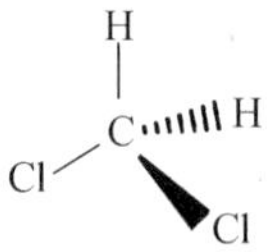

```
     H
     |
     C''''H
    / \
  Cl   Cl
```

5. 杂化轨道理论

碳原子经激发，其原子轨道发生了能量的重新组合，形成能量等同的新轨道。这种重新组合的过程称为“杂化”，产生的新轨道称为杂化轨道。碳原子的三种杂化形式如下：

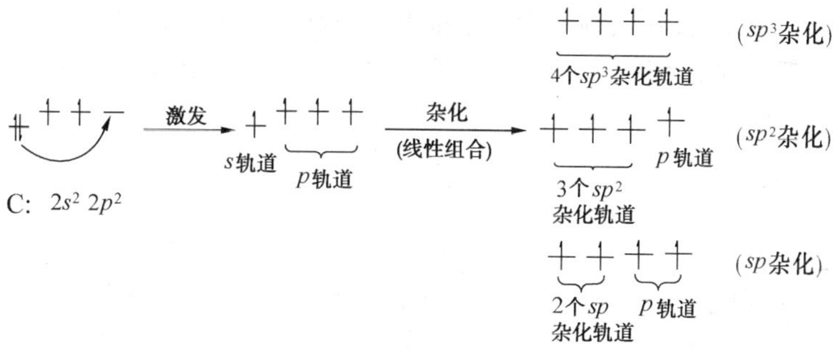

6. 共价键的属性

共价键的属性是指共价键的重要参数，主要有键长、键角、键能、键的极性和极化。

键长：形成共价键的两个原子核之间的距离。

键角：连在同一原子上的两个共价键之间的夹角。

键能：由双原子组成的气态分子分解为气态原子所需要的能量。对于双原子分子，键的离解能就是键能。对于多原子分子，共价键的键能是指断裂分子中全部同类共价键所需要离解能的平均值。

7. 键的极性和极化

共价键分为极性共价键和非极性共价键。成键原子之间的电子云均匀地分布在两核之间，这样的共价键没有极性，称为非极性共价键。成键原子之间的电子云不是均匀地分布在两核之间，而是偏向电负性大的原子一边，使一个原子带有部分正电荷，另一个原子带有部分负电荷，这样的共价键具有极性，称为极性共价键。

键的极性，取决于两个成键原子的电负性之差，电负性差值越大，键的极性越大。例如，C—X 键的极性大小顺序为：C—F＞C—Cl＞C—Br＞C—I。

在外界电场影响下发生键的极性改变的现象，称为键的极化。共价键极化的难易程度称为极化度。键的极化难易与原子核对最外层电子云的吸引能力有关，原子核对最外层电子云的吸引能力越强，键的极化越困难；反之，则键的极化越容易。例如，C—X 键的极化度大小顺序为：C—I＞C—Br＞C—Cl＞C—F。

键的极性是永久的现象；键的极化是暂时现象，外界电场消失，键的极化也消失。

8. 共价键的断裂方式和有机反应的基本类型

共价键的断裂方式分为均裂和异裂。

均裂：两个原子之间的一对共用电子均匀分裂，两个原子各得到一个电子，生成两个带单电子的自由基。发生共价键均裂的反应称为自由基反应。发生自由基反应的条件一般是键合原子的电负性相差不大，在光照、高温或自由基的引发剂(如过氧化物)作用下进行。

异裂：两个原子间的一对共用电子由一个原子或基团独得成负离子，另一个原子或基团则缺一个电子而成正离子。由共价键异裂而进行的反应叫做离子型反应。发生离子型反应的条件一般是键合的两个原子电负性相差较大，在酸、碱或极性物质的作用下进行。

有机化学反应的基本类型：① 自由基反应；② 离子型反应；③ 周环反应。

9. 有机反应的中间体

有机反应的中间体有：碳正离子、碳负离子和自由基等。碳正离子中带正电荷的碳原子以及自由基中带单个电子的碳原子都是 sp^2 杂化，其几何构型都是平面构型。简单的碳

负离子一般以 sp^3 杂化，其几何构型为三角锥型。但碳负离子有时也以 sp^2 杂化出现(如环戊二烯碳负离子等)，则几何构型是平面构型。碳正离子、碳负离子和甲基自由基的构型如下：

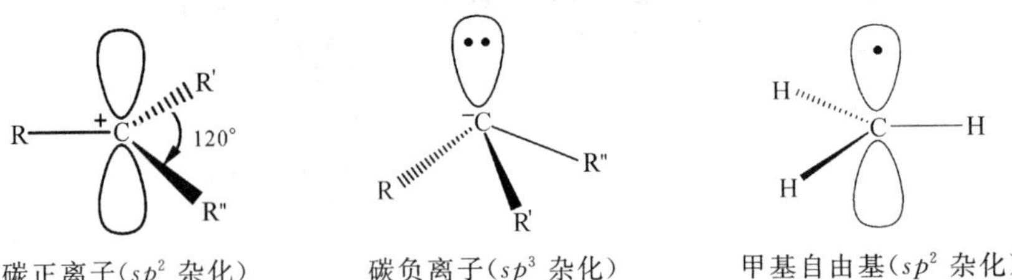

碳正离子(sp^2 杂化)　　碳负离子(sp^3 杂化)　　甲基自由基(sp^2 杂化)

10. 有机化学中的酸碱理论

(1) 布朗斯特酸碱质子理论。

布朗斯特酸碱质子理论认为：凡是能给出质子的分子或离子都是酸；凡是能与质子结合的分子或离子都是碱。酸失去质子，剩余的基团就是这个酸的共轭碱；碱得到质子，生成的物质就是这个碱的共轭酸。

(2) 路易斯酸碱电子理论。

路易斯酸碱电子理论认为：酸是能接受外来电子对的电子接受体，碱是能给出电子对的电子给予体。酸碱反应的实质是酸从碱中接受一对电子。

路易斯酸一般至少有一个原子具有空轨道，具有接受电子对的能力。例如，$AlCl_3$、$ZnCl_2$、Li^+、Ag^+、H^+ 等都是路易斯酸。路易斯碱至少含有一对未共用电子对，具有给予电子对的能力。例如，H_2O、NH_3、ROH、X^-、OH^-、RO^- 等都是路易斯碱。

三、例题解析

[例 1] 解释下列术语：

(1) 均裂　(2) 异裂　(3) 活性中间体　(4) 路易斯酸　(5) 路易斯碱

解：

(1) 均裂：共价键断裂时，成键的一对电子平均分给成键的两个原子或基团，生成带有单电子的原子或基团，此共价键断裂的方式称为均裂。

(2) 异裂：共价键断裂时，成键的一对电子被其中一个成键原子或基团全部占有，该原子或基团成负离子，另一个原子或基团则缺一个电子而成正离子，此共价键断裂的方式称为异裂。

(3) 活性中间体：在有机反应中生成的活性高但又比活化络合物(过渡态)相对稳定的中间物种称为活性中间体，又叫反应中间体。

(4) 路易斯酸：具有空轨道并具有接受电子对能力的分子或正离子。

(5) 路易斯碱：至少含有一对未共用电子对，具有给予电子对能力的分子或负离子。

[例 2] 排列下列一卤代甲烷中 C—H 键的极性大小次序：

A. CH_3F　　B. CH_3Cl　　C. CH_3Br　　D. CH_3I

解：

极性大小次序为：A>B>C>D。

卤素的电负性大小次序为：F＞Cl＞Br＞I。卤素的电负性越大，一卤代甲烷中的 C－H 键的极性越大。

［例 3］ 下列物质中哪些是路易斯酸？哪些是路易斯碱？

BF_3，NH_3，$(C_2H_5)_2O$，NO_2^+，RCH_2^-，RCH_2^+，$AlCl_3$，F^-，H_2O，HOR

解：

路易斯酸：BF_3，NO_2^+，RCH_2^+，$AlCl_3$

路易斯碱：NH_3，$(C_2H_5)_2O$，RCH_2^-，F^-

H_2O 和 HOR 既是路易斯酸，又是路易斯碱。例如，在水形成的氢键中，氧原子是路易斯碱，而氢原子是路易斯酸。醇也可形成氢键。

［例 4］ 下列各化合物中哪些属于极性溶剂？哪些属于质子性极性溶剂？

A. H_2O　　B. HCO_2H　　C. CH_3OH　　D. （苯环）

E. $H_3C-S(=O)-CH_3$　　F. （四氢呋喃环，含 O）　　G. $HCCl_3$　　H. $H-C(=O)-N(CH_3)_2$

解：极性溶剂为分子有极性的溶剂。苯的结构高度对称，电子云平均分布，所以苯是非极性溶剂。上述化合物中除苯外，其余都是极性溶剂。质子性极性溶剂为可发生电离并生成质子的极性溶剂。水、羧酸和甲醇中都含有羟基，可以电离出质子，属于质子性极性溶剂。所以 A、B、C 为质子性极性溶剂。

［例 5］ 用 δ－ 和 δ＋ 表示下列极性共价键各原子上所带的电荷，并指出共价键偶极矩的方向。

（1）N—H　（2）C—Br　（3）C＝O　（4）C—Cl

解：

（1）$\overset{\delta-}{N}-\overset{\delta+}{H}$（←┼）　（2）$\overset{\delta+}{C}-\overset{\delta-}{Br}$（┼→）　（3）$\overset{\delta+}{C}=\overset{\delta-}{O}$（┼→）　（4）$\overset{\delta+}{C}-\overset{\delta-}{Cl}$（┼→）

在极性共价键中，共用电子对偏向于电负性较大的原子，因此该原子带部分负电荷，而另一个原子则带部分正电荷。

“┼→”表示偶极矩的方向，箭头指向带负电荷原子的一端。

［例 6］ 按官能团分类，下列化合物属于哪一种类型？指出官能团的名称。

（1）$CH_3C(C_2H_5)=CHCH(CH_3)CH_2CH_3$　（2）$CH_3C\equiv C-CH_2-CH_3$　（3）CH_3CH_2Br

（4）$CH_3C(=O)CH_3$　（5）苯环－CHO　（6）CH_3COOH　（7）环己烷－OH　（8）苯环－SO_3H

（9）苯环－OH　（10）CH_3-O-CH_3　（11）CH_3CN　（12）苯环－NO_2　（13）苯环－CH_2SH

解：

(1) 烯烃，碳碳双键。(2) 炔烃，碳碳叁键。(3) 卤代烃，溴原子。(4) 酮，羰基。(5) 醛，醛基。(6) 羧酸，羧基。(7) 醇，醇羟基。(8) 磺酸，磺酸基。(9) 酚，酚羟基。(10) 醚，醚键。(11) 腈，氰基。(12) 硝基化合物，硝基。(13) 硫醇，巯基。

［例 7］ 把下列结构简式改写成键线式。

(1) $CH_3CH{=}CHCH(CH(CH_3)_2)CH_2CH_2OH$　（$CH(CH_3)_2$ 连在第四个碳上）

(2) H_2C—$C(CH_2CH_3)(CH_3)$，H_2C 与 C 之间以 O 相连成三元环

(3) $(CH_3)_2C{=}CHCH_2C(OH)(CH_3)CH_3$

(4) CH_2—C(=O)—O—C(=O)—CH_2（两个 CH_2 相连成环）

(5) $(CH_3)_2CHC{\equiv}CCH(CH_3)CH(C_2H_5)CH{=}CH_2$

解：

(1)　　　　OH

(2)　O

(3)　OH

(4)　O　O　O

(5)

键线式的骨架中不标出碳和氢的元素符号，键线的始端、末端、折角均表示碳原子。官能团在键线式中必须写出。上述结构中的氧原子(醚键)、羟基、羰基、碳碳双键和碳碳叁键均属于官能团，在键线式中必须要标出。改写后，再检查一下碳链的骨架和官能团的位置是否正确。

［例 8］ 为何 C—X 键的极性大小顺序为 C—F＞C—Cl＞C—Br＞C—I，而 C—X 键的极化度大小顺序为 C—I＞C—Br＞C—Cl＞C—F？

解： 键的极性，决定于两个成键原子的电负性，电负性相差越大，键的极性就越大。由于卤原子的电负性大小顺序为 F＞Cl＞Br＞I，所以，C—X 键的极性大小顺序为 C—F＞C—Cl＞C—Br＞C—I。键的极化度与成键原子的体积有关，即与原子核对最外层电子云的吸引能力有关。原子核对最外层电子云吸引能力越强，键的极化越困难；反之，则键的极化越容易。键极化的难易程度称为极化度。在同一族中，原子半径越大，最外层电子云受原子核的束缚力越小，极化度越大。由于卤原子的半径大小顺序为 I＞Br＞Cl＞F，所以，C—X

键的极化度大小顺序为 C—I>C－Br>C—Cl>C—F。

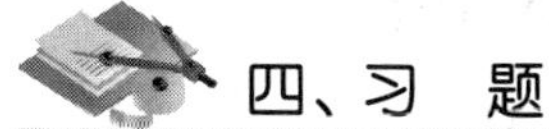

四、习 题

1. 解释有机化合物的含义及其特点。

2. 名词解释：

(1) 键长　(2) 键能　(3) 键角　(4) 极性　(5) 偶极矩
(6) 极化　(7) 均裂　(8) 异裂　(9) 自由基　(10) 碳正离子
(11) 碳负离子　(12) 亲电试剂　(13) 亲核试剂　(14) 亲电反应　(15) 亲核反应
(16) 离子型反应　(17) 自由基型反应　(18) 路易斯酸　(19) 路易斯碱

3. 下列各组结构式是代表同一化合物，还是代表不同化合物？

(1)

$$\begin{array}{ccc} \mathrm{Br}\ \ \mathrm{H} & & \mathrm{H}\ \ \mathrm{H} \\ | \quad | & & | \quad | \\ \mathrm{H{-}C{-}C{-}H} & & \mathrm{H{-}C{-}C{-}H} \\ | \quad | & & | \quad | \\ \mathrm{H}\ \ \mathrm{H} & & \mathrm{H}\ \ \mathrm{Br} \end{array} \qquad \begin{array}{c} \mathrm{H}\ \ \mathrm{H} \\ | \quad | \\ \mathrm{Br{-}C{-}C{-}H} \\ | \quad | \\ \mathrm{H}\ \ \mathrm{H} \end{array}$$

(2)

$$\begin{array}{c} CH_3 \\ | \\ H_3C{-}C{-}H \\ | \\ CH_2{-}OH \end{array} \qquad \begin{array}{c} OH \\ | \\ CH_3{-}CH{-}CH_2 \\ \qquad\ \ | \\ \qquad\ \ CH_3 \end{array} \qquad \begin{array}{c} CH_3 \\ | \\ H_3C{-}C{-}OH \\ | \\ CH_3 \end{array}$$

(3)

Cl　Cl　Cl
Cl　Cl
Cl

(4)

$$\begin{array}{c} CH_2CH_3 \\ | \\ CH_3CHCHCH_2CH_2CH_3 \\ | \\ CH_3 \end{array} \qquad \begin{array}{c} CH_3 \\ | \\ CH_3CH_2CH_2CHCHCH_3 \\ | \\ CH_2CH_3 \end{array}$$

$$\begin{array}{c} CH_3CH_2CHCH_2CH_2CH_3 \\ | \\ H_3C{-}CH{-}CH_3 \end{array} \qquad \begin{array}{c} CH_2CH_3 \\ | \\ CH_3CHCHCH_2 \\ | \qquad | \\ CH_3 \quad CH_2CH_3 \end{array}$$

4. 下列各组化合物中哪些是同分异构体？哪些不是？

(1) $CH_3CH_2OCH_2CH_3$　$CH_3OCH_2CH_2CH_3$　$CH_3CH_2CH_2CH_2OH$

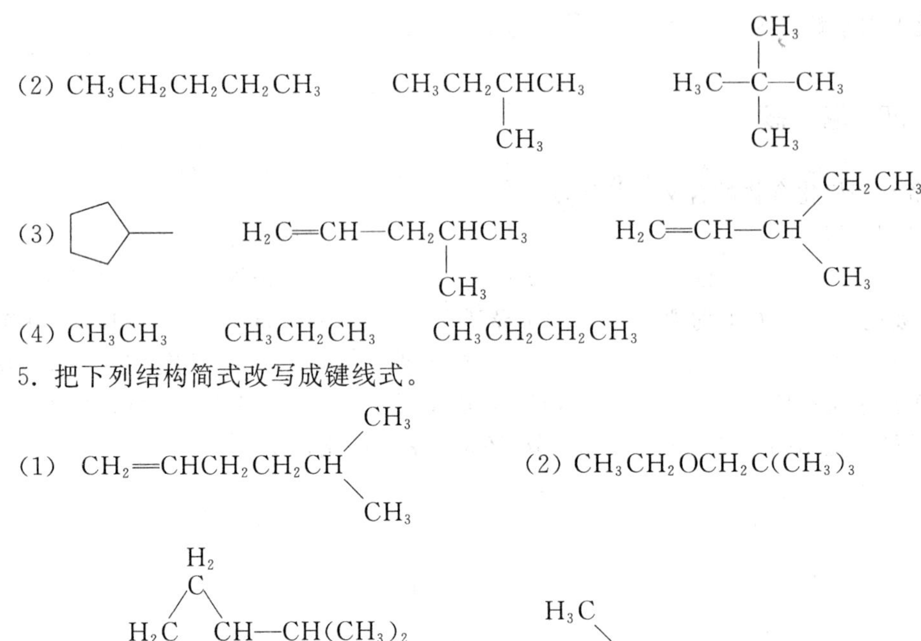

(2) $CH_3CH_2CH_2CH_2CH_3$　　$CH_3CH_2CHCH_3$（CH_3）　　$H_3C-C(CH_3)_2-CH_3$

(3) 甲基环戊烷　　$H_2C{=}CH-CH_2CHCH_3$（CH_3）　　$H_2C{=}CH-CH(CH_2CH_3)(CH_3)$

(4) CH_3CH_3　　$CH_3CH_2CH_3$　　$CH_3CH_2CH_2CH_3$

5. 把下列结构简式改写成键线式。

(1) $CH_2{=}CHCH_2CH_2CH(CH_3)_2$　　(2) $CH_3CH_2OCH_2C(CH_3)_3$

(3) 环状结构：H_2C、$CH-CH(CH_3)_2$、H_3C-CH、CH_2，上下为 $\overset{H_2}{C}$　　(4) $(H_3C)_2CH-C(CH_3)_2CHCH_3$（$OH$）

6. a) 下列结构式哪些是对的？哪些是错的？

(1) $CH_3CHCH_2CH_3$　　(2) $CH_3C{=}CCH_3$（CH_3）　　(3) $CH_3CH_2CH_2$

(4) $CH_3CH_2(CH_2)_4CH_3$　　(5) 环己烷，取代基 $-CH_3$、H_3C、CH_3　　(6) $CH_3CH_2CH_2CH_3$（CH_3）

b) 下列有机化合物的偶极矩，哪些等于零？哪些不等于零？指出不等于零的化合物的偶极矩方向。

H_2O　　NH_3　　$CHCl_3$　　CH_2Cl_2　　CH_3OCH_3

CF_2Cl_2　　F—⟨苯环⟩—F　　Cl_3CCCl_3

c) 元素定量分析结果指出某一化合物的实验式为 CH，测得其分子量为 78，写出它的分子式。

d) 将某一有机化合物 3.26mg 完全燃烧，得到 4.74mg 的二氧化碳和 1.92mg 的水。求此化合物的实验式。

五、习题参考答案

1. 略　2. 略

3. 代表同一化合物的是(1)，(3)，(4)；不是同一化合物的是(2)。

4. 同分异构体：(1)，(2)，(3)；非同分异构体：(4)。

5.

(1) 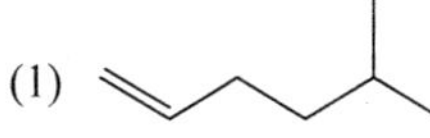

(2)

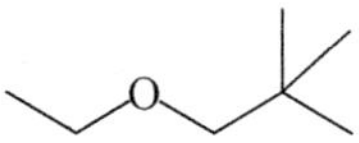

(3) 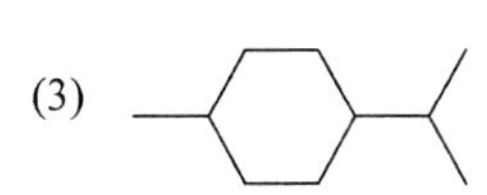

(4)

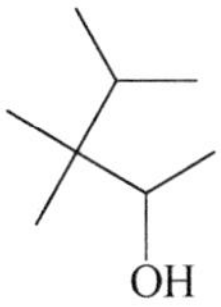

OH

6. a) (1)，(2)，(3)，(6)错；(4)，(5)对。

b)  F—⟨苯环⟩—F、Cl_3CCCl_3 的偶极矩等于零。

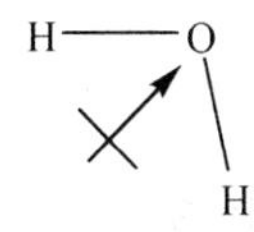

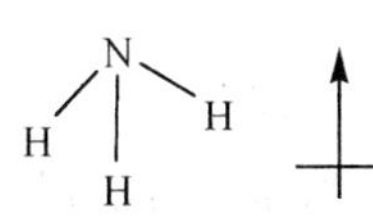

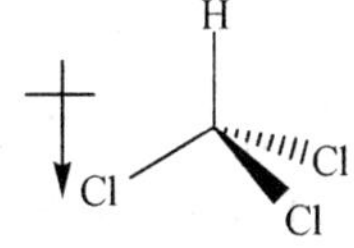

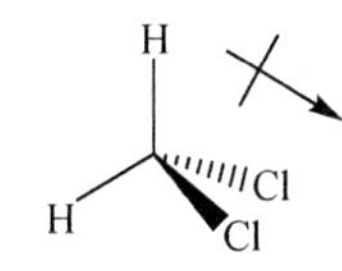

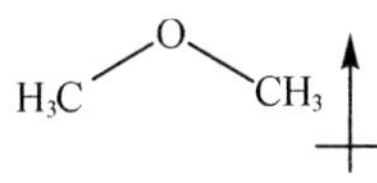

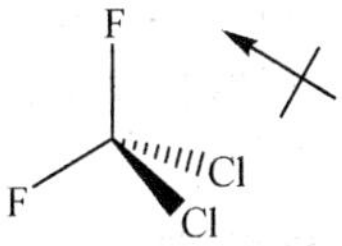

F
F
Cl
Cl

c) C_6H_6。

d) 实验式：CH_2。

第二章

饱和脂肪烃

一、目的要求

1. 熟悉同系列、同系物的概念和同分异构现象。
2. 掌握烷烃和环烷烃的分子结构、分类和命名方法以及环烷烃的稳定性。
3. 熟悉烷烃和环烷烃的构象特点，掌握环己烷及其衍生物的构象，学会判断稳定构象。
4. 掌握烷烃和环烷烃的化学性质，了解其物理性质。
5. 了解自由基取代反应的历程。

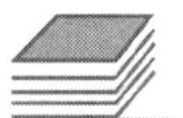

二、本章要点

1. 同系列和同分异构

结构相似，性质也很相似，而在组成上相差 CH_2 或它的倍数的许多化合物，组成一个系列，叫做同系列。同系列中的各化合物称为同系物。CH_2 则叫做同系列的系差。

分子式相同而结构不同的化合物称为同分异构体，简称为异构体。烷烃的同分异构现象主要是碳架异构，即由于分子中碳原子的连接顺序和排列方式不同而引起的异构现象。

碳原子和氢原子的分类：碳原子可以分为伯、仲、叔和季碳原子或一级、二级、三级和四级碳原子；而与伯、仲、叔碳原子相连的氢原子，分别称为伯、仲、叔氢原子。

2. 烷烃和环烷烃的结构和命名

形成烷烃的碳原子都是 sp^3 杂化的碳原子，碳原子在以四个单键与其他四个原子结合时，四个 sp^3 杂化轨道的对称轴在空间的取向相当于从正四面体的中心伸向四个顶点的方向，键角均为 109.5°。

三个碳以上直链烷烃的碳链主要是以锯齿形存在。所谓“直链”烷烃，其“直链”两字的含意仅指不带有支链。

环烷烃环的稳定性与环的大小有关，三元环最不稳定，四元环比三元环稍稳定一点，五元环较稳定，六元环最稳定。大环烷烃，趋近环己烷的稳定性。

烷烃的命名主要有普通命名法和系统命名法。

普通命名法一般只适用于简单的、含碳较少的烷烃。其基本原则是：根据碳原子的数目称为某烷，十个碳原子以下用甲、乙、丙、丁、戊、己、庚、辛、壬、癸的天干顺序命名，十一个碳原子以上就用十一、十二、十三等数字命名。用正(*n*-)、异(*i*-)、新(*nec*-)等前缀区别同分异构体。

烷烃系统命名法的原则如下：

(1) 选取主链(母体),依据最长原则。

(2) 将主链以外的其他烷基看作是主链上的取代基(或叫支链)。

(3) 对主链碳原子编号,从靠近支链的一端开始。若有几种编号的可能时,应当选定使取代基的位次最小,即"最低系列"的编号方法。

(4) 相同取代基合并;不同取代基按"次序规则",较优基团写在后面。

(5) 当有两条以上等长的碳链可作为主链时,则应选定具有支链数目最多的碳链为主链。

单环烷烃的系统命名与相应的烷烃基本相同,只是在相应烷烃的名称前冠以"环"字。环上只有一个取代基时,不必编号;有两个或两个以上取代基时,连接最小的取代基的碳原子编号为1,其他取代基的位置的编号尽可能小。取代基不同时,则根据"次序规则",较优基团给以较大的编号。

螺环烃和桥环烃:两个环共用一个碳原子的环烷烃称为螺环烃;两个环共用两个碳原子的环烷烃称为桥环烃。根据螺环烃和桥环烃中环碳原子的数目,分别叫螺某烷和二环某烷。

3. 烷烃和环烷烃的构象

由于围绕单键旋转而产生的分子中的原子或基团在空间的不同排列形式叫构象。构象有无限多种,乙烷的两种典型构象是重叠式和交叉式(图 2-1)。交叉式构象中两个碳原子上的氢原子间的距离最远,相互间的排斥力最小,分子的内能最低,因而稳定性也最大,这种构象称为优势构象。内能最高、最不稳定的构象则是重叠式。

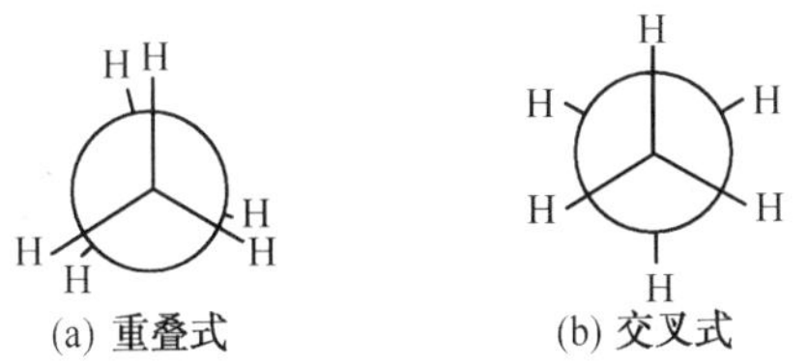

图 2-1　乙烷构象的纽曼投影式

丁烷可以看作是乙烷的二甲基衍生物,以 $C_2—C_3$ 键为轴旋转可形成无数种构象。丁烷的典型构象有四种:对位交叉式、部分重叠式、邻位交叉式和全重叠式。其稳定性大小顺序为:全重叠式<部分重叠式<邻位交叉式<对位交叉式。

由于对位交叉式是最稳定的构象,所以三个碳以上烷烃的碳链应以锯齿形为最稳定。

环己烷具有两种保持正常键角的构象:椅式和船式构象。在椅式中,相邻碳原子的键都处于邻位交叉式的位置,是优势构象,具有与烷烃相似的稳定性。而船式的 2、3 和 5、6 两对碳原子的构象是重叠型的,且船头和船尾的氢原子距离较近,斥力较大,故船式构象能量高,不稳定。在常温下环己烷几乎完全以较稳定的椅式构象存在(图 2-2)。

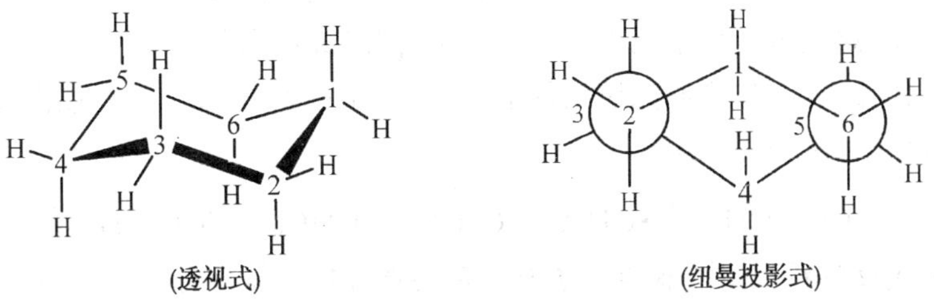

图 2-2　环己烷的椅式构象

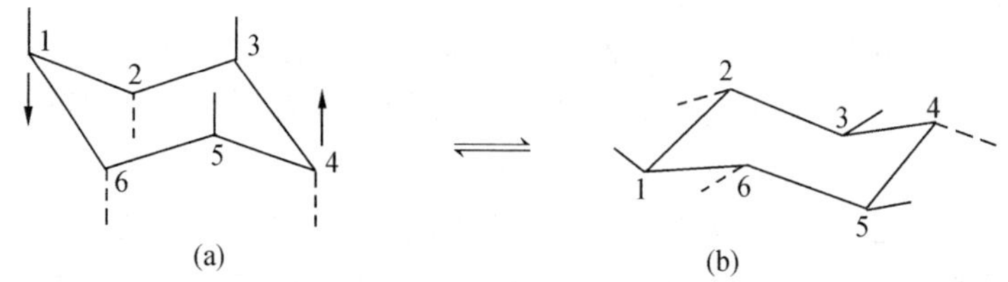

图 2-3　椅式构象的 C—H 键

在环己烷的椅式构象中的 12 个 C—H 键分成两类：第一类六个 C—H 键是垂直于 C_1、C_3、C_5（或 C_2、C_4、C_6）形成的平面，叫直立键，以 a 键表示，其中三个在环的上方，其余三个在环的下方，相邻两个则一上一下（图 2-3）；第二类六个 C—H 键与直立键形成接近 109°28′夹角，叫平伏键，以 e 键表示。

在室温下，两种椅式构象在不断地相互翻转，翻转以后，C_1、C_3 和 C_5 形成的平面转至 C_2、C_4 与 C_6 形成的平面之下，因此，a 键变为 e 键，而 e 键则变为 a 键。

取代环烷烃如甲基环烷烃（见图 2-4 中Ⅰ），由于甲基的体积比氢大，所以它与 C_3、C_5 上的氢之间的距离要小于两个氢的范德华半径，使得它们之间产生相互排斥作用，即使环产生了一定的张力；但如甲基连在 e 键上（见图 2-4 中Ⅱ），由于甲基伸向环外，离非键合氢原子（无论是 a 键还是 e 键上的氢原子）较远，不产生张力。这样在各种构象的平衡体系中，甲基处在 e 键上的构象是占有绝对优势的构象。

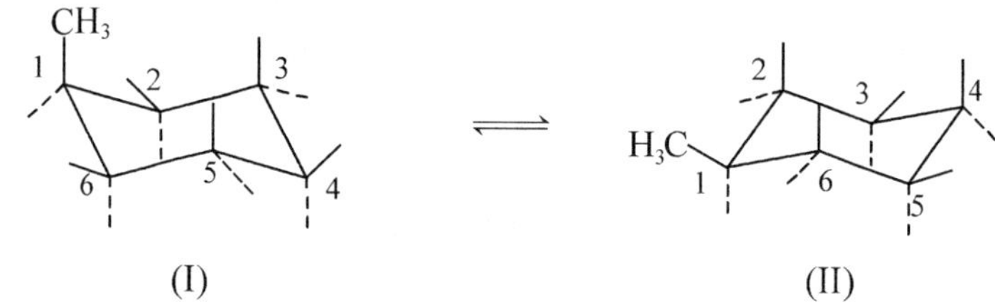

图 2-4　甲基环己烷的构象

环己烷的多取代衍生物中，最大基团处在 e 键上的构象最稳定；取代基处在 e 键上越多的构象则越稳定。

4. 烷烃和环烷烃的化学性质

烷烃的化学性质比较稳定。在一定条件下，烷烃主要发生燃烧、氧化和卤代反应。环烷烃的化学性质与相应的烷烃性质基本相似，但小环烷烃如三元及四元环烷烃，由于碳碳间的电子云重叠程度较差，化学性质比较活泼，容易发生加成开环反应。

燃烧和氧化：烷烃可燃烧生成水和二氧化碳，同时放出大量的热。

烷烃的卤代反应：在加热或光照条件下，烷烃分子中的氢原子可以被卤原子（氯、溴）取代，发生卤代反应。例如：

$$Cl_2 + CH_4 \xrightarrow{\text{光}} CH_3Cl + CH_2Cl_2 + CHCl_3 + CCl_4 + HCl$$

烷烃的卤代反应对伯、仲、叔氢原子有一定的选择性。烷烃分子中氢原子卤代的反应活泼性为：叔氢＞仲氢＞伯氢。例如：

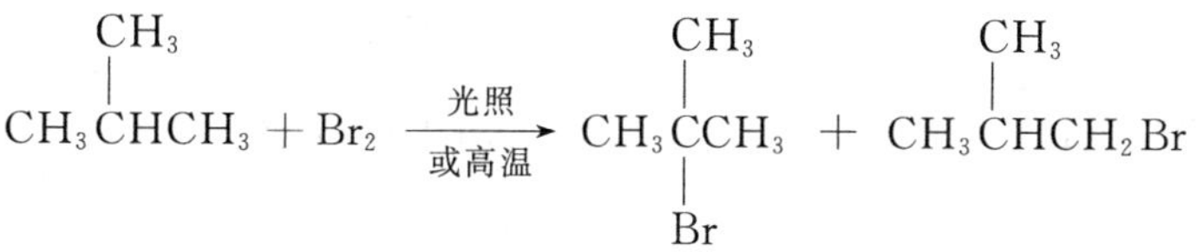

$$CH_3CH(CH_3)CH_3 + Br_2 \xrightarrow[\text{或高温}]{\text{光照}} CH_3C(CH_3)(Br)CH_3 + CH_3CH(CH_3)CH_2Br$$

99%　　　1%

烷烃卤代反应中卤素的反应活泼性是：

$$F \gg Cl > Br \gg I$$

环烷烃的取代反应：在光照或高温下，环戊烷以及更高级的环烷烃可以发生卤代反应生成卤代环烷烃。例如：

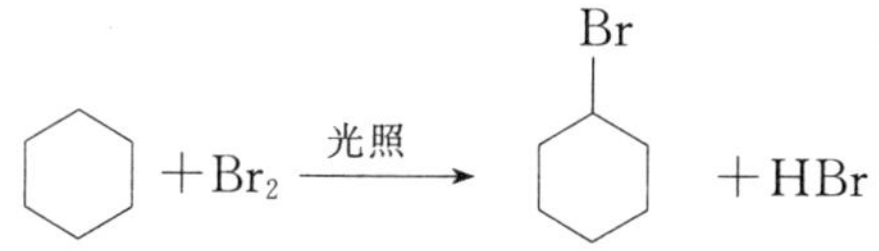

环己烷 $+ Br_2 \xrightarrow{\text{光照}}$ 溴代环己烷 $+ HBr$

环烷烃的开环加成反应：三元及四元环烷烃可以发生催化加氢、加卤素和加卤化氢等开环加成反应。例如：

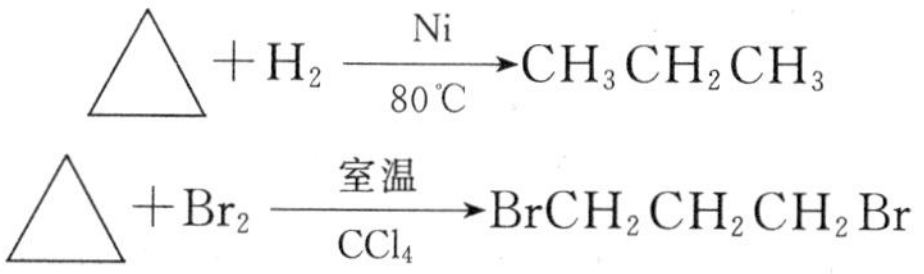

$$\triangle + H_2 \xrightarrow[80^\circ C]{Ni} CH_3CH_2CH_3$$

$$\triangle + Br_2 \xrightarrow[CCl_4]{\text{室温}} BrCH_2CH_2CH_2Br$$

取代三元环的开环规律为：从含 H 最多和含 H 最少的 C—C 之间开环；与 HX 反应时，H 加在含 H 多的碳原子上。例如：

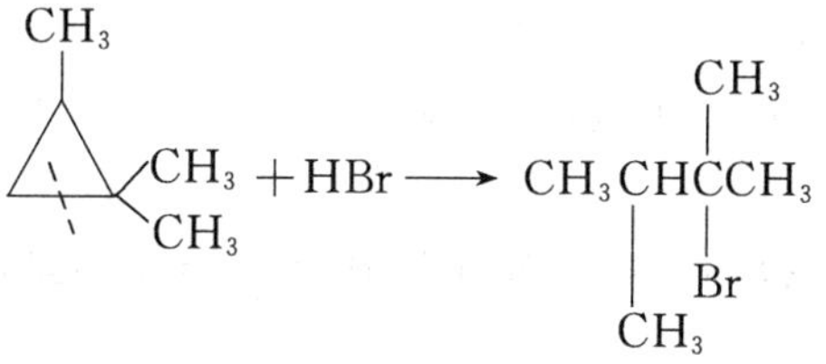

1,1,2-三甲基环丙烷 $+ HBr \longrightarrow CH_3CH(CH_3)C(CH_3)(Br)CH_3$

5. 自由基取代反应的历程

烷烃卤代反应的机理应属于自由基取代反应历程。它的反应过程包括链的引发、链的增长和链的终止三个阶段。自由基反应常需在光照、加热或在能产生自由基的引发剂的存在下进行。

三、例题解析

[例 1] 判断下列烷烃的系统命名中，哪些是错误的，并予以更正。

(1) 螺环结构（环己烷环与环戊烷环共用一个碳原子，两环上各连一个 CH_3）

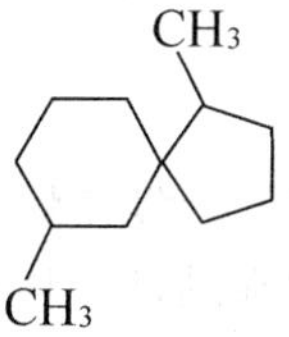

2,9-二甲基螺[4.5]癸烷

(2) $CH_3CH(CH(CH_3)_2)CH_2CH(CH_3)CH_2CH_3$

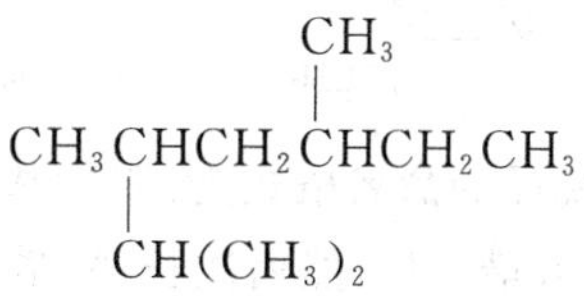

3-甲基-5-异丙基己烷

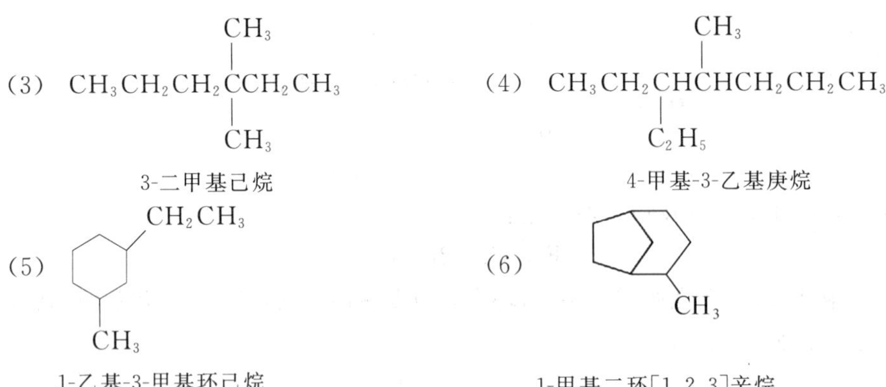

解：

(1) 错。

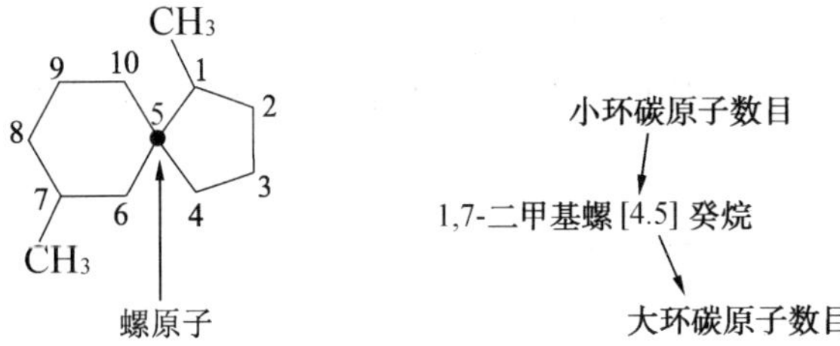

二环螺环烷烃的命名格式为：取代基+螺+带数字的方括号+母体烃名称。编号从与螺原子相邻小环的一个碳原子开始，然后通过螺原子到大环。取代基位次在满足螺环编号的前提下遵循最低系列规则；方括号内注明两个环中除去螺原子以外的碳原子数目，且先小后大。此螺环烷烃环碳原子共10个，母体烃名称癸烷。故应为1,7-二甲基螺[4.5]癸烷。

(2) 错。应采用最长碳链为主链，主链碳原子的编号应从靠近取代基链端开始。故应为2,3,5-三甲基庚烷。

(3) 错。有多个相同的取代基时，每个取代基的编号都要标出。故应为3,3-二甲基己烷。

(4) 对。

(5) 错。环烷烃命名时，环碳原子编号应从较小烷基所在碳原子开始，且小基团写在前面。故应为1-甲基-3-乙基环己烷。

(6) 错。

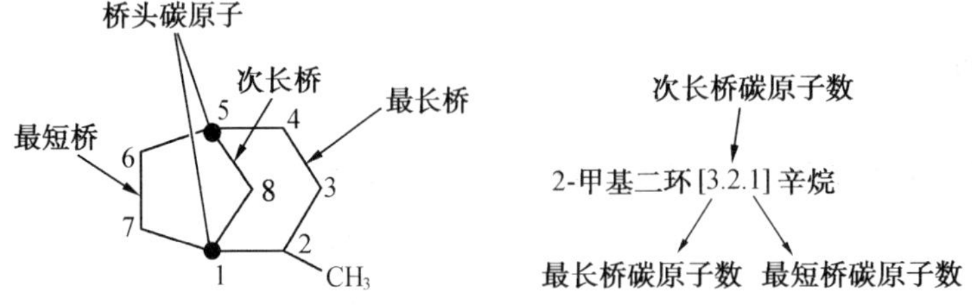

二环桥环烷烃的命名格式为：取代基+二环+带有数字的方括号+母体烃名称。编号从桥头碳开始，先编最长桥，然后次长桥，最后是最短的桥；取代基位次在满足桥环编号的前提下遵循最低系列规则；方括号内数字表示除去桥头碳原子以外各条桥上的碳原子数目，且先大后

小。此桥环烷烃环碳原子共 8 个，母体烃名称辛烷。故应为 2-甲基二环[3.2.1]辛烷。

[例 2]　写出 3，5-二甲基-3-乙基-6-异丙基壬烷的结构式，并指出各碳原子的类型。

解：

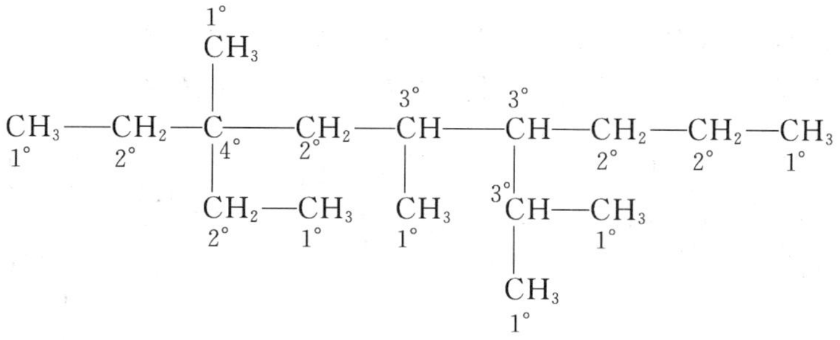

```
                 1°
                 CH3
                 |
                              3°          3°
CH3——CH2—C———CH2—CH———CH—CH2—CH2—CH3
1°       2°      |4°     2°      |           |        2°      2°      1°
                 |                |           |3°
                 CH2—CH3    CH3       CH—CH3
                 2°      1°       1°          |      1°
                                              CH3
                                              1°
```

上述结构中的 1°、2°、3°、4°分别表示伯、仲、叔、季碳原子，又分别称为一级、二级、三级、四级碳原子。与伯、仲、叔碳原子相连的氢原子分别称为伯、仲、叔氢原子。

[例 3]　回答下列问题：

(1) 为什么烷烃的化学性质不活泼？

(2) 为什么直链烷烃的沸点随分子量的增加而增加，支链烷烃的沸点比碳原子数相同的直链烷烃低？

(3) 为什么正丁烷的熔点(−138.4℃)要高于异丁烷的熔点(−159.6℃)？

解：

(1) 烷烃分子中只含有 C—C 和 C—H 的 σ 键，C—C 和 C—H 键的键能较大，要破坏这些键而发生化学反应要求有很高的能量，所以烷烃分子都比较稳定，化学性质不活泼。

(2) 烷烃分子是非极性分子，分子中碳原子和氢原子越多，即分子越大，分子间的接触力(相互作用力)就越大，分子间的运动所需要的能量则增加。所以直链烷烃的沸点随分子量的增加而增加。有支链的分子由于支链的阻碍，分子间不能紧密地靠在一起，因此带支链的烷烃分子间的色散力比直链烷烃的小，沸点也相应地低一些。

(3) 晶体的熔点与其晶格能有关，碳原子数相同的烷烃异构体，异构体的对称性越好，它们在晶体中填充得越好，晶格能越高，需要更多的能量才能破坏其晶格，因此其熔点越高。

[例 4]　预测 2，3-二甲基丁烷在室温下进行氯代反应时，所得各种一氯代产物的得率的比例。

解：由于 2，3-二甲基丁烷中氢原子的类型有两种：伯氢(1°)和叔氢(3°)，因此可得到两种一氯代产物(a)和(b)。反应式如下：

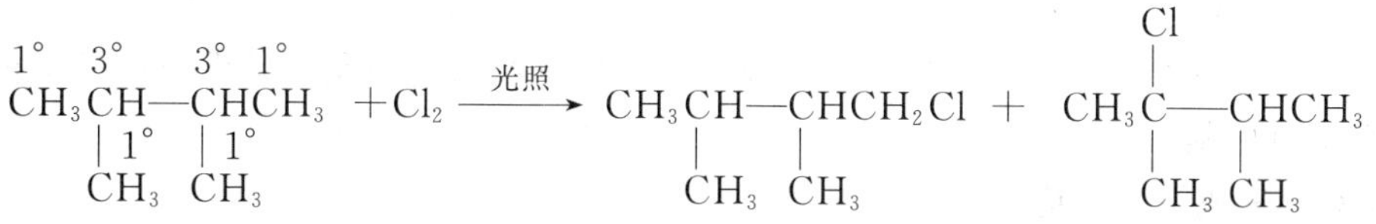

```
                                                                     Cl
1°  3°     3°  1°                                                    |
CH3CH—CHCH3  + Cl2  —光照→  CH3CH—CHCH2Cl  +  CH3C——CHCH3
    | 1°    | 1°                   |      |                     |      |
    CH3    CH3                     CH3   CH3                    CH3  CH3
                              2,3-二甲基-1-氯甲烷(a)     2,3-二甲基-2-氯甲烷(b)
```

根据叔氢的活泼性为伯氢的 5 倍，即伯氢和叔氢一氯代产物的相对比例是 1∶5，再根据反应物中所含有的伯氢和叔氢的总数，则可根据下面的计算公式预测此反应一氯代产物(a)和(b)的得率的比例为 6∶5。

$$\frac{a}{b}=\frac{\text{伯氢的总数}}{\text{叔氢的总数}}\times\frac{\text{伯氢的相对反应活性}}{\text{叔氢的相对反应活性}}=\frac{12}{2}\times\frac{1}{5}=\frac{6}{5}$$。

[例 5] 画出 2,3-二甲基丁烷以 $C_2—C_3$ 键为轴旋转所产生的最稳定构象的透视式、锯架式和纽曼式。

解：如果相对旋转轴有多个基团时，完全交叉的结构是最稳定的。所以，2,3-二甲基丁烷以 $C_2—C_3$ 键为轴旋转所产生的最稳定的构象是对位交叉式，其透视式、锯架式和纽曼式为：

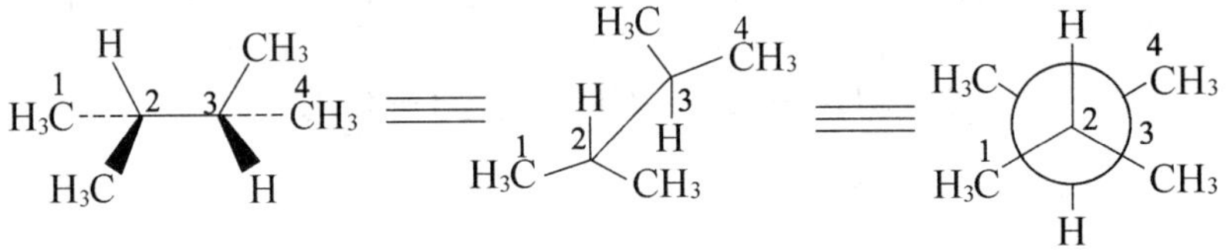

透视式　　锯架式　　纽曼式

有关透视式、锯架式和纽曼式的详细书写方法参见第五章“例题解析”部分[例 7]。

[例 6] 写出乙基环己烷、顺-1-甲基-4-叔丁基环己烷和反-1-甲基-4-叔丁基环己烷最稳定的构象。

解：

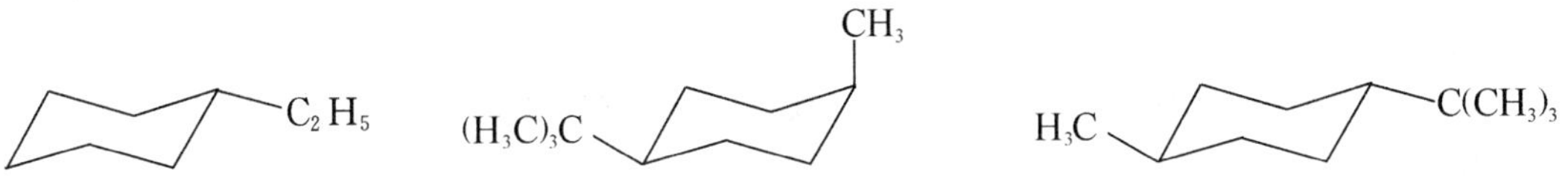

乙基环己烷　　顺-1-甲基-4-叔丁基环己烷　　反-1-甲基-4-叔丁基环己烷

在一取代环己烷的构象异构体中，取代基处于平伏键（e 键）的比直立键（a 键）的稳定。在多取代环己烷构象异构体中，取代基处于 e 键个数越多构象越稳定，并且体积大的取代基处于 e 键上的构象最稳定。按照环己烷中相邻的 e 键或 a 键彼此在环上的位置是一上一下，对于反-1-甲基-4-叔丁基环己烷，甲基和叔丁基可同时处于 e 键或 a 键上，则处于 e 键的构象最稳定；而顺-1-甲基-4-叔丁基环己烷，甲基和叔丁基可分别处于 e 键或 a 键上。由于叔丁基的体积比甲基大，因此叔丁基处于 e 键、甲基处于 a 键的构象最稳定。

[例 7] 将下列自由基的稳定性按从大到小排列成序。

(1) $\cdot CH_3$　　(2) $CH_3CH(CH_3)CH_2CH_2\cdot$

(3) $CH_3\dot{C}(CH_3)CH_2CH_3$　　(4) $CH_3CH(CH_3)\dot{C}HCH_3$

解：(3)＞(4)＞(2)＞(1)。自由基的稳定性顺序是叔碳自由基＞仲碳自由基＞伯碳自由基＞甲基自由基。

[例 8] 完成下列反应：

(1) 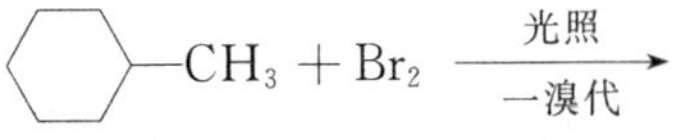 环己基$—CH_3 + Br_2 \xrightarrow[\text{一溴代}]{\text{光照}}$

(2) 1,1-二甲基环丙烷（H_3C、CH_3）$+ HBr \xrightarrow{\text{室温}}$

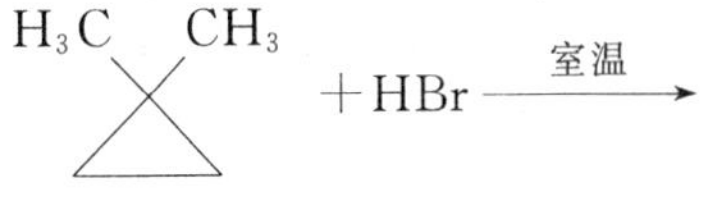

解：

(1) 环己基—CH_3（叔碳原子）$+ Br_2 \xrightarrow[\text{一溴代}]{\text{光照}}$ 1-甲基-1-溴环己烷（CH_3, Br）$+ HBr$

甲基环己烷与溴在光照条件下发生氢原子被溴取代的自由基反应。叔氢的反应活性要大于仲氢和伯氢，甲基与环己烷相连的碳原子为叔碳原子，所以此反应的一溴代主要产物为此碳上的氢被溴取代的产物。

(2) 1,1-二甲基环丙烷（H_3C, CH_3）$+ HBr \xrightarrow{\text{室温}}$ $CH_3\overset{Br}{\underset{CH_3}{C}}CH_2CH_3$

此反应是环丙烷的烷基衍生物与不对称试剂 HBr 的开环加成反应。在含 H 最多和含 H 最少的 C—C 之间开环，且 HBr 中 H 加在含 H 多的碳原子上，Br 加在含 H 少的碳原子上。

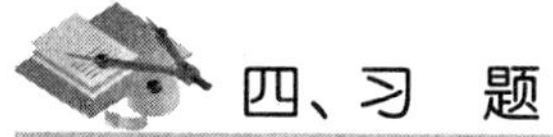

四、习　题

1. 用系统命名法(如果可能的话，同时用普通命名法)命名下列化合物：

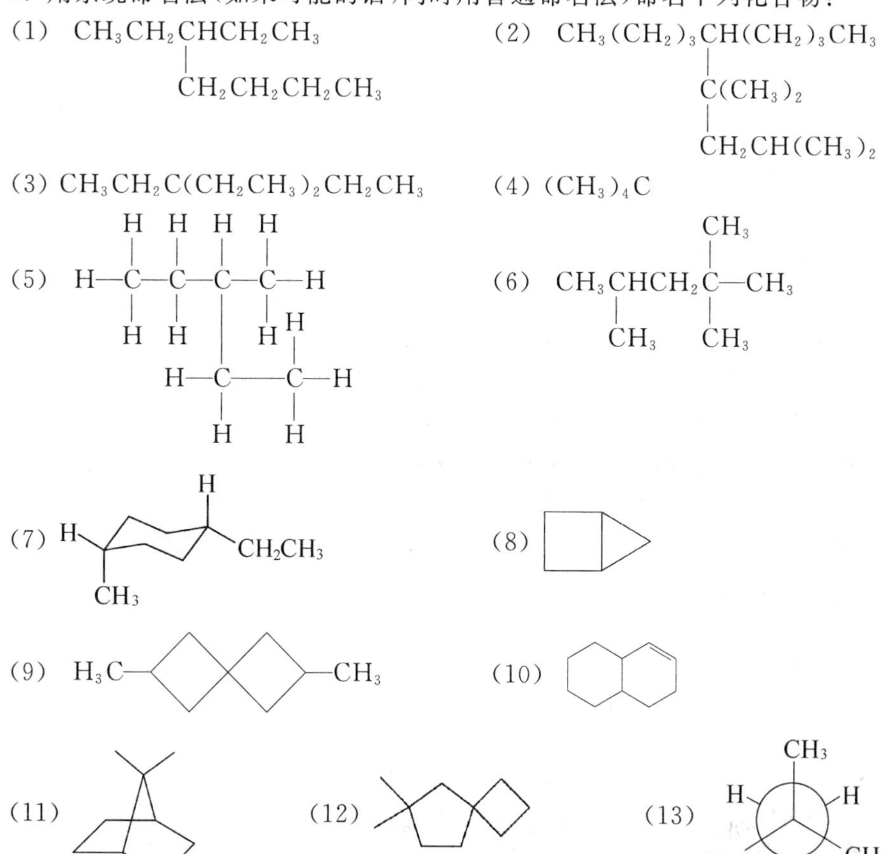

2. 写出下列化合物的结构式，假如某个名称违反系统命名法，请予以更正。

(1) 2,4-二甲基戊烷
(2) 2,4-二甲基-5-异丙基壬烷
(3) 2,4,5,5-四甲基-4-乙基庚烷
(4) 2,3-二甲基-2-乙基丁烷
(5) 2-异丙基-4-甲基己烷
(6) 异丙基环戊烷
(7) 反-1-甲基-3-异丙基环己烷的优势构象
(8) 二环[4.1.0]庚烷
(9) 顺-1,3-二甲基环己烷
(10) 1,4-二甲基螺[2.4]庚烷

3. 写出 C_7H_{16} 的所有同分异构体的结构式，用系统命名法命名之，并指出含有异丙基、异丁基、仲丁基或叔丁基的分子。

4. 将下列化合物按沸点由高至低排列(不查表)。

a. 3,3-二甲基戊烷　b. 正庚烷　c. 2-甲基己烷　d. 正戊烷　e. 2-甲基庚烷

5. 完成下列反应式。

(1) $CH_3CH_2CH_3 + Br_2 \xrightarrow[\text{一取代产物}]{\text{光照}}$

(2) $CH_3\overset{\overset{\displaystyle CH_3}{|}}{\underset{\underset{\displaystyle H}{|}}{C}}CH_3 + Cl_2 \xrightarrow[\text{一取代产物}]{\text{光照}}$

(3)  $+ HCl \longrightarrow$

(4) 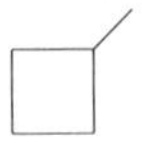 $+ H_2 \xrightarrow[\triangle]{Ni}$

6. 用化学方法区别下列各组化合物。

(1) 环丙烷和丙烷。

(2) 1,2-二甲基环丙烷和环戊烷。

7. 写出乙烷氯代反应(光照条件下)生成一氯乙烷的反应历程。

8. 指出下列几种操作条件和过程，哪些可以得到氯代产物，哪些不能起反应，并解释之。

(1) 将甲烷和氯气的混合物放置在室温和黑暗中。

(2) 将氯气先用光照射，然后在黑暗中放置一段时间，再与甲烷混合。

(3) 将氯气先用光照射，然后迅速在黑暗中与甲烷混合。

(4) 将甲烷先用光照射，然后迅速在黑暗中与氯气混合。

(5) 将甲烷和氯气的混合物放置在日光下。

9. 把下列锯架式或伞形式改写成纽曼投影式，并判断是否为同一构象。

(1)

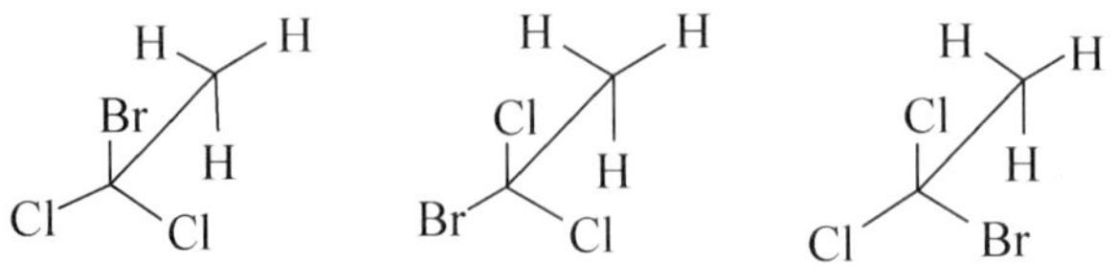

(2)

10. 用纽曼投影式表示1-氯丙烷绕 C_1—C_2 轴旋转的四种代表性的构象，并比较四种构象的稳定性。

11. 将下列1-甲基-4-叔丁基环己烷的不同构象按稳定性大小排列。

(1)
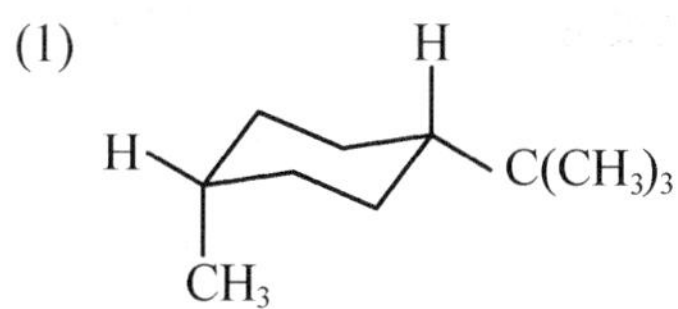

(2) H，H_3C，$C(CH_3)_3$，H

(3) $C(CH_3)_3$，H，H，CH_3

(4) $C(CH_3)_3$，H_3C，H，H

五、习题参考答案

1. (1) 3-乙基庚烷　　(2) 2,4,4-三甲基-5-丁基壬烷
(3) 3,3-二乙基戊烷　　(4) 2,2-二甲基丙烷(新戊烷)
(5) 3-甲基戊烷　　(6) 2,2,4-三甲基戊烷
(7) 顺-1-甲基-4-乙基环己烷　　(8) 二环[2.1.0]戊烷
(9) 2,6-二甲基螺[3.3]庚烷　　(10) 二环[4.4.0]-2-癸烯
(11) 7,7-二甲基二环[2.2.1]庚烷　　(12) 6,6-二甲基螺[3.4]辛烷
(13) 2,2-二甲基丙烷(新戊烷)

2. (1) $(CH_3)_2CHCH_2CH(CH_3)_2$　　(2) $(CH_3)_2CHCH_2CH(CH_3)CH(CH_2)_3CH_3$（CH 上连 $CH(CH_3)_2$）

(3) CH_3CHCH_2C—$CH_2CH_2CH_3$（第2位C上连 CH_3；季碳上连 CH_3 与 C_2H_5；右侧C上连 CH_3 与 CH_3）

(4) 错　CH_3CCHCH_3（C上连 CH_3、CH_2CH_3；CH上连 CH_3）
2,3,3-三甲基戊烷

(5) 错　$CH_3CHCH_2CHCH_2CH_3$（CH上连 $CH(CH_3)_2$；CH上连 CH_3）
2,3,5-三甲基庚烷

(6)
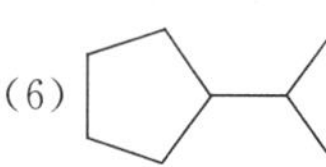

(7)
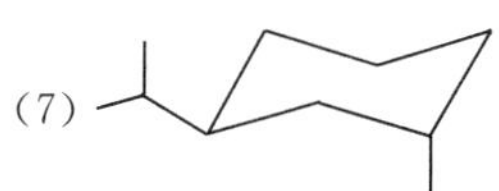

(8)　(9)　(10)

3. $CH_3CH_2CH_2CH_2CH_2CH_2CH_3$　　$CH_3CH_2CH_2CH_2CHCH_3$（CH上连 CH_3）　　$CH_3CH_2CHCH_2CH_2CH_3$（CH上连 CH_3）
正庚烷　　2-甲基己烷　　3-甲基己烷

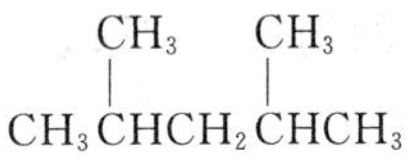

$$\underset{\text{2,4-二甲基戊烷}}{CH_3CH(CH_3)CH_2CH(CH_3)CH_3}\quad \underset{\text{2,3-二甲基戊烷}}{CH_3CH_2CH(CH_3)CH(CH_3)CH_3}\quad \underset{\text{3,3-二甲基戊烷}}{CH_3CH_2C(CH_3)_2CH_2CH_3}\quad \underset{\text{2,2-二甲基戊烷}}{CH_3CH_2CH_2C(CH_3)_2CH_3}$$

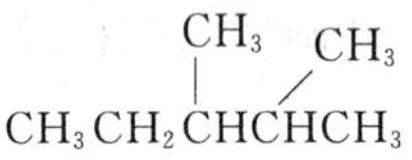

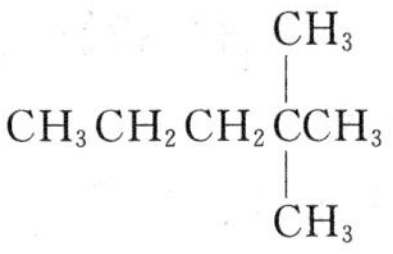

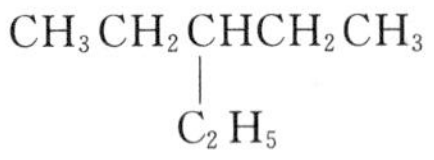

$$\underset{\text{3-乙基戊烷}}{CH_3CH_2CH(C_2H_5)CH_2CH_3}\quad \underset{\text{2,2,3-三甲基丁烷}}{CH_3CH(CH_3)C(CH_3)_2CH_3}$$

含异丙基的是2-甲基己烷，2,4-二甲基戊烷，2,3-二甲基戊烷，2,2,3-三甲基丁烷；含异丁基的是2-甲基己烷，2,4-二甲基戊烷；含仲丁基的是3-甲基己烷，2,3-二甲基戊烷；含叔丁基的是2,2-二甲基戊烷，2,2,3-三甲基丁烷。

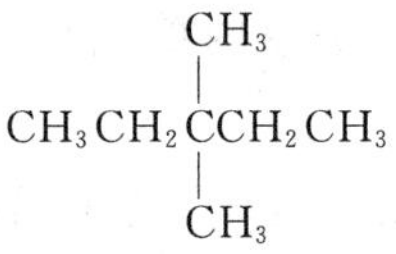

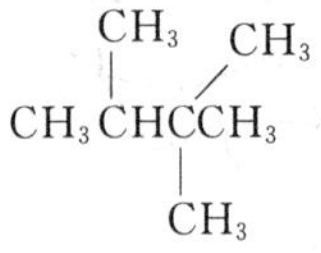

4. e＞b＞c＞a＞d

5. (1) $CH_3CHBrCH_3$　　(2) $(CH_3)_3CCl + CH_3CH(CH_3)CH_2Cl$

(3) $CH_3CH_2CHClCH_3$　　(4) $CH_3CH_2CH_2CH_2CH_3$

6. (1) $\left\{\begin{array}{l}\text{环丙烷}\\ \text{丙烷}\end{array}\right. \xrightarrow{Br_2/CCl_4} \left\{\begin{array}{l}\text{褪色}\\ (-)\end{array}\right.$　　(2) $\left\{\begin{array}{l}\text{1,2-二甲基环丙烷}\\ \text{环戊烷}\end{array}\right. \xrightarrow{Br_2/CCl_4} \left\{\begin{array}{l}\text{褪色}\\ (-)\end{array}\right.$

7. $Cl_2 \xrightarrow{\text{光照}} 2Cl\cdot$

$Cl\cdot + CH_3CH_3 \longrightarrow CH_3CH_2\cdot + HCl$

$CH_3CH_2\cdot + Cl:Cl \longrightarrow CH_3CH_2Cl + Cl\cdot$

8. (1) 不起反应。自由基需光照或高温才能生成。

(2) 不起反应。生成的Cl·在黑暗中相互碰撞结合为Cl_2，反应即终止。

(3) 能反应。生成的Cl·与甲烷随后进行自由基的连锁反应。

(4) 不起反应。1mol光子的能量可使Cl_2产生氯自由基(Cl·)，但不能产生甲基自由基(CH_3·)。

(5) 能反应。

9. (1) 同一构象 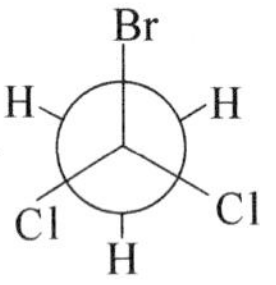　　(2) 不同构象

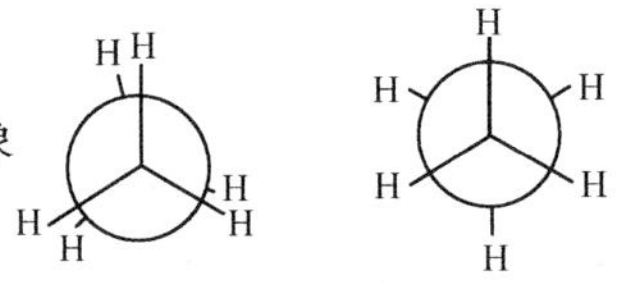

10. 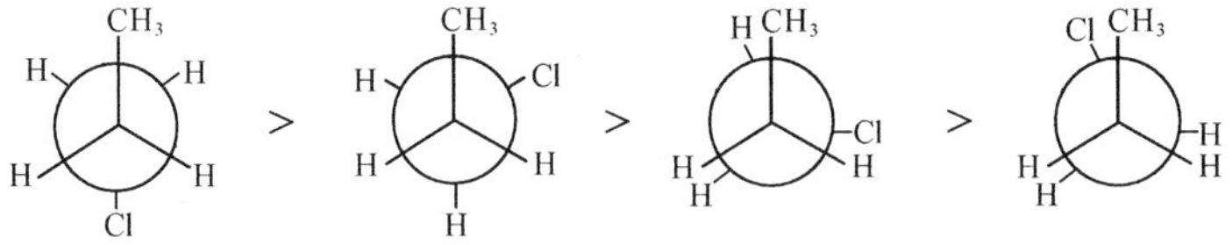 ＞ ＞ ＞

11. (2)＞(1)＞(4)＞(3)

第三章

不饱和脂肪烃

一、目的要求

1. 掌握不饱和脂肪烃中的碳碳双键和碳碳叁键碳原子的 sp^2 和 sp^3 杂化，π 键的形成和特点。

2. 掌握不饱和脂肪烃的分类、命名和异构现象。

3. 掌握不饱和脂肪烃的化学性质，了解其物理性质。

4. 熟悉烯烃的亲电加成反应机理。

5. 掌握不对称烯烃与极性试剂加成的规律——马氏规则及其解释。

6. 掌握 1,3-丁二烯的结构及其共轭二烯烃的化学特性，理解共轭体系和共轭效应。

7. 了解不饱和脂肪烃的主要制备方法及其应用。

二、本章要点

1. 烯烃和炔烃的结构

烯烃的结构特征是含有碳碳双键。双键碳原子以一个 $2s$ 轨道和两个 $2p$ 轨道杂化，组成三个等同的 sp^2 杂化轨道。这三个 sp^2 杂化轨道对称轴在一个平面上，相互之间的键角都是 120°，还有一个未杂化的 p 轨道，其对称轴垂直于三个 sp^2 杂化轨道形成的平面。碳碳双键由一个 σ 键和一个 π 键组成。

炔烃的官能团是碳碳叁键。叁键碳原子以一个 $2s$ 轨道与一个 $2p$ 轨道杂化，组成两个等同的 sp 杂化轨道，这两个 sp 杂化轨道的对称轴在一条直线上，还有两个未杂化的 p 轨道(各带一个电子)，其对称轴互相垂直且分别与 sp 杂化轨道的对称轴垂直。碳碳叁键由一个 σ 键和两个 π 键组成。

乙烯分子中，所有的原子都在同一平面上，π 键的电子云分布在分子平面的上、下两侧。分子中 σ 键的键角接近于 120°，碳碳双键的键长为 0.134nm，比碳碳单键的键长(0.154nm)短。碳碳双键的键能为 $610\text{kJ}\cdot\text{mol}^{-1}$，比碳碳单键的键能($347\text{kJ}\cdot\text{mol}^{-1}$)大，但比它的两倍小，这说明 π 键的键能比 σ 键的要小。这是由于形成 π 键的 p 轨道重叠程度比 σ 键小，所以 π 键不如 σ 键牢固，比较容易断裂。π 键的存在也使得双键不能自由旋转，因为旋转的结果会使两个 p 轨道的重叠受到破坏，导致 π 键断裂。

乙炔分子的四个原子处在一条直线上，即键角为 180°，为直线型分子。碳碳叁键的键长比碳碳双键短，为 0.120nm，说明乙炔分子中两个碳原子比乙烯中两个碳原子距离更近，原子核对电子的吸引力更强了。

2. 烯烃和炔烃的命名和异构

烯烃的命名包括普通命名法和系统命名法，系统命名法和烷烃相似，其要点是：

(1) 选择含有双键的最长碳链为主链(含有双键的最长碳链有时可能不是分子中最长的碳链)，按主链碳原子的数目命名为某烯。如主链的碳原子数超过 10 个时，应在烯字前加一“碳”字。

(2) 主链碳原子的编号从距离双键最近的一端开始。

(3) 双键的位置必须标明出来，其位置以双键所在碳原子的编号较小的一个表示，写在母体名称之前。若双键正好在主链中央，主链碳原子则应从靠近取代基的一端开始编号。

(4) 其他同烷烃的命名原则。

含四个或四个以上碳原子的烯烃除了有碳链异构外，还有由于双键位置不同而产生的位置异构。

此外，还由于双键不能自由旋转的原因，致使与双键碳原子直接相连的原子或基团在空间的相对位置就被固定下来，而产生顺反异构，属立体异构中的构型异构。

顺-2-丁烯(沸点3.7℃)　　反-2-丁烯(沸点0.9℃)

“构型”和“构象”是两个不同的概念。分子中各原子或基团在空间的不同排列可以通过单键的旋转而相互转化的，叫做构象。不同的构象间的转变是通过单键的旋转来实现的，它们所需要的能量不大，室温下分子的热运动就能使它们之间快速地转变而无法分离。由于不同的构象无法分离，所以，它们属于同一种化合物。不同构型化合物之间的相互转化必须通过键的断裂来完成，可通过一定的方法把它们分离开来。由于构型不同的化合物可以分离得到，所以，它们属于不同的化合物。

分子产生顺、反异构现象的条件是：

(1) 分子中必须有限制旋转的因素，如碳碳双键、脂环等结构；

(2) 在不能自由旋转的两端原子上，必须各自连接两个不同的原子或基团。

对于顺、反异构体的命名，常用的有两种方法：一种是顺、反表示法，如前所示相同基团在同侧的为顺式，反之则为反式，顺、反表示法有局限性；另一种是 Z、E 表示法，对于大多数烯烃的顺、反异构则广泛应用的是此法。

根据 IUPAC 命名法的规定：如果双键上两个碳原子连接的较优基团在双键平面的同侧时，其构型用 Z 表示；在异侧时，其构型用 E 表示。书写时，将 Z 或 E 写在括号内，放在化合物名称之前，并用连字符“-”相连接。

顺、反表示法和 Z、E 表示法在很多情况下是一致的，但有时也有不一致的。它们没有直接的对应关系。

较优基团的判断可由“次序规则”来确定。次序规则的主要内容有：

(1) 按直接与双键碳原子相连的原子的原子序数大小排列，原子序数大的原子较优先，称为“较优基团”；如果是同位素，则质量大的优先；孤对电子排在氢之后。以下是常见原子的优先次序：

$$I>Br>Cl>S>P>F>O>N>C>D>H>\text{孤对电子}$$

（2）如果与双键碳原子相连原子的原子序数相同，则比较第二位的原子；若再相同，则再依次比较下去，直至出现差别。例如：

$$—CH_2Br>—CH_2Cl>—CH_2SH>—CH_2OH>—C(CH_3)_3>—CH(CH_3)_2>—CH_2CH_3>—CH_3$$

（3）如果取代基含有双键或叁键，则可认为连有两个或三个相同的原子。

如果烯烃分子中含有两个或两个以上的双键，而且每个双键上所连基团都有顺、反异构，就应标出每个双键的构型。

炔烃的命名原则和烯烃相似，只是将“烯”字改为“炔”。即选择包含叁键的最长碳链作主链，编号从距离叁键最近的一端开始，将叁键的位置注于炔名之前。

含有四个碳以上的炔烃有碳链异构和叁键官能团位置异构，但没有顺、反异构。

分子中同时含有叁键和双键时，选取同时含叁键和双键最长的碳链做母体，根据碳链所含碳原子数，称“某烯炔”。碳链的编号应从最先遇到双键或叁键的一端开始。如果碰到双键或叁键处在相同的位置时，则给予双键较小的编号，从靠近双键的一端开始编号。

3. 烯烃和炔烃的化学性质

由于π键电子云受核约束力小，流动性大，易给出电子，容易被亲电试剂进攻，因此烯烃和炔烃均易发生亲电加成反应，其中炔烃的反应活性一般比烯烃的要小。不对称烯烃与卤化氢等极性试剂发生亲电加成反应时，一般服从马氏规律，即通常试剂中带正电部分（如 H^+）总是加在含氢较多的双键碳原子上，而带负电部分（如 X^-）则加到含氢较少的双键碳原子上。但也有特例，如果双键碳上有吸电子基团，如$—CF_3$、$—CN$、$—COOH$、$—NO_2$等，在很多情况下，加成反应的方向是反马氏规律的，但仍符合电性规律。在过氧化物存在下，烯烃与 HBr 发生自由基加成反应，也得到反马氏规律的加成产物。还有硼氢化反应也可以得到反马氏规律的醇。

马氏规律可以从两个方面解释：一方面可用诱导效应来解释，另一方面可以用反应过程中的活性中间体——碳正离子的相对稳定性来解释。

亲电加成反应历程分两步进行，活性中间体为碳正离子，碳正离子的稳定性顺序为：叔碳正离子>仲碳正离子>伯碳正离子>甲基正离子。

除亲电加成外，烯烃和炔烃还能进行氧化、聚合等反应，炔烃还能进行亲核加成，含有炔氢的炔烃（$R—C\equiv CH$）具有弱酸性，能被一些金属离子取代生成金属炔化物。含有 α-H 的烯烃在光照、高温或引发剂存在下可以发生 α-H 的自由基型卤代反应。

烯烃和炔烃的化学性质可总结如下：

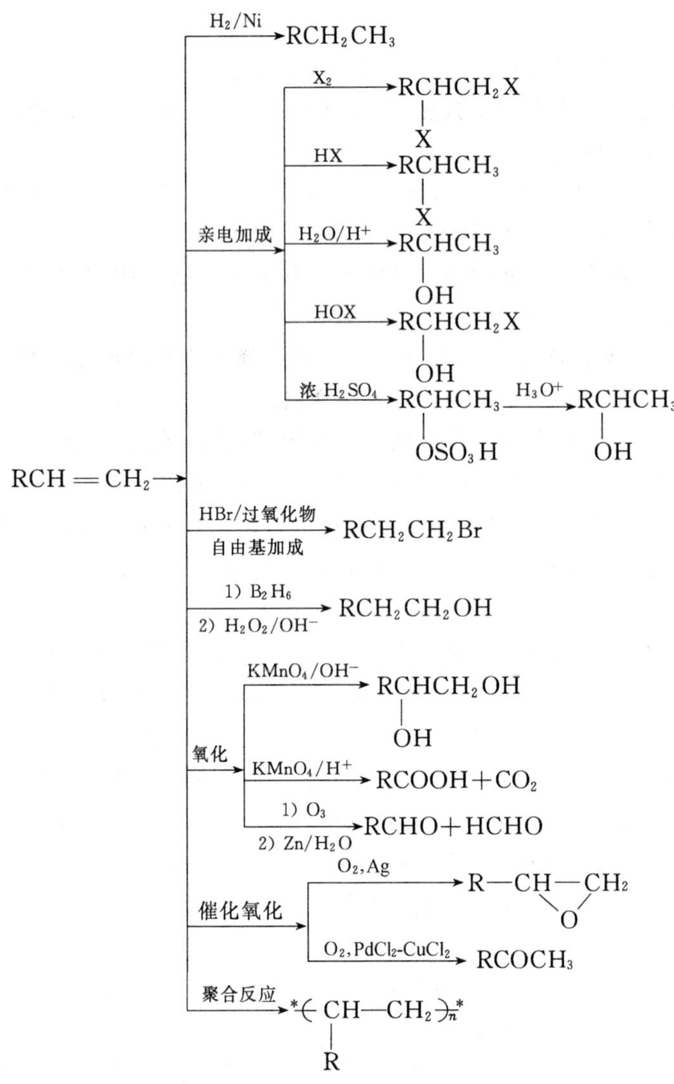

$$\overset{\delta-}{X_3C\leftarrow CH}=\overset{\delta+}{CH_2}+HX'\longrightarrow X_3C-CH_2-CH_2X'$$（X 和 X′表示卤原子，它们可以相同，也可以不同）

$$RCH_2CH=CH_2\xrightarrow[\text{高温或光照或引发剂}]{X_2}\underset{\displaystyle X}{RCH}CH=CH_2$$

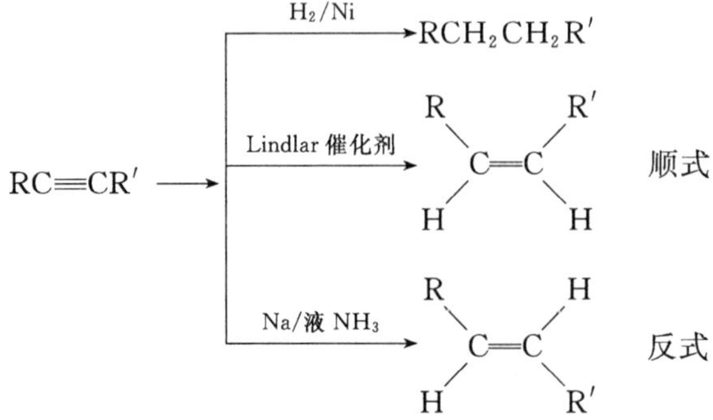

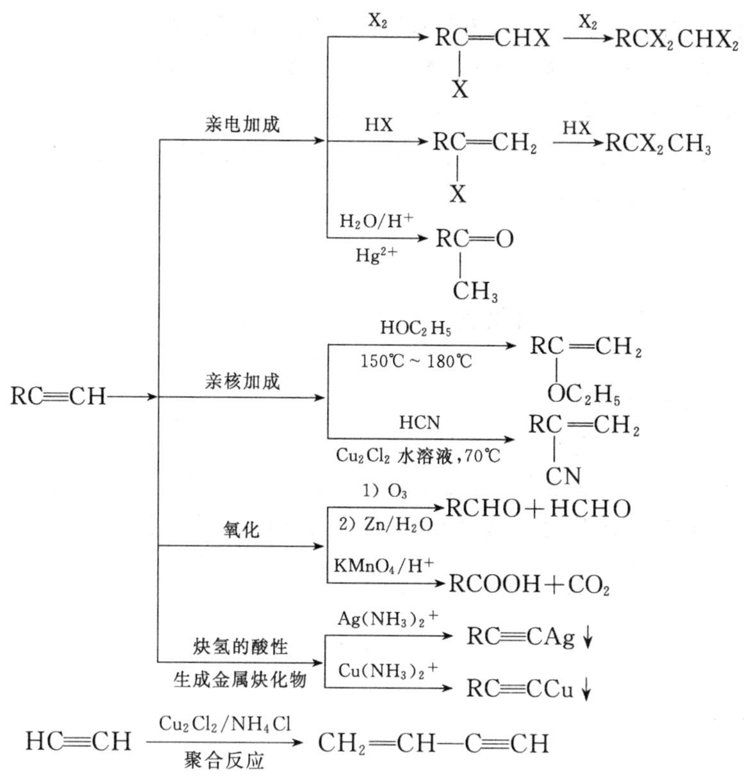

4. 1,3-丁二烯的结构及共轭体系和共轭效应

1,3-丁二烯是最简单的共轭二烯烃，具有共轭二烯烃的典型结构特征(图 3-1)。1,3-丁二烯的四个碳原子都是 sp^2 杂化，相邻碳原子之间均以 sp^2 杂化轨道沿轴向重叠形成三个 C—C σ 键，每个碳的三个 sp^2 杂化轨道都处于同一平面上，使得 1,3-丁二烯分子呈平面型。每个碳原子未参与杂化的 p 轨道都垂直于这个平面，互相平行侧面重叠，形成了一个包含四个碳原子和四个 p 电子的大 π 键。在这里四个 p 电子的运动范围不是局限在两个碳原子之间，而是扩展到四个碳原子的周围，形成离域 π 键，也称共轭双键。π 电子离域的结果，使键长平均化，体系内能降低，分子结构更加稳定，这是共轭烯烃的特性。

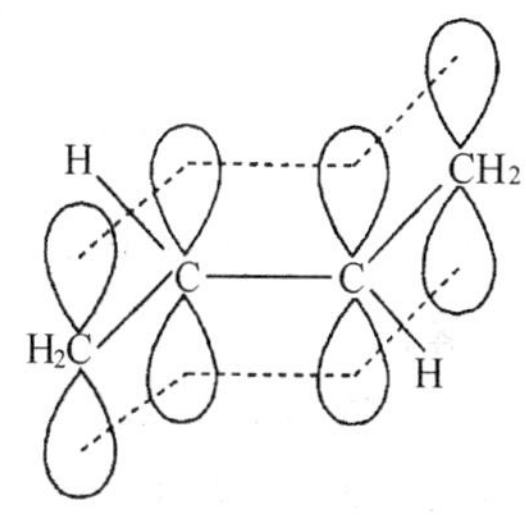

图 3-1　1,3-丁二烯的结构示意图

共轭体系是指含有共轭 π 键(或 p 轨道)的体系，可以是分子的一部分或是整个分子。共轭效应是指在共轭体系中原子间的一种互相影响，这种影响是造成分子更稳定，内能更低，键长趋于平均化，并引起理化性质改变的电子效应。

形成共轭体系的条件是：

(1) 参与共轭的原子必须在同一平面上；

(2) 必须有可实现轨道平行重叠的 p 轨道；

(3) 要有一定数量供成键用的 p 电子。

共轭体系有以下几种类型：

π-π 共轭：在链状分子中，凡双键、单键交替排列的结构都属 π-π 共轭体系。

p-π 共轭：与双键原子相连的原子的 p 轨道与双键的 π 轨道平行并发生侧面重叠，形成共轭。p 轨道中可以占有未共用电子对或一个游离的单电子，也可以是空轨道。

超共轭：此类是 C—H 参与的共轭，包括 σ-π 超共轭和 σ-p 超共轭。C—H σ 键与碳碳双键构成的共轭体系称为 σ-π 超共轭体系，σ-p 超共轭与 σ-π 超共轭相似，只是与 C—H 键发生共轭的不是碳碳双键而是与之相连的碳原子上的 p 轨道。超共轭效应产生的是给电子($+C$)效应。

5. 共轭二烯烃的化学特性

共轭二烯烃和烯烃一样可以和卤素、卤化氢等发生亲电加成反应。但共轭二烯烃加成时有两种可能：1,2-加成和 1,4-加成。1,4-加成是共轭二烯作为一个整体参与的反应，是共轭体系特有的加成方式，所以又称为共轭加成。

在光或热作用下，共轭二烯烃与烯烃或炔烃发生加成反应，生成含有碳碳双键的六元环状化合物，这类反应叫双烯合成反应，也称为狄尔斯-阿尔德(Diels-Alder)反应。这个反应是共轭二烯烃特有的反应，它是将链状化合物变为六元环化合物的一个方法。

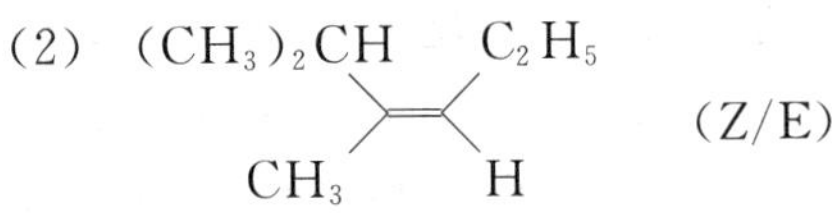

三、例题解析

［例 1］　命名下列化合物。

(1) $CH_3CH_2C(=CH_2)—CH(CH_3)CH_3$（即 CH_3CH_2C——$CHCH_3$，C 上连 $=CH_2$，CH 上连 CH_3）

(2) $(CH_3)_2CH$ 与 CH_3 连在同一双键碳上，C_2H_5 与 H 连在另一双键碳上　(Z/E)

(3) $H_2C=CHCH=CHC\equiv CH$

(4) $CH_3CH=CHC\equiv CC\equiv CH$

解：

(1) 选择含有双键的最长碳链为主链。答案：3-甲基-2-乙基-1-丁烯。

(2) 此题需用 Z、E 法确定烯烃的构型。一个双键碳原子上连接的是—CH_3 和—$CH_2CH_2CH_3$，—$CH_2CH_2CH_3$ 是较优基团；另一个双键碳原子上连接的是—H 和—C_2H_5，—C_2H_5 是较优基团；两个较优基团在双键的同侧，所以其构型是 Z 型。答案：(Z)-2,3-二甲基-3-己烯。

(3)、(4) 同时含有双键和叁键的化合物称为烯炔。选取含双键和叁键最长的碳链为主链，碳链的编号从最先遇到双键或叁键的一端开始。如果碰到双键或叁键处在相同的位置时，则给予双键较小的编号，从靠近双键的一端开始编号。答案：(3) 1,3-己二烯-5-炔；(4) 5-庚烯-1,3-二炔

［例 2］　写出下列烯烃结合一个质子后可能生成的两种碳正离子的结构式，并指出哪一种较为稳定。

(1) $CH_2=CHCH_2CH(CH_3)_2$

(2) $CH_3CH=CHCH_2CH_2CH_3$

(3) 

解：碳正离子的稳定性顺序是：叔碳正离子＞仲碳正离子＞伯碳正离子＞甲基正离子。

（1）$CH_3\overset{+}{C}HCH_2CH_2CH_2CH_3$，$CH_3CH_2\overset{+}{C}HCH_2CH_2CH_3$

$CH_3\overset{+}{C}HCH_2CH(CH_3)_2 > \overset{+}{C}H_2CH_2CH_2CH(CH_3)_2$

仲碳正离子　　伯碳正离子

（2）$CH_3\overset{+}{C}HCH_2CH_2CH_2CH_3$，　$CH_3CH_2\overset{+}{C}HCH_2CH_2CH_3$

两种碳正离子都是仲碳正离子，而且连接在带正电碳原子上的两个烷基的给电子作用也差不多，故两种碳正离子的稳定性差不多。

（3）1-甲基环戊基正离子（正电荷在连甲基的碳上）， 2-甲基环戊基正离子（正电荷在相邻环碳上）

1-甲基环戊基正离子 ＞ 2-甲基环戊基正离子

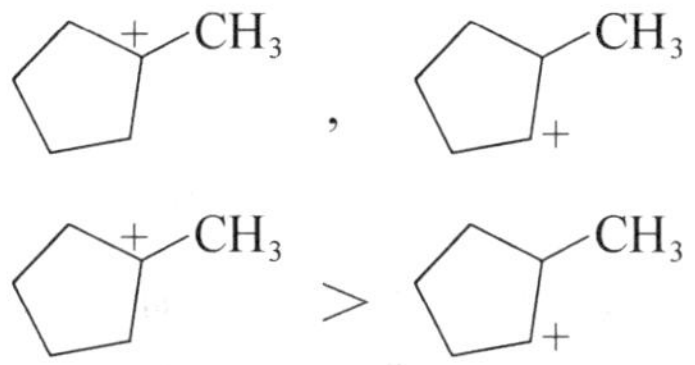

叔碳正离子　　仲碳正离子

［**例 3**］　烯烃与溴在不同介质中进行反应得如下结果：

$$H_2C{=}CH_2 + Br_2 \xrightarrow{H_2O} BrCH_2CH_2Br + BrCH_2CH_2OH$$

$$H_2C{=}CH_2 + Br_2 \xrightarrow{H_2O,Cl^-} BrCH_2CH_2Br + BrCH_2CH_2Cl + BrCH_2CH_2OH$$

$$H_2C{=}CH_2 + Br_2 \xrightarrow{CH_3OH} BrCH_2CH_2Br + BrCH_2CH_2OCH_3$$

这个结果说明了烯烃与溴的反应经历了什么样的反应历程？

解：说明烯烃与溴经历了亲电加成反应历程。每个反应均得到 $BrCH_2CH_2Br$ 产物，说明反应的第一步均生成了碳正离子中间体——溴鎓离子，此步骤是决速步骤。第二步，溴鎓离子快速地与反应体系中的负离子反应得到产物。反应历程如下：

第一步　$CH_2{=}CH_2 + \overset{\delta+}{Br}{-}\overset{\delta-}{Br} \longrightarrow$ （三元环 $\oplus$Br）$+ Br^-$

溴鎓离子

第二步　（三元环 $\oplus$Br）$+ \begin{cases} Br^- \\ H_2O \\ Cl^- \\ CH_3OH \end{cases} \longrightarrow \begin{cases} BrCH_2CH_2Br \\ BrCH_2CH_2OH \\ BrCH_2CH_2Cl \\ BrCH_2CH_2OCH_3 \end{cases}$

溴鎓离子

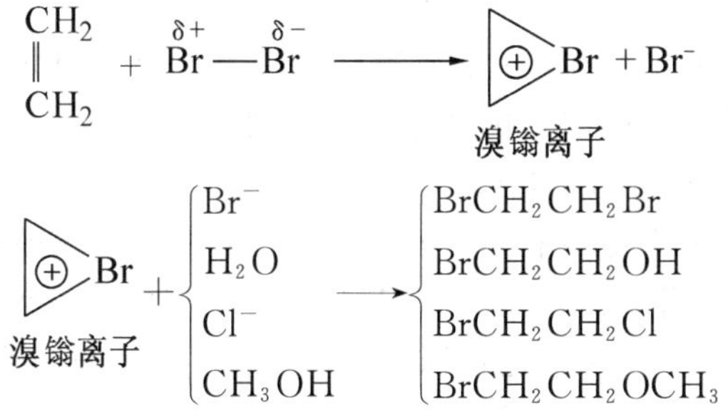

［**例 4**］　完成下列反应：

（1）　$CH_3CH{=}CH_2 + HBr \longrightarrow$

（2）　$Cl_3CCH{=}CH_2 + HBr \longrightarrow$

（3）　$Cl{-}CH{=}CH_2 + HBr \longrightarrow$

（4）　$CH_3CH{=}CH_2 + HBr \xrightarrow{(C_6H_5COO)_2}$

（5）　1-甲基环己烯（环己烯环上连 $-CH_3$）$\xrightarrow[H_2O_2,OH^-]{B_2H_6}$

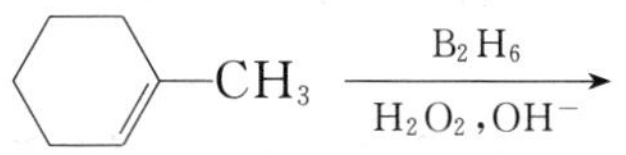

解：

(1)(2)(3)均属于不对称烯烃与不对称试剂(HBr)的离子型亲电加成反应，区别是烯烃的结构不同。下面我们用电子效应来分析(1)(2)(3)反应。

HBr 为极性试剂，反应中 HBr 离解为 H^+ 和 Br^-。反应的第一步 H^+ 首先加到碳碳双键中的一个碳原子上，形成碳正离子，然后碳正离子与 Br^- 结合得到加成产物。

对于(1)，由于烯烃中甲基对碳碳双键的斥电子诱导效应，使双键上含氢多的碳原子带较多负电荷，H^+ 优先加到该碳原子，主要得到符合马氏规律的加成产物。

$$CH_3 \longrightarrow \overset{\delta+}{C}H = \overset{\delta-}{C}H_2 + H^+ \longrightarrow CH_3-\overset{+}{C}H-CH_3 \xrightarrow{Br^-} CH_3-\underset{\displaystyle Br}{\underset{|}{C}H}-CH_3$$

(2)与(1)不同的是：烯烃中三氯甲基与双键碳原子直接相连，三氯甲基是吸电子基团，对碳碳双键产生吸电子诱导效应，使双键上含氢少的碳原子带较多负电荷，而含氢多的碳原子带部分正电荷。因此，H^+ 优先与含氢少的双键碳原子结合，主要得到反马氏规律的加成产物。

$$CCl_3 \longleftarrow \overset{\delta}{C}H = \overset{\delta+}{C}H_2 + H^2 \longrightarrow CCl_3-CH_2-\overset{+}{C}H_2 \xrightarrow{Br^-} CH_3-CH_2-\underset{\displaystyle Br}{\underset{|}{C}H_2}$$

(3)中氯原子与双键碳原子直接相连，氯是吸电子基团，对碳碳双键产生较强的吸电子诱导效应(－I)，这一点与(2)相似，但与(2)不同的是：氯原子外层 p 轨道上的孤对电子与相邻的碳碳双键发生 p-π 共轭，起到给电子的作用(＋C)，二种电子应效方向相反：

$$\ddot{C}l - \overset{\delta+}{C}H = \overset{\delta-}{C}H_2 \quad p\text{-}\pi\text{共轭效应}(+C)$$

$$Cl \leftarrow \overset{\delta-}{C}H = \overset{\delta+}{C}H_2 \quad \text{诱导效应}(-I)$$

其中－I＞＋C，总的结果氯原子使双键上的电子云密度降低。当化合物中共轭效应和诱导效应方向相反并且－I＞＋C 时，其反应的取向由动态的共轭效应决定。所以 H^+ 优先与含氢多的双键碳原子结合而主要得到符合马氏规律的加成产物。

上面是用电子效应分析(1)(2)(3)反应中 H^+ 优先与烯烃中哪一个双键碳结合得到碳正离子，即反应的取向。下面我们再用电子效应分析(1)(2)(3)反应中形成碳正离子中间体的稳定性，由于 H^+ 可以进攻含氢多的碳原子也可以进攻含氢少的碳原子，因此(1)(2)(3)与 H^+ 结合可以分别得到以下两种碳正离子中间体：

(1)
$$\begin{cases} CH_3-CH-\overset{+}{C}H_2\text{(Ⅰ)} \\ CH_3-\overset{+}{C}H-CH_3\text{(Ⅱ)(相对稳定)} \end{cases}$$

(2)
$$\begin{cases} CCl_3-\overset{+}{C}H_2-CH_3 \\ CCl_3-CH_2-\overset{+}{C}H_2\text{(Ⅱ)(相对稳定)} \end{cases}$$

(3)
$$\begin{cases} Cl-CH_2-\overset{+}{C}H_2\text{(Ⅰ)} \\ Cl-\overset{+}{C}H_2-CH_3\text{(Ⅱ)(相对稳定)} \end{cases}$$

碳正离子的稳定性进一步说明了(1)(2)(3)反应的主要产物。

(4) 属于不对称烯烃在过氧化物(过氧化二苯甲酰，$(C_6H_6COO)_2$)作用下与 HBr 的自由基加成反应，主要得到反马氏规律的加成产物。

(5) 属于不对称烯烃的硼氢化-氧化反应。产物醇为反马氏规律的，即羟基连在含氢多的双键碳原子上，而且氢与羟基是同面加成。

答案：

(1) $CH_3CH=CH_2 + HBr \longrightarrow CH_3CHBrCH_3$

(2) $Cl_3CCH=CH_2 + HBr \longrightarrow Cl_3CCH_2CH_2Br$

(3) $Cl-CH=CH_2 + HBr \longrightarrow ClCHBrCH_3$

(4) $CH_3CH=CH_2 + HBr \xrightarrow{(C_6H_5COO)_2} CH_3CH_2CH_2Br$

(5) 1-甲基环己烯 $\xrightarrow[H_2O_2,OH^-]{B_2H_6}$ 反-2-甲基环己醇（H、CH_3、H、OH）

［例 5］ 请指出下列化合物与 HBr 进行亲电加成反应的相对活性。

(1) $H_2C=CHCH_2CH_3$ (2) $CH_3CH=CHCH_3$

(3) $H_2C=CHCH=CH_2$ (4) $H_2C=C(CH_3)-C(CH_3)=CH_2$

解：亲电加成反应的相对活性与双键上的电子云密度有关，电子云密度越高越有利于亲电加成反应；另外，亲电加成反应的相对活性与生成的中间产物稳定性有关，中间产物稳定性越高越有利于反应的进行。共轭二烯烃发生亲电加成反应时，生成稳定的烯丙基碳正离子中间体，因此它比一般的单烯烃更活泼，易发生亲电加成反应。(3)和(4)是共轭二烯烃，(1)和(2) 是单烯烃。因此，(3)和(4)的相对反应活性大于(1)和(2)。双键碳原子上烷基越多，对双键的给电子作用越强，亲电加成反应活性越大。(4) 的双键碳原子上的烷基多于(3)，(2)的双键碳原子上的烷基多于(1)。因此，上述化合物的相对反应活性是：(4)＞(3)＞(2)＞(1)。

［例 6］ 在 1g 化合物 A 中加入 1.9g 溴，恰好使溴完全褪色。A 与 $KMnO_4$溶液一起回流，得到 2-戊酮（$CH_3\overset{O}{\overset{\|}{C}}CH_2CH_2CH_3$）。写出化合物 A 的结构式。

解：1.9g 溴的物质的量是 0.0119mol。因为 A 能使溴褪色，所以分子中含有不饱和键。假设 A 为烯烃，则 1mol 溴可与 1mol A 发生加成反应。由于 1g A 恰好使 1.9g 溴褪色，故 1g A 的物质的量也是 0.0119mol。由此可得 A 的相对分子质量为 84。由 A 和 $KMnO_4$反应得2-戊酮可推断出：产物中的羰基是由 A 的双键氧化得到的，产物除羰基氧原子外，其余由 5 个碳原子和 10 个氢原子组成，该部分相对原子质量的和是 70，与 A 的相对分子质量 84 相差 14，即一个 CH_2单元，所以 A 的结构式是 $CH_3\overset{CH_2}{\overset{\|}{C}}CH_2CH_2CH_3$ 。

$$CH_3\overset{CH_2}{\overset{\|}{C}}CH_2CH_2CH_3 \xrightarrow{KMnO_4} CH_3\overset{O}{\overset{\|}{C}}CH_2CH_2CH_3 + CO_2 + H_2O$$

［例 7］ 以不多于四个碳原子的烃为原料合成：（环己-3-烯基丙酮结构式）。

解：根据目标化合物进行逆向分析：链端的甲基酮可以由链端的叁键水合得到；链端的叁键可由乙炔钠和卤代烃反应得到；环己烯可由 1,3-丁二烯和烯烃通过狄尔斯-阿尔德反应得到；卤代烃可以由卤代反应得到。合成路线设计如下：

$$CH_3CH{=}CH_2 + Cl_2 \xrightarrow{500℃} ClCH_2CH{=}CH_2 + Cl_2$$

1,3-丁二烯 + $CH_2{=}CHCH_2Cl$ → 4-(氯甲基)环己烯（CH_2Cl） $\xrightarrow{HC\equiv CNa}$ 4-(炔丙基)环己烯（$CH_2C\equiv CH$） $\xrightarrow{H_2O,Hg^{2+},H_2SO_4}$ 1-(3-环己烯基)-2-丙酮（CH_2COCH_3）

[例 8]　以丙炔为原料合成 反式 $H_3C(H)C{=}C(H)CH_2CH_2CH_3$ 。

解： $HC\equiv CCH_3 \xrightarrow{NaNH_2} NaC\equiv CCH_3 \xrightarrow{CH_3CH_2CH_2Br} H_3CC\equiv CCH_2CH_2CH_3$

$\xrightarrow{Na/NH_3(l)}$ 反式 $H_3C(H)C{=}C(H)CH_2CH_2CH_3$

根据目标化合物进行逆向分析：目标产物为反式烯烃，可利用炔烃在液氨中的金属钠还原得到；炔烃可用丙炔钠与卤代烃反应得到；丙炔钠可用丙炔与氨基钠的液氨溶液作用得到。

[例 9]　某化合物 A，分子式为 C_6H_{10}，加 2mol H_2 生成 2-甲基戊烷，在 H_2SO_4-$HgSO_4$ 的水溶液中生成羰基化合物，但和银氨溶液不发生反应。试推测该化合物的结构式。

解： 由分子式 C_6H_{10} 可看出 A 的不饱和度是 2(不饱和度计算公式可参见本书第六章例 9)，推测 A 可能是二烯烃、环状烯烃或炔烃。能与 2mol H_2 加成，且在 H_2SO_4-$HgSO_4$ 的水溶液中水解生成羰基化合物，说明 A 为炔烃。从其还原产物可确定 A 的骨架是 C—C(CH_3)—C—C—C，具有这种骨架的两个炔烃是 $(CH_3)_2CHCH_2C\equiv CH$ 和 $(CH_3)_2CHC\equiv CCH_3$。但 A 和银氨溶液不反应说明叁键不是链端的，所以可以推断 A 的结构式为 $(CH_3)_2CHC\equiv CCH_3$。

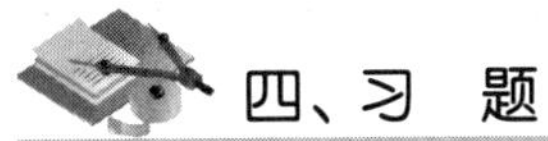

四、习　题

1. 用系统命名法(如果可能的话，同时用普通命名法)命名下列化合物。

(1) $CH_3C(C_2H_5){=}CHCH(CH_3)CH_2CH_3$　　(2) $(CH_3)_2CHCH_2CH{=}C(CH_3)_2$

(3) $(H_3C)(H)C{=}C(CH_3)(CH_2CH_3)$（$H_3C$ 与 CH_3 同侧）　　(4) $[(H_3C)_3C](H_3C)CH(H_3CH_2C)C{=}C(CH_3)(H)$

(Z/E)　　(Z/E)

(5) $CH\equiv C—CH{=}CH—CH{=}CH_2$　　(6) $CH_3C\equiv C—CH_2—CH(CH_3)—CH(CH_3)—CH_3$

(7) 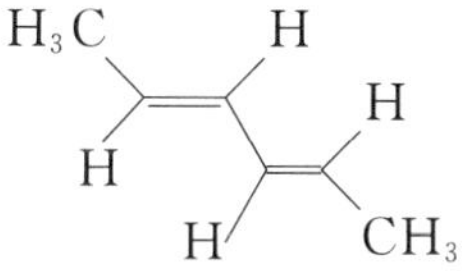 $H_3C(H)C=CH-CH=CH(CH_3)$（结构式）

(Z/E)

(8)  环戊二烯（结构式）

2. 写出下列化合物的结构式。

(1) 2,4-二甲基-2-戊烯　　(2) 异丁烯

(3) (Z)-3-甲基-4-异丙基-3-庚烯　　(4) (E)-1-氯-1-戊烯

(5) (3E)-2-甲基-1,3-戊二烯　　(6) 3-戊烯-1-炔

(7) 1,4-环己二烯　　(8) 顺-二乙炔基乙烯

3. 写出分子式为 C_5H_{10} 的开链烯烃的各种异构体(包括顺、反异构)的结构式,并用系统命名法命名。

4. 下列烯烃哪些有顺、反异构?写出顺、反异构体的构型并命名之。

(1) $CH_2{=}C(Cl)CH_3$　　(2) $CH_3CH_2C(CH_3){=}C(C_2H_5)CH_2CH_3$

(3) $CH_3CH{=}CHCH(CH_3)_2$　　(4) $C_2H_5CH{=}CHCH_2I$

(5) $CH_3CH{=}CHCH{=}CH_2$　　(6) $CH_3CH{=}CHCH{=}CHC_2H_5$

5. 下列各组烯烃与 HBr 发生亲电加成反应,按其反应活性大小排列成序。

(1) 1-戊烯、2-甲基-1-丁烯和 2,3-二甲基-2-丁烯

(2) 丙烯、3-氯丙烯和 2-甲基丙烯

(3) 溴乙烯、1,2-二氯乙烯、氯乙烯和乙烯

6. 试举出区别烷烃和烯烃的两种化学方法。

7. 完成下列反应式,写出产物或所需试剂。

(1) $CH_3C(CH_3){=}CH_2 + HCl \longrightarrow$

(2) $CH_3-CH(CH_3)-CH{=}CH_2 + H_2O \xrightarrow{H^+}$

(3) $CH_3CH{=}C(CH_3)_2 \xrightarrow{\text{冷 }KMnO_4/OH^-}$

(4) 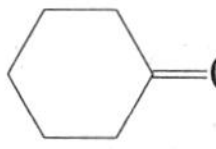 (环己亚基)$=CH_2 + HBr \xrightarrow{ROOR'}$

(5) $CH_3-CH(CH_3)-CH{=}CH_2 \longrightarrow CH_3-CH(CH_3)-CH_2CH_2OH$

(6) $PhC{\equiv}CH + H_2O \xrightarrow[HgSO_4]{H_2SO_4}$

(7) $CH_3C{\equiv}CCH_3 \longrightarrow$ (顺式 $H_3C(H)C{=}C(H)CH_3$)

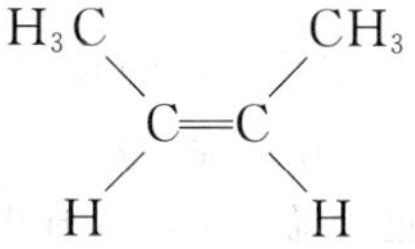

(8) $CH_3C\equiv CH + Ag(NH_3)_2^+ \longrightarrow$

(9) $HC\equiv CCH_2CH=CH_2 + HCl \longrightarrow$

(10) 1,3-环己二烯 + 顺丁烯二酸酐 $\xrightarrow{\triangle}$

(11) 1-甲基环戊烯 $\xrightarrow[2)\ Zn/H_2O]{1)\ O_3}$

8. 将下列碳正离子按稳定性大小排列。

(1) $H_3C-C(CH_3)_2-CH_2\overset{+}{C}H_2$ $H_3C-\overset{+}{C}(CH_3)-CH(CH_3)CH_3$ $H_3C-C(CH_3)_2-\overset{+}{C}HCH_3$

(2) $(CH_3)_2\overset{+}{C}-CH=CH_2$ $CH_3\overset{+}{C}H-CH=CH_2$ $CH_2=CH-\overset{+}{C}H_2$

9. 用化学方法鉴别下列各组化合物。

(1) 正己烷 1,4-己二烯 1-己炔

(2) 1-戊炔 2-戊炔 2-甲基丁烷

10. 以适当的炔烃为原料合成下列化合物。

(1) $CH_2=CH_2$ (2) $CH_2=CHCl$ (3) $CH_3C(Br)_2CH_3$

(4) $CH_3\overset{O}{\overset{\|}{C}}CH_3$ (5) $(CH_3)_2CHBr$ (6) $\underset{H}{\overset{H_3C}{}}C=C\underset{CH_3}{\overset{H}{}}$

11. 分子式为 C_6H_{10} 的化合物 A，经催化氢化得 2-甲基戊烷。A 与银氨溶液作用生成灰白色沉淀。A 在汞盐催化下与水作用得到 $(CH_3)_2CHCH_2COCH_3$。试推测 A 的结构式，并写出反应式和简要说明推断过程。

12. 某化合物的相对分子量为 82，每摩尔该化合物可吸收 2mol 的氢，当它和银氨溶液作用时，没有沉淀生成；当它吸收 1mol 氢时，产物为 2,3-二甲基-1-丁烯。试写出该化合物的结构式及相应的反应式。

13. 有三种化合物 A、B 和 C，分子式均为 C_5H_8，它们都能使 Br_2/CCl_4 溶液迅速褪色。A 与银氨溶液反应产生沉淀，而 B、C 没有。A、B 经催化氢化都生成正戊烷，而 C 只吸收 1mol 的 H_2，产物为 C_5H_{10}。B 与热的 $KMnO_4/H^+$ 反应得到乙酸和丙酸，C 与热的 $KMnO_4/H^+$ 反应则得到戊二酸。试推测 A、B、C 的结构。

五、习题参考答案

1. (1) 3,5-二甲基-3-庚烯 (2) 2,5-二甲基-2-己烯 (3) (E)-3-甲基-2-戊烯

(4) (E)-4,5,5-三甲基-3-乙基-2-己烯 (5) 1,3-己二烯-5-炔

(6) 5,6-二甲基-2-庚炔 (7) (2E,4E)-2,4-己二烯 (8)1,3-环戊二烯

2.

(1) $(CH_3)_2C{=}CHCH(CH_3)_2$　　(2) $(CH_3)_2C{=}CH_2$

(3) 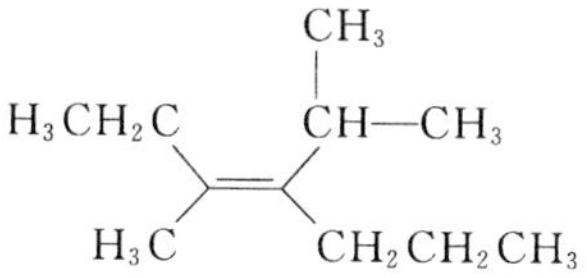 $H_3CH_2C(H_3C)C{=}C(CH(CH_3)CH_3)(CH_2CH_2CH_3)$

(4) 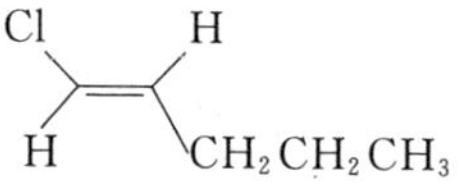 Cl(H)C=C(H)$CH_2CH_2CH_3$

(5) 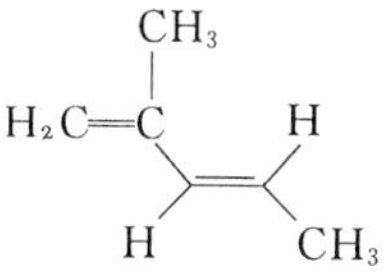 $H_2C{=}C(CH_3)$—CH=CH—CH_3（H 与 H 反式）

(6) $HC{\equiv}C{-}CH{=}CH{-}CH_3$

(7) 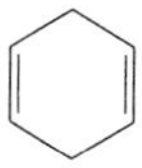 环己烯

(8) 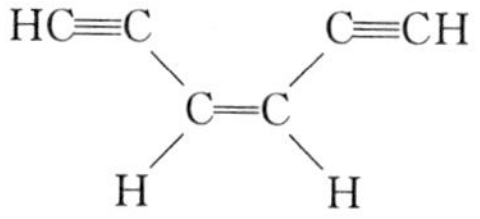 $HC{\equiv}C$(H)C=C(H)$C{\equiv}CH$

3. $CH_2{=}CHCH_2CH_2CH_3$ 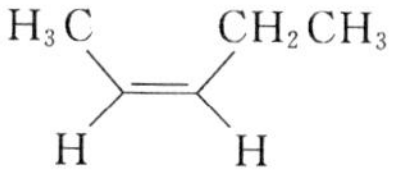 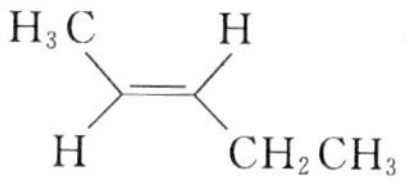　1-戊烯

H_3C(H)C=C(H)CH_2CH_3　(Z)-2-戊烯

H_3C(H)C=C(H)CH_2CH_3　(E)-2-戊烯

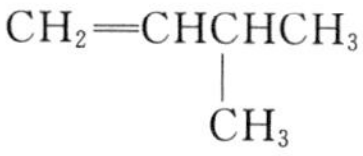

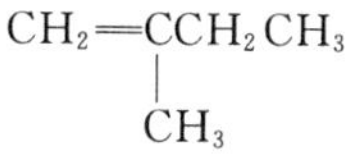

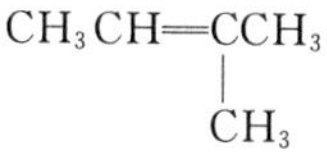

$CH_2{=}CHCH(CH_3)CH_3$　3-甲基-1-丁烯

$CH_2{=}C(CH_3)CH_2CH_3$　2-甲基-1-丁烯

$CH_3CH{=}C(CH_3)CH_3$　2-甲基-2-丁烯

4. (1) 无，(2) 无

(3) 有

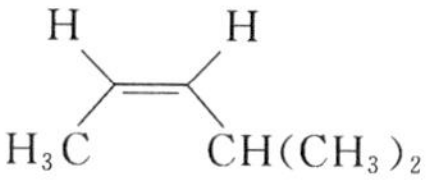

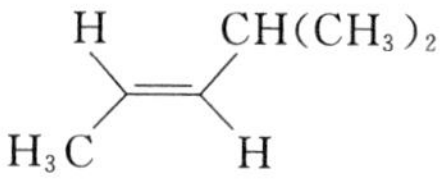

(Z)-4-甲基-2-戊烯　　(E)-4-甲基-2-戊烯

(4) 有

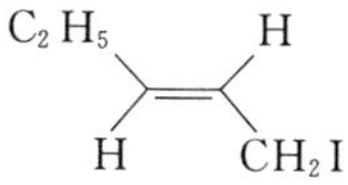

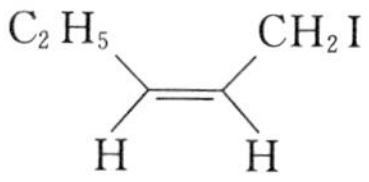

(E)-1-碘-2-戊烯　　(Z)-1-碘-2-戊烯

(5) 有

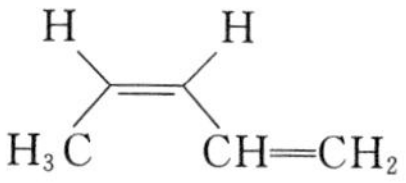

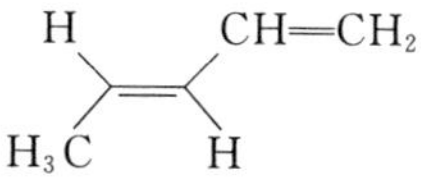

(3Z)-1,3-戊二烯　　(3E)-1,3-戊二烯

(6) 有

(2Z,4E)-2,4-庚二烯　　(2E,4E)-2,4-庚二烯

(2Z,4Z)-2,4-庚二烯　　(2E,4Z)-2,4-庚二烯

5. (1) 2,3-二甲基-2-丁烯＞2-甲基-1-丁烯＞1-戊烯

(2) 2-甲基丙烯＞丙烯＞3-氯丙烯

(3) 乙烯＞溴乙烯＞氯乙烯＞1,2-二氯乙烯

6. (1) 烷烃、烯烃 $\xrightarrow{\text{溴水}}$ 烷烃（一），烯烃褪色

(2) 烷烃、烯烃 $\xrightarrow{\text{高锰酸钾}}$ 烷烃（一），烯烃褪色

7.

(1) $CH_3C(CH_3)=CH_2 + HCl \longrightarrow (CH_3)_3CCl$

(2) $CH_3-CH(CH_3)-CH=CH_2 + H_2O \xrightarrow{H^+} (CH_3)_2CHCHOHCH_3$

(3) $CH_3CH=C(CH_3)_2 \xrightarrow{\text{冷 } KMnO_4/OH^-} CH_3CH(OH)C(OH)(CH_3)_2$

(4) 环己基$=CH_2 + HBr \xrightarrow{(C_6H_5COO)_2}$ 环己基$-CH_2Br$

(5) $CH_3-CH(CH_3)-CH=CH_2 \xrightarrow[2)\ H_2O_2/OH^-]{1)\ B_2H_6} CH_3-CH(CH_3)-CH_2CH_2OH$

(6) $PhC\equiv CH + H_2O \xrightarrow[HgSO_4]{H_2SO_4} C_6H_5-COCH_3$

(7) $CH_3C\equiv CCH_3 \xrightarrow{\text{Lindlar 催化剂加氢}}$ (H₃C)HC=CH(CH₃)（顺式）

(8) $CH_3C\equiv CH + Ag(NH_3)_2^+ \longrightarrow CH_3C\equiv CAg$

(9) $HC\equiv CCH_2CH=CH_2 + HCl \longrightarrow HC\equiv CCH_2CHClCH_3$

(10) 1,3-环己二烯 + 顺丁烯二酸酐 $\xrightarrow{\triangle}$ 双环加成产物（酸酐）

(11) 1-甲基环戊烯 $\xrightarrow[2)\ Zn/H_2O]{1)\ O_3} CH_3CO(CH_2)_3CHO$

8. (1) 2＞3＞1　(2) 1＞2＞3

9. (1) $\left\{\begin{array}{l}\text{正己烷}\\ \text{1,4-己二烯}\\ \text{1-己炔}\end{array}\right.\xrightarrow{\text{银氨溶液}}\left\{\begin{array}{l}(-)\\ (-)\end{array}\right.\xrightarrow{\text{溴水}}\left\{\begin{array}{l}(-)\\ \text{褪色}\end{array}\right.$

灰白色沉淀

(2) $\left\{\begin{array}{l}\text{1-戊炔}\\ \text{2-戊炔}\\ \text{2-甲基丁烷}\end{array}\right.\xrightarrow{\text{银氨溶液}}$ 灰白色沉淀；$\left\{\begin{array}{l}(-)\\ (-)\end{array}\right.\xrightarrow{\text{溴水}}\begin{array}{l}\text{褪色}\\ (-)\end{array}$

10. (1) $HC\equiv CH \xrightarrow[\text{Lindlar 催化剂}]{H_2} CH_2{=}CH_2$

(2) $HC\equiv CH + HCl \longrightarrow CH_2{=}CHCl$

(3) $CH_3C\equiv CH + 2HBr \longrightarrow CH_3C(Br)_2CH_3$

(4) $CH_3C\equiv CH + H_2O \xrightarrow[HgSO_4]{H_2SO_4} CH_3COCH_3$

(5) $CH_3C\equiv CH + H_2 \xrightarrow{\text{Lindlar 催化剂}} CH_3CH{=}CH_2 \xrightarrow{HBr} (CH_3)_2CHBr$

(6) $CH_3C\equiv CCH_3 \xrightarrow{Na/NH_3(l)}$ （反式）$H_3C(H)C{=}C(H)CH_3$

11. A：$HC\equiv CCH_2CH(CH_3)_2$

$HC\equiv CCH_2CH(CH_3)_2 \xrightarrow{\text{催化氢化}} CH_3CH(CH_3)CH_2CH_2CH_3$

$\underset{(A)}{HC\equiv CCH_2CH(CH_3)_2} \xrightarrow{\text{银氨溶液}} AgC\equiv CCH_2CH(CH_3)_2$

$\underset{(A)}{HC\equiv CCH_2CH(CH_3)_2} + H_2O \xrightarrow[HgSO_4]{H_2SO_4} (CH_3)_2CHCH_2COCH_3$

A的不饱和度为2，A与银氨溶液作用生成白色沉淀，推断A是端基炔烃。根据A经催化氢化得2-甲基戊烷推断A的结构式为$HC\equiv CCH_2CH(CH_3)_2$。

12. $CH_2{=}C(CH_3)C(CH_3){=}CH_2 + 2H_2 \longrightarrow CH_3CH(CH_3)CH(CH_3)CH_3$

$CH_2{=}C(CH_3)C(CH_3){=}CH_2 + H_2 \longrightarrow CH_2{=}C(CH_3)CH(CH_3)_2$

13. A：$HC\equiv CCH_2CH_2CH_3$

B：$H_3CC\equiv CCH_2CH_3$

C：（环戊烯）

第四章

芳香烃

一、目的要求

1. 熟悉苯的结构特点，掌握苯衍生物的异构和命名。

2. 掌握苯及其同系物的化学性质和亲电取代反应机理，了解其物理性质。

3. 掌握苯亲电取代反应的两类定位基及其定位规律的解释，熟悉取代苯亲电取代反应的活性大小。

4. 掌握萘、蒽、菲的结构及其重要的化学性质。

5. 掌握用休克尔规则判断化合物的芳香性。

二、本章要点

1. 苯的结构

苯分子中的六个碳原子以 sp^2 杂化，每个碳原子用两个 sp^2 杂化轨道相互形成六个碳碳 σ 键，又各以一个 sp^2 杂化轨道和六个氢原子的 s 轨道形成六个碳氢 σ 键，所有 σ 键之间的夹角均为 120°。所以，苯分子的六个碳原子和六个氢原子都在同一个平面上，是平面正六边形结构。另外，每个碳原子都还保留了一个和这个平面垂直的 p 轨道，它们彼此平行，相互重叠形成了一个包含六个碳原子在内的闭合的大 π 键。π 电子云均匀、对称地分布在分子平面的上方和下方。

2. 苯衍生物的异构和命名

苯环上的氢原子被其他基团取代后的产物称为苯的衍生物，其中苯环上的氢原子被烷基取代后的产物又称为苯的同系物。

由于苯的六个氢原子是等同的，因此，一元取代苯没有因取代基位置不同而产生构造异构体。二元取代苯和多元取代苯，因取代基在苯环上的相对位置的不同，而产生构造异构体。

苯的二元取代物有三种异构体，可用邻(ortho，简写 *o*-)、间(meta，简写 *m*-)、对(para，简写 *p*-)中文字头表示，也可以用阿拉伯数字 1,2-、1,3-、1,4-表示。对于苯环上连有一个甲基和一个非烃基取代基如硝基($-NO_2$)、亚硝基(—NO)、卤素(—X)等官能团的二元取代苯，把甲基和苯连在一起称为某某基甲苯，即以甲苯为母体，而把另一个基团称为取代基。

若苯环上连有多个官能团时，要选择一个官能团为主官能团，与苯环一起作为母体。主官能团的选择顺序为：—NO(亚硝基)，$-NO_2$(硝基)，—X(卤素，F、Cl、Br、I)，—R(烷基)，—OR(烷氧基)，$—NH_2$(氨基)，—SH(巯基)，—OH(羟基)，>C=O(羰基)，—CHO(醛基)，—CN(氰基)，$—CONH_2$(酰氨基)，—COX(酰卤基)，—COOR(酯基)，$—SO_3H$(磺酸基)，—COOH(羧基)。排在后面的官能团作为主官能团，与苯环一起作为母体，将主官能团所连位置编号为"1"，其他取代基的编号按系统命名法的原则沿苯环编号。写名称时，将优先顺序较小的基团排在前面。例如：

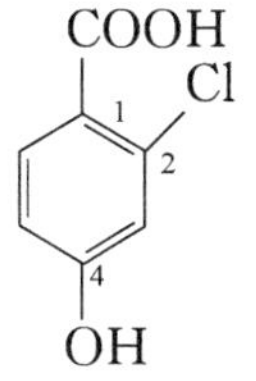

COOH
Cl
OH

4-羟基-2-氯苯甲酸

3. 苯及其同系物的化学性质

苯及其同系物的反应可分为发生在苯环上和侧链上两大类。苯具有特殊的"芳香性"，主要表现在苯环易发生亲电取代反应，加成与氧化反应一般不易进行；苯环上的侧链烷基易氧化，其 α-H 易被卤代。

(1) 苯环上的亲电反应。

苯环上的亲电反应是指在一定的条件下苯环上的氢原子被亲电试剂取代的反应。其亲电取代反应的历程如下：

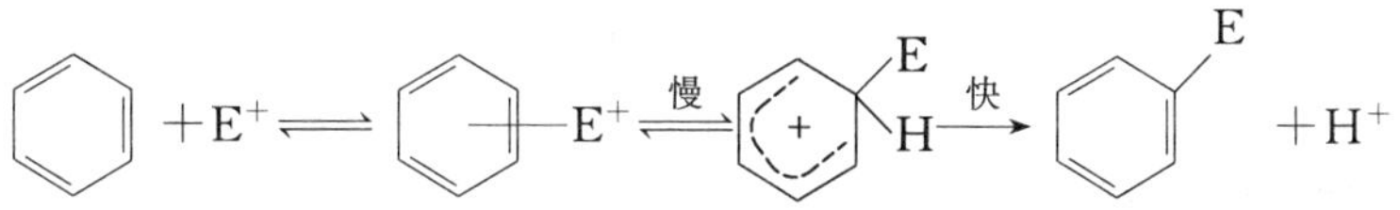

$+E^+ \rightleftharpoons$ π-络合物 $E^+ \xrightleftharpoons{慢}$ σ-络合物 (E, H) $\xrightarrow{快}$ 一元取代苯 (E) $+H^+$

亲电试剂　π-络合物　σ-络合物　一元取代苯

反应分两步完成。第一步，亲电试剂 E^+ 进攻苯环，与离域的 π 电子相互作用形成不稳定的中间体 π-络合物，然后亲电试剂从苯环 π 体系中获得两个电子，与苯环的一个碳原子形成 σ 键，生成 σ-络合物(中间体碳正离子)，中间体碳正离子的形成必须经过一个势能很高的过渡态，这是决定反应速度的一步；第二步，σ-络合物快速地从 sp^3 杂化碳原子上失去一个质子，从而恢复原来的 sp^2 杂化状态，重新形成苯环的闭合共轭体系，生成取代产物。

苯及其同系物的亲电取代反应有：卤代、硝化、磺化和傅-克反应(傅-克烷基化和傅-克酰基化反应)。

甲苯比苯更容易发生亲电反应，且主要得到邻、对位产物，而硝基苯和苯磺酸进一步硝化或进一步磺化，不但比苯的反应条件高，而且主要得到间位产物。

苯环上的亲电反应可总结如下：

$$\text{C}_6\text{H}_6 \xrightarrow[\text{55℃～60℃}]{\text{Cl}_2\text{，铁粉或 FeCl}_3} \text{C}_6\text{H}_5\text{Cl}$$

$$\text{C}_6\text{H}_6 \xrightarrow[\text{H}_2\text{SO}_4\text{(浓)55℃～60℃}]{\text{HNO}_3\text{(浓)}} \text{C}_6\text{H}_5\text{NO}_2$$

$$\text{C}_6\text{H}_6 \xrightarrow[\text{30℃～50℃}]{\text{H}_2\text{SO}_4\text{，SO}_3} \text{C}_6\text{H}_5\text{SO}_3\text{H}$$

$$\text{C}_6\text{H}_6 \xrightarrow[\text{无水 AlCl}_3]{\text{RCl}} \text{C}_6\text{H}_5\text{R}$$

$$\text{C}_6\text{H}_6 \xrightarrow[\text{无水 AlCl}_3]{\text{R—CO—Cl}} \text{C}_6\text{H}_5\text{—CO—R}$$

(2) 苯的加成和氧化反应。

苯在一般条件下不易发生加成和氧化反应，但在特殊条件下也可以发生。例如：

$$\text{C}_6\text{H}_6 + 3\text{H}_2 \xrightarrow[\text{180℃～250℃}]{\text{Ni，加压}} \text{C}_6\text{H}_{12}$$

$$\text{C}_6\text{H}_6 + \text{O}_2 \xrightarrow[\text{400℃}]{\text{V}_2\text{O}_5} \text{(HC=CH)(CO)}_2\text{O} + \text{CO}_2 + \text{H}_2\text{O}$$

(3) 烷基苯的侧链反应。

在高锰酸钾等氧化剂作用下，烷基苯中含有 α-H 的侧链被氧化，生成苯甲酸。不管侧链有多长，最终都被氧化成羧基。如果侧链上无 α-H，则很难被氧化。

烷基苯在光照或加热条件下与卤素反应，侧链上的 α-H 被卤原子取代。例如：

$$\text{C}_6\text{H}_5\text{CH}_2\text{CH}_3 \xrightarrow[\text{光照}]{\text{Br}_2} \text{C}_6\text{H}_5\text{CHBrCH}_3 + \text{HBr}$$

4. 苯环亲电取代反应的定位规律

苯环上原有的取代基决定亲电取代反应的活性和新引入取代基进入苯环的位置，其规律称为苯环亲电取代反应的定位规律。苯环上原有的取代基称为定位基。按所得产物比例的不同，可以把苯环上的定位基分为邻、对位定位基（产物邻、对位异构体之和大于 60%）和间位定位基（间位产物异构体大于 40%）两类。

邻、对位定位基（又称第一类定位基）：使新进入的取代基主要进入它的邻位和对位的定位基。除卤素外，这类定位基对苯环产生活化作用（增加苯环上的电子云密度）。邻、对位定位基在结构上的特征是：定位基中与苯环直接相连的原子以单键和其他原子相连，多数具有未共用电子对。

间位定位基（又称第二类定位基）：使新进入的取代基主要进入它的间位的定位基。这类定位基对苯环产生钝化作用（降低苯环上的电子云密度）。间位定位基在结构上的特征是：定位基中与苯环直接相连的原子一般是以不饱和键（双键或叁键）和其他原子相连或者带有正电荷。

苯环上连有两个取代基的二元取代苯在进行亲电取代反应时，基团进入苯环的位置一般有如下规律：

（1）若两个取代基的定位作用一致，第三个基团进入它们共同确定的位置。

（2）若两个取代基的定位作用不一致，有以下两种情况：

① 若两个取代基不同类，定位效应受邻、对位定位基控制。

② 若两个取代基为同一类，定位效应受定位能力较强的基团控制。

5. 稠环芳烃

（1）萘、蒽、菲的结构。

萘的分子式为 $C_{10}H_8$，是由两个苯环稠合而成的。蒽和菲的分子式均为 $C_{14}H_{10}$，互为同分异构体，由三个苯环稠合而成。萘、蒽和菲的 π 电子云没有像苯那样完全平均化。

萘、蒽、菲的结构及环上碳原子的编号如下：

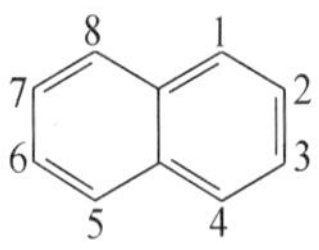

萘 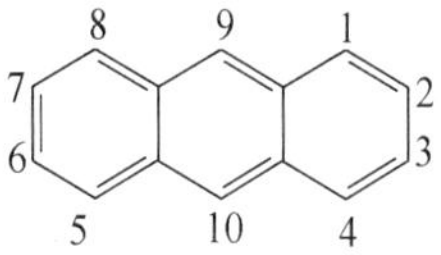　　蒽　　菲

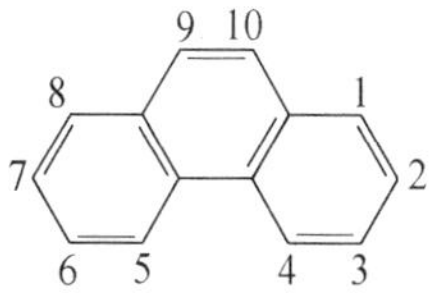

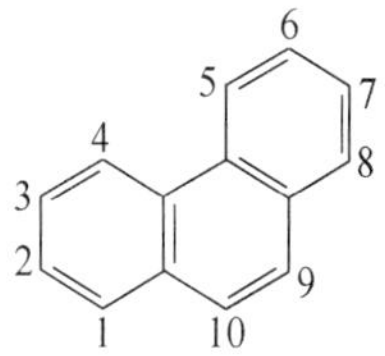

萘和蒽的 1,4,5,8 位等同，称为 α 位；2,3,6,7 位等同，称为 β 位。蒽中的 9,10 位等同，称为 γ 位。菲的情况例外，菲分子中的 1,2,3,4,10 和 8,7,6,5,9 是对应的，但这五种位置均各不相同。

（2）萘、蒽和菲的化学性质。

萘与苯相似，能发生亲电取代反应，但比苯更容易发生氧化、加成等反应。萘的亲电取代反应主要有卤代、磺化等。萘亲电取代反应易发生在 α 位上。萘的磺化反应是可逆的，在较低的温度（<80℃）下主要得到 α-萘磺酸，在较高温度（165℃）下主要生成 β-萘磺酸。α-萘磺酸加热到 165℃ 也会转变为 β-萘磺酸。

一取代萘进行亲电取代反应时，当取代基为邻、对位定位基时，新进入的基团主要进入同环原取代基的邻位或对位中的 α 位；当萘环上的取代基为间位取代基时，则新进入的基团主要进入异环的 α 位（即 5,8 位）。

萘的加成和氧化产物与反应条件有关。在不同的条件下，萘加成可分别得到1,4-二氢萘，1,2,3,4-四氢萘和顺十氢萘。在缓和的氧化条件下，萘被氧化成1,4-萘醌，在激烈的氧化条件下，萘被氧化成邻苯二甲酸酐。

6. 非苯芳烃

休克尔规则或称 $4n+2$ 规则：在一个单环多烯结构的化合物中，当成环原子共处一个平面，并形成环状闭合共轭体系时，如果它的 π 电子数目为 $4n+2$（$n=0,1,2,3\cdots\cdots$），则这个化合物具有芳香性。

苯、萘、蒽和菲等在结构上形成了环状闭合共轭体系，环上 π 电子数目都等于 $4n+2$，它们都具有芳香性。一些不含苯环的环状共轭多烯，结构上符合休克尔规则、具有芳香性，称为非苯芳烃。

奇数碳的单环多烯，如果是中性分子，因为必定有一个 sp^3 杂化的碳原子，不可能构成环状共轭体系，因而就不可能有芳香性。但当它们转变为正、负离子或者游离基时，就可能构成环状共轭体系，那么就可能具有芳香性。常见的非苯芳烃有：环戊二烯负离子、环辛四烯二负离子、环丙烯正离子、薁以及一些轮烯等。

三、例题解析

［例1］ 命名下列化合物：

(1) 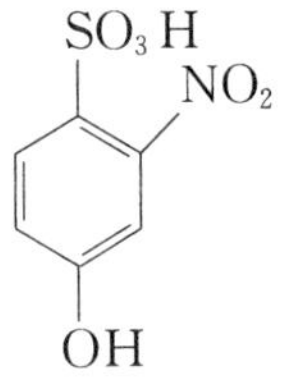 SO_3H, NO_2, OH　　(2) H_3C, SO_3H, HO

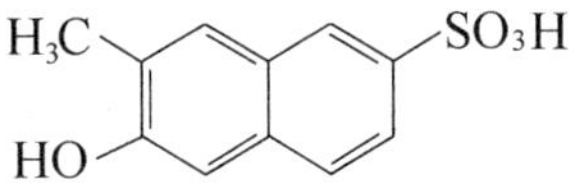

(3) 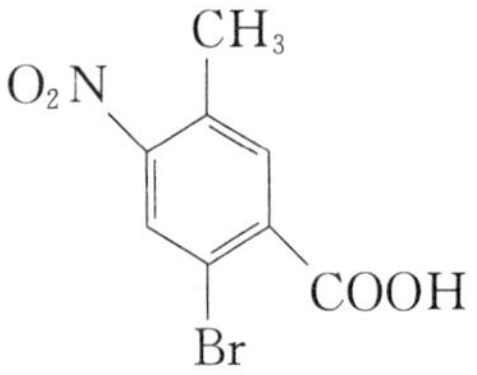 CH_3, O_2N, COOH, Br　　(4) 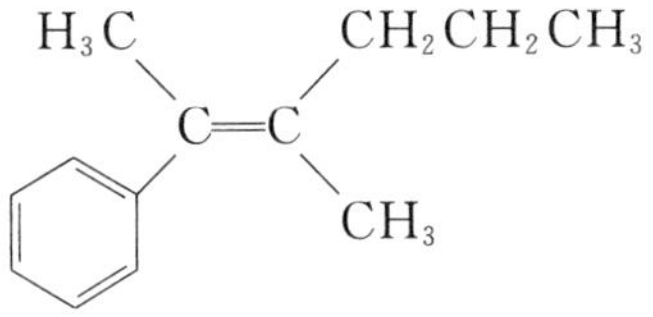 H_3C, $CH_2CH_2CH_3$, C=C, CH_3 (Z/E)

解：(1) 2-硝基-4-羟基苯磺酸。

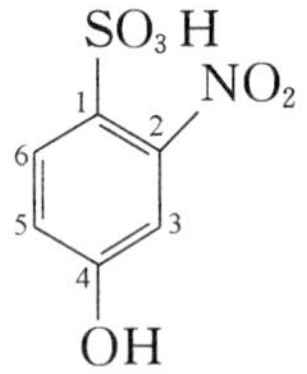

SO_3H 1 2 NO_2 6 3 5 4 OH

该化合物的苯环上有3种基团：—SO_3H，—NO_2，—OH。首先按主官能团的选择原则，确定—SO_3H 为主官能团。然后将主官能团与苯环连在一起作为母体、其他基团作为取代基进行命名。接下来确定基团在苯环上的相对位置，即对苯环编号。编号的方法是：作为主官能团的基团与苯环连接的碳原子编号为1，其他取代基的位次按系统命名法的规则沿苯环编号。写名称时，取代基的名称和位置写在母体前面；取代基的书写顺序按基团的优先顺序，优先顺序较小的写在前面，优先顺序较大的写在后面。

(2) 7-甲基-6-羟基-2-萘磺酸。

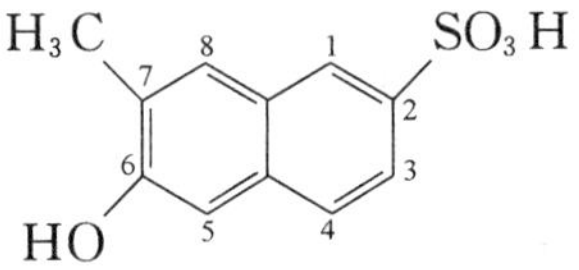

H_3C 7 8 1 SO_3H 2 6 3 HO 5 4

该化合物为取代萘，母体名称萘磺酸。萘的编号是固定的，二元和多元取代萘的命名，从靠近主官能团的 α 位沿萘环用阿拉伯数字依次编号(注意共用碳原子不参加编号)。

(3) 5-甲基-4-硝基-2-溴苯甲酸。

该化合物与(1)相似，—COOH(羧基)为主官能团，母体名称苯甲酸。

(4) E-3-甲基-2-苯基-2-己烯。

该化合物苯环侧链为复杂烃基，应以烃为母体，苯为取代基。

［例 2］ 请指出下列反应中的错误并给予纠正。

(1) 苯 $+CH_3CH_2CH_2Cl \xrightarrow{无水\ AlCl_3}$ 正丙苯($C_6H_5CH_2CH_2CH_3$)

(2) 硝基苯 $+ CH_3—\overset{O}{\overset{\|}{C}}—Cl \xrightarrow{无水\ AlCl_3}$ 邻硝基苯乙酮($COCH_3$ 与 NO_2 邻位) + 对硝基苯乙酮($COCH_3$ 与 NO_2 对位)

(3) $H_3C—C_6H_4—C(CH_3)_3 \xrightarrow{KMnO_4/H^+} HOOC—C_6H_4—COOH$

(4) 1-甲基萘(CH_3) $\xrightarrow{HNO_3}$ 1-甲基-8-硝基萘(NO_2, CH_3)

(5) 甲苯(CH_3) $\xrightarrow{Br_2/CCl_4}$ 邻溴甲苯(CH_3, Br) + 对溴甲苯(CH_3, Br)

解：(1) 产物错误。这是一个傅-克烷基化反应，由 $CH_3CH_2CH_2Cl$ 离解生成的丙基碳正离子 $CH_3CH_2CH_2^+$(一级碳正离子)重排成较稳定的异丙基碳正离子 $CH_3\overset{+}{C}HCH_3$(二级碳正离子)，应以重排产物为主。正确答案：

$$C_6H_6 + CH_3CH_2CH_2Cl \xrightarrow{无水\ AlCl_3} C_6H_5CH(CH_3)_2$$

(2) 产物错误。硝基是强钝化基团，硝基苯不能发生傅-克反应。正确答案：

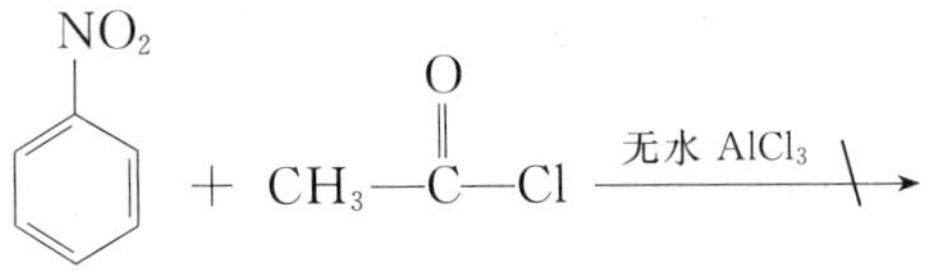

NO_2

$+ \ CH_3—\overset{O}{\overset{\|}{C}}—Cl \xrightarrow{\text{无水 } AlCl_3} \not\rightarrow$

(3) 产物错误。苯环侧链的氧化发生在 α-C—H 键上，叔丁基与苯环相连的 α-碳上无氢，故不被氧化。正确答案：

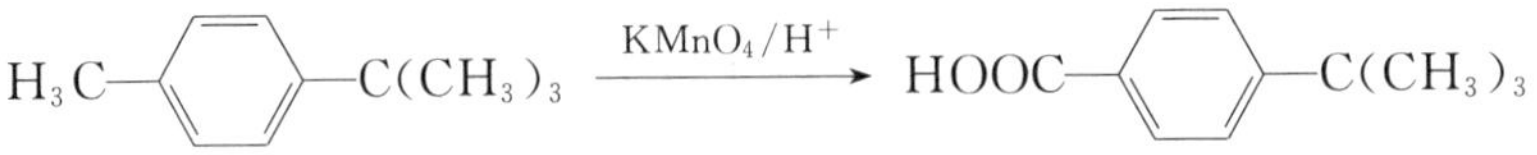

$$H_3C—C_6H_4—C(CH_3)_3 \xrightarrow{KMnO_4/H^+} HOOC—C_6H_4—C(CH_3)_3$$

(4) 产物错误。一取代萘进行亲电取代反应时，当取代基为致活的邻对位定位基时，新进入的基团主要进入同环。如果原有的取代基在 1 位，则进入 2 位和 4 位，以 4 位为主。反应物中的—CH_3 为邻对位定位基且在萘的 1 位，则硝基主要进入 4 位。正确答案：

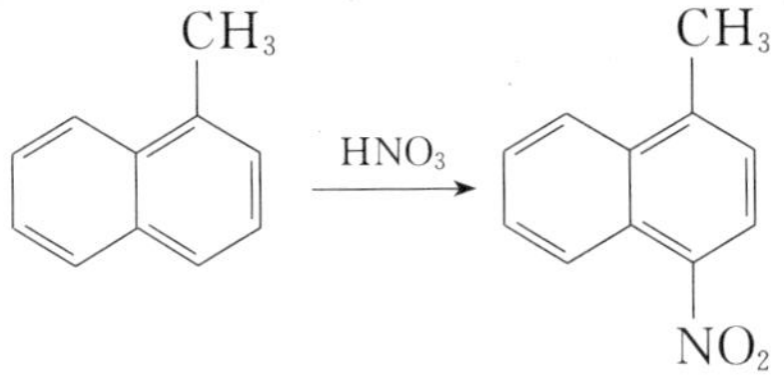

CH_3 $\xrightarrow{HNO_3}$ CH_3

NO_2

(5) 反应条件错误。苯及其同系物在 Br_2/CCl_4 条件下与溴不发生反应，但在催化剂(如铁粉或三溴化铁)存在下与溴可发生亲电取代反应。正确答案：

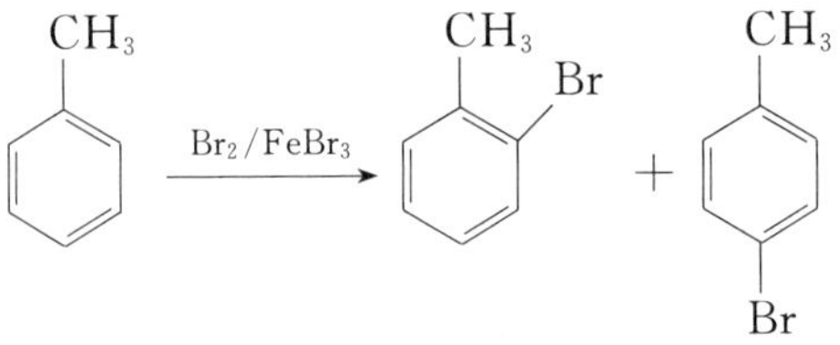

CH_3 $\xrightarrow{Br_2/FeBr_3}$ CH_3 Br $+$ CH_3

Br

[例 3] 比较下列各组化合物硝化反应的活性大小，并说明理由。

(1) 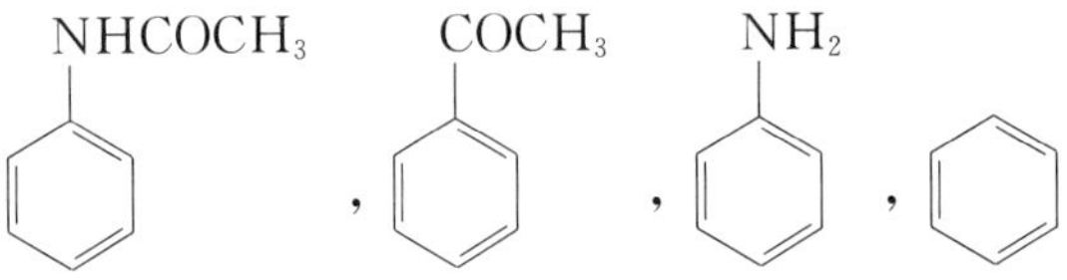 $NHCOCH_3$，$COCH_3$，NH_2，

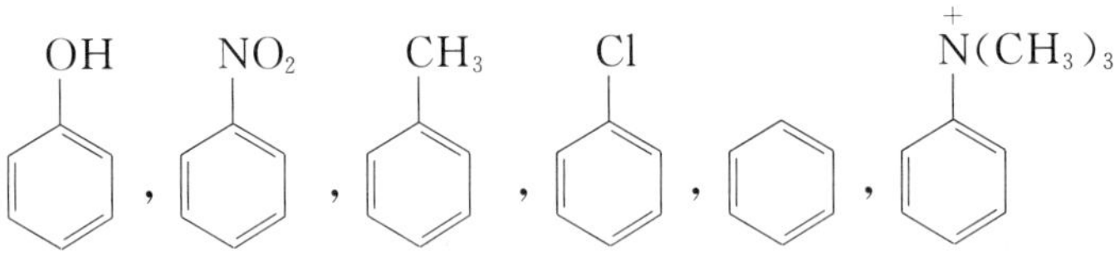

(2) OH，NO_2，CH_3，Cl，，$\overset{+}{N}(CH_3)_3$

(3) Cl，Cl NO_2，Cl NO_2 NO_2

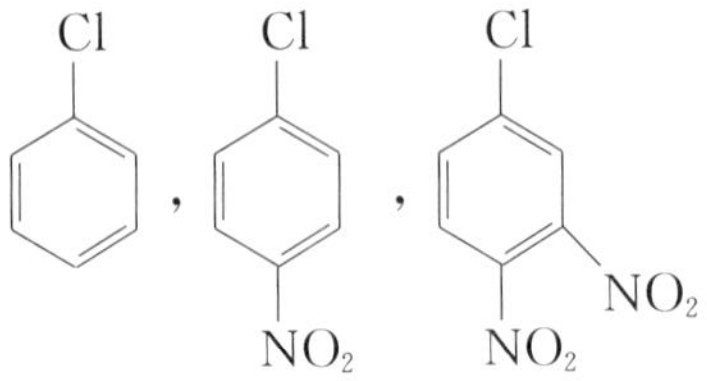

解： 上述化合物的硝化反应均属于亲电取代反应。亲电取代反应的活性与化合物苯环上的电子云密度有关，苯环上的电子云密度越大，其反应活性越大，反之则越小。

(1) 四种化合物用结构通式 C_6H_5—X 表示，X 分别表示 $NHCOCH_3$，$COCH_3$，NH_2，

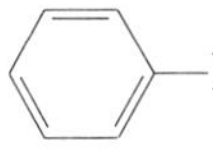

H。$NHCOCH_3$ 和 NH_2 是活化基团，其中 NH_2 是强活化基团，$NHCOCH_3$ 是中等强活化基团；$COCH_3$ 是钝化基团，H 介于活化和钝化基团之间，作为对照标准。活化基团能增加苯环上的电子云密度，使亲电取代反应活性增加，而且活化能力越大，活性增加越多；钝化基团会减少苯环上的电子云密度，使亲电取代反应活性降低，而且钝化能力越大，活性降低越多。

答案：

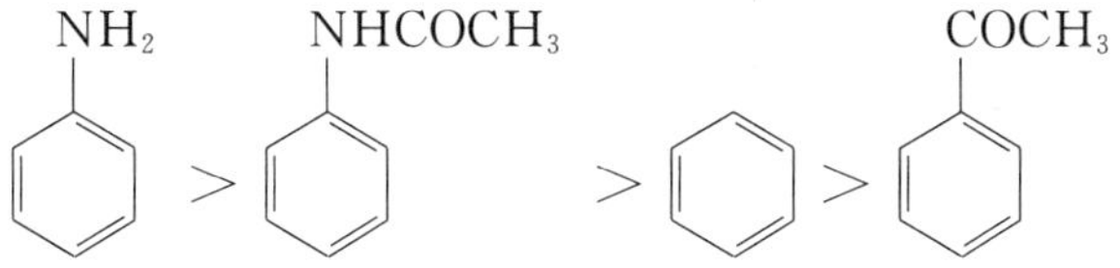

NH_2　>　$NHCOCH_3$　>　>　$COCH_3$

(2) 六种化合物用结构通式 —X 表示，X 分别表示 OH、NO_2、CH_3、Cl、H、$-\overset{+}{N}(CH_3)_3$。OH 和 CH_3 是活化基团，其中 OH 是强活化基团，CH_3 是弱活化基团基团；NO_2、Cl、$-\overset{+}{N}(CH_3)_3$ 是钝化基团，其中$-\overset{+}{N}(CH_3)_3$ 是最强钝化基团，NO_2 是第二强钝化基团，Cl 是弱钝化基团，详细分析参见(1)。

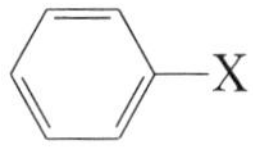

答案：

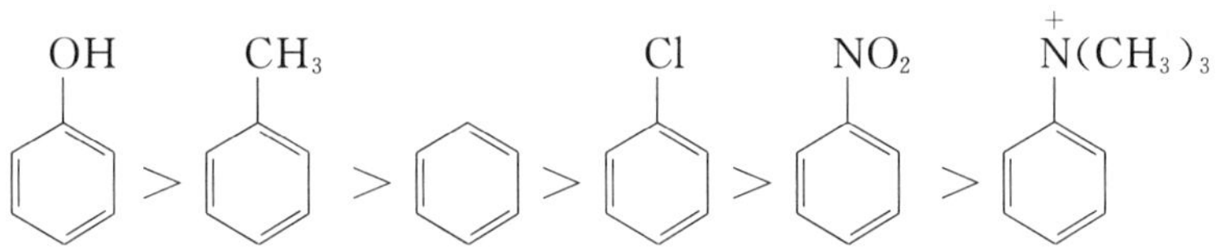

OH　>　CH_3　>　>　Cl　>　NO_2　>　$\overset{+}{N}(CH_3)_3$

(3) 硝基是钝化基团，苯环上的硝基越多，钝化作用越强，亲电取代反应活性越小。

答案：

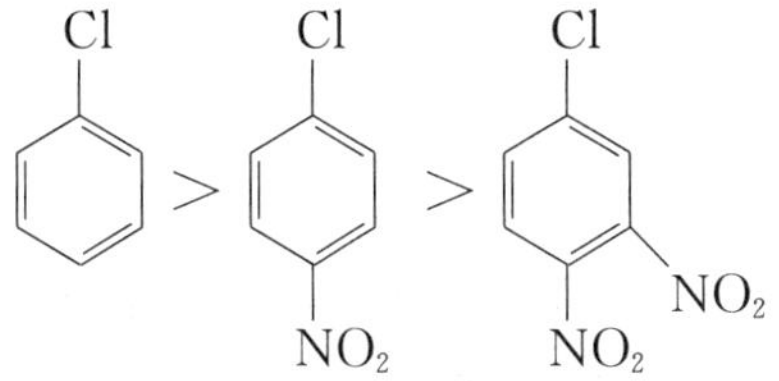

Cl　>　Cl　>　Cl

NO_2　　NO_2　NO_2

[例 4]　薁由环戊二烯和环庚三烯稠合而成，但薁有明显的极性，试解释。

解：虽然环庚三烯的 π 电子数等于 6，符合 $4n+2$，但环上含有一个 sp^3 杂化碳，此碳无 p 轨道，不能与其他碳原子形成封闭的大 π 键，因此，环庚三烯没有芳香性。但环庚三烯失去一个电子变成正离子后，sp^3 杂化碳变成 sp^2 杂化碳，此碳空 p 轨道与环上其他碳原子的 p 轨道相邻，侧面交盖形成封闭的大 π 键，π 电子数等于 6，符合休克尔规则。因此，环庚三烯正离子具有芳香性。

环戊二烯没有芳香性，因为 π 电子数为 4，而且有一个 sp^3 杂化碳。但环戊二烯得到一个电子变成环戊二烯负离子后，sp^3 杂化碳变成 sp^2 杂化碳，此碳 p 轨道上占有 2 个电子，π 电子总数等于 6。因此，环戊二烯负离子具有芳香性。

具有芳香性的化合物体系能量低，因而稳定性好，容易形成。由于环戊二烯负离子和环庚三烯正离子具有芳香性，因此我们可以把薁看成是由环戊二烯负离子和环庚三烯正离子稠合而成，故薁具有明显的极性，其偶极矩指向带负电荷的环戊二烯负离子一端。

[例 5]　(1)由甲苯合成邻硝基苯甲酸(2-NO_2-C_6H_4-COOH)。(2) 由苯合成 C_6H_5-$CH_2CH_2CH_3$。

解:

(1) 方法一:

$$C_6H_5CH_3 \xrightarrow{HNO_3/H_2SO_4} o\text{-}CH_3C_6H_4NO_2 + p\text{-}CH_3C_6H_4NO_2 \xrightarrow{\text{分离}} o\text{-}CH_3C_6H_4NO_2 \xrightarrow{KMnO_4/H^+} o\text{-}HOOCC_6H_4NO_2$$

方法二:甲苯硝化将得到邻位和对位硝基苯混合物,分离比较麻烦;如果先用浓硫酸在一定温度下磺化,则主要得到对甲苯磺酸;然后硝化,由于磺酸基是间位定位基,甲基是邻对位定位基,因此硝基恰好进入要求位置,收率较好。最后通过水解将磺酸基脱去,再氧化,即可得到目标产物。

$$C_6H_5CH_3 \xrightarrow[100℃]{\text{浓 } H_2SO_4} p\text{-}CH_3C_6H_4SO_3H \xrightarrow[HNO_3]{H_2SO_4} \text{2-硝基-4-磺酸基甲苯}(CH_3, NO_2, SO_3H) \xrightarrow[\triangle]{H_3O^+} o\text{-}CH_3C_6H_4NO_2 \xrightarrow{KMnO_4/H^+} o\text{-}HOOCC_6H_4NO_2$$

(2) 如果用 $CH_3CH_2CH_2Cl$ 为试剂进行傅-克烷基化反应,会产生较多的副反应,目标产物收率很低。选择先以 CH_3CH_2COCl 为试剂进行傅-克酰基化,然后采用克莱门森方法还原(参见第八章中醛酮的还原)的合成路线,目标产物收率较好。

$$C_6H_6 + CH_3CH_2COCl \xrightarrow{\text{无水 } AlCl_3} C_6H_5COCH_2CH_3 \xrightarrow[\text{浓 HCl}]{Zn\text{-}Hg} C_6H_5CH_2CH_2CH_3$$

[例 6]　分析苯的亲电取代反应历程和烯烃的亲电加成反应历程,它们有什么相同处,又有什么不同处?为什么苯及其同系物易发生亲电取代反应,而不易发生亲电加成反应?

解: 苯环的亲电取代反应历程如下:

$$C_6H_6 + E^+ \rightleftharpoons [C_6H_6\text{—}E^+] \underset{}{\overset{\text{慢}}{\rightleftharpoons}} [C_6H_6E]^+ \xrightarrow{\text{快}} C_6H_5E + H^+$$

亲电试剂　π-络合物　σ-络合物(环碳正离子)　一元取代苯

以烯烃与氯化氢的加成为例，其亲电加成反应历程如下：

$$\mathrm{>C{=}C<} + H^+ \underset{}{\overset{慢}{\rightleftharpoons}} \mathrm{-\overset{H}{\underset{|}{C}}-C^+<} \underset{Cl^-}{\overset{快}{\rightleftharpoons}} \mathrm{-\overset{H}{C}-\overset{Cl}{C}-}$$

亲电试剂　　碳正离子　　加成产物

相同处：苯环的亲电取代反应和烯烃的亲电加成反应的第一步都是亲电试剂进攻苯环的大 π 键或烯烃的双键形成碳正离子，这一步是决速步骤。不同处：由烯烃生成的碳正离子接着迅速地和亲核试剂结合而形成加成产物；而由苯生成的 σ-络合物随即失去一个质子，重新恢复为稳定的苯环结构，最后得到取代产物。

如果苯发生加成反应，则会破坏苯环封闭的共轭体系，使体系能量升高而不稳定。所以，苯及其同系物不易发生亲电加成反应，而易发生亲电取代反应。

［例 7］ 用下列合成路线制备苯甲酸，设计分离方法分离苯甲酸。

$$C_6H_5CH_3 \xrightarrow[NaOH,H_2O,回流]{KMnO_4} \xrightarrow{H^+} C_6H_5COOH$$

解： 甲苯在碱性溶液中被氧化为苯甲酸钠，高锰酸钾被还原为二氧化锰沉淀，通过抽滤除去二氧化锰沉淀，滤液为苯甲酸钠水溶液。利用苯甲酸钠溶于水，而苯甲酸在水中溶解度很小的特点，在滤液中加稀硫酸或稀盐酸酸化，苯甲酸呈白色固体析出，通过抽滤、水洗和干燥即可得到苯甲酸纯品。

［例 8］ 下列化合物中，苯环上的取代基对苯环产生给电子的 p-π 共轭效应（+C）和吸电子的诱导效应（−I），且+C>−I 的是哪一个？

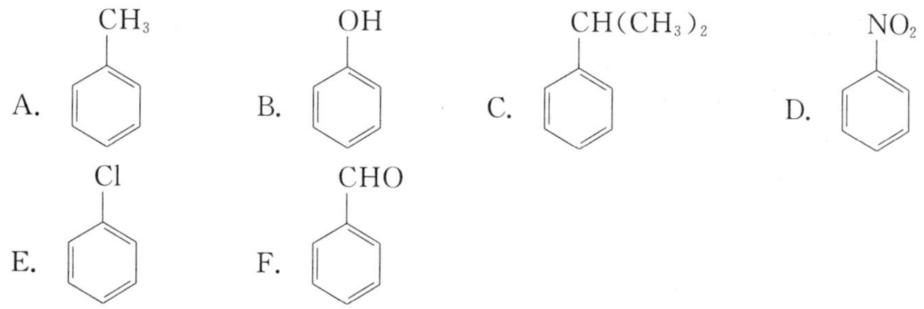

解： A 和 C 中的—CH_3 和—$CH(CH_3)_2$ 对苯环产生给电子的诱导效应（+I）和 σ-π 超共轭效应（+C）。D 和 F 中的—NO_2 和—CHO 对苯环产生吸电子的诱导效应（−I）和吸电子的共轭效应（−C）。B 和 E 中的—OH 和—Cl 对苯环产生吸电子的诱导效应（−I）和给电子的 p-π 共轭效应（+C），但—Cl 的−I>+C，而—OH 的+C>−I。正确答案：B。

四、习　题

1. 命名下列化合物：

(1) 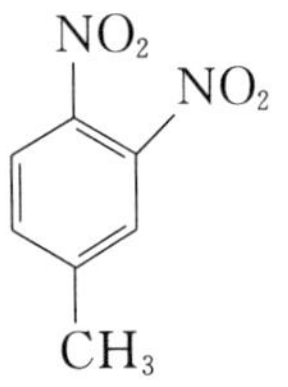 NO_2 NO_2 CH_3

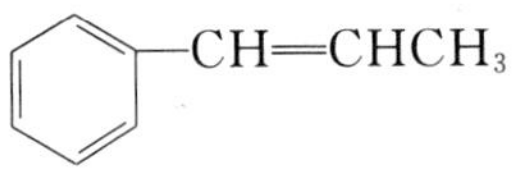

(2) $CH{=}CHCH_3$

(3) Cl Cl

(4) 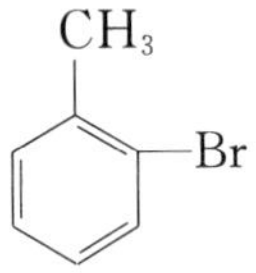 CH_3 Br

(5) 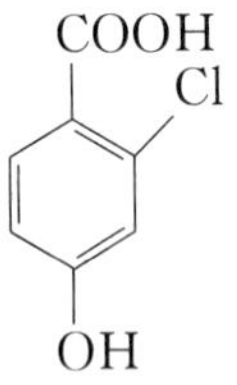 COOH Cl OH

(6) 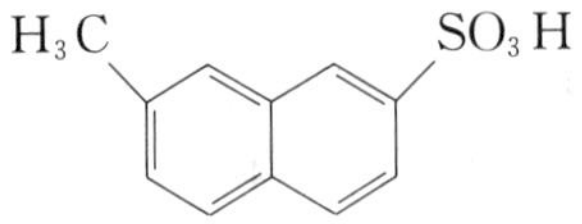 H_3C SO_3H

(7) 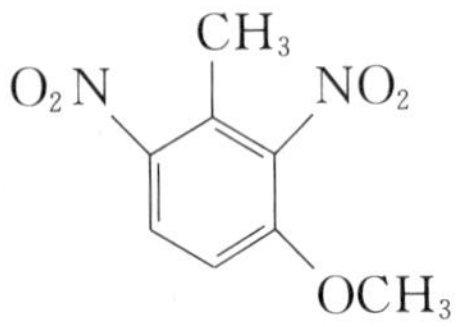 CH_3 O_2N NO_2 OCH_3

(8) 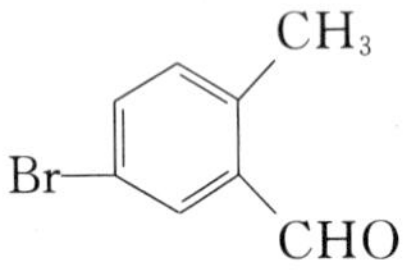 CH_3 Br CHO

(9) 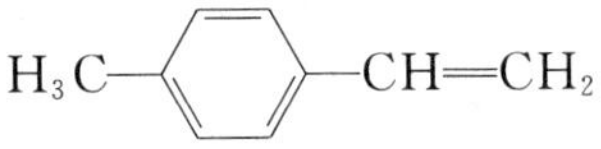 H_3C—　—$CH{=}CH_2$

(10) 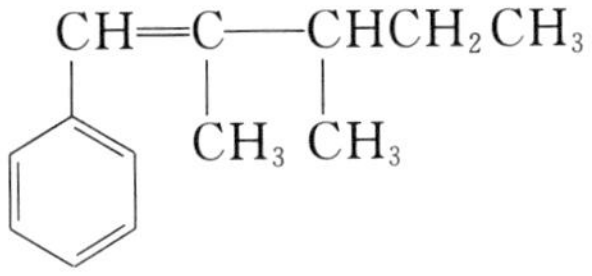 $CH{=}C—CHCH_2CH_3$ CH_3 CH_3

2. 写出下列化合物的构造式：

(1) 连三甲苯　(2) 苄基氯　(3) 间氯甲苯

(4) 3-硝基-2-氯苯磺酸　(5) β-苯基溴乙烷　(6) 1-苯基丙烯

(7) 3-苯基-1-丁炔　(8) β-萘酚　(9) 1-甲基-8-乙基萘

(10) 9-溴菲　(11) 1,5-二硝基-9,10-蒽醌

3. 完成下列反应：

(1)  $+CH_3CH_2CH_2Cl \xrightarrow{\text{无水 } AlCl_3}$

(2) $\xrightarrow{KMnO_4/H^+}$

(3) $+O_2 \xrightarrow[400℃]{V_2O_5}$

(4) $+\ CH_3CH{=}CH_2 \xrightarrow{H_2SO_4}$

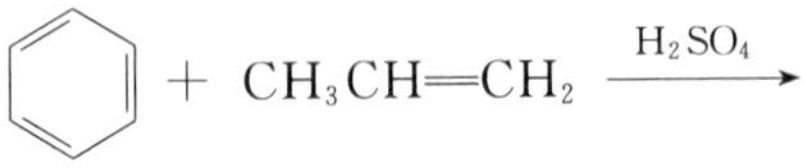

(5) 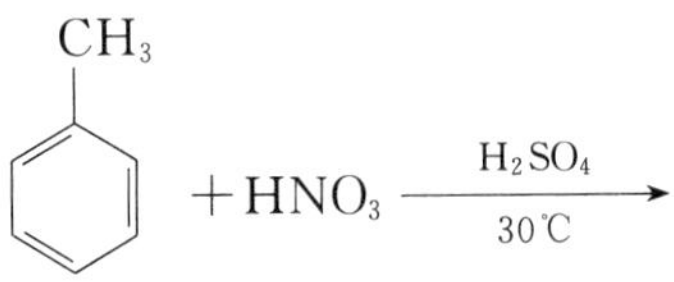 CH_3 $+HNO_3 \xrightarrow[30℃]{H_2SO_4}$

(6) 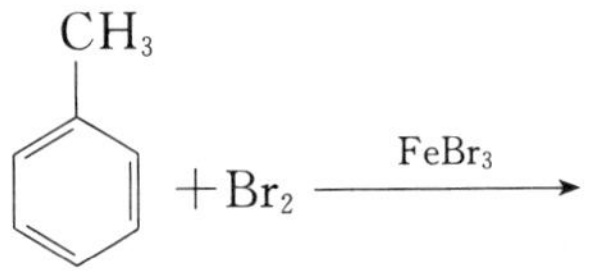 CH_3 $+Br_2 \xrightarrow{FeBr_3}$

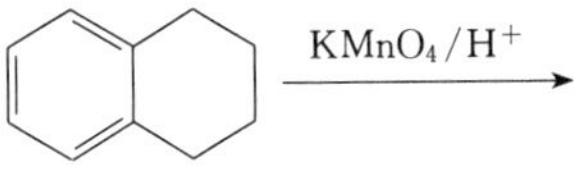

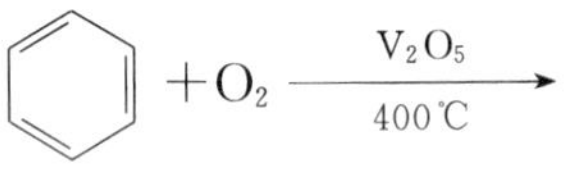

(7) 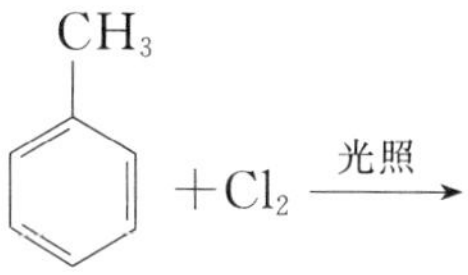 甲苯 $+Cl_2 \xrightarrow{光照}$

(8)  $H_3C-C_6H_4-C(CH_3)_3 \xrightarrow{KMnO_4/H^+}$

(9)  苯磺酸（SO_3H） $\xrightarrow[200℃\sim245℃]{发烟硫酸}$

(10) 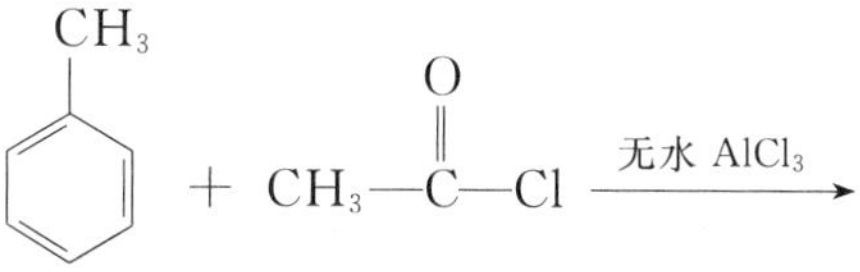 甲苯 $+ CH_3-\overset{O}{\overset{\|}{C}}-Cl \xrightarrow{无水\ AlCl_3}$

4. 用箭头表示下列芳香族化合物在发生亲电取代反应时，亲电试剂取代的位置（主要产物）。

(1) 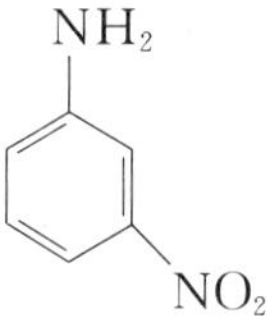 间硝基苯胺（NH_2、NO_2）　(2) 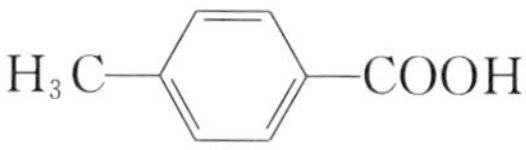 $H_3C-C_6H_4-COOH$　(3)  对溴甲苯（CH_3、Br）

(4)  对甲苯酚（OH、CH_3）　(5) 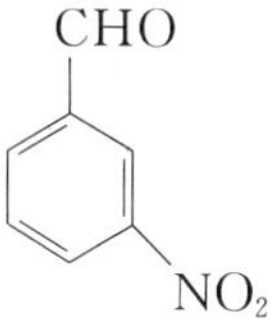 间硝基苯甲醛（CHO、NO_2）　(6) 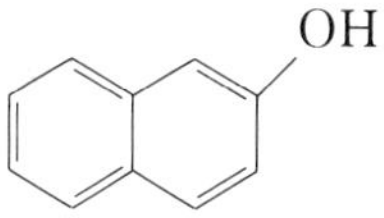 2-萘酚（OH）

(7) 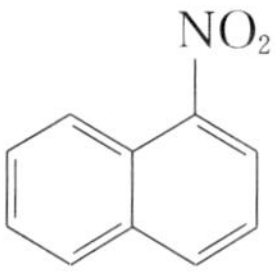 1-硝基萘（NO_2）

5. 以苯或甲苯为起始原料合成下列化合物（其他试剂任选）：

(1) 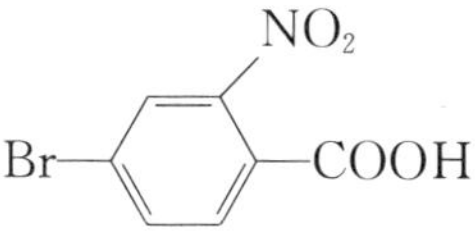 Br—C₆H₃(NO₂)—COOH　(2) 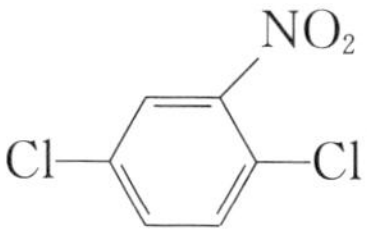 Cl—C₆H₃(NO₂)—Cl　(3) 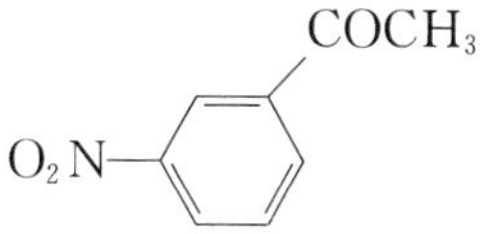 O_2N—C₆H₄—$COCH_3$（间位）

6. 判断下列各化合物中哪些有芳香性。为什么？

(1) 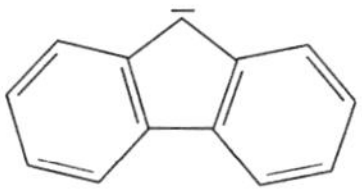 芴负离子（−）　(2) 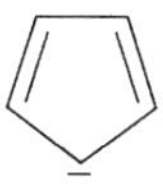 环戊二烯负离子（−）　(3)  环丙烯正离子（+）　(4)  环己二烯负离子（−）　(5)  环庚三烯正离子（+）　(6) 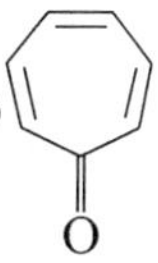 环庚三烯酮（O）

7. 羟基是一个吸电子基团，还是一个给电子基团？它在乙醇和苯酚两个化合物中的电子效应是否相同？说出它们的异同点。

8. 比较环戊二烯和环庚三烯中亚甲基上氢的酸性，并说明理由。

9．用化学方法鉴别下列各组化合物。

(1) ，$-CH_3$ ，，CH_3

(2) ，，，

(3) CH_2CH_3 ，$CH{=}CH_2$ ，$C{\equiv}CH$ ，

10．某芳烃 A 的分子式为 C_9H_{10}，能使溴水褪色，用热的高锰酸钾硫酸溶液氧化后生成一种二元羧酸，该二元羧酸溴化时只生成一种一溴代二元酸。推断 A 的结构式并写出各步反应式。

11．A、B、C 三种芳烃的分子式均为 C_9H_{12}，氧化时 A 得一元羧酸，B 得二元羧酸，C 得三元羧酸。但经硝化后，A 和 B 分别得到两种一硝基化合物，而 C 只得到一种一硝基化合物。推断 A、B、C 这三种芳烃的结构。

五、习题参考答案

1．(1) 3,4-二硝基甲苯　　(2) 1-苯基丙烯

(3) 1,4-二氯苯或对二氯苯　　(4) 2-溴甲苯或邻溴甲苯

(5) 4-羟基-2-氯苯甲酸　　(6) 7-甲基-2-萘磺酸

(7) 3-甲基-2,4-二硝基苯甲醚　　(8) 2-甲基-5-溴苯甲醛

(9) 对甲苯乙烯　　(10) 2,3-二甲基-1-苯基-1-戊烯

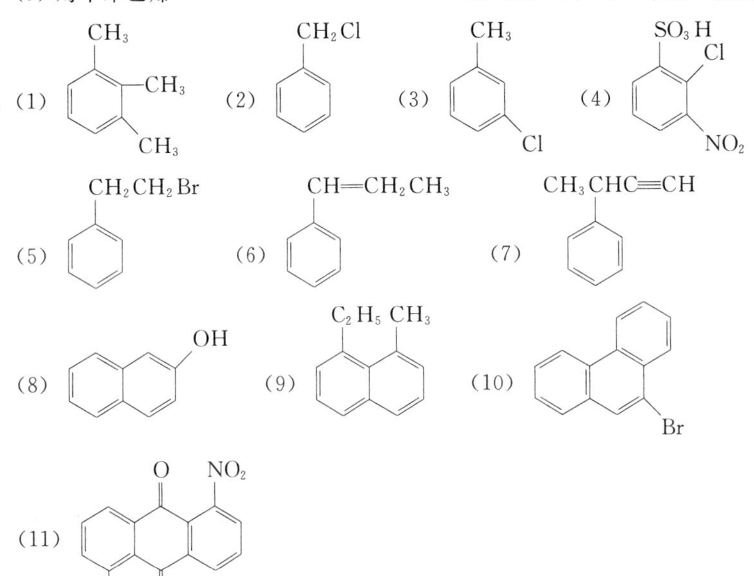

3. (1) $C_6H_5CH(CH_3)_2$　(2) 邻苯二甲酸（$C_6H_4(COOH)_2$）

(3) 顺丁烯二酸酐 $+CO_2+H_2O$　(4) $C_6H_5CH(CH_3)_2$　(5) 对硝基甲苯 + 邻硝基甲苯

(6) 邻溴甲苯 + 对溴甲苯　(7) $C_6H_5CH_2Cl$ + $C_6H_5CHCl_2$ + $C_6H_5CCl_3$

(8) $HOOC-C_6H_4-C(CH_3)_3$　(9) 间苯二磺酸（SO_3H，SO_3H）　(10) 对甲基苯乙酮（CH_3，$COCH_3$）

4. (1) 间硝基苯胺（NH_2，NO_2）　(2) $H_3C-C_6H_4-COOH$　(3) 对溴甲苯（CH_3，Br）　(4) 对甲苯酚（OH，CH_3）

(5) 间硝基苯甲醛（CHO，NO_2）　(6) 2-萘酚（OH）　(7) 1-硝基萘（NO_2）

5. (1) 甲苯 $\xrightarrow[100℃\sim120℃]{浓\ H_2SO_4}$ 对甲苯磺酸（CH_3，SO_3H） $\xrightarrow[HNO_3]{H_2SO_4}$ 2-硝基-4-磺酸基甲苯（CH_3，NO_2，SO_3H） $\xrightarrow[\triangle]{H_3O^+}$ 邻硝基甲苯（CH_3，NO_2） $\xrightarrow[FeBr_3]{Br_2}$

4-溴-2-硝基甲苯（CH_3，NO_2，Br） $\xrightarrow{KMnO_4/H^+}$ $Br-C_6H_3(NO_2)-COOH$

或：甲苯（CH_3） $\xrightarrow{HNO_3/H_2SO_4}$ 邻硝基甲苯（CH_3，NO_2） + 对硝基甲苯（CH_3，NO_2） $\xrightarrow{分离}$ 邻硝基甲苯（CH_3，NO_2） $\xrightarrow[FeBr_3]{Br_2}$ 4-溴-2-硝基甲苯（CH_3，NO_2，Br）

$\xrightarrow{KMnO_4/H^+}$ $Br-C_6H_3(NO_2)-COOH$

(2) 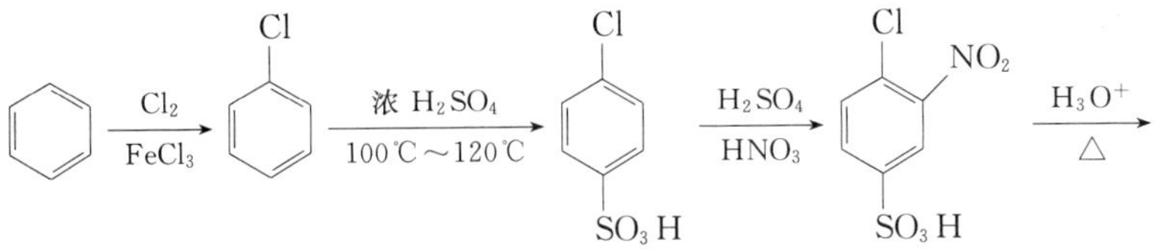 苯 $\xrightarrow[FeCl_3]{Cl_2}$ 氯苯 $\xrightarrow[100℃\sim120℃]{浓 H_2SO_4}$ 对氯苯磺酸（Cl，SO_3H） $\xrightarrow[HNO_3]{H_2SO_4}$ （Cl，NO_2，SO_3H） $\xrightarrow[\triangle]{H_3O^+}$

（Cl，NO_2） $\xrightarrow[FeCl_3]{Cl_2}$ Cl—（NO_2）—Cl

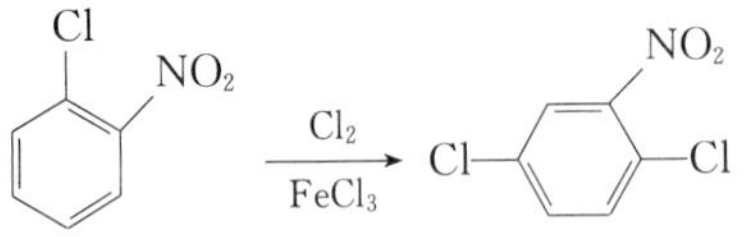

或：

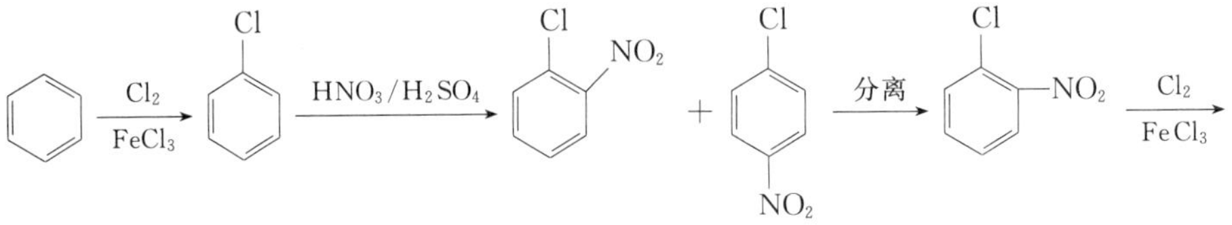

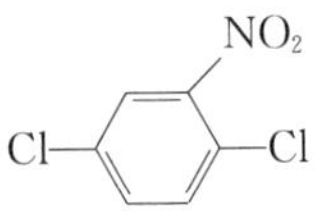

苯 $\xrightarrow[FeCl_3]{Cl_2}$ 氯苯 $\xrightarrow{HNO_3/H_2SO_4}$ （Cl，NO_2）＋（Cl，NO_2） $\xrightarrow{分离}$ （Cl，—NO_2） $\xrightarrow[FeCl_3]{Cl_2}$

Cl—（NO_2）—Cl

(3) 苯 $\xrightarrow[AlCl_3]{CH_3COCl}$ （$COCH_3$） $\xrightarrow[HNO_3]{H_2SO_4}$ O_2N—（$COCH_3$）

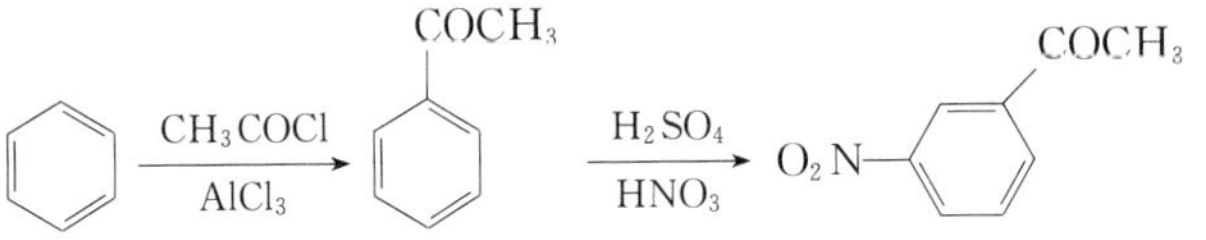

6. (1) 有芳香性，π 电子数＝14，且成环的每个碳原子为 sp^2 杂化，符合休克尔规则。

(2) 有芳香性，π 电子数＝6，且成环的每个碳原子为 sp^2 杂化，符合休克尔规则。

(3) 有芳香性，π 电子数＝2，且成环的每个碳原子为 sp^2 杂化，符合休克尔规则。

(4) 无芳香性，π 电子数＝8，不符合休克尔规则。

(5) 有芳香性，π 电子数＝6，符合休克尔规则。

(6) 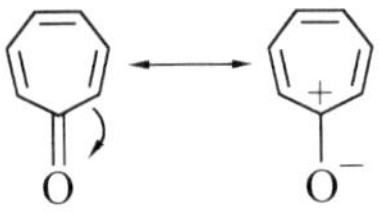 （O） ⟷ （+，O^-），有芳香性，π 电子数＝6，且成环的每个碳原子为 sp^2 杂化，符合休克尔规则。

7. 羟基应该是一个吸电子基团，它在乙醇中只产生吸电子的诱导效应(－I)；在苯酚中，羟基除了产生吸电子的诱导效应(－I)外，由于羟基氧原子上的一对孤对电子，可以与苯环的大 π 键形成 p-π 共轭，使氧原子的孤对电子向苯环方向转移，所以羟基还产生给电子的 p-π 共轭效应(＋C)，而且＋C＞－I。因此，羟基增加了苯环上的电子云密度，对苯环产生活化作用。

8. 环戊二烯的酸性大于环庚三烯。这可以从环戊二烯和环庚三烯中亚甲基上失去一个 H^+ 后生成的碳负离子的稳定性来考虑。

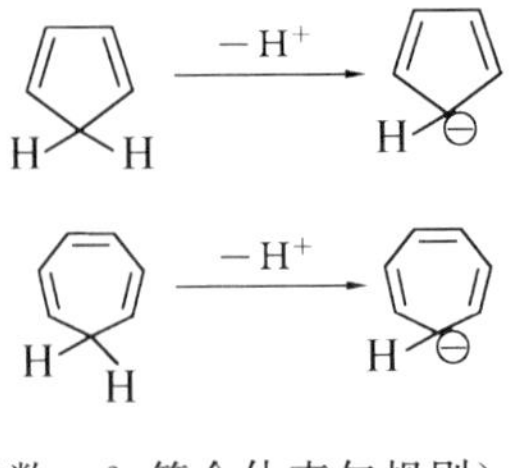

（H，H） $\xrightarrow{-H^+}$ （H，⊖）

（H，H） $\xrightarrow{-H^+}$ （H，⊖）

环戊二烯负离子具有芳香性（π 电子数＝6，符合休克尔规则），比较稳定，因此，环戊二烯中亚甲基上容易失去一个 H^+ 而显示酸性。而环庚三烯负离子没有芳香性（π 电子数＝8，不符合休克尔规则），不稳定。因此，环庚三烯中亚甲基上难失去一个 H^+，其酸性小于环戊二烯中亚甲基上的氢。

9.（1）

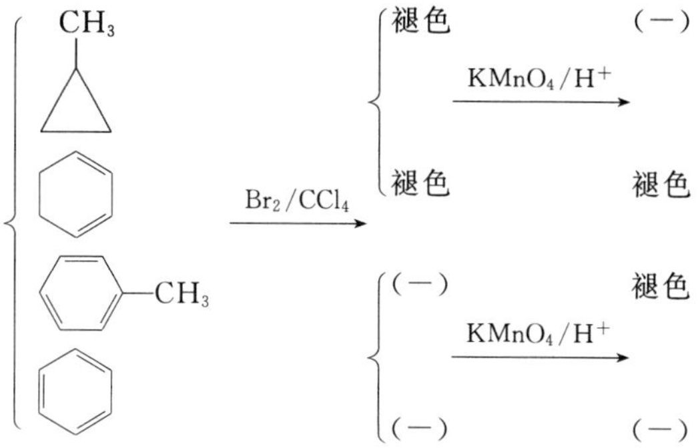

CH_3（甲基环丙烷）、环己二烯、$-CH_3$（甲苯）、苯 $\xrightarrow{Br_2/CCl_4}$

褪色 $\xrightarrow{KMnO_4/H^+}$ （一）

褪色 $\xrightarrow{KMnO_4/H^+}$ 褪色

（一） $\xrightarrow{KMnO_4/H^+}$ 褪色

（一） $\xrightarrow{KMnO_4/H^+}$ （一）

（2）

苯、环己烷、环丙烷、环己烯 $\xrightarrow{Br_2/CCl_4}$

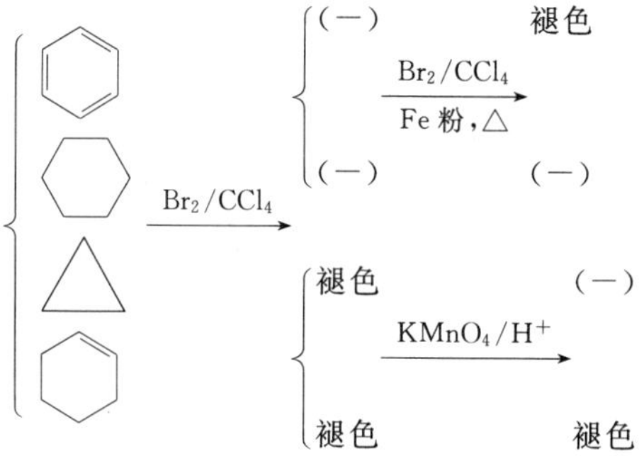

（一） $\xrightarrow[\text{Fe 粉,△}]{Br_2/CCl_4}$ 褪色

（一） $\xrightarrow[\text{Fe 粉,△}]{Br_2/CCl_4}$ （一）

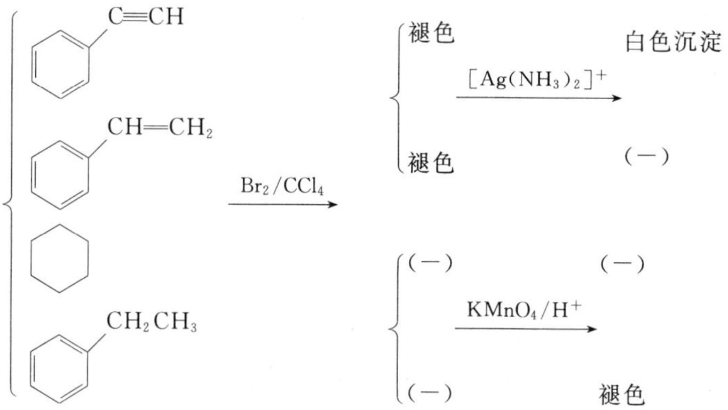

褪色 $\xrightarrow{KMnO_4/H^+}$ （一）

褪色 $\xrightarrow{KMnO_4/H^+}$ 褪色

（3）

C≡CH（苯乙炔）、CH═CH_2（苯乙烯）、环己烷、CH_2CH_3（乙苯） $\xrightarrow{Br_2/CCl_4}$

褪色 $\xrightarrow{[Ag(NH_3)_2]^+}$ 白色沉淀

褪色 $\xrightarrow{[Ag(NH_3)_2]^+}$ （一）

（一） $\xrightarrow{KMnO_4/H^+}$ （一）

（一） $\xrightarrow{KMnO_4/H^+}$ 褪色

10. CH═CH_2 / CH_3（A） $\xrightarrow{Br_2/H_2O}$ $CHBrCH_2Br$ / CH_3

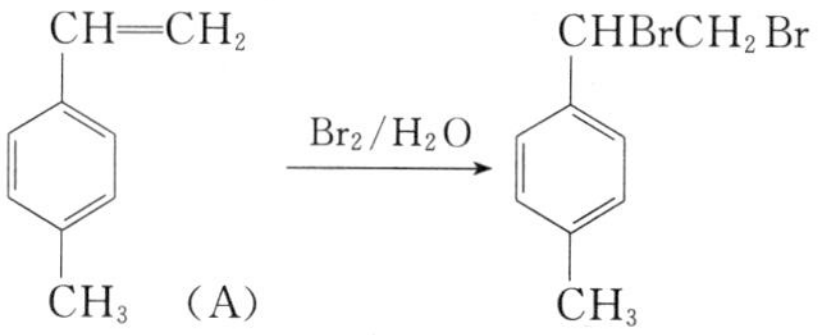

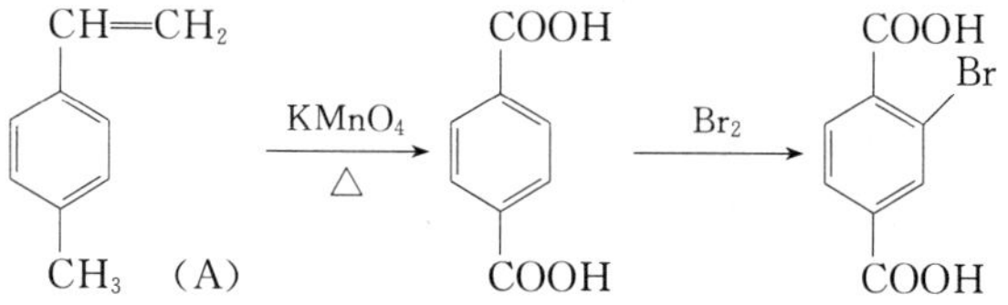

CH═CH_2 / CH_3（A） $\xrightarrow[\triangle]{KMnO_4}$ COOH / COOH $\xrightarrow{Br_2}$ COOH / Br / COOH

11.（A）$CH_2CH_2CH_3$ 或 $CH(CH_3)_2$ （B）CH_3 / C_2H_5 （C）CH_3 / H_3C / CH_3

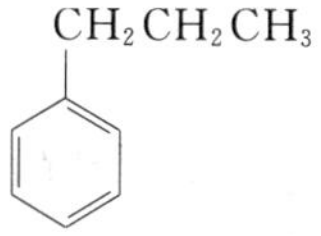

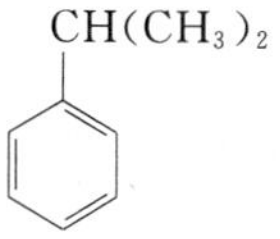

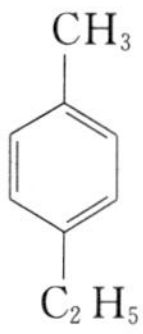

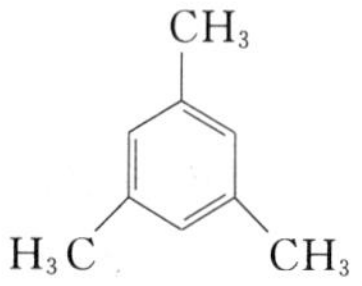

第五章 对映异构

一、目的要求

1. 掌握手性碳、分子的手性和对映异构体概念。
2. 掌握化合物的光学活性与结构的关系以及对称面和对称中心的概念。
3. 掌握 Fischer 投影式的意义及书写。
4. 掌握旋光异构体的 D/L 和 R/S 构型标记。
5. 了解平面偏振光、比旋光度、旋光性。
6. 了解内消旋体、外消旋体和非对映体的概念以及外消旋体的拆分。
7. 了解化学反应中的立体化学。
8. 了解手性分子的生物学意义。

二、本章要点

1. 旋光性物质

旋光性物质是指能使偏振光平面旋转的物质。当偏振光通过旋光性物质时，它的振动平面就会发生旋转。能使偏振光振动平面向右旋转的物质称为右旋体，向左旋转的物质则称为左旋体。如乳酸、葡萄糖等都是旋光性物质，它们能使偏振光振动的平面旋转一定的角度 α。而水、酒精、乙酸等对偏振光不发生影响，偏振光仍维持原来的振动平面，因此它们都是非旋光活性物质。

2. 比旋光度

比旋光度是旋光性物质特有的物理常数，用$[\alpha]_\lambda^t$ 表示。t 为测定时的温度，λ 为采用光的波长，常用钠光($\lambda=589$nm)。

实际工作中，可用适当浓度 c (单位为 g/mL)的溶液装在长度为 L(单位为分米，dm)的盛液管中进行测定，然后将测得的旋光度按下式换算为比旋光度$[\alpha]_\lambda^t$。

$$[\alpha]_\lambda^t=\frac{\alpha}{L\times c}$$

3. 手性和对称因素

物质分子互为实物和镜像关系(像左手和右手一样)，彼此不能完全重叠的特征，称为分子的手性。具有手性(不能与自身的镜像重叠)的分子叫做手性分子。连有四个不相同基团的碳原子称为手性碳原子(或手性中心)，用 C^* 表示。凡是含有一个手性碳原子的有机化合物都具有手性，是手性分子。

对称因素：

对称平面(σ)：一个平面如果能把一个分子切成两个部分，且一部分正好是另一部分的镜像，则这个平面就是该分子的对称面，对称面常用符号“σ”表示，如图 5-1 所示。

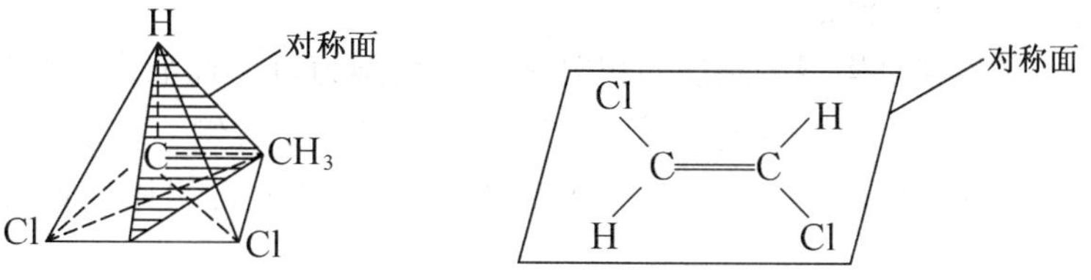

图 5-1　分子的对称面

对称中心(*i*)，若分子中有一点 *P*，通过 *P* 点画直线，若在离 *P* 点等距离的直线两端有相同的原子或基团，则 *P* 点为该分子的对称中心(用 *i* 表示)，如图 5-2 所示。

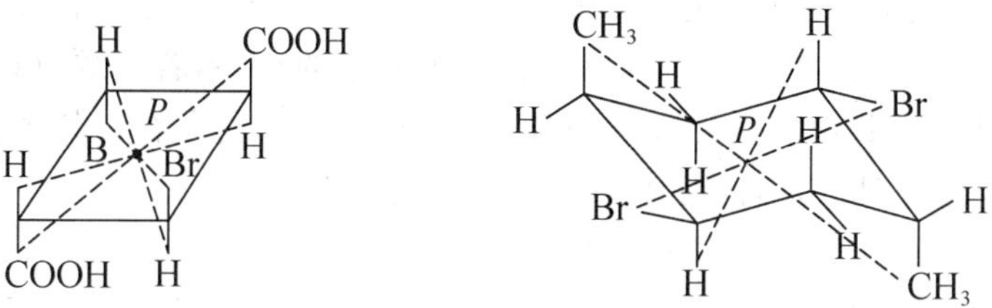

图 5-2　分子的对称中心

对称因素除了对称平面和对称中心外，还有对称轴(C_n)和更替对称轴(S_n)。具有对称轴的化合物，大多数是非手性分子，但也有少数化合物例外。

具有对称面或对称中心的分子，无手性，因而没有旋光性。在结构上既无对称面，也无对称中心的分子，具有手性，是手性分子，因而有旋光性。

4. Fischer 投影式

为了便于书写和进行比较，旋光异构体的构型常用费歇尔(Fischer)投影式表示。

将旋光异构体的立体模型，以手性碳原子为中心投影到纸平面上所得到的投影式，称为 Fischer 投影式，如图 5-3 所示。

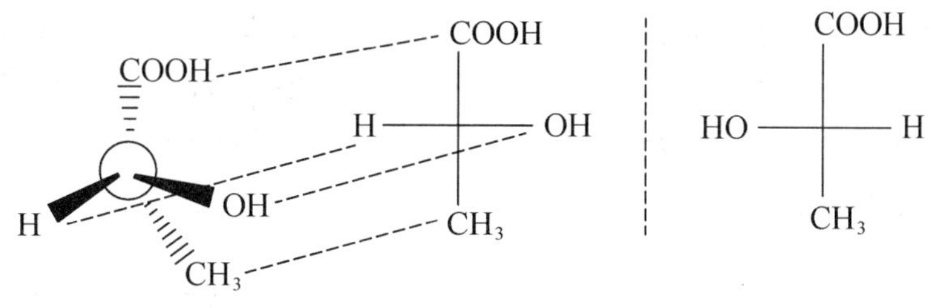

图 5-3　乳酸对映体的 Fischer 投影式

(1) Fischer 投影式的投影原则：

① 横、竖两条直线的交叉点代表手性碳原子，位于纸平面上。

② 横线表示与 C^* 相连的两个键指向纸平面的前面，竖线表示指向纸平面的后面。

③ 一般将主碳链竖起来放，编号最小的碳原子放在竖线最上端。

(2) 使用 Fischer 投影式应注意的问题：

① 基团的位置关系是“横前竖后”。

② 不能离开纸平面翻转 180°，也不能在纸平面上旋转 90°或 270°，否则构型正好相反。

③ 将投影式在纸平面上旋转 180°，或围绕手性碳原子将基团进行偶数次对调(一般两次对调即可)，仍为原构型。

5. 旋光异构体的构型标记

D/L 表示法(又称相对构型表示法)：以甘油醛的构型为对照标准来进行标记。人为规定右旋甘油醛的构型为 D 型(投影式中与 C^* 相连的—OH 在右侧)，左旋甘油醛的构型定为 L 型(投影式中与 C^* 相连的—OH 在左侧)，其他化合物和它们比较而标记为 D 或 L 构型。

R/S 表示法(又称绝对构型表示法)：把分子写成透视式或者 Fischer 投影式，首先按次序规则将手性碳原子上的四个基团排序。如分子写成透视式，则把排序最小的基团放在离观察者眼睛最远的位置，观察其余三个基团由大→中→小的顺序，若是顺时针方向，则其构型为 R，若是反时针方向，则构型为 S。如分子写成 Fischer 投影式，当次序最小的基团处于竖线时(不论在上或在下)，其余三个基团由大→中→小的顺序，若是顺时针方向，则其构型为 R，反之为 S；当次序最小的基团处于横线上时(不论在左或在右)，其余三个基团由大→中→小的顺序，若是顺时针方向，则其构型为 S，反之为 R。

6. 含手性碳原子化合物的对映异构

含有一个手性碳原子的化合物因为其没有对称面和对称中心，所以一定是手性分子，有两种不同的构型，是互为物体与镜像关系的立体异构体，称为对映异构体(简称对映体)。对映异构体旋光能力相同，但旋光方向相反，其中一个是左旋的，一个是右旋的。

对映体之间的异同点：

(1) 物理性质和化学性质一般都相同，比旋光度的数值相等，仅旋光方向相反。

(2) 在手性环境条件下，对映体表现出某些不同的性质，如反应速度有差异，生理作用不同等。

含两个不相同手性碳原子的化合物，我们以 2-羟基-3-氯丁二酸为例来讨论。2-羟基-3-氯丁二酸有四个旋光异构体，其 Fischer 投影式如下：

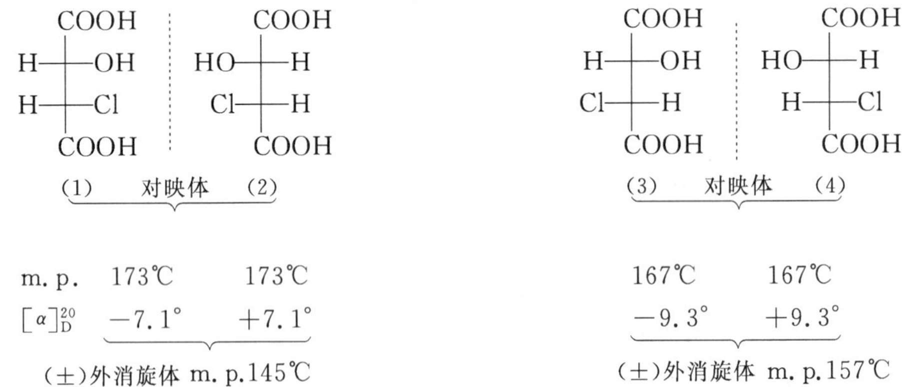

不呈物体与镜像关系的旋光异构体叫做非对映体。分子中有两个以上手性中心时，就有非对映异构现象。2-羟基-3-氯丁二酸的四个旋光异构体中，(1)与(2)，(3)与(4)互为对映体关系，(1)与(3)、(4)或(2)与(3)、(4)之间互为非对映体关系。

非对映异构体的特征：

(1) 物理性质(熔点、沸点、溶解度等)不同。

(2) 比旋光度不同。

(3) 旋光方向可能相同,也可能不同。

(4) 化学性质相似,但反应速度有差异。

含两个相同手性碳原子的化合物,我们以酒石酸(2,3-二羟基丁二酸)为例来讨论。

$$\mathrm{HOOC{-}\overset{*}{C}H(OH){-}\overset{*}{C}H(OH){-}COOH}$$

酒石酸也可以写出四种旋光异构体。

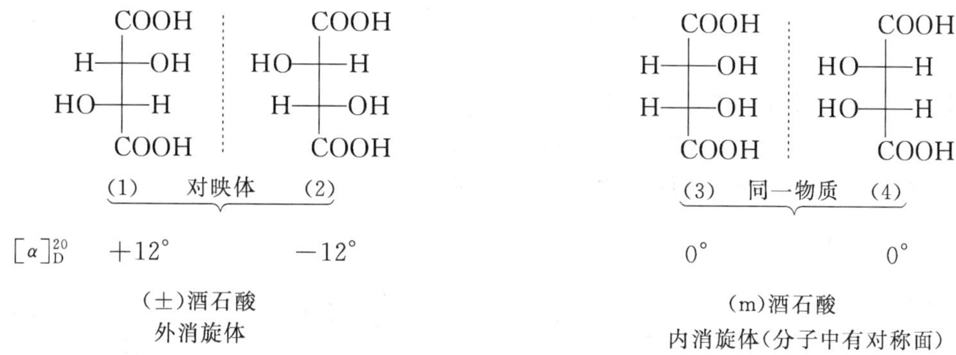

上述异构体中的(3)或(4),由于分子内具有对称因素(含有一个对称面),虽含手性碳原子,但旋光作用内部抵消,对外不显旋光性,称之为内消旋体,用 meso 或 i-表示。所以,酒石酸只有三个旋光异构体,包括一对对映体和一个没有旋光性的内消旋体。

从内消旋酒石酸可以看出,含两个手性碳原子的化合物,分子不一定是手性的。故不能说含手性碳原子的分子一定有手性。

含等量的左旋体和右旋体的化合物,称为外消旋体。外消旋体无旋光性。

内消旋体与外消旋体的异同：

相同点:都没有旋光性。

不同点:内消旋体是一种纯物质,外消旋体是两个对映体的等量混合物,可拆分开来。

含多个手性碳原子的化合物,具有 2^n 个异构体,组成 2^{n-1} 对对映异构体;如果含有相同的手性碳原子时,其异构体数目少于 2^n 个。

7. 不含手性碳原子化合物的对映异构

2,3-戊二烯由于两端双键碳原子所连四个取代基两两各在相互垂直的平面上,整个分子没有对称面和对称中心,因此具有手性。

2,3-戊二烯的对映异构体

但如果在丙二烯型化合物任意一端的双键碳原子上连有相同的取代基,这样的化合物都具有对称面，因此不具旋光性。

三、例题解析

[例 1] 什么是手性中心?

解:当原子或者原子团环绕某一点成非对称排列，从而使分子与其镜像不能重叠时，分子具有手性，这个点就是手性中心。通常手性中心为碳原子，然而氮、硫、磷、硅等原子也可以成为手性中心。例如，连有四个不相同基团的季铵盐，其手性中心为氮原子。手性中心通常在该原子的右上角用“*”标记。

[例 2] 把一种光学活性物质 3g 溶于乙醇中，配制成 50mL 溶液，把该溶液放在 10cm 长的旋光管中，在钠光(589nm，D 线)源下于 20℃ 测得其旋光度为 +2.79°，求其比旋光度 $[\alpha]_D^{20}$。

解: 10 cm = 1 dm，3 g/50 mL = 0.06 g/mL

$[\alpha]_D^{20} = \alpha/L \times c = +2.79°/(1\times0.06) = +46.5°$

[例 3] 用 R/S 标记下列化合物的构型，并改写成 Fischer 投影式。

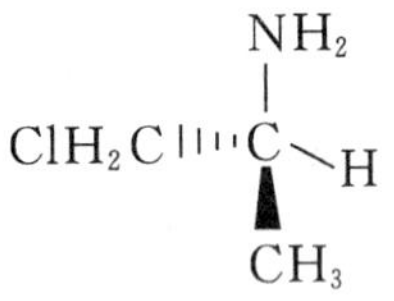

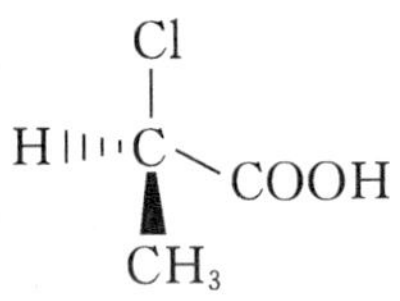

解:上述四个化合物均为透视式。从化合物的透视式来确定手性碳原子 R/S 构型的方法是:首先按次序规则将手性碳原子上的四个不同基团排序，然后把排序最小的基团放在离观察者眼睛最远的位置，观察其余三个基团按由大→中→小的顺序划圈，若划圈的路线是顺时针方向，则构型为 R，若是反时针方向，则构型为 S。以(1)为例:手性碳原子周围的四个不同基团优先顺序为:$—NH_2 > —CH_2Cl > —CH_3 > —H$，将—H 远离观察者，其余由 $—NH_2 \rightarrow —CH_2Cl \rightarrow —CH_3$ 划圈，划圈的路线是逆时针方向，则构型为 S 型。

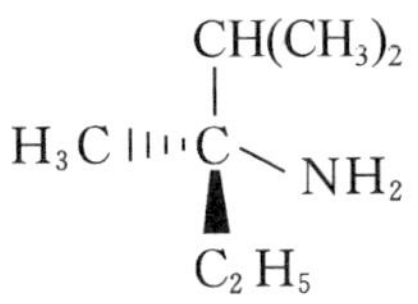

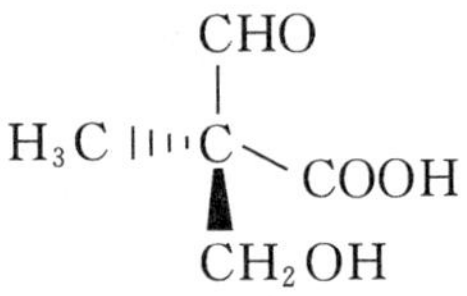

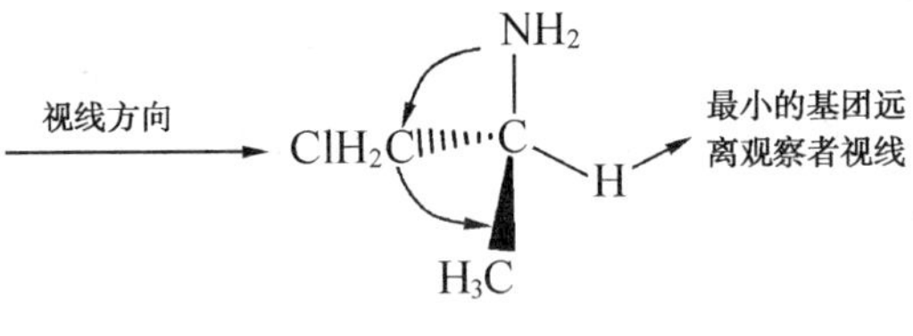

由 $—NH_2 \rightarrow —CH_2Cl \rightarrow —CH_3$ 划圈是逆时针方向，定为 S 型。

答案:(1) S，(2) R，(3) S，(4) S

我们可以把化合物的透视式看作立体模型将其投影到平面上进行 Fischer 投影式的改写。投影时一定要遵循“横前竖后”的原则，否则构型就会相反。投影步骤是:首先将透视式中手性碳原子上的二个横向基团伸向纸面前方，二个竖向基团伸向纸面后方，即“横前竖后”，然后将其投影到平面上。以(1)为例，其投影过程如下:

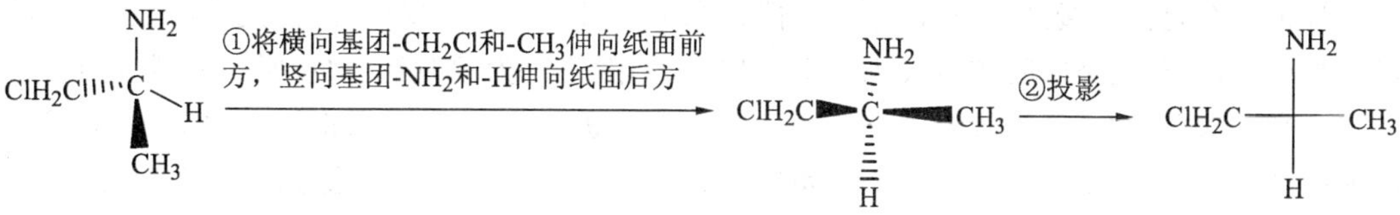

①将横向基团-CH_2Cl和-CH_3伸向纸面前方，竖向基团-NH_2和-H伸向纸面后方　②投影

答案：

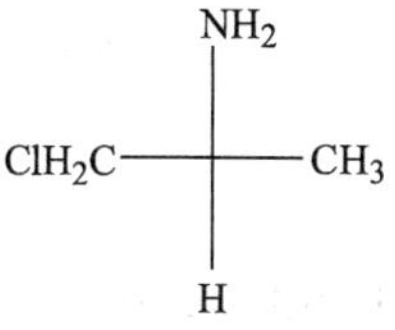

(1) 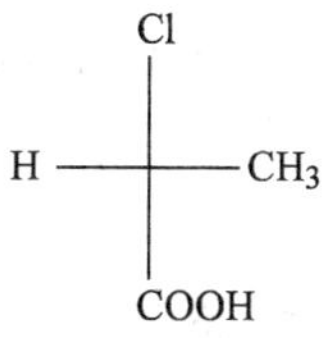　(2) 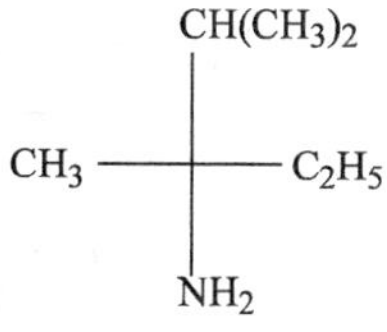　(3) 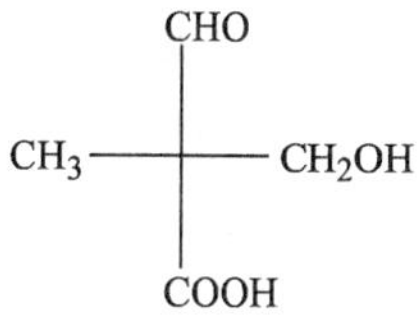　(4)

［例 4］ 用 R/S 标记下列环形化合物的构型。

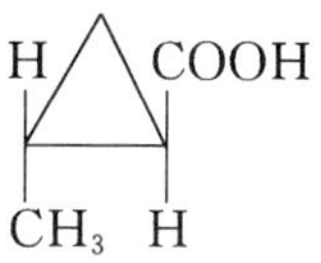

(1) 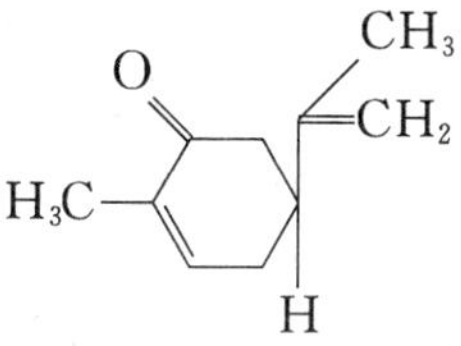　(2)

解：环形化合物 R/S 标记可采用下面的方法，其步骤如下：

第一步：将环形化合物改写成透视式：

以环为平面，将手性碳原子上处于环上方和下方的基团分别伸向纸面的前方和后方，在透视式中分别以实楔形键和虚楔形键表示；其余两个基团在透视式中以细实线表示。上述两个环形化合物的透视式如下：

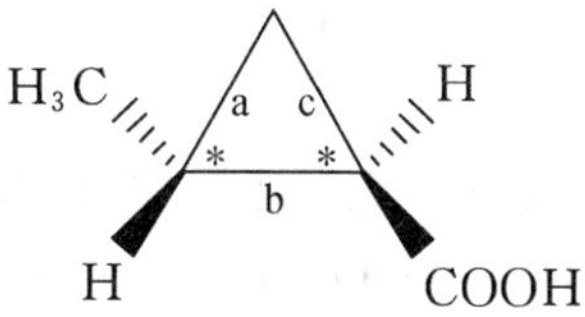

(1) 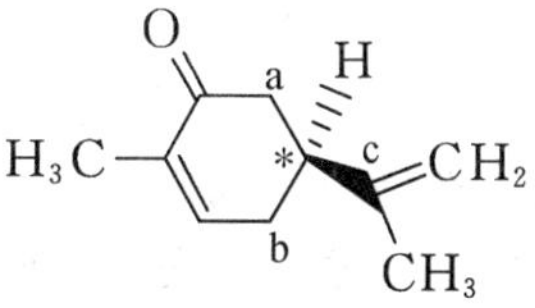　(2)

第二步：确定手性碳原子上四个不同基团的优先顺序。

化合物(1)中，含甲基的手性碳原子，周围的四个不同基团是：—CH_3，—H，a，b。a 相当于—CH_2—CH(COOH)—基团，b 相当于—CH(COOH)—CH_2—基团，优先顺序为：b>a>—CH_3>—H；含羧基的手性碳原子，周围的四个不同基团是：—COOH，—H，b，c，b 相当于—CH(CH_3)—CH_2—基团，c 相当于—CH_2—CH(CH_3)—基团。优先顺序—COOH>b>c>—H。

化合物(2)中：手性碳原子周围的四个不同基团是：a，b，—C(CH_3)=CH_2，H，a 相当于—CH_2—C(O，O，C)，b 相当于—CH_2—C(C，C，H)，优先顺序—C(CH_3)=CH_2>a>b>H。

第三步：从透视式确定手性碳原子 R/S 构型。

环形化合物的透视式用 R/S 标记手性碳原子一般符合以下规律：当优先顺序最小的基团远离观察者，其余三个基团按由大到小次序划圈，划圈路线为顺时针方向则为 R 型，逆时针方向则 S 型，即顺 R 逆 S。当优先顺序最小的基团朝向观察者，此时不需将最小的基团调整到远离观察者，可直接观察。将其余三个基团按由大到小次序划圈，如果划圈路线为顺时针方向则为 S 型，反之，则为 R 型，即顺 S 逆 R。如化合物(1)，含甲基的手性碳原子，最小的基团(H)伸向纸面前方，表示朝向观察者，其余三个基团按 b→a→—CH_3 次序划圈为逆时针方向，则为 R 型；含羧基的手性碳原子，最小的基团(H) 伸向纸面后方，表示远离观察者，其余三个基团按—COOH→b→c 次序划圈为顺时针方向，则为 R 型。如下图所示：

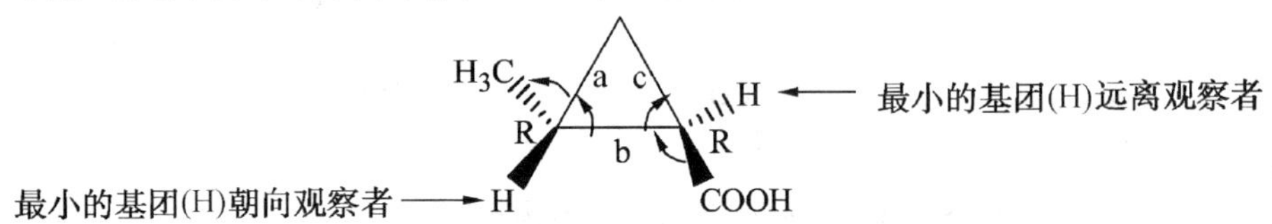

答案：

H　COOH　R　(R)　CH_3　H

(1)

CH_3　O　$=CH_2$　H_3C—　(S)　H

(2)

［例 5］ 分别用：A. 透视式，B. Fischer 投影式表示下列化合物的结构：

(1) (S)-2-氯丙酸乙酯　　　　(2) (R)-2,3-二溴丙醛

解：由手性化合物的名称改写成透视式可采用下面的步骤：

第一步：写出化合物的构造式并用“ * ”标注手性碳原子。化合物(1)和(2)的构造式如下：

第二步：确定手性碳原子周围的四个不同基团的优先顺序。化合物(1)和(2)中手性碳原子上四个不同基团的优先顺序分别为：—Cl＞—$COOC_2H_5$＞—CH_3＞—H；—Br＞—CH_2Br＞—CHO＞—H。

第三步：将构造式改写成透视式。将构造式中手性碳原子上最小的基团放在远离观察者的视线处，再根据构型是 S 或 R，将其余三个基团从大→中→小按照顺时针(R 构型)或逆时针(S 构型)划圈的方向排列。化合物(1)为 S 构型，从 Cl→$COOC_2H_5$→CH_3 按逆时针划圈的方向排列，化合物(2)为 R 构型，从 Br→CH_2Br→CHO 按顺时针划圈的方向排列。

A. 化合物(1)和(2)透视式如下：

(1)　CH_3　H　$COOC_2H_5$　Cl

(S)-2-氯乙酸丙酯

(2)　CH_2Br　H　CHO　Br

(R)-2,3-二溴丙醛

由手性化合物的名称改写成 Fischer 投影式，方法一：先将化合物改写成透视式（参照上述透视式改写方法），然后由透视式改写（参照[例 3]）。方法二：从化合物的名称直接改写，其步骤如下：

第一步与第二步与上述透视式改写方法相同。

第三步：根据化合物是 S 或 R 构型，再根据 Fischer 投影式判断 R/S 构型规则，将手性碳原子上的四个不同基团放在 Fischer 投影式十字交叉线相应的位置上。如化合物(1)，当最小的基团(H)分别放在十字交叉线横线的右边或竖线的上面，可以得到如下两个 Fischer 投影式：

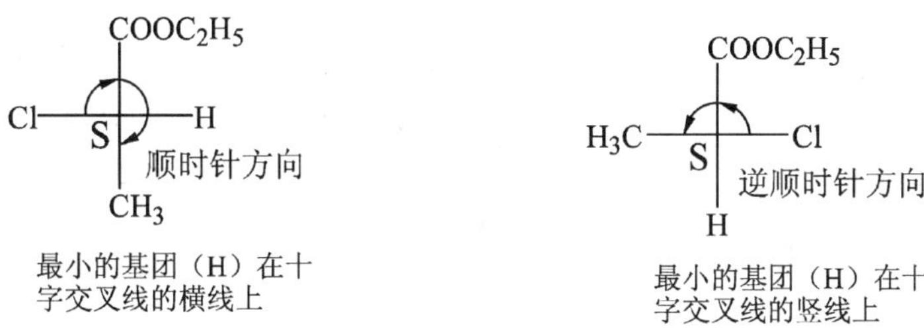

实际上我们还可以写出化合物(1)的另外几个 Fischer 投影式。这些 Fischer 投影式虽然貌似不同，但构型相同，都代表同一种化合物。

B. 化合物(1)和(2)Fischer 投影式如下：

(1) Fischer 投影式：上 $COOC_2H_5$，左 Cl，右 H，下 CH_3

(S)-2-氯乙酸丙酯

(2) Fischer 投影式：上 CHO，左 Br，右 H，下 CH_2Br

(R)-2,3-二溴丙醛

[例 6] 计算下列分子的旋光异构体的数目，有几对对映体？每一个化合物有几个非对映体？

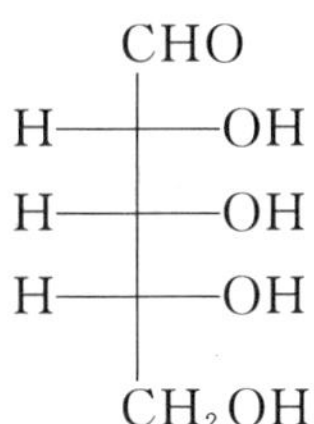

解：一个化合物如有 n 个不同的手性碳原子，它的旋光异构体的数目为 2^n 个。该化合物有三个不同的手性碳原子，因此有 $2^3=8$ 个旋光异构体，组成 4 对对映体，每一个旋光异构体有 6 个非对映体。

[例 7] (1) 写出(2R, 3S)-2-溴-3-碘戊烷的 Fischer 投影式，并写出其优势构象的锯架式、透视式、纽曼式。

(2) 将(2R,3R)-3-甲基 2,3-己二醇的锯架式（前碳：OH、H_3C、H；后碳：OH、H_3C、$CH_2CH_2CH_3$）改写成 Fischer

投影式。

解：(1) (2R，3S)-2-溴-3-碘戊烷的 Fischer 投影式的书写参照[例 5]。

从 Fischer 投影式改写成优势构象的锯架式步骤如下图：第一步，观察者的从锯架式的上面往下看，遵循"横前竖后"的原则，将投影式(Ⅰ)中各手性碳原子上横向的两个基团分别放在锯架式(Ⅱ)中朝向观察者的位置上，而竖向的基团放在锯架式(Ⅱ)中远离观察者的位置上。第二步，将锯架式(Ⅱ)调整成优势构象。以 C(a)—C(b)为键轴，保持 a 或 b 一端碳原子不动，逆时针或顺时针转动 C(a)—C(b)键轴 180°，使 a 和 b 二个碳原子上的基团处于完全交叉的构象，即得到优势构象的锯架式(Ⅲ)。

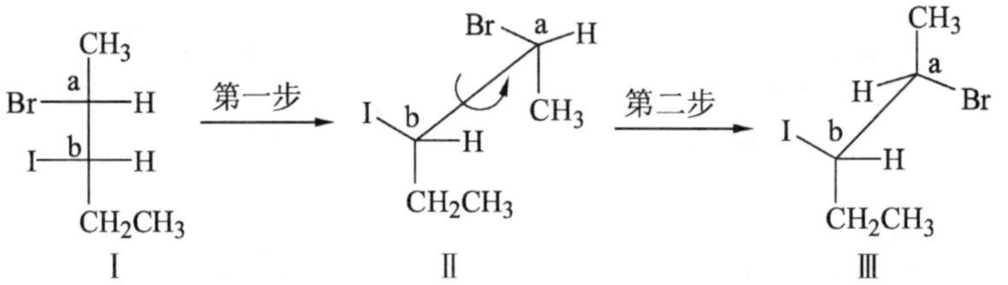

第一步　第二步

Ⅰ　Ⅱ　Ⅲ

从锯架式改写透视式时，观察者可从锯架式的的左边或右边观察，用粗楔形线表示靠近观察者的基团，虚楔形线表示远离观察者基团，细实线表示在纸平面上的基团。如下图所示：

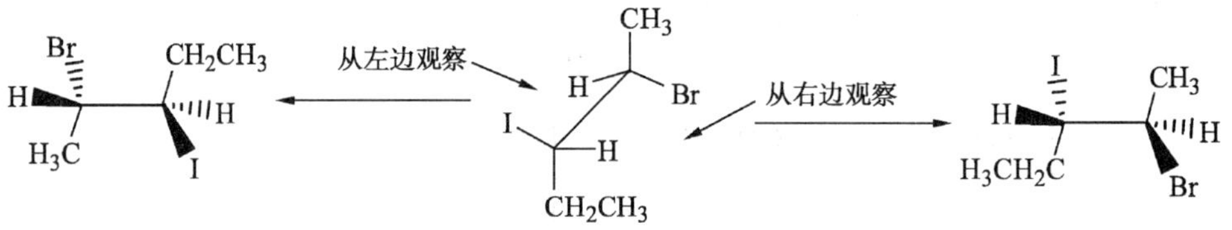

从左边观察　从右边观察

纽曼式是观察者沿锯架式(Ⅲ)的 C(a)—C(b)键轴延长线上观察而投影得到的表达式。纽曼式中的圆圈表示远离观察者的手性碳原子，圆心则表示靠近观察者的手性碳原子，再分别连接各手性自碳原子上的基团至圆心和圆圈上。如下图所示：

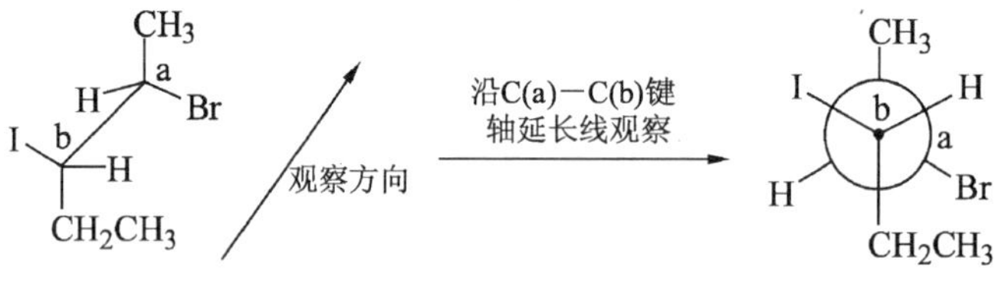

观察方向　沿C(a)—C(b)键轴延长线观察

答案：

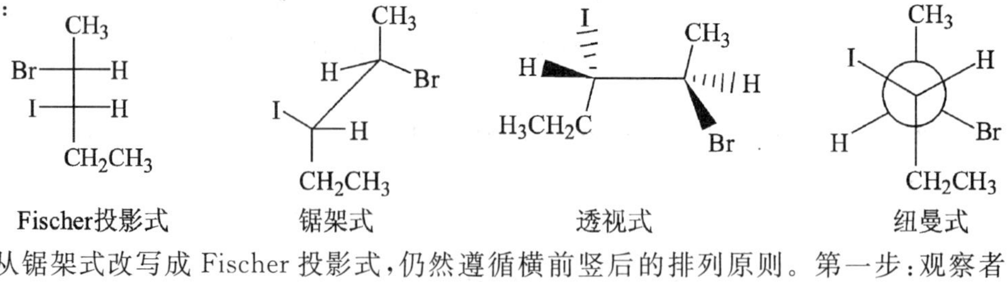

Fischer投影式　锯架式　透视式　纽曼式

(2) 从锯架式改写成 Fischer 投影式，仍然遵循横前竖后的排列原则。第一步：观察者从锯架式的上面往下看，以 C(a)—C(b)键为轴，保持 a 或 b 一端碳原子不动，逆时针或顺时针转动 C(a)—C(b)键轴，分别使两端手性碳原子上的两个基团靠近观察者，而另一个基团远离观察者；第二步：将靠近观察者的两个基团分别写到 Fischer 投影式十字交叉线横线相对应的左右位置上，远离观察者的基团则分别写到相应的竖向位置上，如下所示：

$$\begin{array}{c} OH \\ H_3C\overset{a}{—}H \\ OH \\ H_3C\overset{b}{—}CH_2CH_2CH_3 \end{array} \xrightarrow{\text{第一步}} \begin{array}{c} HO \quad H \\ \overset{a}{} \\ H_3C \quad OH \\ H_3C\overset{b}{—} \\ CH_2CH_2CH_3 \end{array} \xrightarrow{\text{第二步}} \begin{array}{c} CH_3 \\ HO\overset{a}{—}H \\ H_3C\overset{b}{—}OH \\ C_3H_7 \end{array}$$

［例 8］　麻黄素的结构式为 $PhCH(OH)—CH(NHCH_3)—CH_3$，写出它所有光学活性异构体的构型。

解： $PhCH(OH)—CH(NHCH_3)—CH_3$ 有两个不同的手性碳原子，因此可以写出 4 个光学活性异构体，表达如下，其中(a)和(b)以及(c)和(d)互为对映异构体。

$$\underset{(a)}{\begin{array}{c} CH_3 \\ H—NHCH_3 \\ H—OH \\ Ph \end{array}} \quad \vdots \quad \underset{(b)}{\begin{array}{c} CH_3 \\ H_3CHN—H \\ HO—H \\ Ph \end{array}} \qquad \underset{(c)}{\begin{array}{c} CH_3 \\ H—NHCH_3 \\ HO—H \\ Ph \end{array}} \quad \vdots \quad \underset{(d)}{\begin{array}{c} CH_3 \\ H_3CHN—H \\ H—OH \\ Ph \end{array}}$$

［例 9］　在酸催化下，(－)-α-羟基丙酸与甲醇反应，生成(＋)-α-羟基丙酸甲酯：

$$(-)\text{-}CH_3\underset{\underset{OH}{|}}{C}HCOOH + CH_3OH \xrightarrow{H^+} (+)\text{-}CH_3\underset{\underset{OH}{|}}{C}HCOOCH_3$$

推测反应前后构型的变化。

解： 反应前后构型没有发生变化。虽然反应产物的旋光方向就反应底物而言发生了改变，但是和手性碳原子相连的原子之间没有发生键的断裂，所以不可能发生构型的变化。这说明物质的旋光方向和构型之间没有必然的关系。

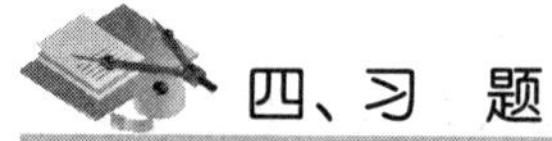

四、习　题

1. 说明下列各名词的意义：

(1) 旋光性　(2) 比旋光度　(3) 手性　(4) 手性碳原子

(5) 对映异构体　(6) 非对映异构体　(7) 外消旋体　(8) 内消旋体

2. 指出下列化合物中有无手性碳(用 * 表示手性碳)。

(1) $C_2H_5CH=C(CH_3)—CH=CHC_2H_5$

(2) $C_2H_5CH=CH—CH(CH_3)—CH=CH_2$

(3) $ClCH_2—CHDCH_2Cl$

(4) $\begin{array}{c} COOH \\ | \\ CHBr \\ | \\ COOH \end{array}$

(5) 环己烷环上相邻碳原子分别连 —Br 和 —OH

(6) $CH_2CH_2CH_3$
|
CHOH
|
CH_2CH_3

3. 下列说法是否正确？说明理由。

(1) 有旋光性物质的分子中必有手性碳原子存在。

(2) 具有手性的分子一定有旋光性。

(3) 有对称中心的分子必无手性。

(4) 对映异构体具有完全相同的化学性质。

(5) 构造相同的情况下，凡空间构型不同的异构体均称为构型异构。

(6) 在含有手性碳化合物的分子结构中都不具有任何对称因素，因此都有旋光性。

(7) 化合物分子中如含有对称面和对称中心，此化合物就不具有旋光性。

(8) 顺式异构体都是 Z 型的，反式异构体都是 E 型的。

4. 命名下列化合物(用 R/S 标明构型)。(2)、(3)、(5)先改写成 Fischer 投影式，然后再命名。

(1) Fischer 投影式：上 COOH，左 Br，右 H，下 CH_2OH

(2) Newman 投影式：CH_3、H、Cl、H、F、C_2H_5

(3) 锯架式：OH、H_3C、H；OH、H_3C、$CH_2CH_2CH_3$

(4) Fischer 投影式：上 CH_3；Br—C—H；C_6H_5—C—H；下 CH_3

(5) H_3C、H、Br—C—C—C_2H_5、Br、H

5. 写出分子式为 C_3H_6DCl 所有构造异构体的结构式，在这些化合物中哪些具有手性？用 Fischer 投影式表示它们的对映异构体。

6. (1) 丙烷氯化分离出二氯化合物 $C_3H_6Cl_2$ 的四种构造异构体 A、B、C、D，写出它们的构造式。

(2) 从各个二氯化物进一步氯化后，可得的三氯化物($C_3H_5Cl_3$)的数目已由气相色谱法确定。从 A 得出一个三氯化物，B 得出两个，C 和 D 各得出三个，试推出 A，B 的结构。

(3) 通过另一合成方法得到有旋光性的化合物 C，那么 C 的构造式是什么？D 的构造式是怎样的？

(4) 有旋光性的 C 氯化时，所得到的三氯丙烷化合物中有一个 E 是有旋光性的，另两个无旋光性，它们的构造式是怎样的？

7. 指出下列化合物中每个手性碳原子的构型是 R 还是 S 。

(1) H、HOOC、Br、H_3C

(2) C_2H_5、D、H、C_6H_5

(3) SO_3H, H, Cl, CH_3

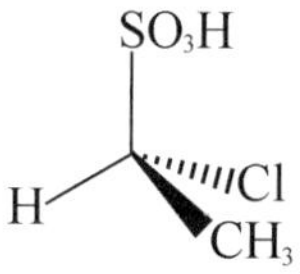

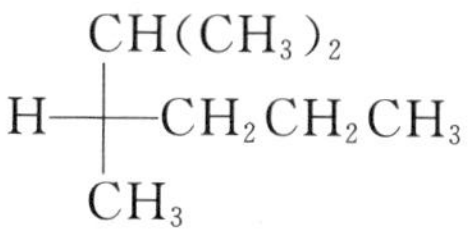

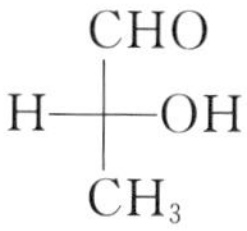

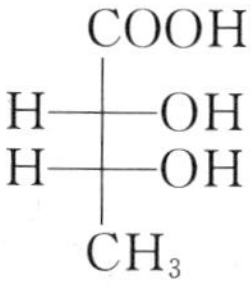

(4) $CH(CH_3)_2$; H—┼—$CH_2CH_2CH_3$; CH_3

(5) CHO; H—┼—OH; CH_3

(6) COOH; H—┼—OH; H—┼—OH; CH_3

(7) H, OH

(8) H_3C, CH_3, HO, OH

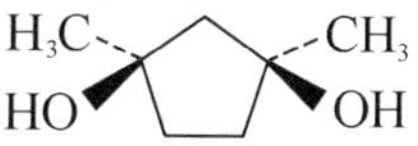

8. 写出下列化合物的 Fischer 投影式。

(1) CDHBrCl　(R)

(2) 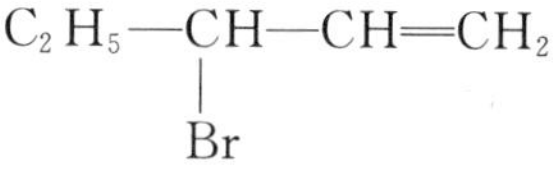 C_2H_5—CH(Br)—CH=CH_2　(S)

(3) C_6H_5—CH(OH)—CH_3 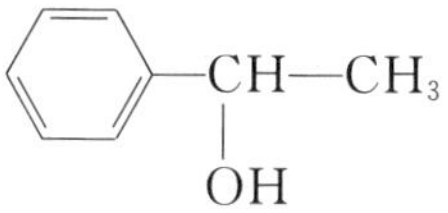　(R)

(4) 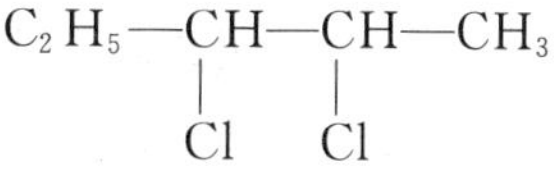 C_2H_5—CH(Cl)—CH(Cl)—CH_3　(2R,3S)

(5) (R)-2-氯丁烷

(6) 内消旋-3,4-二硝基己烷

9. 一个 3.8g 的未知物被溶解于 250mL 四氯化碳中，然后用 25cm 长样品管在钠光灯下测得这种溶液的旋光度为−2.5°，计算这个化合物的比旋光度。

10. 将下列化合物的费歇尔投影式画成纽曼投影式(对位交叉式和重叠式)，并写出它们的对映体的相应式子。

(1) 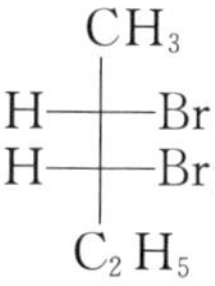 CH_3; H—┼—Br; H—┼—Br; C_2H_5

(2) CH_3; H—┼—OH; H—┼—C_6H_5; CH_3

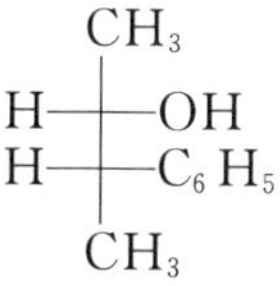

11. 指出下列各对化合物中哪些属于对映体，非对映体，顺、反异构体，构造异构体或同一化合物。

(1) 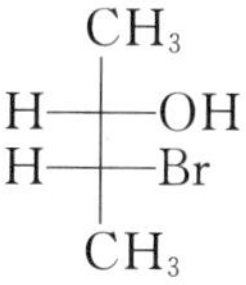 CH_3; H—┼—OH; H—┼—Br; CH_3　和　Br; H—┼—CH_3; H—┼—OH; CH_3

(2) CH_3, H, Br, Cl, H, CH_3　和　CH_3, H, CH_3, H, Br, Cl

(3) (H)(H_3C)C=C=C(H)(CH_3)　和　(H)(H_3C)C=C=C(CH_3)(H)

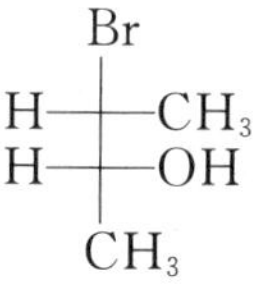

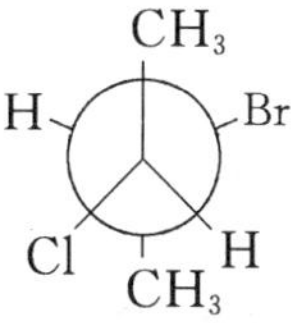

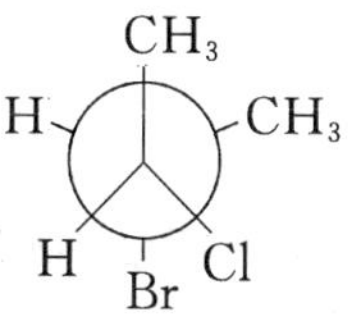

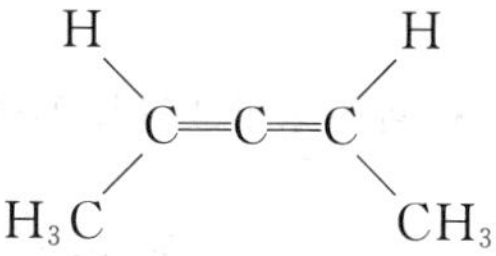

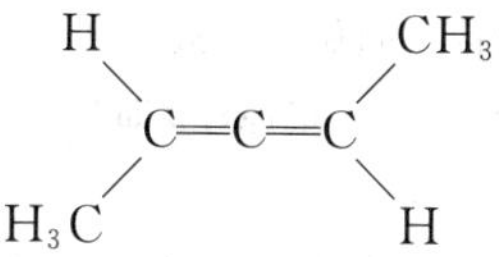

(4) 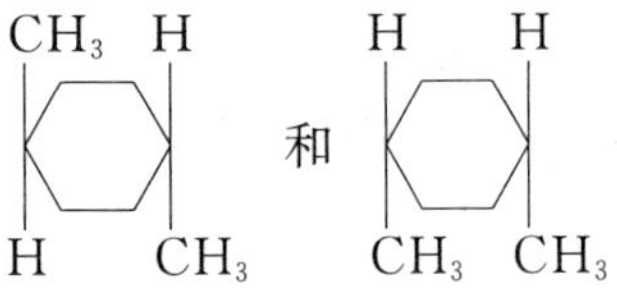 CH_3 H / H CH_3 和 H H / CH_3 CH_3

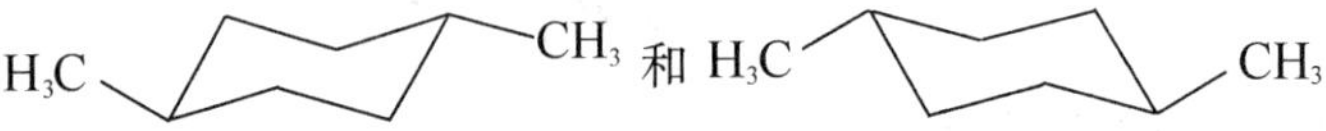

(5) 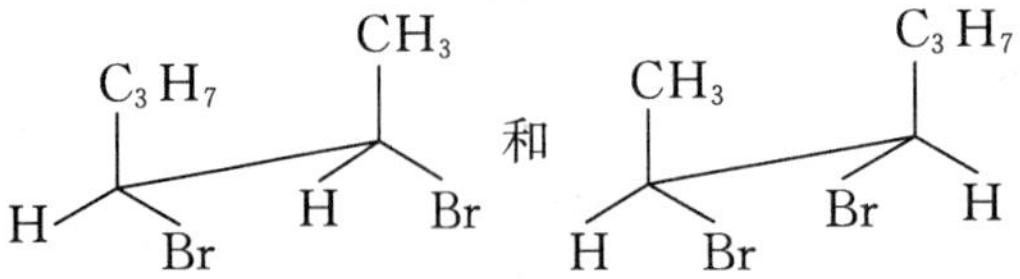 C_3H_7, H, Br; CH_3, H, Br 和 CH_3, H, Br; C_3H_7, Br, H

(6) H_3C … CH_3 和 H_3C … CH_3

(7) □ 和 CH_3–△

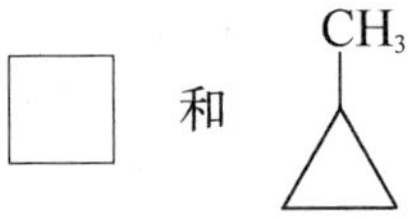

12. 2-丁烯与溴水反应可以得到溴醇(3-溴-2-丁醇)，顺-2-丁烯生成溴醇(Ⅰ)和它的对映体,反-2-丁烯生成溴醇(Ⅱ)和它的对映体，试说明溴醇形成的立体化学过程。

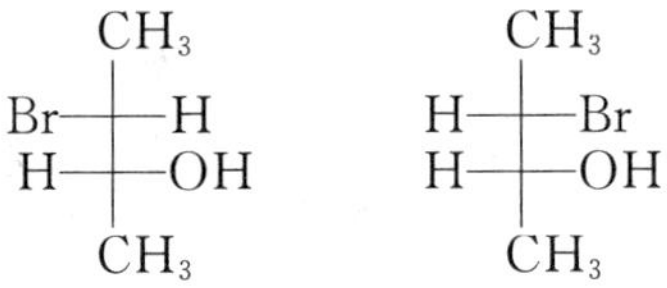

$$\begin{array}{c} CH_3 \\ Br-\!\!\!-\!\!\!\!+\!\!\!\!-\!\!\!-H \\ H-\!\!\!-\!\!\!\!+\!\!\!\!-\!\!\!-OH \\ CH_3 \\ (\text{Ⅰ}) \end{array} \qquad \begin{array}{c} CH_3 \\ H-\!\!\!-\!\!\!\!+\!\!\!\!-\!\!\!-Br \\ H-\!\!\!-\!\!\!\!+\!\!\!\!-\!\!\!-OH \\ CH_3 \\ (\text{Ⅱ}) \end{array}$$

*13. 用 $KMnO_4$ 与顺-2-丁烯反应,得到一个熔点为 32℃的邻二醇,而与反-2-丁烯反应得到熔点为 19℃的邻二醇。

$$CH_3CH{=}CHCH_3 + KMnO_4 + H_2O \xrightarrow{[O]} \underset{\textstyle OH}{CH_3CH}-\underset{\textstyle OH}{CHCH_3}$$

两个邻二醇都是无旋光的,将熔点为 19℃的邻二醇进行拆分,可以得到两个旋光度绝对值相同,方向相反的一对对映体。

(1) 试推测熔点为 19℃的及熔点为 32℃的邻二醇各是什么构型。

(2) 用 $KMnO_4$ 进行羟基化的立体化学过程是怎样的?

(提示：烯烃与 $KMnO_4$ 低温氧化,得到顺式加成的邻二醇。)

五、习题参考答案

1. (1) 旋光性：物质能使偏振光振动平面旋转的性质称为物质的旋光性。

(2) 比旋光度：偏振光透过盛液管长为 1dm,浓度为 1g/mL 样品溶液所产生的旋光度。

(3) 手性：实物与镜像不能重叠的特点叫做手性或手征性。

(4) 手性碳原子：手性碳原子也称不对称碳原子,即连接四个不相同的原子或基团的碳原子,常用“ * ”表示。

(5) 对映异构体：互成镜像,不重合,也就是说它们具有对映关系,两者互为对映异构体,所以是两个不同的化合物。

(6) 非对映异构体：不呈对映关系的旋光异构体称为非对映异构体。

(7) 外消旋体：等量的左旋体和右旋体的混合物。

(8) 内消旋体：分子内具有对称因素(一般只考虑对称平面和对称中心)，虽含手性碳原子，但旋光作用内部抵消，对外不显旋光性的化合物。

2. (1) 无

(2) 有，$C_2H_5CH{=}CH{-}CH(CH_3){-}CH{=}CH_2$

(3) 无

(4) 无

(5) 有　（环己烷，相邻两个 * 碳上分别连 —Br 和 —OH）

(6) 有，
$$\begin{array}{c} CH_2CH_2CH_3 \\ | \\ {}^{*}CHOH \\ | \\ CH_2CH_3 \end{array}$$

3. (1) 错，(2) 对，(3) 对，(4) 错，(5) 对，(6) 错，(7) 对，(8) 错

4. (1) (S)-3-羟基-2-溴丙酸

(2)
$$\begin{array}{c} CH_3 \\ H{-}\!\!\!-\!\!\!-F \\ Cl{-}\!\!\!-\!\!\!-H \\ C_2H_5 \end{array}$$
(2S,3S)-2-氟-3-氯戊烷

(3)
$$\begin{array}{c} CH_3 \\ HO{-}\!\!\!-\!\!\!-H \\ H_3C{-}\!\!\!-\!\!\!-OH \\ C_3H_7 \end{array}$$
(2R,3R)-3-甲基-2,3-己二醇

(4) (2R,3R)-2-苯基-3-溴丁烷

(5)
$$\begin{array}{c} CH_3 \\ H{-}\!\!\!-\!\!\!-Br \\ H{-}\!\!\!-\!\!\!-Br \\ C_2H_5 \end{array}$$
(2S,3R)-2,3-二溴戊烷

5. (1) $CH_3CH_2C^*HDCl$　(手性)　　(2) $CH_3CDClCH_3$　(无手性)

(3) $CH_3C^*HDCH_2Cl$　(手性)　　(4) $CH_2ClCH_2CH_2D$　(无手性)

(5) $CH_3C^*HClCH_2D$　(手性)

对映体：

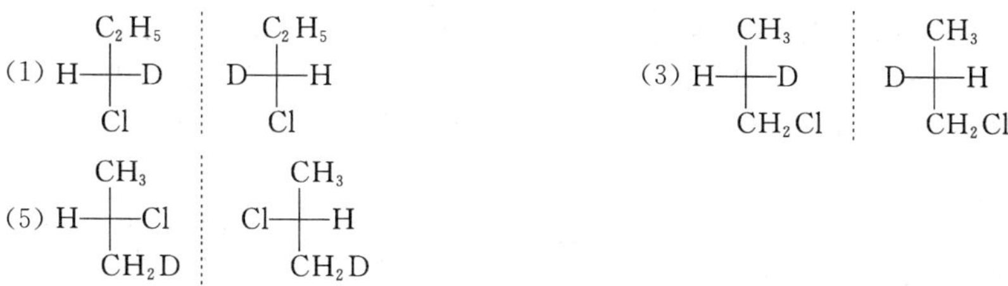

6. (1) $CH_3CH_2CHCl_2$　　$ClCH_2CH_2CH_2Cl$　　$CH_3C^*HClCH_2Cl$　　$CH_3CCl_2CH_3$

(2) A：$CH_3CCl_2CH_3$　　B：$ClCH_2CH_2CH_2Cl$

(3) C：$CH_3C^*HClCH_2Cl$　　D：$CH_3CH_2CHCl_2$

(4) E：$CH_3C^*HClCHCl_2$　另两个无旋光性的为：$CH_2ClCHClCH_2Cl$ 和 $CH_3CCl_2CH_2Cl$

7. (1) R，(2) S，(3) S，(4) S，(5) R，(6) 2R,3R，(7) S，(8) R，S

8. (1) 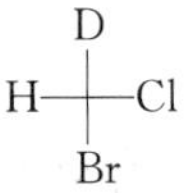 D / H—C—Cl / Br (Fischer projection) (2) C_2H_5 / H—C—Br / $CH=CH_2$ 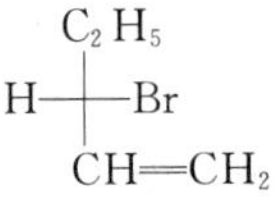 (3) 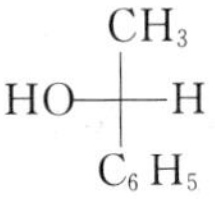 CH_3 / HO—C—H / C_6H_5

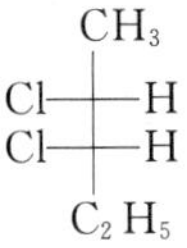

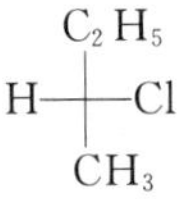

(4) CH_3 / Cl—C—H / Cl—C—H / C_2H_5 (5) C_2H_5 / H—C—Cl / CH_3 (6) 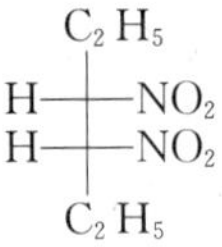 C_2H_5 / H—C—NO_2 / H—C—NO_2 / C_2H_5

9. 解：$\alpha = -2.5°$，$L=25\text{cm}=2.5\text{dm}$，$C=3.8\text{g}/250\text{mL}=0.0152\text{g/mL}$

$[\alpha]_{\lambda}^{t}=\alpha/Lc=-2.5/(2.5\times0.0152)=65.8°$

10. (1) 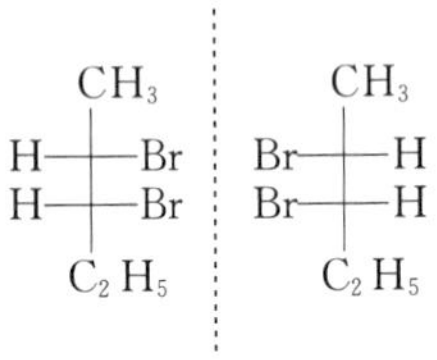 CH_3 / H—C—Br / H—C—Br / C_2H_5 ⋮ CH_3 / Br—C—H / Br—C—H / C_2H_5

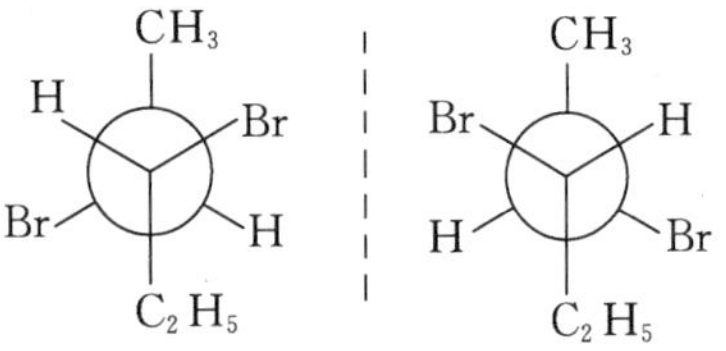

对位交叉式 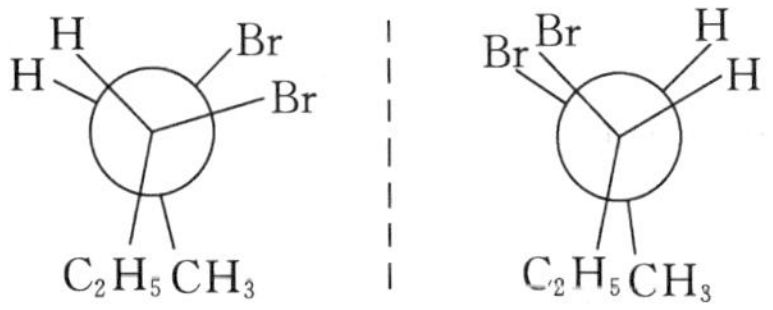　　全重叠式

(2) 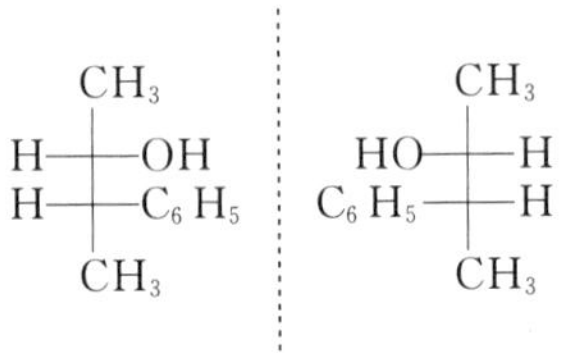 CH_3 / H—C—OH / H—C—C_6H_5 / CH_3 ⋮ CH_3 / HO—C—H / C_6H_5—C—H / CH_3

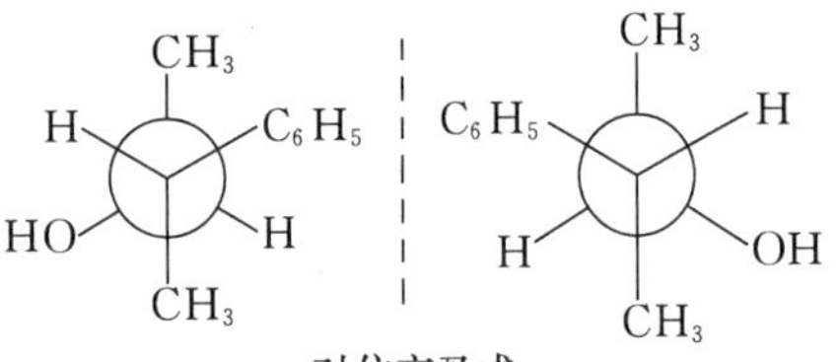

对位交叉式 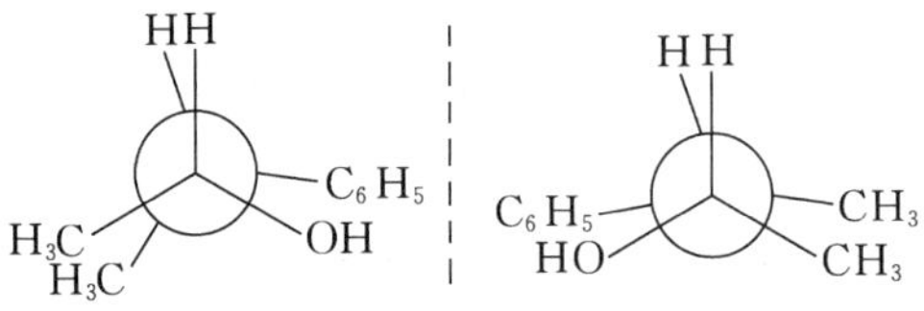　　全重叠式

11. (1) 非对映体　(2) 对映体　(3) 同一化合物　(4) 顺、反异构体　(5) 非对映体　(6) 同一化合物　(7) 构造异构体

12. 2-丁烯与溴水反应是按反式加成进行的，反应通过一个环状溴鎓离子，OH^- 从三元环的背后进攻环上的两个碳。由于 OH^- 在进攻时，可以从环的上面或下面进攻两个碳，并且机会均等。因此，顺-2-丁烯生成溴醇（Ⅰ）和它的对映体，反-2-丁烯生成溴醇（Ⅱ）和它的对映体。反应的立体化学过程如下：

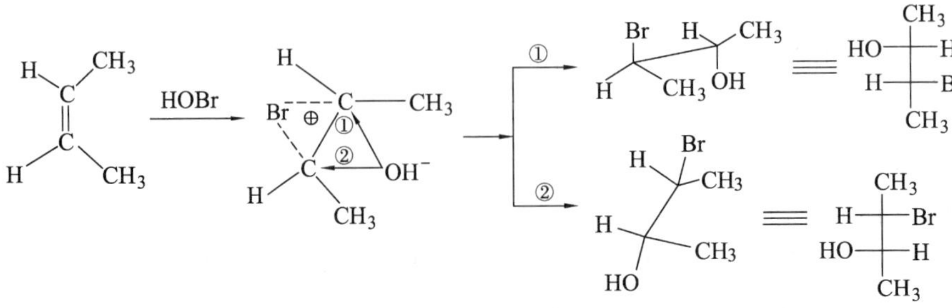

HOBr　①　②

CH_3 / HO—C—H / H—C—Br / CH_3 （Ⅰ）

CH_3 / H—C—Br / HO—C—H / CH_3 （Ⅰ）的对映体

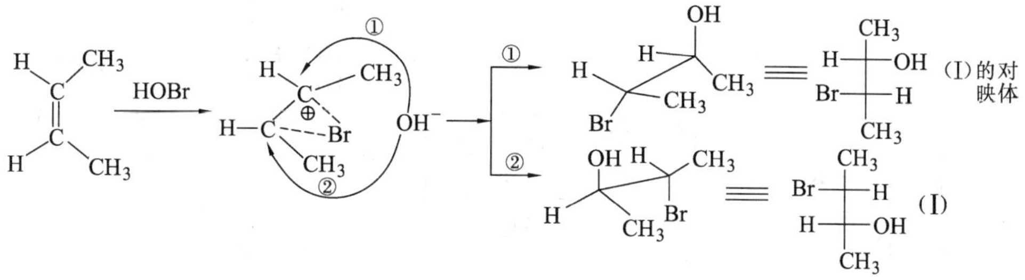

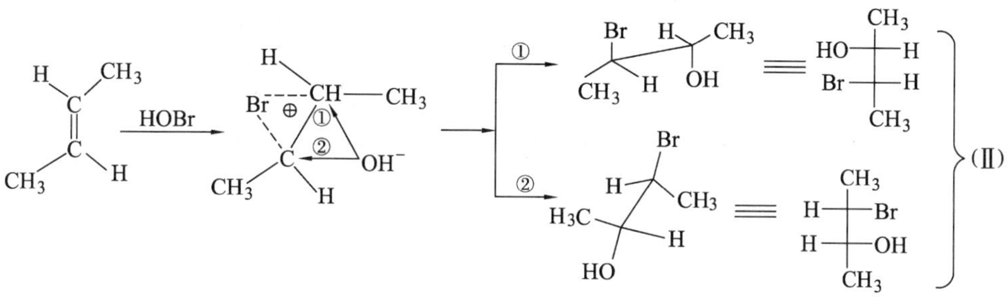

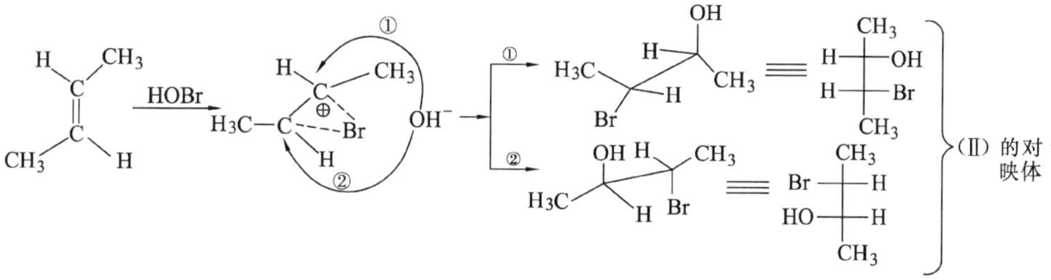

13. 解：(1) 按题意，两种邻二醇的构造式相同，但构型不同。熔点为 19℃的邻二醇是个外消旋体，熔点为 32℃的邻二醇是内消旋体，它们的构型如下：

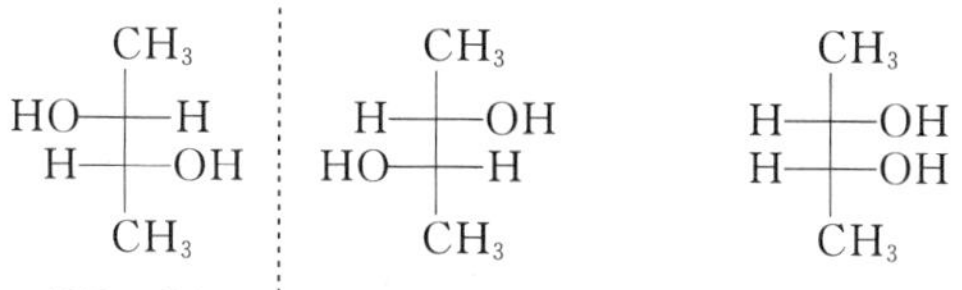

(2R,3R) (2S,3S) (2S,3R)

(2) $KMnO_4$ 与烯烃的氧化是一种经过五元环中间体的顺式加成过程，其立体化学过程如下：

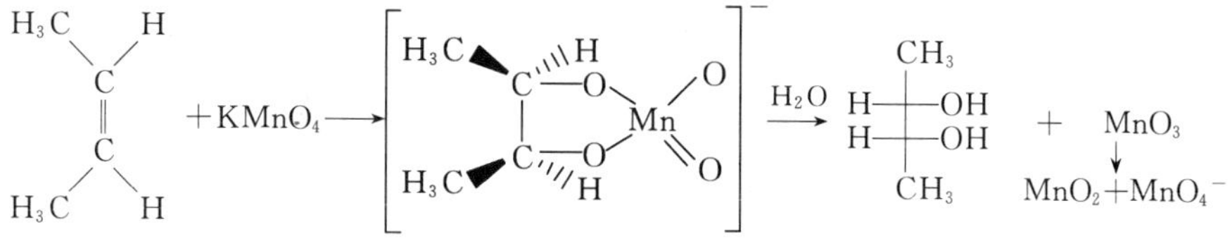

H_3C H C=C H CH_3 $+KMnO_4 \longrightarrow$ $[H_3C$, H, C—O, C—O, H, CH_3, Mn, O, O$]^-$ $\xrightarrow{H_2O}$

CH_3; HO—H; HO—CH_3; H $+ MnO_3 \downarrow MnO_2 + MnO_4^-$

CH_3; HO—H; H—OH; CH_3 (2R,3R) (A)

CH_3; H—OH; HO—H; CH_3 (2S,3S) (B)

同理，$KMnO_4$从反-2-丁烯的另一面与其作用则得(B)。(A)与(B)互为对映体。

第六章

卤代烃

一、目的要求

1. 掌握卤代烃的分类和命名。
2. 掌握卤代烷烃的化学性质。
3. 掌握卤代烷烃的亲核取代反应机理及其重要的影响因素。
4. 了解亲核取代反应的立体化学。
5. 了解消除反应机理及其影响因素。
6. 了解亲核取代反应和消除反应之间竞争的主要影响因素。
7. 掌握卤代烯烃中双键位置对卤原子活泼性的影响。
8. 了解卤代烃的主要制备方法及其应用。

二、本章要点

1. 卤代烃的分类和命名

根据烃基结构不同，卤代烃分为饱和卤代烃、不饱和卤代烃和卤代芳烃；根据卤原子数目不同，卤代烃分为一卤代烃、二卤代烃和多卤代烃；根据和卤原子直接相连的碳原子种类不同，卤代烃分为伯(一级)卤代烃、仲(二级)卤代烃和叔(三级)卤代烃。

卤代烃的命名以烃为母体，卤原子作为取代基，命名原则和方法与烃类相同。不饱和卤代烃命名时，优先考虑双键或叁键的编号，使其尽可能小。

2. 卤代烷烃的重要化学性质

卤代烷烃的结构：$R-\underset{\beta\,|\,H}{\overset{|}{C}}-\underset{|\,\alpha}{\overset{|\,\delta+}{C}}\longrightarrow\overset{\delta-}{X}$ (R为烷基或氢原子)

卤代烷烃中的碳卤键是极性共价键，卤原子的电负性大于碳原子，致使卤代烷烃分子中的C—X键具有一定的极性，其中碳原子带有部分正电荷，卤原子带有部分负电荷。另外，由于受到卤原子吸电子诱导效应的影响，β-C上的氢比较活泼。

卤代烷烃的重要化学性质有：亲核取代反应，消除反应——脱卤化氢，与活泼金属的反应(格氏试剂)。

亲核取代反应：卤代烷烃中带正电荷的α-碳原子容易受到带负电荷的基团如OH^-、RO^-、CN^-、NO_3^-和带有未共同电子对的分子如H_2O，NH_3等进攻，结果卤代烷烃中的卤原子被这些亲核试剂所取代，卤原子带着碳卤键上的一对电子离开。卤代烷烃的亲核取代反应用 S_N表示，亲核试剂用 Nu^- 表示，其反应通式如下：

$$R:X+Nu^- \longrightarrow R:Nu+X^-$$

比较常见的卤代烷烃的亲核取代反应归纳如下：

$$R-X+\begin{cases} NaOH \longrightarrow ROH(\text{醇})+NaX \\ NaCN \longrightarrow R-CN(\text{腈})+NaX \\ NH_3 \longrightarrow R-NH_2(\text{胺})+HX \\ R'ONa \longrightarrow R-O-R'(\text{醚})+NaX \\ AgNO_3 \longrightarrow R-O-NO_2(\text{硝酸酯})+AgX\downarrow \\ Ar-H \xrightarrow{\text{无水 } AlCl_3} Ar-R(\text{烷基芳烃})+HX \\ R'COO^- \longrightarrow R'COOR(\text{酯}) \\ HS^- \longrightarrow RSH(\text{硫醇})+X^- \\ R'S^- \longrightarrow RSR'(\text{硫醚})+X^- \end{cases}$$

消除反应——脱卤化氢：在碱的作用下，β-H 和卤原子一起被脱去，生成烯烃。卤代烷烃的消除反应用 E 表示。

$$R\overset{\beta}{C}H_2\overset{\alpha}{C}H(Br)\overset{\beta}{C}H_3 \xrightarrow[KOH]{\text{乙醇}} \underset{(\text{主})}{CH_3CH{=}CHR}+\underset{(\text{副})}{RCH_2CH{=}CH_2}$$

卤代烷烃的消除遵循查依采夫(Saytzeff)规则。含氢较少的 β-C 上的氢容易和卤原子一起被消除，主要生成双键碳原子上连有较多烃基的烯烃。

不同类型的卤代烷烃脱卤化氢的活性次序为：三级卤代烷>二级卤代烷>一级卤代烷。

与活泼金属的反应：金属直接与碳连接的一类化合物称为有机金属化合物。卤代烷烃在无水乙醚中与镁作用，生成有机金属镁化合物，这一产物叫做格利雅(Grignard)试剂，简称格氏试剂。卤代烷烃与金属锂作用生成有机锂化合物。

$$RX+Mg \xrightarrow{\text{无水乙醚}} RMgX(\text{格氏试剂 } \overset{\delta-}{R}-\overset{\delta+}{Mg}X)$$

$$R-X+2Li \longrightarrow RLi(\text{有机锂化合物})+LiX$$

格氏试剂和有机锂化合物都是合成中常用的重要试剂。

格氏试剂与二氧化碳反应，生成比卤代烃多一个碳原子的羧酸。

$$RMgX+CO_2 \longrightarrow RCOOMgX \xrightarrow[H^+]{H_2O} RCOOH+Mg(OH)X$$

格氏试剂能与多种含活泼氢的化合物作用生成相应的烃：

$$RMgX\begin{cases} \xrightarrow{HOH} RH + HO-Mg-X \\ \xrightarrow{R'OH} RH + R'O-Mg-X \\ \xrightarrow{HX} RH + MgX_2 \\ \xrightarrow{NH_3} RH + NH_2MgX \\ \xrightarrow{R'C\equiv CH} RH + R'C\equiv C-Mg-X \end{cases}$$

3. 卤代烷烃的亲核取代反应机理

(1) 单分子亲核取代反应(S_N1)机理：

以叔丁基溴在碱性溶液中的水解为例：

$$第一步\quad (CH_3)_3C—Br \xrightarrow{慢} [(CH_3)_3\overset{\delta+}{C}\cdots\overset{\delta-}{Br}] \longrightarrow (CH_3)_3C^+ + Br^-$$

过渡状态A

$$第二步\quad (CH_3)_3C^+ + OH^- \xrightarrow{快} [(CH_3)_3\overset{\delta+}{C}\cdots\overset{\delta-}{OH}] \longrightarrow (CH_3)_3COH$$

过渡状态B

(2) 双分子亲核取代反应(S_N2)机理：

以溴甲烷在碱性溶液中的水解为例：

$$HO^- + CH_3Br \underset{}{\overset{慢}{\rightleftharpoons}} [\overset{\delta-}{HO}\cdots CH_3\cdots\overset{\delta-}{Br}] \xrightarrow{快} HO—CH_3 + Br^-$$

过渡态

卤代烷烃的亲核取代反应的特点、影响因素和立体化学见表 6-1。

表 6-1 S_N1 和 S_N2 的特点、影响因素和立体化学

反应类型		S_N1	S_N2
特点	动力学特征	反应速率$=k$[RX]	反应速率$=k$[RX][Nu^-]
	反应步骤	反应分二步进行，在反应中有活性中间体——碳正离子生成	反应一步完成
立体化学		中间体碳正离子为平面结构，产物为外消旋体或部分构型转化产物	亲核试剂是从离去基团的背面进攻中心碳原子，产物构型完全反转
影响亲核取代反应的因素	烷基结构	生成的碳正离子愈稳定，反应愈容易进行 卤代烷烃的反应活性顺序为：叔卤代烷＞仲卤代烷＞伯卤代烷＞卤代甲烷	α-碳原子的空间位阻越小，反应愈容易进行 卤代烷烃的反应活性顺序为：CH_3X＞伯卤代烷＞仲卤代烷＞叔卤代烷
		桥头卤代烷烃进行亲核取代反应时，不论是 S_N1 还是 S_N2，都显得十分困难	
	离去基团(卤素)的性质	不论是 S_N1 还是 S_N2，卤素的可极化度越大，越易离去，反应越容易进行 卤代烷烃的反应活性是 RI＞RBr＞RCl	
	亲核试剂	一般无影响	亲核性越大，反应越容易进行。试剂的亲核性大小与它的碱性、电荷、体积、可极化度等有关
	溶剂	增加溶剂的极性，有利于反应	增加溶剂的极性，一般不利于反应

4. 卤代烷烃的消除反应机理

单分子消除反应机理(E1)：

$$第一步\quad -\underset{\beta\,|\,H}{C}-\underset{\alpha}{C}-X \xrightarrow{慢} -\underset{\beta\,|\,H}{C}-\underset{\alpha}{C^+} + X^-$$

第二步　$-\overset{|}{\underset{\beta|}{C}}-\overset{|}{\underset{\alpha|}{C^+}} + B^- \xrightarrow[-HB]{快} \;>C=C<$（β-C 上连有 H）

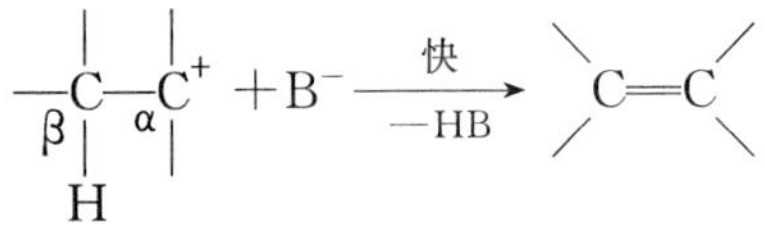

双分子消除反应机理(E2)：

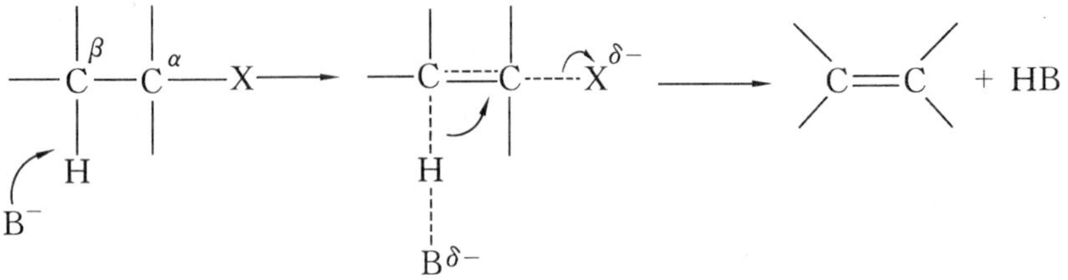

$$-\overset{|}{\underset{|}{C}}{}^{\beta}(H)-\overset{|}{\underset{|}{C}}{}^{\alpha}-X + B^- \longrightarrow \left[-\overset{|}{C}\overset{\cdots}{=}\overset{|}{C}\cdots X^{\delta-},\ H\cdots B^{\delta-}\right] \longrightarrow \;>C=C< + HB$$

过渡态

E1 的反应机理与 S_N1 相似，第一步都生成碳正离子。不同的是，在 E1 中，亲核试剂不是与碳正离子结合，而是进攻 β-氢原子，并夺取氢原子，同时，在 α、β 两个碳原子之间形成双键。E2 的反应机理与 S_N2 相似，反应都是一步完成，不同的是，在 E2 中亲核试剂进攻的是 β-氢原子。

不管是 E1 还是 E2，卤代烷消除反应的活性顺序是：RI＞RBr＞RCl，三级卤代烷＞二级卤代烷＞一级卤代烷。

5. 亲核取代与消除反应的竞争

一般来说，伯卤代烷较易发生 S_N2 取代反应，消除反应一般不发生。但如果在 β 位上有活泼氢，如苯甲型、烯丙基型的氢，则较易发生消除反应。

试剂的碱性强，与质子的结合能力强，有利于消除反应；试剂的体积大，不容易于接近 α-碳原子，容易与它周围的 β 位上的氢接近，有利于消除反应；试剂的亲核性强有利于取代反应。

相对来说，强极性溶剂有利于取代反应，不利于消除反应；弱极性溶剂有利于消除反应，不利于取代反应。

6. 卤代烯烃中双键位置对卤素活泼性的影响

见表 6-2。

表 6-2　卤代烯烃的类型及其特性

卤代烯烃类型	卤代乙烯型	卤代烯丙基型	孤立型卤代烯烃
构造式 (R＝alkyl 或 H)	$R-CH=CH-X$ 包括  C_6H_5-X	$R-CH=CH-CH_2X$ 包括  $C_6H_5-CH_2X$	$CH_2=CH-(CH_2)_n-X$ 包括  $C_6H_5-(CH_2)_n-X(n>1)$
结构特点	卤原子与碳碳双键或苯环之间存在着 p-π 共轭，碳卤键极性下降，卤原子不活泼	容易生成稳定的烯丙基型碳正离子，碳卤键容易异裂，卤原子活泼	碳卤键与一般的卤代烷烃相似，卤原子的活性介于卤代乙烯型和卤代烯丙基型之间
与 $AgNO_3$ 反应	无卤化银沉淀	室温下立即产生卤化银沉淀	加热的条件下生成卤化银沉淀

三、例题解析

［例 1］　命名下列化合物：

(1) 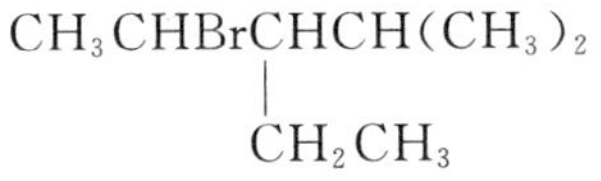 $CH_3CHBrCHCH(CH_3)_2$（C-3 上连 CH_2CH_3）

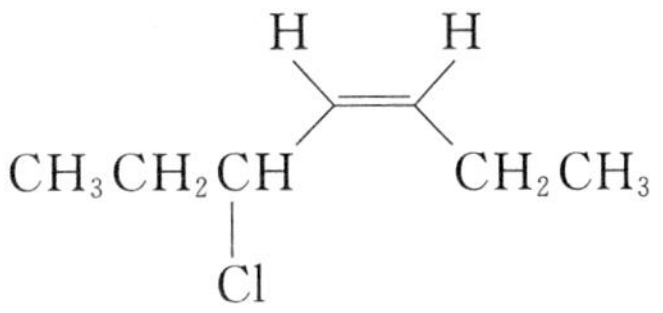

(2) H、H 处于双键同侧：$CH_3CH_2CH(Cl)CH=CHCH_2CH_3$

(3) $C_6H_5CH_2CH=CHCH_2CH_2Cl$

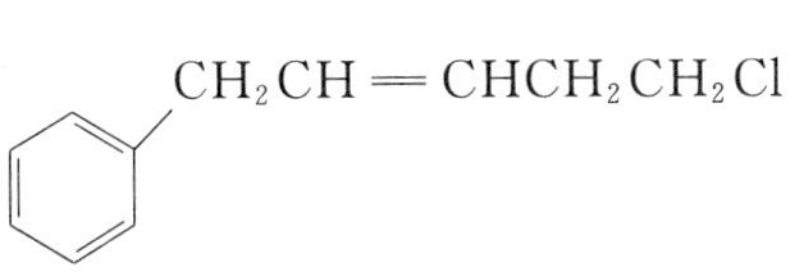

(4) 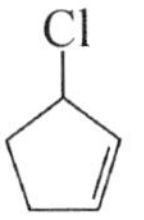 环戊烯上连 Cl

解：(1) 2-甲基-3-乙基-4-溴戊烷。选择含卤原子在内的最长碳链为主链，侧链烷基和卤原子作为取代基。

(2) (Z)-4-氯-3-庚烯。该化合物属于卤代烯烃，命名原则同烯烃。选择同时含有卤素和双键的最长碳链作为主链，主链碳原子编号应使双键位次最小。Z/E 标记方法参见第三章“例题解析”［例 1］。

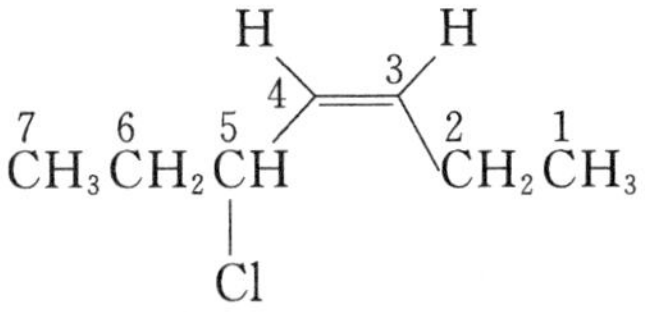

（编号：$\overset{7}{C}H_3\overset{6}{C}H_2\overset{5}{C}H(Cl)\overset{4}{C}H=\overset{3}{C}H\overset{2}{C}H_2\overset{1}{C}H_3$）

(3) 1-苯基-5-氯-2-戊烯。该化合物应以芳烃侧链的烯烃为母体，把芳基和卤原子作为取代基来命名，命名原则同烯烃。

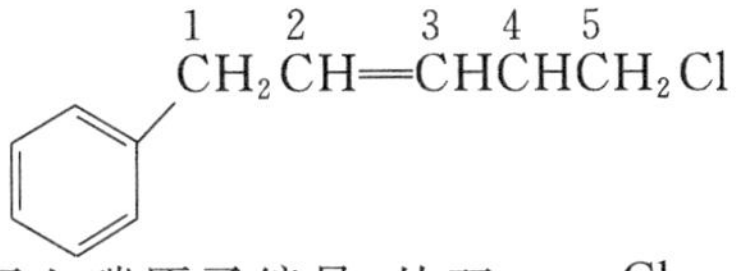

（编号：$C_6H_5\overset{1}{C}H_2\overset{2}{C}H=\overset{3}{C}H\overset{4}{C}H\overset{5}{C}H_2Cl$）

(4) 3-氯环戊烯。卤代环烯烃的命名原则同环烯烃。环上碳原子编号，从双键碳原子编起，并使取代基的编号尽可能小。

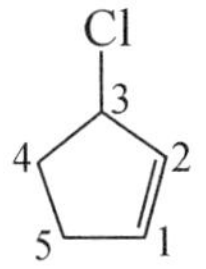

（编号：双键碳为 1、2，连 Cl 的碳为 3，其余为 4、5）

［例 2］　下列反应中的主要产物是错误的，请给予纠正。

(1) 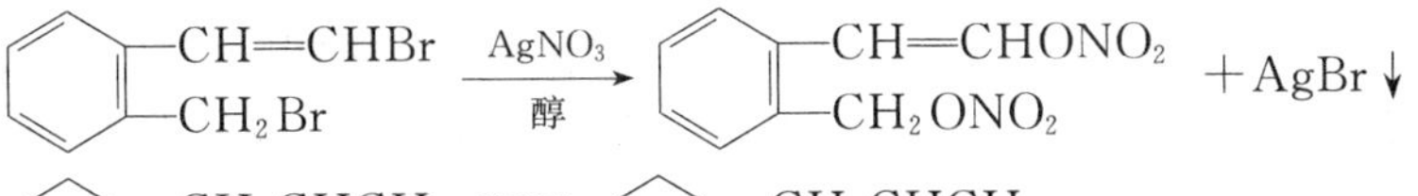 邻位取代苯：$-CH=CHBr$、$-CH_2Br$ $\xrightarrow[\text{醇}]{AgNO_3}$ $-CH=CHONO_2$、$-CH_2ONO_2$ $+AgBr\downarrow$

(2) 环己基$-CH_2CHClCH_3$ $\xrightarrow[\text{乙醇}]{KOH}$ 环己基$-CH_2CH(OH)CH_3$

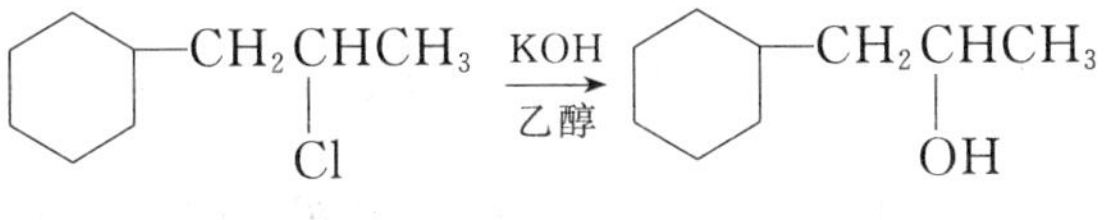

解：

(1) 反应物中有两个溴原子，其中一个是苄基溴（烯丙基型溴），很活泼，而另一个是乙烯型溴，很不活泼，因此，只有苄基溴被取代，而乙烯型溴不起反应。正确答案：

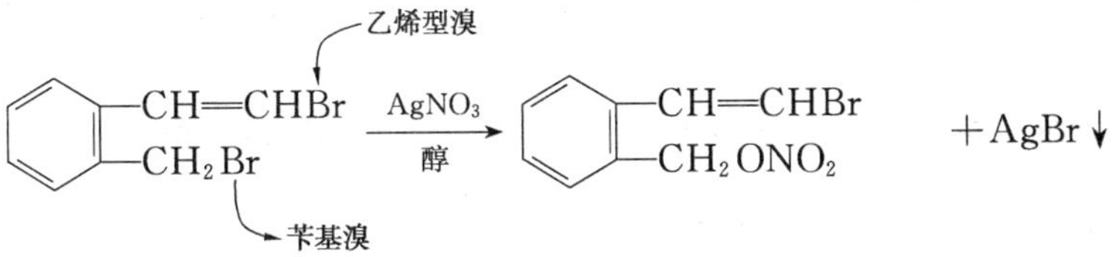

邻位取代苯：$-CH=CHBr$（乙烯型溴）、$-CH_2Br$（苄基溴） $\xrightarrow[\text{醇}]{AgNO_3}$ $-CH=CHBr$、$-CH_2ONO_2$ $+AgBr\downarrow$

(2) 此反应的条件是氢氧化钾的乙醇溶液，卤代烷烃在氢氧化钾的醇溶液中反应以消除产物为主，主要得到烯烃，并且消除方向遵循查依采夫(Saytzeff)规则。正确答案：

$$\text{C}_6\text{H}_{11}-CH_2CH(Cl)CH_3 \xrightarrow[\text{乙醇}]{KOH} \text{C}_6\text{H}_{11}-CH{=}CHCH_3$$

［**例 3**］　写出 2-甲基-3-溴丁烷与 NaOH 在水溶液中共热主要得到 2-甲基-2-丁醇的 S_N1 机理。

解：氢的转移使最初形成的二级碳正离子转化成更稳定的三级碳正离子，然后被 OH^- 进攻得到重排产物。反应历程如下：

第一步

$$H_3C-CH(Br)-CH(CH_3)-CH_3 \rightleftharpoons H_3C-\overset{+}{C}H-CH(CH_3)-CH_3 \xrightarrow{\sim H} H_3C-CH_2-\overset{+}{C}(CH_3)-CH_3$$

2-溴-3-甲基丁烷　　仲碳正离子　　叔碳正离子

（氢带着一对电子迁移）

第二步

$$H_3C-CH_2-\overset{+}{C}(CH_3)-CH_3 \xrightarrow{OH^-} H_3C-CH_2-C(OH)(CH_3)-CH_3$$

2-甲基-2-丁醇

［**例 4**］　化合物按 S_N1 反应时的活性大小排序如下。试说明理由。

$p\text{-}HOC_6H_4CH_2Cl$ (A) > $p\text{-}CH_3C_6H_4CH_2Cl$ (B) > $C_6H_5CH_2Cl$ (C) > $p\text{-}O_2NC_6H_4CH_2Cl$ (D)

解：按 S_N1，上述化合物的活性大小取决于第一步离解生成的中间体碳正离子的稳定性，如果碳正离子越稳定，则活性越大，反之，则反应活性越小。以上四种化合物可用结构通式 $ClH_2C-C_6H_4-X$ 表示，离解后都生成苄基型碳正离子 $H_2\overset{+}{C}-C_6H_4-X$（X 表示不同的取代基）。X 的给或吸电子作用，对碳正离子的稳定性产生影响。如果 X 起给电子作用，则碳正离子的正电性分散，稳定性增加；如果 X 起吸电子作用，则碳正离子的正电性更加正，则稳定性下降。OH、CH_3 是给电子作用，NO_2 是吸电子作用，H 介于给、吸作用之间，所以，(A)和(B)的活性大于(C)，(C)的活性大于(D)；OH 的给电子能力大于 CH_3，所以，(A)的活性大于(B)。

［**例 5**］　下面三种碳正离子分别属于伯、仲、叔三种类型，其结构如下：

(1) $C_6H_5\overset{+}{C}H_2$　　(2) $C_6H_5CH_2\overset{+}{C}HCH_3$　　(3) 2-降冰片基碳正离子（桥环结构，正电荷在环碳上）

它们的稳定性从大到小的排序是：(1)>(2)>(3)，试解释。

解：(1) 是苄基碳正离子，属于烯丙基型碳正离子。碳正离子与苯环直接相连，它的空 p 轨道与苯环的大 π 轨道形成 p-π 共轭体系，使正电荷得到分散，降低了体系的能量，所以稳定性好。

(2) 属于仲碳正离子，碳正离子与苯环间隔一个碳原子，它的空 p 轨道与苯环的大 π 轨道不能形成 p-π 共轭体系，其稳定性与一般的仲碳正离子相似。

(3) 虽然属于叔碳正离子，但它是桥头碳正离子，由于桥环的刚性，平面型的桥头碳正离子张力很大，使其十分不稳定而难以形成。

［例 6］ 设计由氯代环己烷（Cl-环己烷）转化为环己-2-烯醇（OH-环己烯）的合成路线。

解： 环己-2-烯醇（OH）可采用 3-溴环己烯（Br）碱性水解得到；3-溴环己烯（Br）可采用环己烯的 α-氢溴代得到；环己烯可采用氯代环己烷（Cl）在氢氧化钠或氢氧化钾的醇溶液中进行消除反应得到。N-溴代丁二酰亚胺(NBS)是一个专门对烯丙基型烯烃的 α-氢进行溴代的试剂，此试剂可避免发生双键的卤素加成反应。合成路线如下：

$$\text{氯代环己烷(Cl)} \xrightarrow[\text{乙醇}]{KOH} \text{环己烯} \xrightarrow[(C_6H_5COO)_2]{NBS} \text{3-溴环己烯(Br)} \xrightarrow[\text{乙醇/水}]{NaOH} \text{环己-2-烯醇(OH)}$$

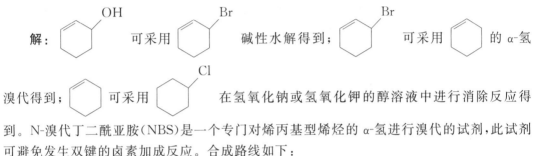

［例 7］ S_N1 反应是经过平面碳正离子进行的，我们希望由一个旋光性的卤代烷烃通过 S_N1 反应得到等量的构型保持和构型转化的两个化合物，即得到一个外消旋化合物。但在大部分情况下，S_N1 反应得到一部分构型转化的产物。一般来讲，随着碳正离子稳定性的增加，外消旋产物的比例增加，构型转化产物的比例降低。特别稳定的碳正离子得到完全外消旋产物。解释这种现象。

解：构型转化产物与外消旋产物的比例与碳正离子的稳定性有关。碳正离子越不稳定，碳卤键越不容易断，在由反应物经过渡态生成碳正离子的瞬间，卤素可能还没有完全离开中心碳原子时就受到亲核试剂的进攻，因而在一定程度上挡住了亲核试剂从卤素这一面的进攻的机会，所以试剂只能从背面进攻中心碳原子，故得到一定比例的构型转化产物。碳正离子越稳定，则越易形成，亲核试剂向平面碳正离子两边进攻的机会相差越小，构型转化产物的比例降低。特别稳定的碳正离子，亲核试剂向它两边进攻的机会完全相等，得到等量的构型保持和构型转化的两个化合物，即得到一个外消旋化合物。

［例 8］ 对于 S_N2 反应来说，增大溶剂的极性，一般不利于反应。但 NH_3 与卤代烷烃按 S_N2 反应时，增加溶剂的极性对反应有利。解释这种现象。

解：由反应物转变为过渡状态时，如果过渡状态的电荷比反应物有所增加，则反应在强极性溶剂中有利；反之，如果过渡状态的电荷比反应物有所降低或分散，则反应在弱极性溶剂中有利；如果过渡状态的电荷与反应物相比，没有变化或变化很小，则改变溶剂的极性对反应几乎不产生影响。

当 S_N2 反应中的亲核试剂是负离子时，其反应历程如下：

$$Nu:^- + RX \longrightarrow [\overset{\delta-}{Nu}\cdots R \cdots \overset{\delta-}{X}] \longrightarrow NuR + X^-$$

过渡态

$Nu:^-$ 的一部分负电荷通过 R 传给了 X，过渡态的负电荷比较分散，不如亲核试剂集中，增加溶剂的极性，对反应不利，则反应在弱极性溶剂中有利。

当 S_N2 反应中的亲核试剂是中性分子(NH_3)时，其反应历程如下：

$$H_3N: + RX \longrightarrow [H_3\overset{\delta+}{N}\cdots R \cdots \overset{\delta-}{X}] \longrightarrow NuR + X^-$$

过渡态

$:NH_3$ 的一部分负电荷通过 R 传给了 X，使原来中性的 $:NH_3$ 在过渡状态中变成带正电荷，电荷有所增加，因此增加溶剂的极性对反应有利。

[例 9]　化合物 A 的分子式为 C_4H_8，它能使 Br_2/CCl_4 溶液褪色，但不能使稀的 $KMnO_4$ 溶液褪色，一摩尔 A 和一摩尔 HBr 作用生成 B，B 也可以从 A 的同分异构体 C 与 HBr 作用得到。化合物 C 能使溴溶液和稀的 $KMnO_4$ 溶液褪色。试推导化合物 A、B、C 的结构式，并写出各步的反应式。

解：不饱和度(μ)计算公式：$\mu = n_C + \frac{n_N - n_H}{2} + 1$。若分子中有卤原子，将卤原子看作氢原子，氧、硫不计。

根据化合物 A 不饱和度 $\mu = 4 - 4 + 1 = 1$，推知 A 可能是开链单烯烃或环烷烃；根据"它能使 Br_2/CCl_4 溶液褪色，但不能使稀的 $KMnO_4$ 溶液褪色"，推知 A 应该是单环烷烃并具有两种可能结构式：甲基环丙烷或环丁烷。根据"一摩尔 A 和一摩尔 HBr 作用生成 B"，推知 A 应该是甲基环丙烷，因为环丁烷和 HBr 作用需加热进行；由于开链单烯烃与环烷烃互为同分异构体，根据"C 能使溴溶液和稀的 $KMnO_4$ 溶液褪色"，说明 C 是烯烃而不是环烷烃，因为环烷烃不能使 $KMnO_4$ 溶液褪色；再根据 A 和 C 与 HBr 加成都生成 B，推知 C 是 1-丁烯或 2-丁烯。化合物 A、B、C 的结构及各步的反应式如下：

甲基环丙烷 (A) $\xrightarrow{Br_2/CCl_4}$ $CH_3CHBrCH_2CH_2Br$

甲基环丙烷 (A) $\xrightarrow{HBr}$ $CH_3CHBrCH_2CH_3$ (B)

(C) $\begin{cases} CH_2{=}CHCH_2CH_3 \\ 或\ CH_3{-}CH{=}CH{-}CH_3 \end{cases}$ $\xrightarrow{HBr}$ $CH_3CHBrCH_2CH_3$ (B)

(C) $\xrightarrow{KMnO_4}$ $CO_2 + CH_3CH_2COOH$（或 CH_3COOH）

(C) $\xrightarrow{Br_2}$ $CH_2BrCHBrCH_2CH_3$（或 $CH_3CHBrCHBrCH_3$）

四、习 题

1. 命名下列化合物：

(1) 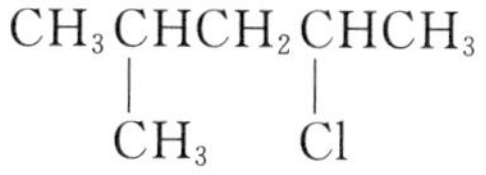 $CH_3CHCH_2CHCH_3$（2 位连 CH_3，4 位连 Cl）

(2) $ClCH_2CH_2CHCH_2CH_2CH_2CH_3$（3 位连 $CH_2CH_2CH_3$）

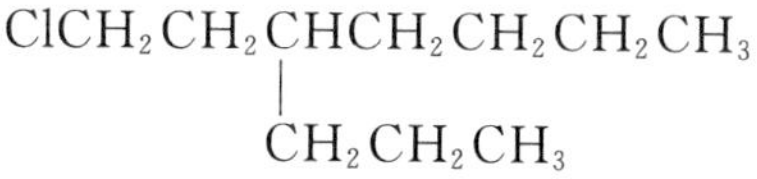

(3) $CH_3CH_2CH(Br)-CH=CH-CH_3$ 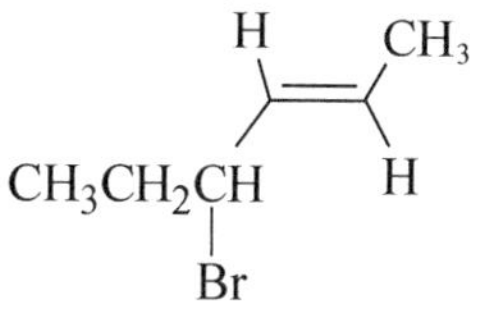 (Z/E)

(4) 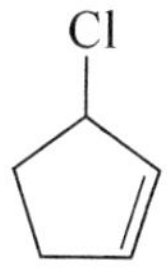 3-氯环戊烯结构

(5) 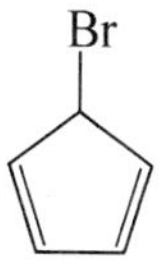 5-溴-1,3-环戊二烯结构

(6) 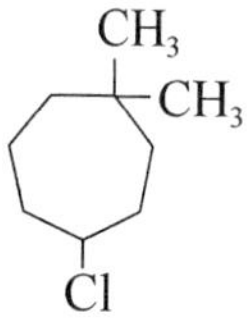 环庚烷（一个碳上连两个 CH_3，另一碳上连 Cl）

(7) 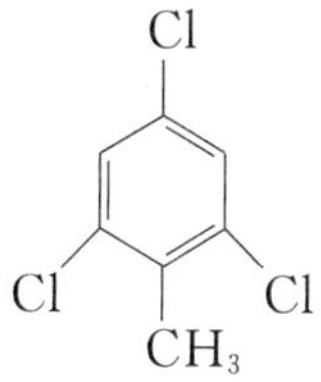 苯环（Cl、Cl、Cl、CH_3 取代）

(8) 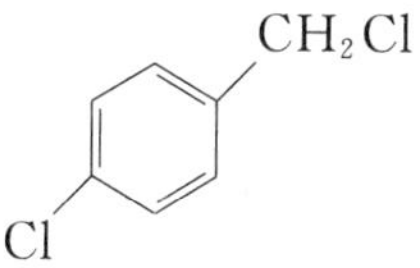 对氯苯基 CH_2Cl

(9) 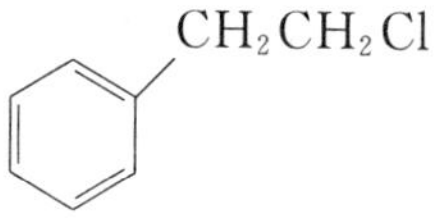 苯基 CH_2CH_2Cl

(10) 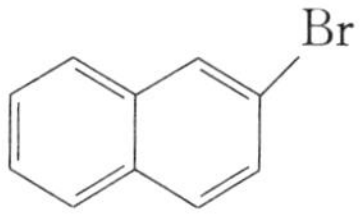 2-位 Br 取代萘

(11) 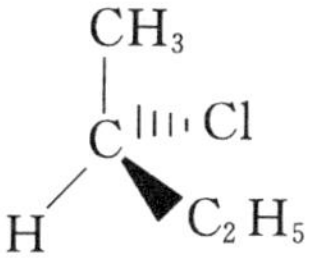 C 连 CH_3、Cl、C_2H_5、H (R/S)

2. 写出下列化合物的结构式：

(1) 2-甲基-2,3-二氯丁烷 (2) 叔丁基溴 (3) 溴化苄 (4) 1-苯基-3-溴丙烷 (5) 碘仿
(6) 烯丙基氯 (7) (R)-2,3-二甲基-3-氯戊烷 (8) (2Z,4E)-1,6-二氯-2,4-己二烯

3. 完成下列反应：

(1) 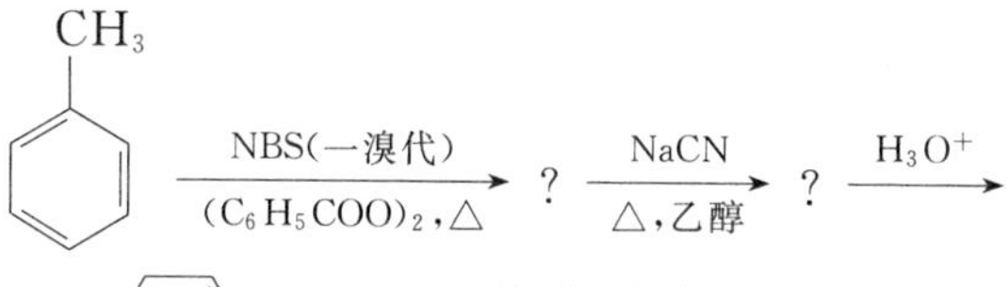 甲苯 $\xrightarrow[(C_6H_5COO)_2,\triangle]{NBS(一溴代)}$? $\xrightarrow[\triangle,乙醇]{NaCN}$? $\xrightarrow{H_3O^+}$

(2) $Cl-C_6H_4-CH_2Cl \xrightarrow[\triangle]{NaOH,H_2O}$

(3) 邻位（$-CH{=}CHBr$，$-CH_2Br$）苯 $\xrightarrow{KCN}$

(4) 溴苯 $\xrightarrow[Mg]{无水乙醚}$? $\xrightarrow[(2)\ H_3O^+]{(1)\ CO_2}$

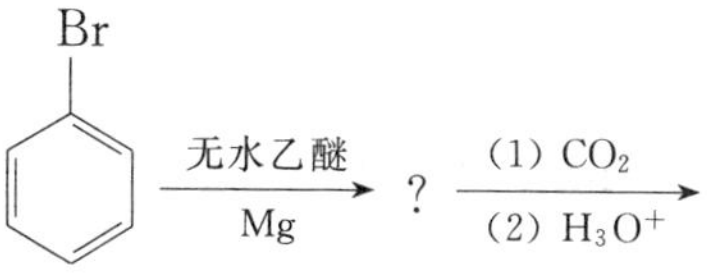

(5) 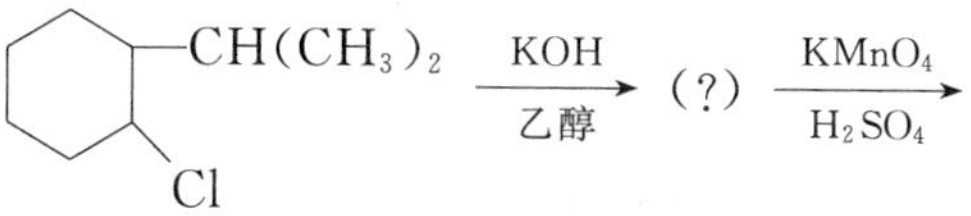 环己烷（$-CH(CH_3)_2$，Cl）$\xrightarrow[乙醇]{KOH}$ (?) $\xrightarrow[H_2SO_4]{KMnO_4}$

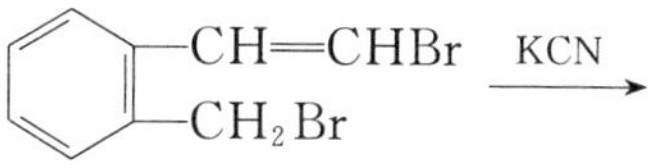

(6) 3-甲基-1-氯环己烷 (环己烷上 CH_3、Cl 相邻) $\xrightarrow[\text{乙醇}]{KOH}$ $\xrightarrow[OH^-]{\text{冷,稀 } KMnO_4}$

(7) $C_6H_5ONa + CH_3CH_2Br \longrightarrow$

(8) $CH_3CH_2CH_2CH_2Br \xrightarrow[THF]{LiAlH_4}$

(9) $(CH_3)_2CHCH_2OH \xrightarrow[\triangle]{P+I_2}$

(10) $C_6H_5CH{=}CHCH_3 + HBr \longrightarrow$

4. 用化学方法鉴别下列各组化合物：

(1) $CH_3CH{=}CHCH_2Cl$ ，$CH_2{=}CHCl$ ， $CH_2{=}CHCH_2CH_2Cl$ ，氯代环戊烷

(2) 氯苯，环己基氯甲烷 ($C_6H_{11}CH_2Cl$)，苄氯 ($C_6H_5CH_2Cl$)，3-氯环己烯

5. (1) 按 S_N1 反应，比较下列化合物的活性次序：

① $CH_3CH_2CHBrCH_3$ ， $CH_3CBr(CH_3)CH_3$ ，$CH_3CH_2CH_2CH_2Br$

② $C_6H_5CH_2Br$ ，$C_6H_5CH(CH_3)Br$ ，$C_6H_5CH_2CH_2Br$ ，C_6H_5Br

③ $C_6H_5CH_2Cl$ ，$p\text{-}NO_2C_6H_4CH_2Cl$ ，$p\text{-}OCH_3C_6H_4CH_2Cl$ ，$p\text{-}CH_3C_6H_4CH_2Cl$

(2) 按 S_N2 反应，比较下列化合物的活性次序：

① $CH_3CH_2CHClCH_3$ ，$CH_3CH_2CH_2CH_2Cl$， $CH_3CH_2CCl(CH_3)CH_3$

② $CH_3{-}C(CH_3)_2{-}CHBrCH_3$ ， $CH_3CH_2CH_2{-}CHBrCH_3$

6. 比较下列碳正离子的稳定性(由大到小排列):

(1) $CH_3CH_2CH_2\overset{+}{C}H_2$, $CH_3CH_2\overset{+}{C}HCH_3$, $(CH_3)_3\overset{+}{C}$

(2) $O_2N-C_6H_4-\overset{+}{C}H_2$, $CH_3-C_6H_4-\overset{+}{C}H_2$, $C_6H_5-\overset{+}{C}H_2$, $Cl-C_6H_4-\overset{+}{C}H_2$, $H_2N-C_6H_4-\overset{+}{C}H_2$

7. 由指定原料合成产物(其他试剂任选):

(1) $C_6H_6 \longrightarrow C_6H_5COOH$

(2) $CH_3CH_2CH_2Cl \longrightarrow (CH_3)_2CHCOOH$

(3) 氯代环己烷($C_6H_{11}Cl$) $\longrightarrow$ 2-环己烯-1-醇(OH)

8. 有一旋光性的氯代烃,分子式为 C_5H_9Cl(A),能被 $KMnO_4$ 氧化,也能被氢化得到 $C_5H_{11}Cl$(B),B 无旋光性,试写出 A、B 的结构式及各步反应式。

9. 化合物 A 的分子式为 C_6H_9Cl,能使溴水褪色,在室温下与 $AgNO_3$ 乙醇溶液迅速作用,生成 AgX 沉淀。A 经催化氢化吸收 1mol H_2,得到 B,B 与 KOH 的醇溶液作用,生成 C (C_6H_{10}),C 用高锰酸钾的 H_2SO_4 溶液处理,得到己二酸,请写出 A、B、C 的构造式和各步反应式。

10. 化合物 A 的分子式为 $C_6H_{13}Br$,与氢氧化钾的醇溶液作用,生成 C_6H_{12}(B)。B 用臭氧氧化,然后用 Zn、H_2O 处理,得到两个同分异构体 C 和 D。B 与溴化氢作用,则得到 A 的异构体 E,试推测 A、B、C、D 和 E 的结构式,并写出各步的反应式。

11. 化合物(A)分子式为 C_4H_8,在室温下它能使 Br_2 的 CCl_4 溶液褪色,但不能使稀的 $KMnO_4$ 溶液褪色。1mol(A)和 1mol HBr 作用生成(B),(B)也可以从 A 的同分异构体(C)与 HBr 作用得到。化合物(C)能使溴溶液和稀的 $KMnO_4$ 溶液褪色。试推导化合物(A)、(B)、(C)的结构式,并写出各步的反应式。

12. 某烃 A 与 Br_2 反应生成二溴衍生物 B,B 用 NaOH-乙醇溶液处理得到C(C_5H_6),将 C 催化加氢生成环戊烷。试写出 A、B、C 的结构式及有关反应式。

五、习题参考答案

1. (1) 2-甲基-4-氯戊烷 (2) 3-丙基-1-氯庚烷 (3) (E)-4-溴-2-己烯 (4) 3-氯环戊烯 (5) 5-溴-1,3 环戊二烯 (6) 1,1-二甲基-4-氯环庚烷 (7) 2,4,6-三氯甲苯 (8) 对氯苯基氯甲烷或对氯苄基氯 (9) 1-苯基-2-氯乙烷或 β-苯氯乙烷 (10) β-溴萘 (11) (R)-2-氯丁烷

2. (1) $CH_3\overset{CH_3}{\underset{Cl}{C}}-\underset{Cl}{C}HCH_3$ (2) $(CH_3)_3CBr$ (3) $C_6H_5CH_2Br$ (4) $C_6H_5-CH_2CH_2CH_2Br$

(5) CHI_3 (6) $CH_2{=}CHCH_2Cl$ (7) 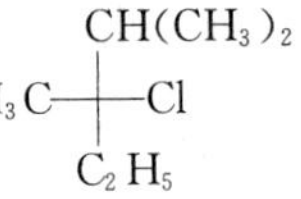 $H_3C-C(CH(CH_3)_2)(C_2H_5)-Cl$ (8) 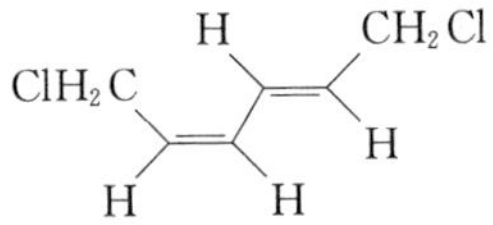 $ClH_2C-CH{=}CH-CH{=}CH-CH_2Cl$（H、H、H、H 构型如图）

3. (1) 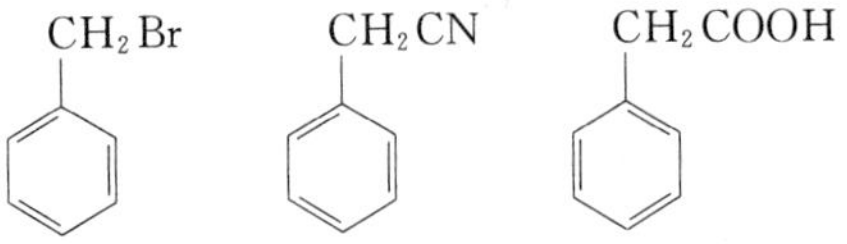 $C_6H_5CH_2Br$ $C_6H_5CH_2CN$ $C_6H_5CH_2COOH$ (2) 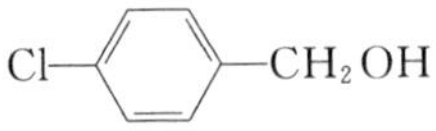 $Cl-C_6H_4-CH_2OH$（对位）

(3) 邻位 $-CH{=}CHBr$、$-CH_2CN$ 取代苯 (4) C_6H_5MgBr $C_6H_5COOMgBr$ C_6H_5COOH

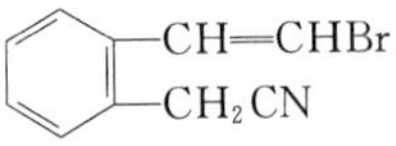

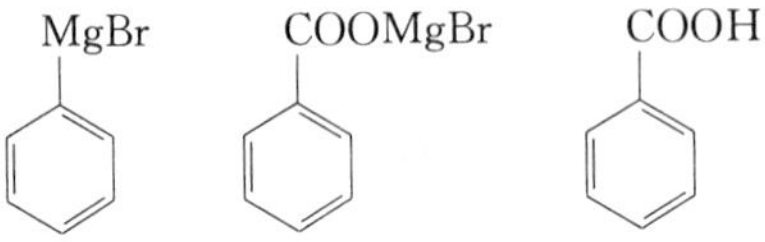

(5) 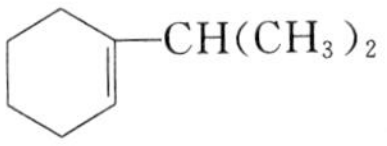 1-异丙基环己烯（$-CH(CH_3)_2$），$(CH_3)_2CHCO(CH_2)_4COOH$ (6) 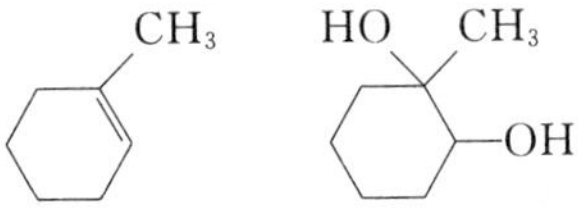 1-甲基环己烯 1-甲基-1,2-环己二醇（HO、CH_3、OH）

(7) 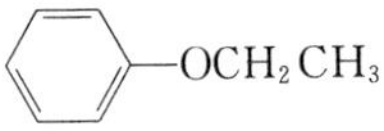 $C_6H_5-OCH_2CH_3$ (8) $CH_3CH_2CH_2CH_3$ (9) $(CH_3)_2CHCH_2I$

(10) 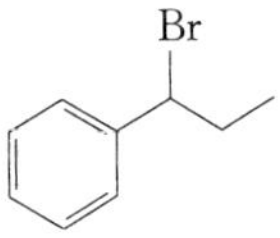 $C_6H_5CH(Br)CH_2CH_3$

4. (1)

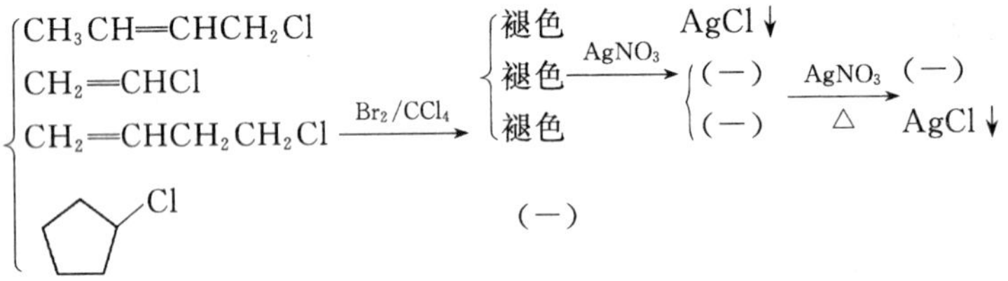

	Br_2/CCl_4	$AgNO_3$	$AgNO_3$, △
$CH_3CH{=}CHCH_2Cl$	褪色	$AgCl\downarrow$	
$CH_2{=}CHCl$	褪色	(－)	(－)
$CH_2{=}CHCH_2CH_2Cl$	褪色	(－)	$AgCl\downarrow$
氯代环戊烷（Cl）	(－)		

(2)

	Br_2/CCl_4	$AgNO_3$	$AgNO_3$, △
3-氯环己烯（Cl）	褪色		
氯苯（Cl）	(－)	(－)	(－)
环己基氯甲烷（CH_2Cl）	(－)	(－)	$AgCl\downarrow$
苄氯（CH_2Cl）	(－)	$AgCl\downarrow$	

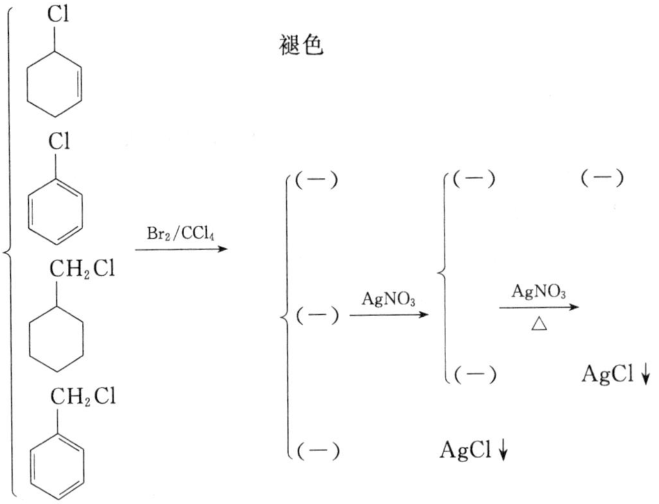

5. (1) ① $(CH_3)_3CBr$ > $CH_3CH_2CHBrCH_3$ > $CH_3CH_2CH_2CH_2Br$

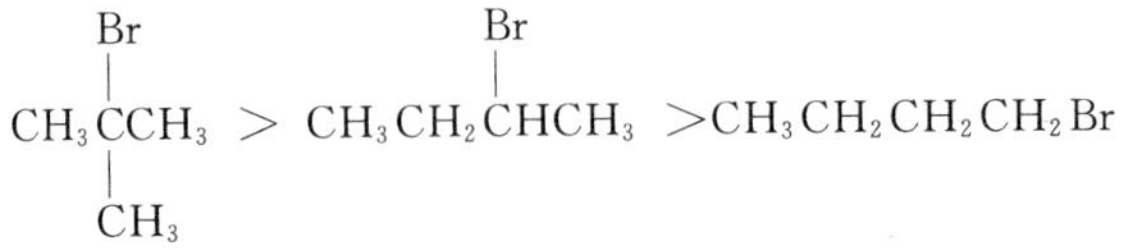

② $C_6H_5CHBrCH_3 > C_6H_5CH_2Br > C_6H_5CH_2CH_2Br > C_6H_5Br$

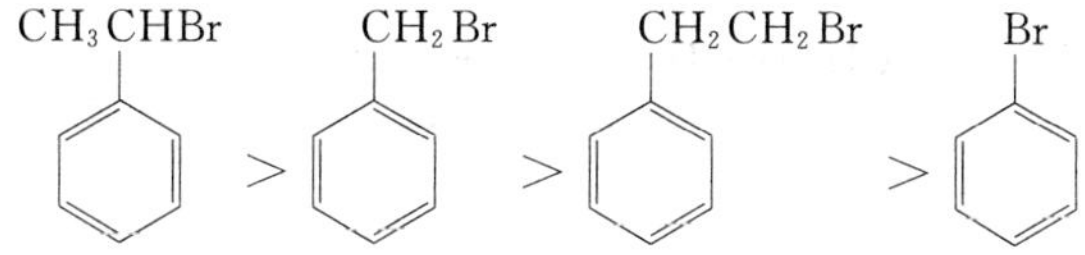

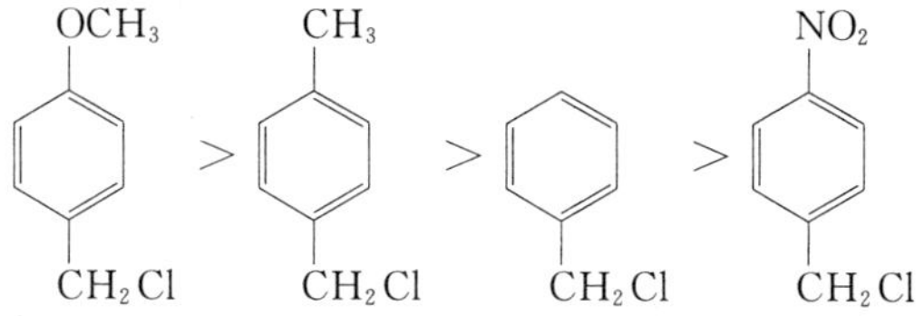

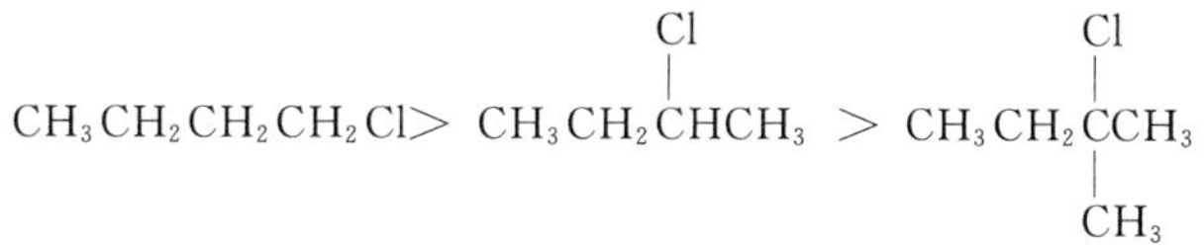

③ $p\text{-}CH_3OC_6H_4CH_2Cl > p\text{-}CH_3C_6H_4CH_2Cl > C_6H_5CH_2Cl > p\text{-}NO_2C_6H_4CH_2Cl$

(2) ① $CH_3CH_2CH_2CH_2Cl > CH_3CH_2CHClCH_3 > CH_3CH_2CCl(CH_3)CH_3$

② $CH_3CH_2CH_2—CHBrCH_3 > CH_3—C(CH_3)_2—CHBrCH_3$

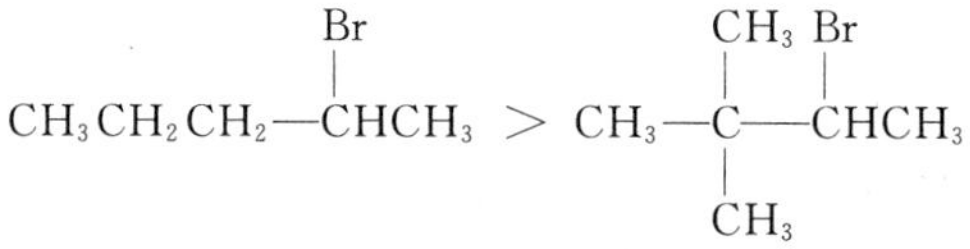

6. (1) $(CH_3)_3\overset{+}{C} > CH_3CH_2\overset{+}{C}HCH_3 > CH_3CH_2CH_2\overset{+}{C}H_2$

(2) 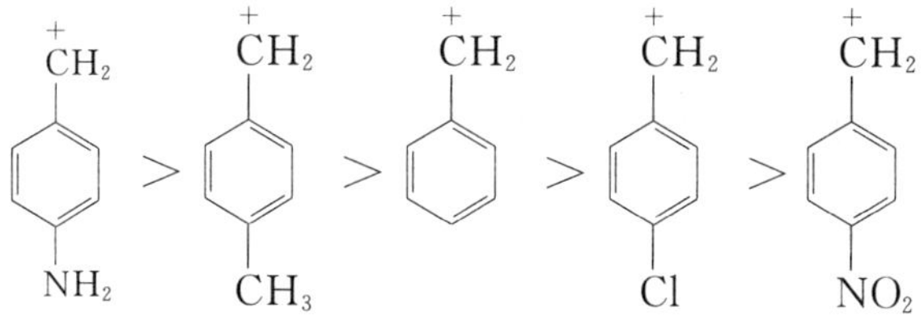 $p\text{-}NH_2C_6H_4\overset{+}{C}H_2 > p\text{-}CH_3C_6H_4\overset{+}{C}H_2 > C_6H_5\overset{+}{C}H_2 > p\text{-}ClC_6H_4\overset{+}{C}H_2 > p\text{-}NO_2C_6H_4\overset{+}{C}H_2$

7. (1) $C_6H_6 \xrightarrow[FeBr_3]{Br_2} C_6H_5Br \xrightarrow[\text{无水乙醚}]{Mg} C_6H_5MgBr \xrightarrow{CO_2} \xrightarrow{H_3O^+} C_6H_5COOH$

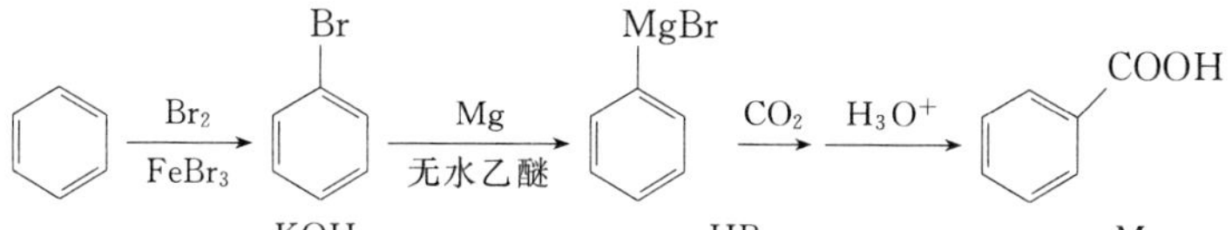

(2) $CH_3CH_2CH_2Cl \xrightarrow[\text{乙醇}]{KOH} CH_3CH=CH_2 \xrightarrow{HBr} (CH_3)_2CHBr \xrightarrow[\text{无水乙醚}]{Mg} (CH_3)_2CHMgBr \xrightarrow{CO_2} \xrightarrow{H_3O^+} (CH_3)_2CHCOOH$

(3) 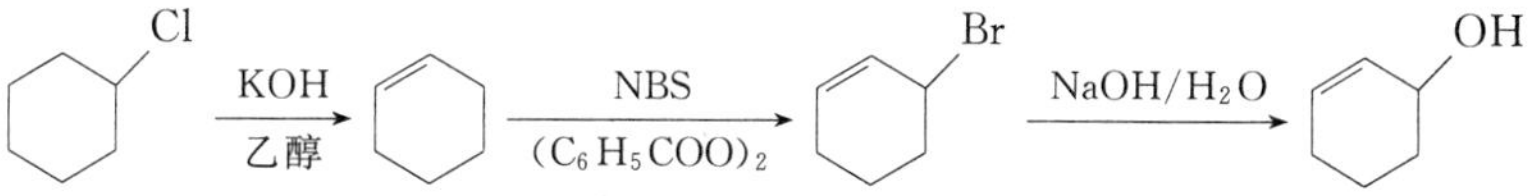 氯代环己烷 $\xrightarrow[\text{乙醇}]{KOH}$ 环己烯 $\xrightarrow[(C_6H_5COO)_2]{NBS}$ 3-溴环己烯 $\xrightarrow{NaOH/H_2O}$ 2-环己烯-1-醇

8. $\underset{(A)}{CH_2=CH—\overset{*}{C}HClCH_2CH_3} \xrightarrow{[H]} \underset{(B)}{CH_3CH_2CHClCH_2CH_3}$

(A) $\xrightarrow{[O]}$ $CH_3CH_2CHClCOOH + CO_2$

9. 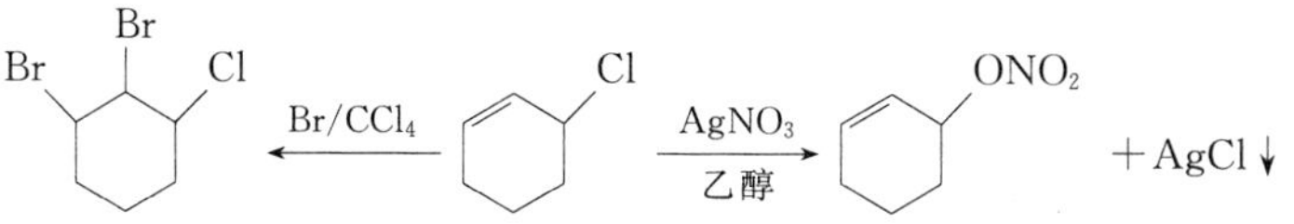 1,2-二溴-3-氯环己烷 $\xleftarrow{Br/CCl_4}$ 3-氯环己烯 (A) $\xrightarrow[\text{乙醇}]{AgNO_3}$ 3-硝酸酯基环己烯（ONO_2） $+ AgCl\downarrow$

3-氯环己烯 (A) $\xrightarrow{[H]}$ 氯代环己烷 (B) $\xrightarrow[\text{醇}]{KOH}$ 环己烯 (C) $\xrightarrow{KMnO_4,H^+} HOOC(CH_2)_4COOH$

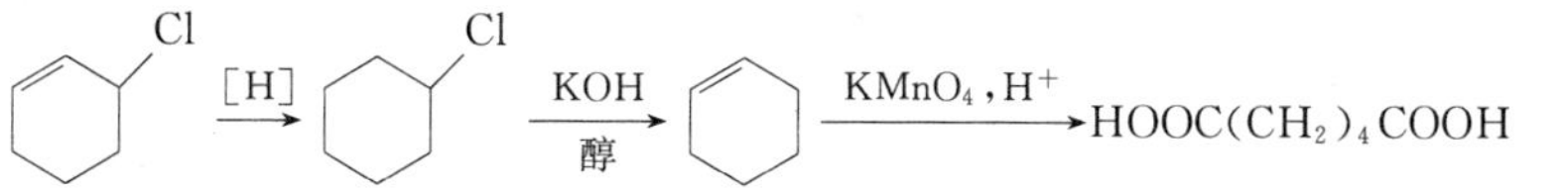

10. $(CH_3)_2CHCHBrCH_2CH_3 \xrightarrow[\text{醇}]{KOH} (CH_3)_2C{=}CHCH_2CH_3 \xrightarrow[Zn/H_2O]{O_3}$

(A)　　　　　　　(B)

$(CH_3)_2CO + CH_3CH_2CHO$

(C)或(D)　　(D)或(C)

$(CH_3)_2C{=}CHCH_2CH_3 \xrightarrow{HBr} (CH_3)_2CBrCH_2CH_2CH_3$

(B)　　　　　　　(E)

11. 甲基环丙烷 $\xrightarrow{HBr} CH_3CHBrCH_2CH_3$

(A)　　　　(B)

(C) $\left\{\begin{array}{l} CH_2{=}CHCH_2CH_3 \\ \text{或 } CH_3{-}CH{=}CH{-}CH_3 \end{array}\right. \xrightarrow{HBr} CH_3CHBrCH_2CH_3$ (B)

$\xrightarrow{KMnO_4}$ $CO_2 + CH_3CH_2COOH$ 或 CH_3COOH

$\xrightarrow{Br_2}$ $CH_2BrCHBrCH_2CH_3$ 或 $CH_3CHBrCHBrCH_3$

12.

环戊烯 (A) $\xrightarrow[CCl_4]{Br_2}$ 1,2-二溴环戊烷 (B) $\xrightarrow[\text{乙醇}]{NaOH}$ 环戊二烯 (C) $\xrightarrow{[H]}$ 环戊烷

第七章

醇、酚、醚

一、目的要求

1. 掌握醇、酚、醚的分类方法和命名。
2. 掌握醇、酚、醚的结构特点。
3. 掌握醇、酚、醚的化学性质，了解其物理性质。
3. 了解醇和醚的主要制备方法。
4. 了解环氧乙烷的开环反应及其物理性质。
5. 了解重要的醇、酚、醚化合物。

二、本章要点

1. 定义

醇、酚、醚都是烃的含氧衍生物。醇和酚都含有羟基(—OH)，羟基直接与芳环相连的为酚，其余则为醇。醚是氧与两个烃基相连的化合物。

2. 醇、酚、醚的分类

按烃基的结构，醇分为饱和醇、不饱和醇和芳香醇；按羟基所连接的碳原子类型，醇分为伯醇、仲醇和叔醇；根据醇分子中所含羟基的数目，醇分为一元醇、二元醇、三元醇以及多元醇；根据芳环上所连的羟基的数目，酚分为一元酚、二元酚和多元酚；与氧相连的两个烃基相同的为单醚，两个烃基不同的为混醚，氧原子和烃基上相邻的两个碳原子或非相邻的两个碳原子形成环状结构的化合物为环醚，或称环氧化合物。

3. 醇、酚、醚的命名

醇的命名分为普通命名法和系统命名法。普通命名法根据和羟基相连的烃基名称来命名，称某烃基醇，“基”字一般可以省去。系统命名法的命名规则是：选择含有羟基的最长碳链作为主链，把支链看作取代基，从离羟基最近的一端开始编号，按照主链所含的碳原子数目称为“某醇”。羟基的位次用阿拉伯数字注明在醇名称前面，其他取代基的位次和名称按“次序规则”依次写出。

酚的命名一般是在“酚”的前面加上芳环的名称。当酚的芳环上有其他取代基如—NO_2、—X、—R 等基团时，将酚作为母体，在酚的前面写上取代基的位次和名称；当酚的芳环上连接—COOH、—CHO、—SO_3H 等取代基时，则把羟基当作取代基。

结构简单的醚，称为某烃基醚，“基”字一般省略不写。对于单醚，根据不同情况，可省略前面的“二”字；对于混醚，则将较小的烃基放在前面，芳烃基放在烷基的前面。结构比较复杂的醚用系统命名法，选择与氧相连碳原子数较多的烃基为主链，当作母体，而把另一烃基和氧原子看作烷氧基。环醚一般称为环氧某烷或者按杂环命名。硫醇、硫酚和硫醚的命名只需在相应的醇、酚和醚的名字前加上“硫”字即可。

4. 醇、酚、醚的性质

(1) 醇。

醇分子间能借氢键缔合，醇的沸点比分子量相近的烷烃沸点高许多；醇和水分子间彼此能形成氢键，1～3 个碳的醇能与水混溶。

羟基是醇的官能团。醇的化学反应主要是 O—H 键断裂的氢原子被取代、C—O 键断裂的羟基被取代以及脱羟基的反应，与羟基相连的碳原子上的氢（α-氢）也具有一定的活泼性。

醇能发生 O—H 键断裂反应——氢原子被钠、钾等活泼金属所取代。与羟基相连的烃基的给电子作用愈大，羟基中氢的活泼性就愈低，即酸性愈弱。其反应活性为：甲醇＞伯醇＞仲醇＞叔醇。例如：

$$C_2H_5OH + Na \longrightarrow C_2H_5ONa + \frac{1}{2}H_2$$

醇能发生 C—O 键断裂反应，醇与氢卤酸的反应，羟基被卤原子取代生成卤代烃。

$$ROH + HX \rightleftharpoons RX + H_2O$$

氢卤酸的活泼顺序为：HI＞HBr＞HCl。

醇的活泼顺序为：烯丙醇＞叔醇＞仲醇＞伯醇。

无水氯化锌和浓盐酸配成的试剂，称为卢卡斯(Lucas)试剂。利用伯、仲、叔三类醇与卢卡斯试剂作用的快慢，可以区别三类醇。

醇与含氧无机酸如硫酸、硝酸、磷酸等发生酯化反应，生成无机酸酯。例如：

$$C_2H_5OH + H_2SO_4 \rightleftharpoons C_2H_5—O—SO_3H + H_2O$$

醇在不同条件下可发生分子内脱水反应或分子间脱水。一般情况下，较高温度有利于分子内脱水，主要生成烯烃；较低温度则有利于分子间脱水，主要生成醚。例如：

$$CH_3CH_2OH \xrightarrow[\text{或 } Al_2O_3,360℃]{\text{浓 } H_2SO_4,170℃} H_2C=CH_2 + H_2O\text{(分子内脱水)}$$

$$C_2H_5OH + HOC_2H_5 \xrightarrow[\text{或 } Al_2O_3,240℃]{\text{浓 } H_2SO_4,140℃} C_2H_5OC_2H_5 + H_2O\text{(分子间脱水)}$$

不同结构的醇发生分子内脱水反应的活性是：叔醇＞仲醇＞伯醇。叔醇主要发生分子内脱水生成烯烃，而难以得到醚。醇分子内脱水遵循查依采夫规则。

醇可用氧化剂氧化或在催化剂作用下脱氢氧化。常用的氧化剂是重铬酸钠（或重铬酸钾）和高锰酸钾的硫酸溶液等。叔醇分子中不含 α-氢，在常温条件下不被重铬酸钾或高锰酸钾的硫酸溶液所氧化。用氧化剂氧化时，伯醇氧化首先生成醛，醛很容易继续被氧化而生成羧酸。伯醇或仲醇的蒸气在高温下通过脱氢催化剂如铜、银、镍或氧化锌，则伯醇脱氢生成醛，仲醇脱氢生成酮。此法可生成纯度较高的醛。例如：

$$CH_3-\overset{H}{\underset{H}{C}}-O-H \xrightleftharpoons[250℃\sim350℃]{Cu} CH_3\underset{H}{C}=O + H_2\uparrow$$

$$(CH_3)_2\overset{H}{C}-O-H \xrightleftharpoons[500℃,3个大气压]{Cu} CH_3\overset{O}{\overset{\|}{C}}CH_3 + H_2\uparrow$$

具邻二醇结构的化合物可发生一些特殊的反应,如甘油可与氢氧化铜反应生成深蓝色的甘油铜溶液,此反应可用于鉴别甘油以及具邻二醇结构的化合物。用高碘酸的水溶液或四醋酸铅醋酸溶液氧化邻二醇类化合物,可以使两个羟基之间的碳碳键断裂,生成相应的醛、酮。频哪醇类(两个羟基都连在叔碳原子上的邻二醇)在酸作用下发生重排生成酮。例如:

$$\begin{array}{l}CH_2-OH\\|\\CH-OH\\|\\CH_2-OH\end{array} + Cu(OH)_2 \longrightarrow \begin{array}{l}CH_2-O\\|\qquad\quad\;\; \rangle Cu\\CH-O\\|\\CH_2-OH\end{array} (深蓝色)+2H_2O$$

$$R'-\overset{R}{\underset{OH}{C}}-\underset{OH}{CH}-R'' \xrightarrow{HIO_4} \begin{array}{l}R\\ \quad\rangle C=O\\R'\end{array} + R''CHO + H_2O + HIO_3$$

$$CH_3-\overset{CH_3}{\underset{OH}{C}}-\overset{CH_3}{\underset{OH}{C}}-CH_3 \xrightarrow{H^+} CH_3-\overset{CH_3}{\underset{CH_3}{C}}-\underset{O}{\underset{\|}{C}}-CH_3 + H_2O$$

(2) 酚。

在酚分子中,—OH 直接与芳环连接,氧原子的未共用电子对所在 p 轨道与芳环的大 π 轨道发生 p-π 共轭,因此酚的性质与醇不同。酚主要发生酚羟基的反应,芳环的亲电取代反应,与三氯化铁的显色反应和氧化反应等。

酚羟基的反应:由于 p-π 共轭,酚的 O—H 键比醇的 O—H 键容易断,表现出弱酸性。苯酚与氢氧化钠溶液作用,生成可溶于水的苯酚钠。苯酚的酸性比碳酸弱,所以一般情况下,苯酚只溶于 NaOH 溶液,而不溶于 $NaHCO_3$ 溶液。取代酚的酸性强弱与取代基的性质和位置有关。能增加芳环电荷密度的取代基使酸性降低;能减少芳环电荷密度的取代基使酸性增加。酚与醇不同,它不能与酸直接酯化成酯,但是可以用酸酐或酰氯等化合物与酚作用制备。例如:

$$C_6H_5OH + NaOH \longrightarrow C_6H_5ONa + H_2O$$

$$C_6H_5-OH + CH_3\overset{O}{\overset{\|}{C}}Cl \longrightarrow C_6H_5-O\overset{O}{\overset{\|}{C}}CH_3 + HCl$$

芳环的亲电取代反应:由于 p-π 共轭,酚羟基对苯环产生活化作用,苯环易受亲电试剂进攻发生取代反应。取代反应主要有:卤代、硝化和磺化等。在室温下苯酚与溴水作用,立即产生 2,4,6-三溴苯酚白色沉淀。此反应可用于苯酚的定性和定量分析。

$$\text{C}_6\text{H}_5\text{OH} + 3\text{Br}_2(\text{水}) \longrightarrow 2,4,6\text{-Br}_3\text{C}_6\text{H}_2\text{OH}\downarrow + 3\text{HBr}$$

苯酚用硝酸硝化，得到邻硝基苯酚和对硝基苯酚混合物。邻硝基苯酚形成分子内氢键，沸点相对较低，而对硝基苯酚形成分子间氢键，沸点相对较高。邻、对位产物可通过水蒸气蒸馏方法分离。苯酚用浓硫酸磺化，低温下（20℃～25℃）主要生成邻羟基苯磺酸，高温下（100℃）主要生成对羟基苯磺酸。例如：

酚的其他反应：酚与三氯化铁发生显色反应，具有烯醇式结构的化合物都能与三氯化铁发生显色反应。此反应可用于酚以及具有烯醇式结构化合物的鉴别。酚类很容易被氧化，空气中的氧就能将其氧化为醌。

（3）醚。

醚的官能团是醚键（C—O—C），性质比较稳定。由于醚键（C—O—C）的存在，其性质又比烷烃活泼，可以发生一些特有的反应。

醚可以与强无机酸如氢碘酸、氢溴酸、浓盐酸等作用，生成鉡盐。可以利用醚形成鉡盐后溶于浓酸中这一特点，区别和分离醚与烷烃或卤代烃。加热鉡盐，则醚键断裂，生成卤代烃和醇。在较高温度下，生成的醇继续与过量的卤代烃作用，生成两分子卤代烷。混醚与氢碘酸作用时，一般是较小的烃基变成碘代烷。芳基烷基醚与氢卤酸作用时，总是烷氧基断裂生成酚和卤代烷。例如：

$$C_2H_5-\ddot{\underset{\cdot\cdot}{O}}-C_2H_5 + HI \rightleftharpoons \left[C_2H_5-\overset{H}{\underset{\cdot\cdot}{\ddot{O}}}-C_2H_5\right]^+ I^- \xrightarrow{\triangle} C_2H_5OH + C_2H_5I$$

$$C_2H_5OH \xrightarrow{\text{过量 HI}} C_2H_5I$$

环醚：五元环醚、六元环醚的性质稳定。但三元环醚如环氧乙烷由于三元环结构使各原子的轨道不能充分重叠，而是以弯曲键相互连接，因此分子中存在张力，极易发生开环反应。不对称环氧化合物如 1,2-环氧丙烷开环取向与反应的酸碱条件有关。一般情况下，在酸性条件下，电子效应控制开环部位，氧原子与连有支链较多的碳原子之间发生开环；在碱性条件下，则是空间效应控制开环部位，氧原子与连有较少支链的碳原子之间发生开环。

环氧乙烷主要有下列开环反应：

$$\underset{\diagdown O \diagup}{H_2C—CH_2} \begin{cases} \xrightarrow{H_2O/H^+} HOCH_2CH_2OH \quad (乙二醇) \\ \xrightarrow{C_2H_5OH/H^+ 或 OH^-} CH_3CH_2OCH_2CH_2OH \quad (2\text{-}乙氧基乙醇) \\ \xrightarrow{C_6H_5OH/H^+ 或 OH^-} C_6H_5OCH_2CH_2OH \quad (2\text{-}苯氧基乙醇) \\ \xrightarrow{HBr/H^+} BrCH_2CH_2OH \quad (2\text{-}溴乙醇) \\ \xrightarrow{HCN} HOCH_2CH_2CN \quad (2\text{-}氰基乙醇) \xrightarrow{H_2O/H^+} HOCH_2CH_2COOH \quad (\beta\text{-}羟基丙酸) \\ \xrightarrow{RMgX} RCH_2CH_2OMgX \xrightarrow{H_2O/H^+} RCH_2CH_2OH \quad (伯醇) \\ \xrightarrow{LiAlH_4} (CH_3CH_2O)_4AlLi \xrightarrow{H_2O} CH_3CH_2OH \quad (乙醇) \\ \xrightarrow{NH_3} H_2NCH_2CH_2OH \quad (2\text{-}氨基乙醇) \end{cases}$$

（4）硫醇、硫酚和硫醚。

硫醇、硫酚中含 S—H 键，S—H 键的离解能较 O—H 键小，因此，硫醇、硫酚的酸性比相应的醇和酚的酸性强。硫氢键易离解还表现在硫醇易与汞、铅、铜等重金属盐反应形成难溶于水的硫醇盐沉淀。例如，2，3-二巯基丙醇与汞离子发生如下反应：

$$2\ \underset{SH}{CH_2}—\underset{SH}{CH}—\underset{OH}{CH_2} + Hg^{2+} \longrightarrow \begin{matrix} CH_2—CH—CH_2OH \\ | \qquad | \\ S \qquad S \\ \diagdown \ \swarrow \\ Hg \\ \nearrow \ \diagdown \\ S \qquad S \\ | \qquad | \\ HOCH_2—CH—CH_2 \end{matrix}$$

在弱氧化剂如过氧化氢、碘、三氧化二铁等作用下，硫氢键断裂，两分子硫醇结合成二硫化物。二硫化物在亚硫酸氢钠、锌、乙酸等还原剂作用下，又可以还原为硫醇。

$$2RSH \underset{[H]}{\overset{[O]}{\rightleftharpoons}} R—S—S—R$$

硫醚在室温下就能与卤代烃反应，生成锍盐。硫醚可发生氧化反应，在比较缓和的条件下氧化成亚砜，在强烈的条件下氧化成砜。

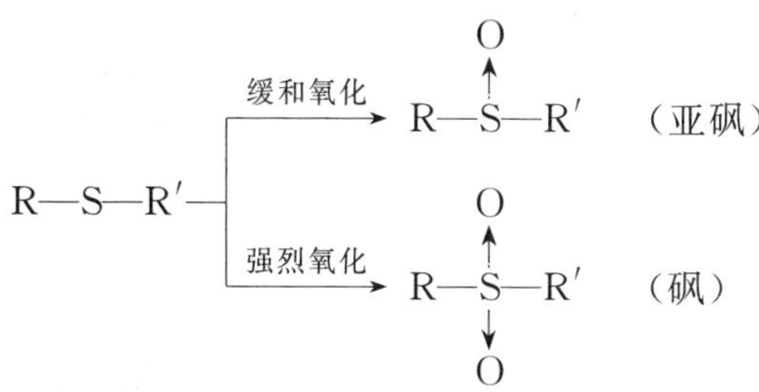

三、例题解析

[例 1]　请指出下列命名及反应式中的错误，并予以纠正。

(1) β,β二甲基-α-萘酚

(2) 1-甲基环己-1-烯-4-醇

(3) 2-甲基环己醇 $\xrightarrow[\triangle]{HBr}$ 1-溴-2-甲基环己烷

(4) $C_6H_5OCH_3 \xrightarrow[\triangle]{HBr} C_6H_5Br + CH_3OH$

解：(1) 此化合物名称中用α和β标记取代基的位置是错误的，因为萘环有四个α位和四个β位，有两个或两个以上取代基的萘环要用阿拉伯数字编号，否则位次会发生混淆。此化合物的命名方法可参照第四章"例题解析"[例 1]。正确答案：3,6-二甲基-1-萘酚。

(2) 此化合物名称中的位次编号是错误的。环状不饱和醇的编号应该从连接羟基的环碳原子开始编起，为"1"号（在名称中"1"常省略不写），其次再考虑双键或叁键的位号尽可能小。正确答案：4-甲基环已-3-烯醇。

(3) 反应式中的主产物错误，应该是重排产物为主。此反应中的醇为环状二级醇，与 HBr 的亲核取代反应主要按 S_N1 历程进行，首先生成仲碳正离子中间体，然后经重排生成稳定的叔碳正离子：

2-甲基环己醇 $\underset{}{\overset{H^+}{\rightleftharpoons}}$ 质子化醇（$-\overset{+}{O}H_2$）$\overset{-H_2O}{\rightleftharpoons}$ 仲碳正离子 $\rightleftharpoons$ 叔碳正离子

仲碳正离子 $\xrightarrow{Br^-}$ 1-溴-2-甲基环己烷（次要产物）

叔碳正离子 $\xrightarrow{Br^-}$ 1-溴-1-甲基环己烷（主产物）

正确答案：2-甲基环己醇 $\xrightarrow[\triangle]{HBr}$ 1-溴-1-甲基环己烷

或 (2-甲基环己醇) $\xrightarrow[\triangle]{HBr}$ (1-溴-1-甲基环己烷) + (1-溴-2-甲基环己烷)

（主要产物）　　（次要产物）

(4) 反应式中主要产物错误。氧原子和芳环之间由于 p-π 共轭使 C—O 键结合得较牢，因此，芳基烷基醚与氢卤酸作用时，总是烷氧基断裂生成酚和卤代烷。正确答案：

$$C_6H_5-OCH_3 \xrightarrow[\triangle]{HBr} C_6H_5-OH + CH_3Br$$

[例 2]　解释下列反应事实：$CH_3CH_2CH{=}CHCH_2OH$ 与 HBr 反应，得到 $CH_3CH_2CH(Br)CH{=}CH_2$ 和 $CH_3CH_2CH{=}CHCH_2Br$ 的混合物。

解：$CH_3CH_2CH{=}CHCH_2OH \xrightleftharpoons{H^+} CH_3CH_2CH{=}CHCH_2\overset{+}{O}H_2 \xrightleftharpoons{-H_2O}$

$CH_3CH_2CH{=}CH\overset{+}{C}H_2 \longleftrightarrow CH_3CH_2\overset{+}{C}HCH{=}CH_2 \longrightarrow$

(a)　　Br^-　　(b)

$CH_3CH_2CH(Br)CH{=}CH_2 + CH_3CH_2CH{=}CHCH_2Br$

(a)和(b)均为烯丙基型碳正离子。虽然(b)比(a)略稳定些，但相差不大。因此，由两种碳正离子生成的产物比例差不多。故得到它们的混合物。

[例 3]　如何从苯酚、环己烷和乙醚的混合物中分离和提纯出各组分？

解：利用苯酚溶于 NaOH 水溶液，而环己烷和乙醚不溶，通过在混合物中加入 NaOH 水溶液分离出苯酚；利用醚与浓酸反应生成锌盐而溶于浓酸这一特性在环己烷和乙醚的混合物中加入浓盐酸分离环己烷和乙醚；利用在含锌盐的酸中加水稀释则锌盐又重新分解出原来的醚这一特性提纯乙醚。流程如下：

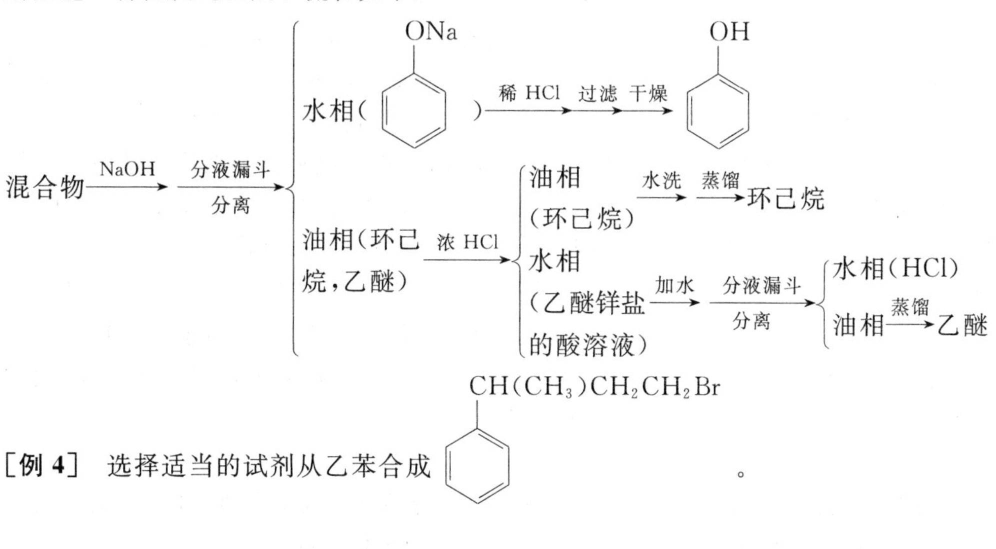

[例 4]　选择适当的试剂从乙苯合成 $C_6H_5CH(CH_3)CH_2CH_2Br$。

解：$C_6H_5CH_2CH_3 \xrightarrow[(C_6H_5COO)_2]{NBS} C_6H_5CHBrCH_3 \xrightarrow[无水乙醚]{Mg} C_6H_5CH(MgBr)CH_3 \xrightarrow{环氧乙烷}$

$C_6H_5CH(CH_3)CH_2CH_2OMgBr \xrightarrow{H_2O/H^+} C_6H_5CH(CH_3)CH_2CH_2OH \xrightarrow{HBr}$

$C_6H_5CH(CH_3)CH_2CH_2Br$

［例 5］ 实验室中常用什么方法去除四氢呋喃和乙醇中的微量水？

解： 乙醇中的微量水采用加金属镁（加入少量碘）进行回流；四氢呋喃中的微量水采用加金属钠进行回流。

原理：乙醇与镁作用形成乙醇镁，由于此反应较慢，加入少量碘加速反应。生成的乙醇镁与水作用，生成氢氧化镁和醇，经蒸馏即可得到无水乙醇。同样，钠与水作用生成氢氧化钠溶于过量的四氢呋喃溶液中，经蒸馏即可得到无水四氢呋喃。

［例 6］ 为什么酚羟基的酸性较醇羟基大？将下列取代酚的酸性按从大到小的顺序排列。

(a) OH（苯酚） (b) OH、Br（对溴苯酚） (c) OH、NO_2、NO_2（2,4-二硝基苯酚） (d) OH、NO_2（对硝基苯酚） (e) OH、CH_3（对甲基苯酚）

解： 在苯酚中，羟基直接与苯环连接，酚羟基中的氧原子的未共用电子对所在 p 轨道与苯环的大 π 轨道相互交盖形成 p-π 共轭体系，氧原子的未共用电子对分散到整个共轭体系中，使氧原子的电子云密度降低，导致氧、氢原子之间成键的电子更偏向于氧，即氧氢键极性增大，容易离解成 H^+ 和苯氧基负离子。因此酚羟基酸性较醇羟基大。

取代酚的酸性与取代基的电子效应有关。能降低电荷密度的取代基使酚羟基的极性增大，同时使离解得到的苯氧基负离子的负电荷得到分散，稳定性增加，因此取代酚的酸性增大，而且取代基分散电荷的能力越强，酸性也越强；能增加电荷密度的取代基使酚羟基的极性降低，同时使苯氧基负离子的负电荷更加负，稳定性降低，因此取代酚的酸性减小，而且取代基增加电荷的能力越强，酸性也越弱。上述取代酚中的取代基分别为—Br、—NO_2、—CH_3。—Br、—NO_2 能降低电荷密度，因此，(b)、(c)、(d)的酸性大于(a)；—CH_3 能增加电荷密度，因此(e)的酸性小于(a)。(b)、(c)、(d)酸性进一步比较，由于—NO_2 降低电荷的能力大于 Br，因此，(d)的酸性大于(b)；苯环上连的 NO_2 越多，电荷降低越多，因此，(c)的酸性大于(d)。上述取代酚的酸性按从大到小的顺序为：

(c)>(d)>(b)>(a)>(e)

［例 7］ 为何醇与钠的反应不如水那样剧烈？下列醇中与金属钠反应最活泼的是（　　）

A. $(CH_3)_2CHOH$　　B. CH_3CH_2OH

C. $(CH_3)_3COH$　　D. $CH_3CH_2CH(OH)CH_3$

解： 醇与水的结构相比，醇中与 OH 相连的是烃基，而水中与 OH 相连的是氢原子。由于烃基的给电子作用，使羟基氧上的电子云密度增加，氧氢键的极性下降。因此，醇羟基中的氢不如水中的氢活泼。与羟基相连的烃基的给电子作用愈大，羟基中氢的活泼性就愈低，即酸性愈弱。各类醇的反应活性是：甲醇＞伯醇＞仲醇＞叔醇。

上面四种醇中与金属钠反应最活泼的是B。

[例8] 化合物A和B，分子式均为$C_4H_{10}O$。其中A不与卢卡斯试剂作用，但与浓氢碘酸作用生成碘乙烷。B能与卢卡斯试剂在室温下生成2-氯丁烷，与氢碘酸作用则生成2-碘丁烷，试推导A、B的结构式，并写出各步反应式。

解： 不饱和度＝4－10/2＋1＝0（不饱和度的计算方法可参见本书第六章的"例题解析"[例9]），A和B均含一个氧原子，说明A和B可能是饱和醇或醚；根据"A与浓氢碘酸作用生成碘乙烷"，推知A是醚，根据"B与卢卡斯试剂很快地生成2-氯丁烷"推知B是醇。A和B的结构及各步反应式如下：

$$\underset{A}{CH_3CH_2OCH_2CH_3} \xrightarrow[\triangle]{HI} CH_3CH_2I + CH_3CH_2OH$$

$$CH_3CH_2OH \xrightarrow{过量\ HI} CH_3CH_2I$$

$$\underset{B}{CH_3\underset{OH}{\underset{|}{C}}HCH_2CH_3} + HCl \xrightarrow{ZnCl_2} CH_3\underset{Cl}{\underset{|}{C}}HCH_2CH_3 + H_2O$$

$$\underset{B}{CH_3\underset{OH}{\underset{|}{C}}HCH_2CH_3} + HI \longrightarrow CH_3\underset{I}{\underset{|}{C}}HCH_2CH_3 + H_2O$$

四、习　题

1. 命名下列化合物：

(1) $CH_3CH{=}\overset{CH_2CH_3}{\overset{|}{C}}CH_2OH$　　(2) $HC{\equiv}CCH_2CH_2OH$

(3) $CH_2{=}CH\overset{OH}{\overset{|}{C}}H\overset{OH}{\overset{|}{C}}HCH{=}CH_2$　　(4) 1-甲基环己烯环，4位连OH（结构式：环上 CH_3，对位 OH）

(5) 环己二烯环上连 OH　　(6) 苯环对位分别连 CH_2OH 和 OCH_3　　(7) 苯环邻位分别连 CHO 和 OH　　(8) 萘环上连 OH 和两个 CH_3

(9) $\begin{matrix} CH_2—O—CH_2CH_3 \\ | \\ CH_2—O—CH_2CH_3 \end{matrix}$　　(10) $CH_3CH_2OCH_2CH(CH_3)_2$

(11) Cl—⟨苯环⟩—OCH_2CH_3　　(12) 环氧乙烷环上连正丙基（键线式，O）

(13) C_6H_5—S—C_6H_5　　(14) $\underset{SH}{CH_2}\underset{SH}{CH}\underset{OH}{CH_2}$

2. 写出下列化合物的构造式：

(1) 烯丙醇　(2) (Z)-2-丁烯-1-醇　(3) 新戊醇

(4) 4-环己烯-1,3-二醇　(5) 4-硝基苄醇　(6) 苦味酸

(7) 5-甲基-4-己烯-2 醇　(8) 5,8-二硝基-1-萘酚　(9) 儿茶酚

(10) 乙基烯丙基醚　(11) 乙二醇二甲醚　(12) 4-氯-1,2-环氧丁烷

(13) 四氢呋喃　(14) 苄硫醇　(15) 1,4-二氧六环

(16) 环丁砜　(17) 甲异丙硫醚

3. 完成下列反应：

(1) $HO-C_6H_4-CH_2OH \xrightarrow[ZnCl_2]{HCl}$

(2) $\underset{OH}{CH_2}-\underset{SH}{CH}-\underset{SH}{CH_2} \xrightarrow{Hg^{2+}}$

(3) 2-甲基环己醇（环上 OH 与 CH_3 相邻） $\xrightarrow[\triangle]{HBr}$

(4) 2,4-二甲基-2-环戊烯-1-醇（环上含 CH_3、OH、CH_3） $\xrightarrow[\triangle]{H_2SO_4}$

(5) $\underset{OH}{CH_2}\underset{OH}{CH}\underset{OH}{CH_2} + HNO_3 \xrightarrow{H_2SO_4}$

(6) $(CH_3)_2CHCH_2OH \xrightarrow[\text{高温}]{Cu}$

(7) $CH_3\overset{OH}{CH}CH_3 \xrightarrow{KMnO_4/H^+}$

(8) $CH_3CH{=}CH_2 \xrightarrow[\text{② } H_2O_2/OH^-]{\text{① } B_2H_6}$

(9) $C_6H_5OH \xrightarrow[\triangle]{\text{浓 } H_2SO_4} (?) \xrightarrow{Br_2} (?) \xrightarrow[\triangle]{\text{稀 } H_2SO_4} (?)$

(10) $C_6H_5-ONa + Br-C_6H_5 \xrightarrow[210℃]{Cu}$

(11) $(CH_3)_2CH-OCH_3 + HI(\text{过量}) \xrightarrow{\triangle}$

(12) 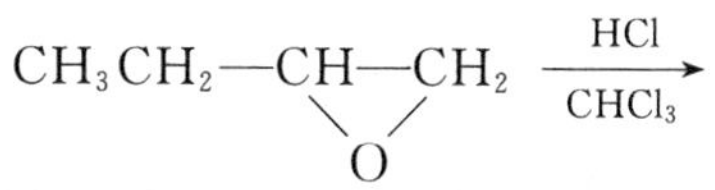 $CH_3CH_2-\overset{\diagdown}{C}H-\overset{\diagup}{C}H_2$ (环氧，O 连接两个碳) $\xrightarrow[CHCl_3]{HCl}$

4. 由指定性质从大到小排列下列各组化合物：

(1) 沸点：

① $CH_3CH_2CH_2CH_3$，② $\underset{OH}{CH_2}-\underset{OH}{CH}-\underset{OCH_3}{CH_2}$，③ $CH_3CH_2CH_2CH_2OH$，④ $C_2H_5OC_2H_5$

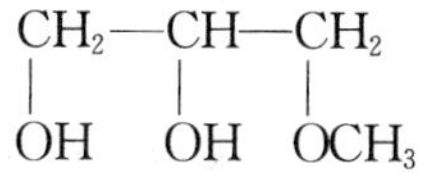

(2) 酸性：

① (a) 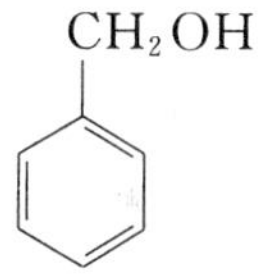 苯甲醇（$C_6H_5CH_2OH$） (b) 苯硫酚（C_6H_5SH） (c) 苯酚（C_6H_5OH） (d) 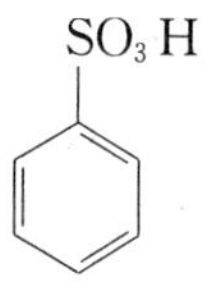 苯磺酸（$C_6H_5SO_3H$）

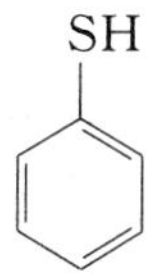

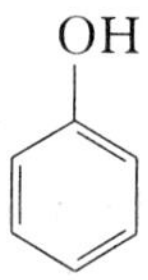

② (a) 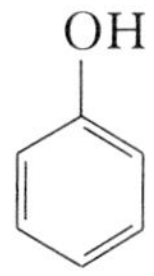 苯酚 (b) 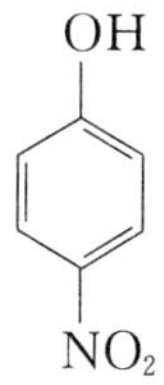 对硝基苯酚 (c) 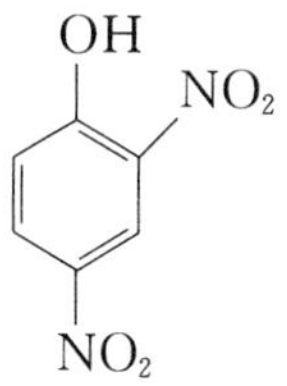 2,4-二硝基苯酚 (d)  对氯苯酚 (e) 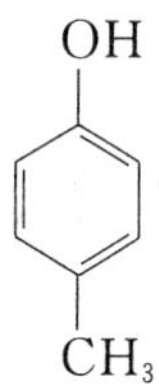 对甲基苯酚

5. 用简便的化学方法鉴别下列各组化合物：

(1) 2-环戊烯醇，叔丁醇，环己醇，正丁醇

(2) 苯甲醇，甲基烯丙基醚，戊烷，乙醚

(3) 苯酚，丙三醇，乙苯，苯

(4) 氯化苄，1-丁炔，正丙醇，氯苯

6. 试解释下列反应事实：

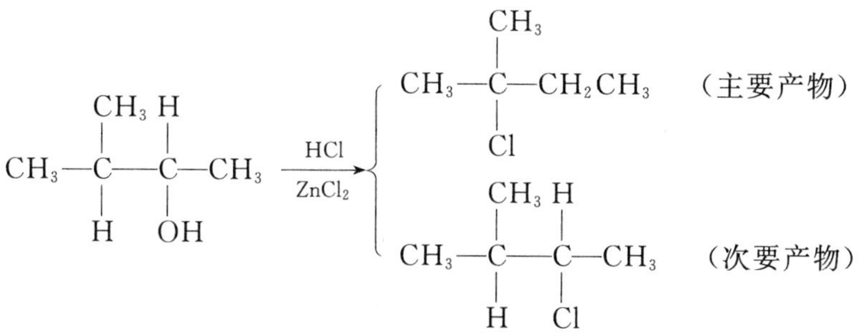

$$CH_3-\underset{H}{\overset{CH_3}{C}}-\underset{OH}{\overset{H}{C}}-CH_3 \xrightarrow[ZnCl_2]{HCl} \begin{cases} CH_3-\underset{Cl}{\overset{CH_3}{C}}-CH_2CH_3 & \text{(主要产物)} \\ CH_3-\underset{H}{\overset{CH_3}{C}}-\underset{Cl}{\overset{H}{C}}-CH_3 & \text{(次要产物)} \end{cases}$$

7. 由指定原料合成产物(其他试剂任选)：

(1) 由环己烷合成环己酮（$C_6H_{10}=O$）。

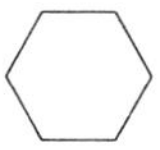

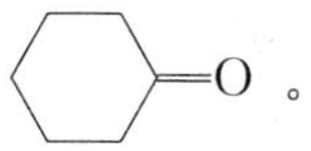

(2) 由$CH_3CH_2CH_2CH_2OH$合成 $CH_3CH_2\underset{}{\overset{OH}{C}}HCH_3$ 。

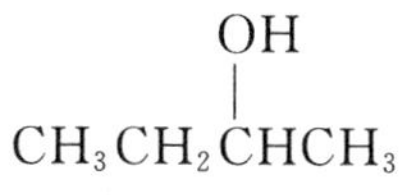

(3) 由丙烯合成 $(CH_3)_2\underset{OH}{C}CH_2CH=CH_2$ 。

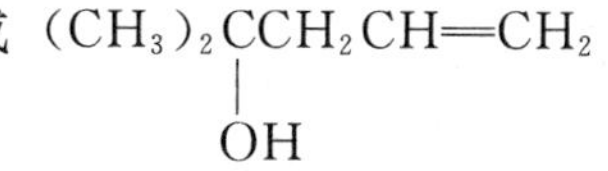

(4) 由甲苯合成 $C_6H_5-CH_2CH_2CH_2Br$ 。

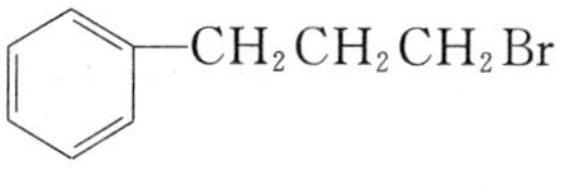

(5) 由苯乙醇合成 $CH_3OCH_2CH_2-C_6H_4-NO_2$（对位）。

8. 化合物 A 和 B，分子式均为 C_7H_8O。A 能与金属钠反应，在室温下很快地与卢卡斯试剂反应，与 $KMnO_4$ 反应生成 $C_7H_6O_2$。B 不与金属钠、卢卡斯试剂和 $KMnO_4$ 反应，而能与浓氢碘酸作用生成化合物 C_6H_6O(C)，C 与 $FeCl_3$ 溶液反应生成有色化合物。试推出 A、B、C 的结构式，并写出各步反应式。

9. 化合物 A 的分子式为 $C_5H_{12}O$，能与金属钠反应，A 与硫酸共热生成 B，B 经氧化后得到丙酮和乙酸。B 与 HBr 反应的产物再与 NaOH 水溶液反应后又得到 A，试推导 A 的结构式，并写出各步反应式。

10. 化合物 A 的分子式为 C_4H_8O，不溶于水，与金属钠和溴的四氯化碳溶液都没有反应，和稀盐酸或稀氢氧化钠溶液反应，得到化合物 $C_4H_{10}O_2$(B)，B 与高碘酸的水溶液作用得到两分子的乙醛，试推导 A、B 的结构式，并写出各步反应式。

五、习题参考答案

1. (1) 2-乙基-2-丁烯-1-醇　(2) 3-丁炔-1-醇
   (3) 1,5-己二烯-3,4-二醇　(4) 4-甲基-3-环己烯醇
   (5) 2,4-环己二烯醇　(6) 对甲氧基苯甲醇
   (7) 邻羟基苯甲醛　(8) 3,6-二甲基-1-萘酚
   (9) 乙二醇二乙醚　(10) 乙基异丁基醚
   (11) 对氯苯乙醚　(12) 1,2-环氧戊烷
   (13) 二苯硫醚　(14) 2,3-二巯基丙醇

2. (1) $CH_2=CHCH_2OH$

(2) CH_3、CH_2OH / C=C / H、H

(3) $(CH_3)_3CCH_2OH$

(4) OH　OH

(5) CH_2OH / NO_2

(6) OH / O_2N　NO_2 / NO_2

(7) $CH_3C=CHCH_2CHCH_3$（CH_3，OH）

(8) NO_2　OH / NO_2

(9) OH / OH

(10) $C_2H_5-O-CH_2CH=CH_2$

(11) 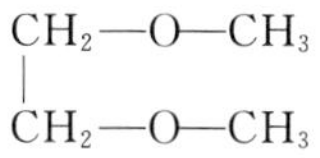 $CH_2—O—CH_3$ | $CH_2—O—CH_3$

(12) 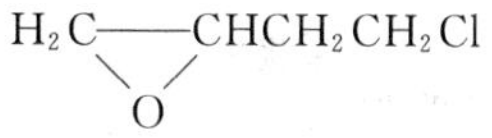 $H_2C—CHCH_2CH_2Cl$（环氧，O）

(13)  四氢呋喃（环，O）

(14)  苯环-CH_2SH

(15) 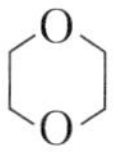 1,4-二氧六环（环，O、O）

(16) 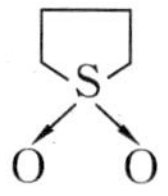 环丁砜（S→O，S→O）

(17) $CH_3—S—CH(CH_3)_2$

3. (1) 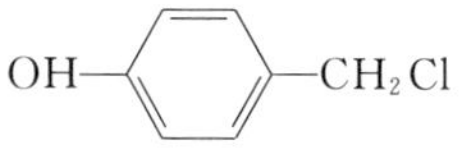 $OH—C_6H_4—CH_2Cl$（对位）

(2) 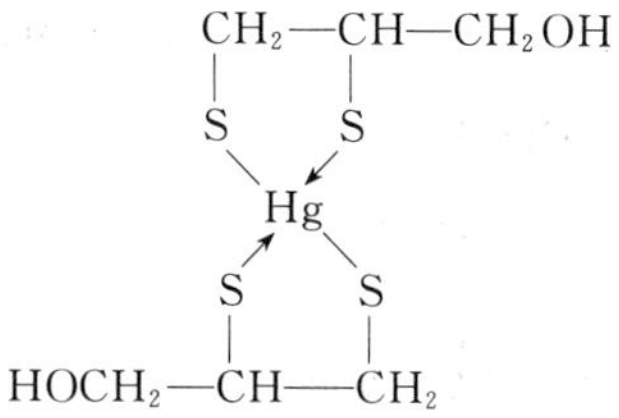 $CH_2—CH—CH_2OH$，两个 S 与 Hg 配位；S→Hg←S；$HOCH_2—CH—CH_2$，两个 S 与 Hg 配位

(3) 环己烷，同一碳上连 Br 和 CH_3

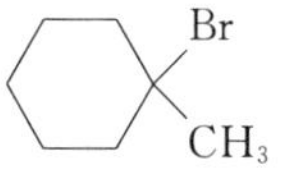

(4) 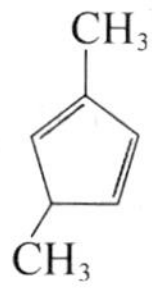 环戊二烯，取代基为 CH_3、CH_3

(5) 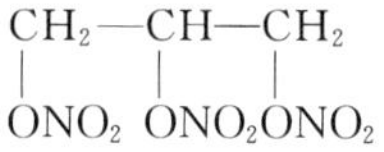 $CH_2—CH—CH_2$，每个碳上连 ONO_2：ONO_2　ONO_2　ONO_2

(6) $(CH_3)_2CHCHO$

(7) CH_3COCH_3

(8) $CH_3CH_2CH_2OH$

(9) 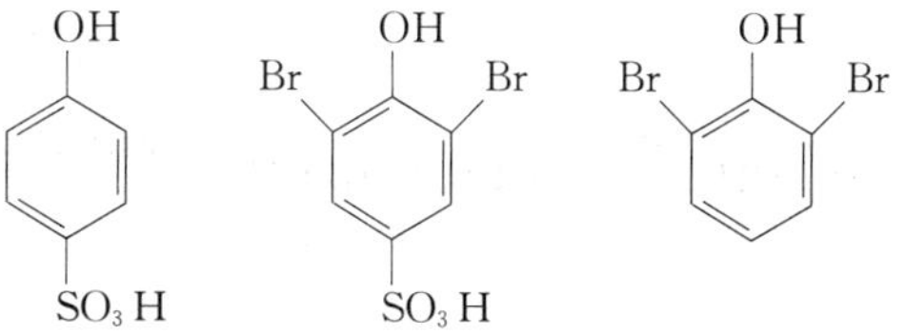 对羟基苯磺酸（OH，SO_3H）；2,6-二溴-4-羟基苯磺酸（Br、OH、Br，SO_3H）；2,6-二溴苯酚（Br、OH、Br）

(10) 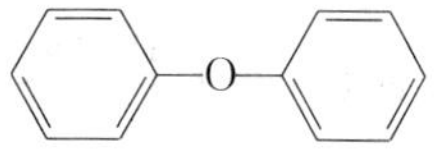 $C_6H_5—O—C_6H_5$

(11) $(CH_3)_2CHI+CH_3I$

(12) 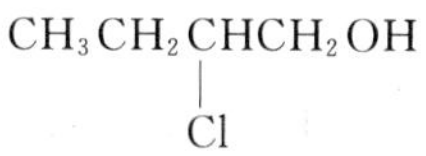 $CH_3CH_2CHCH_2OH$，中间 CH 上连 Cl

4. (1) 沸点：

②>③>④>①

(2) 酸性：

① (d)>(b)>(c)>(a)

② (c)>(b)>(d)>(a)>(e)

5. (1)
2-环戊烯醇、叔丁醇、环己醇、正丁醇 —Br/CCl_4→
- 2-环戊烯醇：褪色
- 叔丁醇：(—) —卢卡斯试剂→ 出现浑浊快
- 环己醇：(—) —卢卡斯试剂→ 出现浑浊慢
- 正丁醇：(—) —卢卡斯试剂→ 不反应

(2)
甲基烯丙基醚、乙醚、苯甲醇、戊烷 —Br_2/CCl_4→
- 甲基烯丙基醚：褪色
- 乙醚：(—) —H_2SO_4→ 溶解
- 苯甲醇：(—) —H_2SO_4→ (—) —Na→ H_2↑
- 戊烷：(—) —H_2SO_4→ (—) —Na→ (—)

(3) $\left\{\begin{array}{l}\text{苯酚}\\\text{丙三醇}\\\text{乙苯}\\\text{苯}\end{array}\right. \xrightarrow{FeCl_3} \begin{array}{l}\text{显色}\\(-)\\(-)\\(-)\end{array} \xrightarrow{Cu(OH)_2} \begin{array}{l}\text{深蓝色}\\(-)\\(-)\end{array} \xrightarrow{KMnO_4/H^+} \begin{array}{l}\text{褪色}\\(-)\end{array}$

(4) $\left\{\begin{array}{l}\text{1-丁炔}\\\text{氯化苄}\\\text{氯苯}\\\text{正丙醇}\end{array}\right. \xrightarrow{Cu_2Cl_2/NH_3\cdot H_2O} \begin{array}{l}\text{红色沉淀}\\(-)\\(-)\\(-)\end{array} \xrightarrow{AgNO_3} \begin{array}{l}\text{白色沉淀}\\(-)\\(-)\end{array} \xrightarrow{Na} \begin{array}{l}(-)\\H_2\uparrow\end{array}$

6. $H_3C-CH(CH_3)-CH(OH)-CH_3 \xrightarrow{+H^+} H_3C-CH(CH_3)-CH(\overset{+}{O}H_2)-CH_3 \xrightarrow{-H_2O} H_3C-CH(CH_3)-\overset{+}{C}H-CH_3$（仲碳正离子）

$\longrightarrow H_3C-\overset{+}{C}(CH_3)-CH_2-CH_3$（叔碳正离子，稳定）

$\left\{\begin{array}{l}H_3C-CH(CH_3)-\overset{+}{C}H-CH_3\\H_3C-\overset{+}{C}(CH_3)-CH_2-CH_3\end{array}\right. \xrightarrow{Cl^-} \begin{array}{ll}H_3C-CH(CH_3)-CHCl-CH_3 & \text{（次要产物）}\\H_3C-CCl(CH_3)-CH_2-CH_3 & \text{（主要产物）}\end{array}$

7. (1) 环己烷 $\xrightarrow[\text{光照}]{Br_2}$ 溴代环己烷 $\xrightarrow{NaOH/H_2O}$ 环己醇 $\xrightarrow{KMnO_4/H^+}$ 环己酮（$=O$）

(2) $CH_3CH_2CH_2CH_2OH \xrightarrow[\triangle]{H_2SO_4} CH_3CH_2CH{=}CH_2 \xrightarrow{HBr} CH_3CH_2CHBrCH_3 \xrightarrow{NaOH/H_2O} CH_3CH_2CH(OH)CH_3$

(3) $CH_3-CH{=}CH_2 \xrightarrow{HBr} CH_3-CHBr-CH_3 \xrightarrow{NaOH/H_2O} CH_3-CH(OH)-CH_3$

$\xrightarrow{KMnO_4/H^+} CH_3-\underset{\underset{O}{\|}}{C}-CH_3$

$CH_3-CH{=}CH_2 \xrightarrow[(C_6H_5COO)_2]{NBS} CH_2Br-CH{=}CH_2 \xrightarrow[\text{无水乙醚}]{Mg} H_2C{=}CH-CH_2MgBr$

$\xrightarrow[(2)\ H_2O/H^+]{(1)\ CH_3-\underset{\underset{O}{\|}}{C}-CH_3} (CH_3)_2C(OH)CH_2CH{=}CH_2$

(4) $C_6H_5CH_3 \xrightarrow[(C_6H_5COO)_2]{NBS} C_6H_5CH_2Br \xrightarrow[\text{无水乙醚}]{Mg} C_6H_5CH_2MgBr \xrightarrow{\text{环氧乙烷}} C_6H_5CH_2CH_2CH_2OMgBr$

$\xrightarrow{H_2O/H^+}$ $C_6H_5CH_2CH_2CH_2OH$ $\xrightarrow{HBr}$ $C_6H_5CH_2CH_2CH_2Br$

(5) $C_6H_5CH_2CH_2OH$ $\xrightarrow{NaOH/苯}$ $C_6H_5CH_2CH_2ONa$ $\xrightarrow{CH_3Br}$ $C_6H_5CH_2CH_2OCH_3$ $\xrightarrow[H_2SO_4]{HNO_3}$

$p\text{-}O_2NC_6H_4CH_2CH_2OCH_3$ （多）

$o\text{-}O_2NC_6H_4CH_2CH_2OCH_3$ （少）

$\xrightarrow{分离}$ $p\text{-}O_2NC_6H_4CH_2CH_2OCH_3$

8. $C_6H_5CH_2OH$ (A)

$\xrightarrow{KMnO_4/H^+}$ C_6H_5COOH

$\xrightarrow{Na}$ $C_6H_5CH_2ONa$

$\xrightarrow[HCl]{无水\ ZnCl_2}$ $C_6H_5CH_2Cl$

$C_6H_5OCH_3$ (B) $\xrightarrow[2.\ \triangle]{1.\ HI}$ C_6H_5OH (C) $\xrightarrow{FeCl_3}$ 显色

9. $(CH_3)_2C(OH)-CH_2CH_3$ (A) $\xrightarrow{H_2SO_4}$ $(CH_3)_2C{=}CHCH_3$ (B) $\xrightarrow{[O]}$ $(CH_3)_2CO+CH_3COOH$

(B) $\xrightarrow{HBr}$ $(CH_3)_2CBr-CH_2CH_3$ $\xrightarrow{NaOH/H_2O}$ (A)

10. $CH_3-\underset{\text{O (环氧)}}{CH-CH}-CH_3$ (A) $\xrightarrow{HCl/H_2O}$ 或 $\xrightarrow{NaOH/H_2O}$ $CH_3-CH(OH)-CH(OH)-CH_3$ (B) $\xrightarrow{HIO_4}$ $2CH_3CHO$

第八章 醛、酮、醌

一、目的要求

1. 了解醛、酮的分类方法。
2. 掌握醛、酮的结构特点和命名原则。
3. 掌握醛、酮的化学性质。
4. 了解 α,β-不饱和醛、酮的结构特点和化学性质。
5. 了解醛、酮的制备方法。
6. 熟悉醌的结构特点，掌握其化学性质。

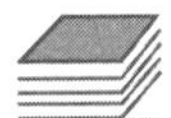

二、本章要点

1. 定义

醛、酮和醌的结构特征是都含有羰基，因此统称为羰基化合物。羰基至少一端与氢相连为醛，羰基两端都与烃基相连为酮。醌是具有环状共轭不饱和二酮结构的化合物。

2. 醛、酮、醌的分类和命名

醛和酮根据分子中所含羰基的数目，可分为一元醛、酮和多元醛、酮；根据烃基中是否含有不饱和键可分为饱和醛、酮和不饱和醛、酮，还可以根据烃基的结构分为脂肪族醛、酮，脂环族醛、酮和芳香族醛、酮。醌类化合物可根据它们还原后生成的酚类的结构分为苯醌、蒽醌及菲醌等。

醛和酮的命名原则与醇相似。命名时选择包括羰基碳原子在内的最长碳链作为主链，称某醛或某酮。编号从醛基或靠近酮基的一端的碳原子开始，由于醛基一定在碳链的一端，故命名时不必标明其位置，但酮基的位置除个别结构简单的外，必须标明并写在酮名称的前面。主链上如有侧链或取代基，则将它们的位次和名称写在母体名称的前面。例如：

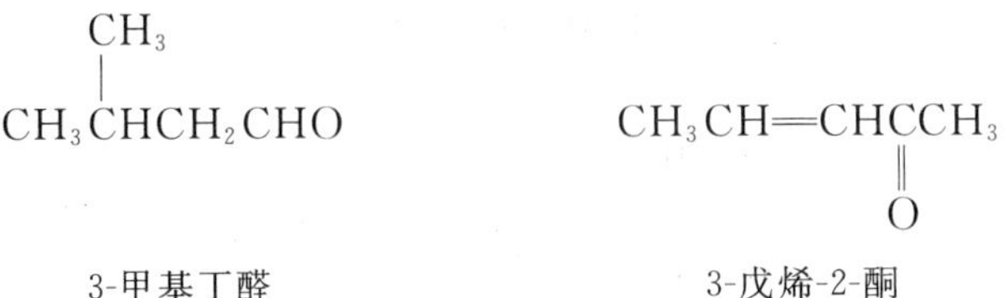

3-甲基丁醛　　3-戊烯-2-酮

芳香族醛、酮和脂环族醛、酮命名时，一般是以脂肪族醛、酮为母体，将芳香烃基和脂环作为取代基，其他原则同上。若羰基包括在环内，命名原则同脂肪酮，只是在名称前加一

“环”字。例如：

$C_6H_5-CH_2CHO$　　$C_6H_5-CH_2CH_2C(=O)CH_3$　　$H_3C-C_6H_{10}=O$

苯乙醛　　4-苯基-2-丁酮　　4-甲基环己酮

命名醌类化合物时，两个羰基的位置可以用阿拉伯数字加在名称前面标明，也可用对、邻、远等字或α、β等希腊字母表明羰基相应的位置。母体上如有取代基则要指明位置、数目和名称，并写在母体名称前面。例如：

α-萘醌（1，4-萘醌）

3. 醛、酮、醌的结构

醛、酮分子中羰基的碳氧双键虽和烯烃中的碳碳双键类似，也是由一个σ键与一个π键所组成，但由于氧原子的电负性较碳原子大，因此，羰基是一个极性基团，碳原子带部分正电荷，而氧原子带部分负电荷。故羰基化合物是极性分子。

醌分子中既含有碳碳双键又含有碳氧双键，它们处于共轭状态。

4. 醛和酮的化学性质

醛和酮的化学性质主要取决于它们的官能团——羰基。但醛基和酮基在结构上存在差别，所以醛和酮的化学性质也有差异。醛和酮的化学性质主要有羰基的加成反应，α-氢原子的反应以及氧化和还原反应。

（1）羰基的加成反应。

醛和酮分子中的羰基是由具有极性的碳氧双键组成的，故容易发生加成反应。当极性分子与醛和酮反应时，极性分子中带负电荷的部分加到羰基的碳原子上，带正电荷的部分则加到羰基的氧原子上。这种反应可表示如下：

$$(H)R'-\overset{R}{\overset{|}{C}}{}^{\delta+}=O^{\delta-} + \overset{\delta+}{A}-\overset{\delta-}{B} \longrightarrow (H)R'-\underset{B}{\underset{|}{\overset{R}{\overset{|}{C}}}}-O-A$$

醛和酮可以与氢氰酸、亚硫酸氢钠等发生简单的加成反应，也可以与醇、羟胺、苯肼等发生较为复杂的加成反应。在反应产物中，都是试剂中的氢与羰基上的氧相连接，其余部分与羰基上的碳相连接。

格氏试剂的碳负离子是一个很强的亲核试剂。格氏试剂与甲醛加成生成伯醇，与其他醛或酮加成生成仲醇和叔醇，在合成上有重要的意义。

醛、酮发生亲核加成反应的难易程度与醛、酮本身的结构有关。当斥电子烷基与羰基相连时，使羰基碳原子的正电荷减少，不利于亲核试剂的进攻；当羰基与苯环直接相连时，由于羰基与苯环共轭，羰基碳原子的正电荷产生离域现象而分散到芳环中，也不利于亲核试剂的进攻。另一方面，随着与羰基碳原子相连的基团逐渐增大、增多，由于空间位阻增大，使亲核试剂不利于接近羰基碳原子，从而使亲核加成反应速度减小甚至完全阻碍反应的进行。因此，对于同一种亲核试剂来说，醛和酮的加成反应的难易程度取决于直接与羰基相连基团的电子效应和空间效应。综合二者影响的结果，醛、酮反应活性的一般次序如下：

$$HCHO > CH_3CHO > RCHO > C_6H_5CHO > RCOCH_3 > RCOR' > RCOAr$$

碳原子数小于8的脂环酮，由于空间位阻较小，其活性大于同数碳原子的脂肪酮。

(2) α-氢原子的反应。

醛、酮分子中α-氢原子具有活泼性的原因：

① 由于羰基的吸电子诱导效应以及羰基与α-氢原子之间的σ-π超共轭效应的结果，使α位的C—H键极性增加，在碱的作用下，较易失去一个α-氢原子而形成碳负离子。

② 碳负离子上新产生的孤对电子与羰基发生p-π共轭，电子云发生了离域作用，负电荷被分散而使体系能量降低，稳定性增加，故碳负离子较易形成。例如：

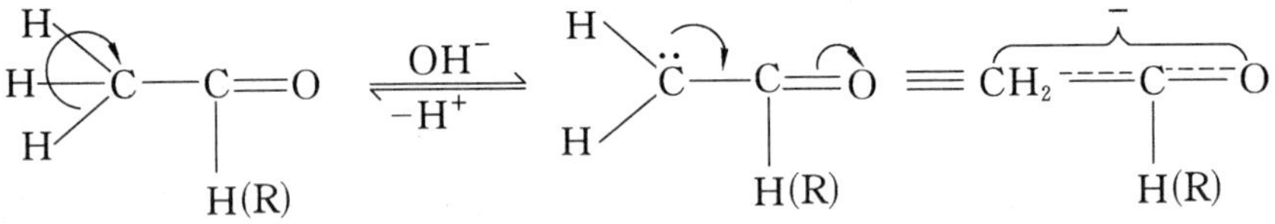

$$H_3C{-}C(H(R)){=}O \underset{-H^+}{\overset{OH^-}{\rightleftharpoons}} H_2\ddot{C}^-{-}C(H(R)){=}O \equiv [CH_2{\cdots}C(H(R)){\cdots}O]^-$$

α-活性氢的反应包括卤代反应和羟醛缩合反应。

卤代反应通常生成α-卤代醛、酮。含有 $CH_3{-}\overset{O}{\overset{\|}{C}}{-}H(R)$ 结构的醛、酮或含有 $CH_3{-}\underset{OH}{\underset{|}{\overset{H}{\overset{|}{C}}}}{-}H(R)$ 结构的醇在碱性条件下进行卤代反应则生成卤仿。如果所用的试剂是碘的碱溶液，则生成碘仿(CHI_3)，故又称碘仿反应。碘仿是黄色晶体，难溶于水且具特殊气味，易于识别。该特性可用于对含有这类结构的化合物的鉴别。

羟醛缩合反应在稀碱作用下，一分子醛的α-活性氢加到另一分子醛的羰基氧上，其余部分加到羰基碳上，生成既含有羟基又含醛基的化合物(β-羟基醛)。例如：

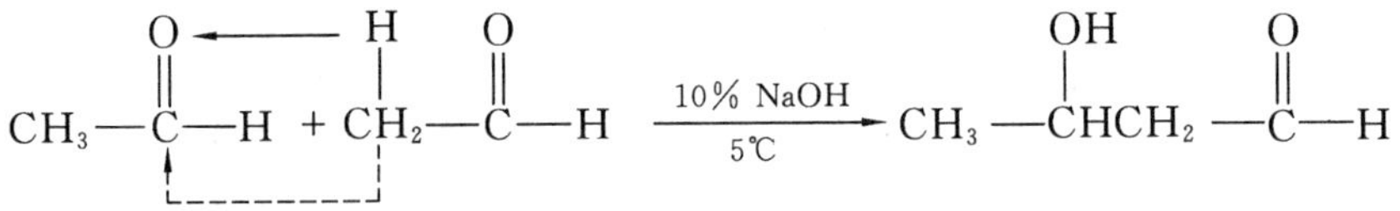

$$CH_3{-}\overset{O}{\overset{\|}{C}}{-}H + \overset{H}{\overset{|}{C}}H_2{-}\overset{O}{\overset{\|}{C}}{-}H \xrightarrow[5℃]{10\%\ NaOH} CH_3{-}\overset{OH}{\overset{|}{C}}HCH_2{-}\overset{O}{\overset{\|}{C}}{-}H$$

β-羟基醛分子中的α-氢原子同时受到羰基和羟基的影响，比较活泼，稍受热即可发生分子内脱水反应，生成α,β-不饱和醛。

(3)氧化和还原反应。

醛容易被氧化，甚至弱氧化剂也能使醛氧化。脂肪醛和弱氧化剂Tollens(托伦)试剂、Felhing(斐林)试剂和Benedict(班氏)试剂都能反应，但芳香醛不能与后两者反应，借此可鉴别脂肪醛、芳香醛和酮。

希夫(Schiff)试剂也称品红醛试剂。甲醛与希夫试剂反应所显的颜色遇硫酸后不消失，而其他醛所显的颜色则褪去。因此，品红醛试剂除可以区别醛和酮外，还可以区别甲醛和其他醛。

醛、酮可用催化加氢还原的方法或用金属氢化物还原的方法将其还原为伯醇或仲醇。

Mearwein-Ponndorf-Verley 还原用异丙醇铝-异丙醇作为还原剂，金属氢化物还原常用 $NaBH_4$ 和 $LiAlH_4$ 作为还原剂。这两种还原法只将羰基还原为羟基，而其他基团如碳碳不饱和键等不受影响。若要使不饱和醛、酮还原成不饱和醇时，可使用这些方法。例如：

$$C_6H_5-CH=CHCHO \xrightarrow{NaBH_4} C_6H_5-CH=CHCH_2OH$$

Clemmensen(克莱门森)还原法：将羰基直接还原成亚甲基，试剂为锌汞齐(Zn-Hg)和浓盐酸。此法适合于烷基芳烃的制备。例如：

$$C_6H_5COCH_2CH_2CH_3 \xrightarrow[HCl]{Zn\text{-}Hg} C_6H_5-CH_2CH_2CH_2CH_3$$

Wolff-Kishner-黄鸣龙还原法：此法也是将羰基直接还原成亚甲基，可用来还原对酸敏感的醛或酮。试剂为氢氧化钠、肼和高沸点的水溶性溶剂。例如：

$$C_6H_5\overset{\overset{\displaystyle O}{\|}}{C}CH_2CH_3 \xrightarrow[\triangle]{NH_2NH_2,NaOH,(HOCH_2CH_2)_2O} C_6H_5CH_2CH_2CH_3 \quad (82\%)$$

康尼查罗歧化反应：不含 α-氢原子的醛，在浓碱作用下(注意：羟醛缩合反应的条件是稀碱)，发生自身氧化还原反应，生成醇和羧酸。歧化反应也可发生在两种不相同的不含 α-氢原子醛分子间，称为交叉歧化反应，产物比较复杂。但如果两种醛中一个是甲醛，由于甲醛容易被氧化，所以总是甲醛被氧化成酸，另一种醛被还原成醇。

5. 醌的性质

醌是具有共轭体系的环状不饱和二酮，因此具有烯烃和羰基化合物的典型性质，又由于存在共轭双键，所以还可发生 1,4-加成反应。

三、例题解析

［例 1］　命名下列化合物：

(1) $CH_3CH(Cl)CH(C_6H_5)CH_2C(=O)CH_2CH_3$　　(2) 2-氯-6-甲基环己烷-1,3-二酮结构式　　(3) $C_6H_5C(=O)C_6H_5$

解：(1) 5-苯基-6-氯-3-庚酮

母体为庚酮，从靠近羰基的链端对碳链编号。

(2) 4-甲基-2-氯-1,3-环己二酮

母体为环己二酮，从其中一个羰基开始，沿着另一个羰基的编号也最小的方向编号，并使取代基具有较小编号。

(3) 二苯(基)甲酮

母体为甲酮，两个苯基为取代基。由于苯基的取代位置是唯一的，因此苯基的位次不需要标明。

［例 2］　下列说法是否正确？试说明原因。

(1) 羟醛缩合反应是在稀碱作用下，醇与醛的缩合反应。

(2) 从电子效应考虑，醛、酮分子中羰基碳原子所带的正电荷越多，其亲核加成的反应活性越大。

(3) 所有醛、酮与饱和亚硫酸氢钠溶液都能发生加成反应。

解：

(1) 错误。羟醛缩合反应的定义是：在稀碱作用下，一分子醛的 α-H 加到另一分子醛的羰基氧上，其余部分加到羰基碳上，生成既含有羟基又含有羰基的化合物(β-羟基醛)的反应。

(2) 正确。醛、酮的亲核加成反应是由亲核试剂进攻羰基碳原子而引起的。从电子效应考虑，羰基碳原子所带的正电荷越多，越有利于亲核试剂的进攻，因而醛、酮的反应活性越大(综合考虑醛、酮的加成反应的难易程度，除电子效应外还要考虑空间效应的影响)。

(3) 错误。亚硫酸氢钠作为亲核试剂，其活性较弱，在进行亲核加成时，要求羰基化合物具有较强的活性。由于醛比较活泼，因此，所有的醛能与饱和的亚硫酸氢钠溶液发生反应；但酮的活性相对较弱，只有活性较强的某些酮(脂肪族甲基酮及碳原子数小于 8 的脂环酮)能与饱和的亚硫酸氢钠溶液发生反应。

[例 3] 下列化合物中，可发生羟醛缩合反应的是　　(　　)

A. $CH_3CH(OH)CH_3$　　B. C_6H_5CHO

C. HCHO　　D. CH_3CH_2CHO

解：含有 α-H 的醛在稀碱条件下能发生羟醛缩合反应。A 是醇，B 和 C 虽然是醛，但不含 α-H。D 是含有 α-H 的醛，所以 D 能发生羟醛缩合反应。

[例 4] 下列化合物中能发生碘仿反应的是　　(　　)

A. CH_3COOH　　B. CH_3CONH_2

C. $CH_3\overset{O}{\overset{\|}{C}}CH_3$　　D. CH_3CH_2CHO

解：碘仿反应是指含有 α-活泼甲基结构的醛酮($CH_3-\overset{O}{\overset{\|}{C}}-H(R)$)或含有潜在 α-活泼甲基结构的醇($CH_3-\underset{OH}{\underset{|}{\overset{H}{\overset{|}{C}}}}-H(R)$)，在碱性条件下与碘作用生成碘仿的反应。分析 A、B、C、D 化合物的结构，虽然 A 和 B 中含 $CH_3-\overset{O}{\overset{\|}{C}}-$ 结构单元，但羰基碳原子分别连接了 OH 和 NH_2，属于含 $CH_3-\overset{O}{\overset{\|}{C}}-$ 结构的羧酸和酰胺，因此不能发生碘仿反应。D 是不含有 $CH_3-\overset{O}{\overset{\|}{C}}-$ 结构的醛，因此不能发生碘仿反应。C 是含有 $CH_3-\overset{O}{\overset{\|}{C}}-$ 结构的酮，因此能发生碘仿反应。

［例 5］ 在有机合成中，常用于保护醛基的是什么反应？该反应如何起到保护醛基的作用？试举例说明。

解：在有机合成中，常用于保护醛基的是醛与醇生成缩醛的反应，因为缩醛对碱、氧化剂和还原剂都相当稳定，只对酸敏感，在稀酸中可水解成原来的醛。在有机合成中，首先将醛基保护起来然后再进行反应，避免醛基在反应中受到破坏，待完成反应后再用稀酸水解恢复醛基的结构。

例如：如果以 $H_3C-C_6H_4-CHO$ 为原料合成 $HOOC-C_6H_4-CHO$，必须先将醛基保护起来然后再氧化，否则醛基比甲基更容易氧化，很难得到目标产物。合成路线如下：

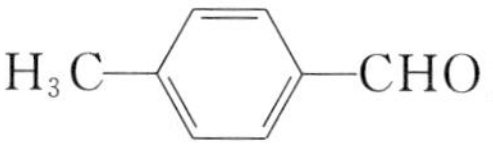

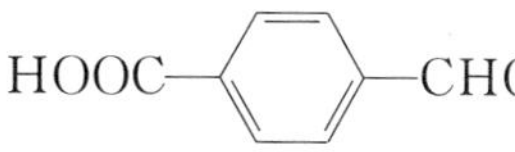

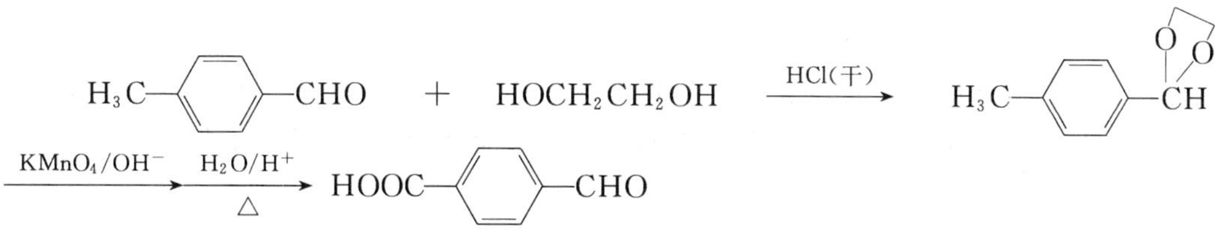

$$H_3C-C_6H_4-CHO + HOCH_2CH_2OH \xrightarrow{HCl(干)} H_3C-C_6H_4-CH(OCH_2CH_2O)$$

$$\xrightarrow{KMnO_4/OH^-} \xrightarrow[\triangle]{H_2O/H^+} HOOC-C_6H_4-CHO$$

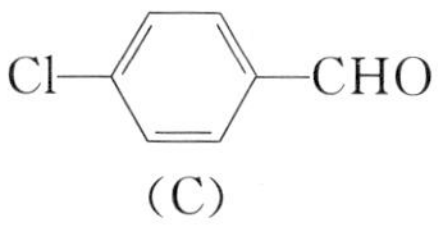

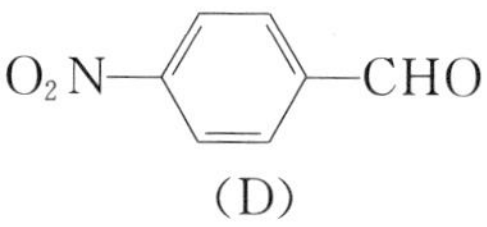

［例 6］ 将下列两组化合物与 HCN 加成的反应活性由大到小排序。

(1) 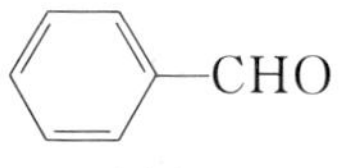 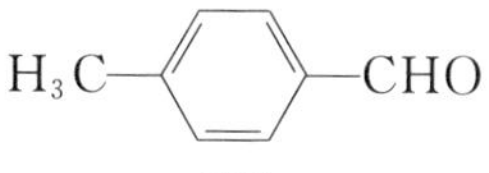 C_6H_5-CHO (A)　　$H_3C-C_6H_4-CHO$ (B)

$Cl-C_6H_4-CHO$ (C)　　$O_2N-C_6H_4-CHO$ (D)

(2) C_6H_5CHO (A)　　$(CH_3)_3CCOC(CH_3)_3$ (B)　　CH_2ClCHO (C)

CH_3CHO (D)　　$CH_3COCH_2CH_3$ (E)

解：(1) (A)(B)(C)(D)四种化合物的结构可以用通式 $X-C_6H_4-CHO$ 表示，X 分别代表 H，CH_3，Cl，NO_2。X 的电子效应对羰基的活性(即化合物的加成活性)产生影响，而且 X 的电子效应越强对羰基的活性影响也越大。如果 X 是起给电子作用，则使羰基碳的正电性减少，羰基的活性降低；如果 X 是起吸电子作用，则使羰基碳的正电性增加，羰基的活性增大。CH_3 是给电子基团，所以，(B)的活性最低；Cl 和 NO_2 是吸电子基团，使(C)和(D)的活性增加，但 NO_2 的吸电子基团作用比 Cl 大，因此，(D)的活性比(C)大；H 介于给、吸电子基团之间。答案：加成活性：(D)＞(C)＞(A)＞(B)。

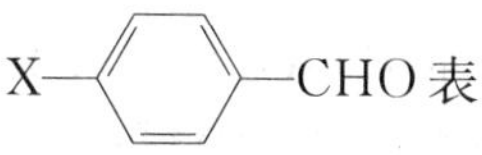

(2) 从电子效应考虑，醛的加成活性大于酮；脂肪族醛、酮的活性大于芳香族醛、酮。(2)中，(A)(C)(D)是醛，因此(A)(C)(D)大于(B)(E)。(C)(D)是脂肪醛，而(A)是芳香醛，因此(C)(D)大于(A)。(C)与(D)相比较，(C)中的一个 α-H 被氯原子取代，由于氯原子的吸电子作用，使羰基碳的正电荷增加，因此(C)大于(D)。(B)和(E)都属于脂肪酮，从电子效应考虑两者活性相差不大，但(B)中与羰基碳相连的是二个体积较大的叔丁基，空间位阻比(E)大，因此(B)大于(E)。由此看来，分析醛、酮加成反应的活性大小，我们不仅要考虑电子效应还要考虑空间效应。答案：加成活性：(C)＞(D)＞(A)＞(E)＞(B)。

[例 7] 由丙醇合成 $CH_3CH_2CH_2\underset{\displaystyle CH_3}{\underset{|}{C}}H\overset{\displaystyle OH}{\overset{|}{C}}HCN$ 。

解： 最终产物是一个 α-羟基腈。α-羟基腈可由醛或酮与 HCN 加成得到。这里应该用醛还是酮作原料？由于连接羟基和氰基的碳原子上还有一个氢原子，因此推知该产物是由醛和 HCN 反应生成。即：

$$CH_3CH_2CH_2\underset{\displaystyle CH_3}{\underset{|}{C}}HCHO + HCN \longrightarrow CH_3CH_2CH_2\underset{\displaystyle CH_3}{\underset{|}{C}}H\overset{\displaystyle OH}{\overset{|}{C}}HCN$$

故应该选择醛作原料。问题是这个醛如何合成？产物比原料碳原子数增加了一倍，且在羰基的 α 位有一甲基，故考虑用丙醛进行羟醛缩合反应来合成。整个合成路线为：

$$CH_3CH_2CH_2OH \xrightarrow{CrO_3/C_6H_5N} CH_3CH_2CHO \xrightarrow{\text{稀 } OH^-} \xrightarrow{H_3O^+} CH_3CH_2\underset{\displaystyle OH}{\underset{|}{C}}H\overset{\displaystyle CH_3}{\overset{|}{C}}HCHO$$

$$\xrightarrow{Ni/H_2} CH_3CH_2CH_2\underset{\displaystyle CH_3}{\underset{|}{C}}HCH_2OH \xrightarrow{CrO_3/H_2SO_4} CH_3CH_2CH_2\underset{\displaystyle CH_3}{\underset{|}{C}}HCHO \xrightarrow{HCN/OH^-}$$

$$CH_3CH_2CH_2\underset{\displaystyle CH_3}{\underset{|}{C}}H\overset{\displaystyle OH}{\overset{|}{C}}HCN$$

[例 8] 化合物(A) $C_{11}H_{10}O_2$，不与碱作用，与酸作用生成(B)$C_9H_{10}O$ 及乙二醇，(B)与羟胺作用生成肟，与 Tollens 试剂作用生成(C)。(B)与重铬酸钾硫酸溶液作用生成对苯二甲酸。试推证(A)、(B)、(C)可能的构造式。

解： 根椐题意，(B)能与羟胺作用生成肟并能与 Tollen 试剂作用，说明(B)是醛；根据(B)被氧化后生成对苯二甲酸可推知(B)为含苯环的醛，且苯环上有二个侧链并处于对位。(A)在酸性条件下水解得(B)和乙二醇，由此可推出(A)是缩醛。最后根据(B)的分子式可推出(B)有两种可能的构造式。

(B)可能的构造式：$CH_3-\bigcirc-CH_2CHO$ 或 $C_2H_5-\bigcirc-CHO$ 。

则(A)和(C)可能的构造式为：

(A) $CH_3-\bigcirc-CH_2CH\overset{\displaystyle O\frown O}{\underset{}{}}$ 或 $C_2H_5-\bigcirc-CH\overset{\displaystyle O\frown O}{\underset{}{}}$

(C) $H_3C-\bigcirc-CH_2COO^-$ 或 $C_2H_5-\bigcirc-COO^-$

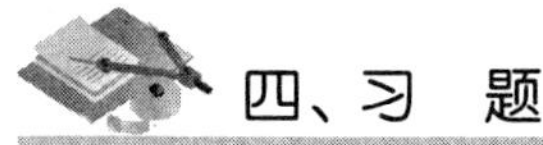

四、习　题

1. 命名下列化合物：

(1) 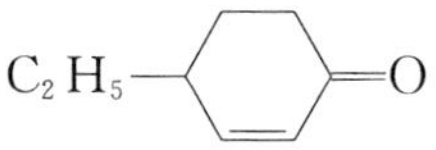 C_2H_5—(环己烯酮环)=O

(2) $CH_3CH_2CH{=}N{-}OH$

(3) 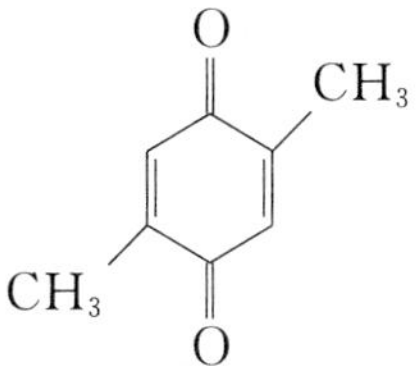 O，CH_3，CH_3，O（醌环）

(4) 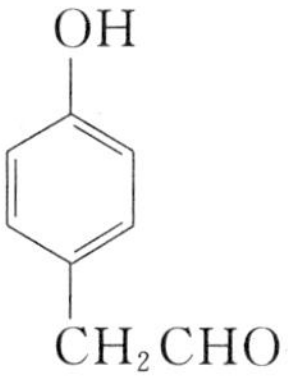 OH，CH_2CHO（苯环）

(5) 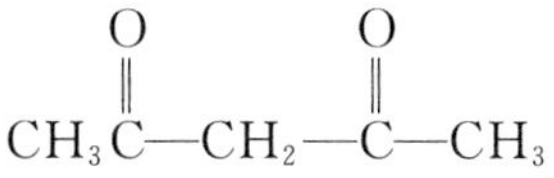 $CH_3\overset{O}{\overset{\|}{C}}-CH_2-\overset{O}{\overset{\|}{C}}-CH_3$

(6) 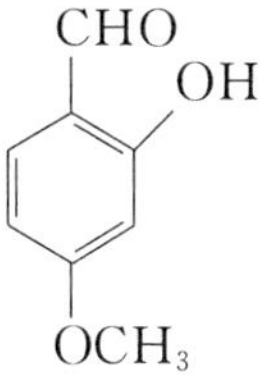 CHO，OH，OCH_3（苯环）

(7) 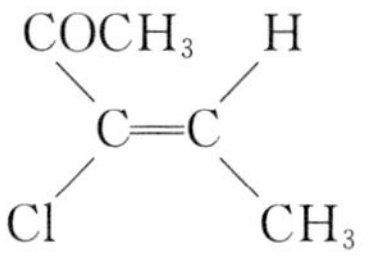 $COCH_3$，H，C=C，Cl，CH_3　(Z/E)

(8) 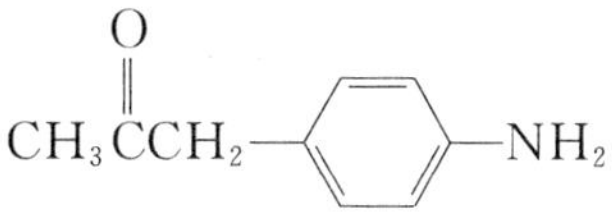 $CH_3\overset{O}{\overset{\|}{C}}CH_2$—(苯环)—$NH_2$

(9) 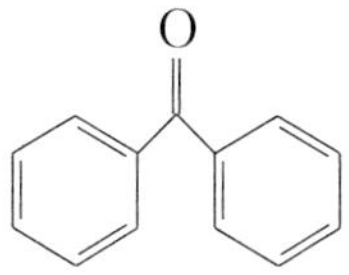 O（二苯基酮）

2. 写出下列化合物的结构式：

(1) 2,2,4,5-四甲基-3-庚酮　(2) 对甲氧基苯甲醛　(3) 3-甲基-4-庚烯-2-酮

(4) 3-溴-2-丁酮　(5) 4-苯基-2-丁酮　(6) 4-甲基-2,3-己二酮

(7) 4,4′-二羟基二苯酮　(8) 丙酮肟

3. 写出下列反应的主要产物：

(1) 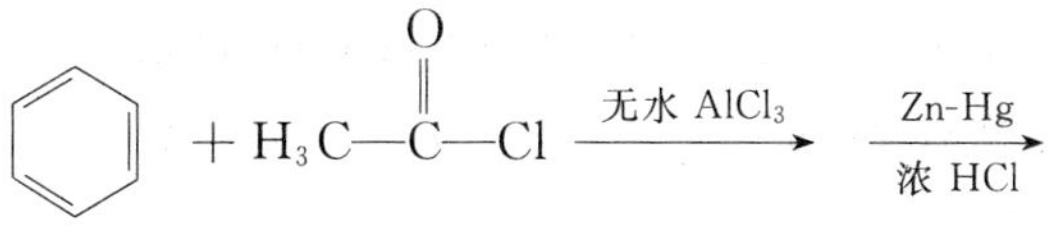 (苯环) $+ H_3C-\overset{O}{\overset{\|}{C}}-Cl \xrightarrow{\text{无水 }AlCl_3} \xrightarrow[\text{浓 }HCl]{Zn\text{-}Hg}$

(2) (苯环)—$CH{=}CHCHO \xrightarrow[2)\ H_3O^+]{1)\ NaBH_4}$

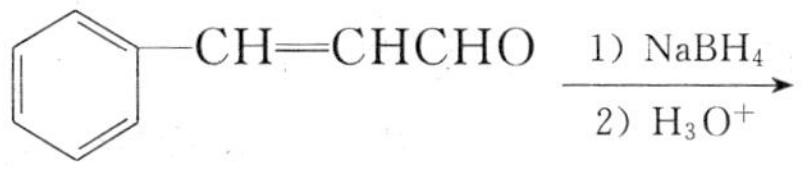

(3) $CH_3CH_2-\overset{O}{\overset{\|}{C}}-CH_3 + I_2 \xrightarrow{NaOH}$

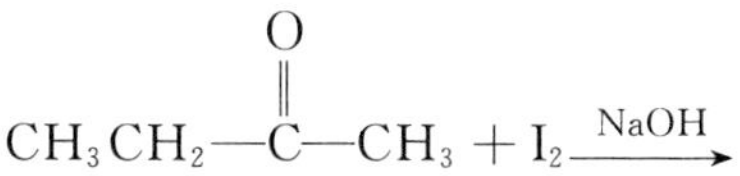

(4) $2CH_3CHO \xrightarrow[5℃]{10\%NaOH} (?) \xrightarrow{\triangle} (?)$

(5) $CH_3CH_2CHO \xrightarrow[2)\ H^+/H_2O]{1)\ HCN/OH^-}$

(6) $HCHO+$ C_6H_5CHO $\xrightarrow{浓\ OH^-}$

(7) [结构式] $\xrightarrow{CH_2{=}CH{-}CH{=}CH_2}$

(8) 环己酮 $+CH_3CH_2MgBr \xrightarrow[(2)\ H_2O^+]{(1)\ 无水乙醚}$

(9) 1-(COC_2H_5)环己烯 $\xrightarrow[2)\ H^+/H_2O]{1)\ LiAlH_4}$

(10) 3-甲基-2-环己烯酮 $\xrightarrow[(2)\ H_2O]{(1)\ CH_3Li}$

(11) [结构式] $=O \xrightarrow[(2)\ H_2O]{(1)\ HC{\equiv}CNa}$

(12) $Ph_3\overset{+}{P}{-}\overset{-}{C}(CH_3)_2+$ 2-甲氧基环己酮 $\longrightarrow$

(13) $C_6H_5COCH_3$ $+HCHO+$ 哌啶 $\xrightarrow{H^+}$

4. 写出环己酮与下列试剂反应的主要产物。

(1) $LiAlH_4$　(2) NH_2OH　(3) HCN/OH^-

(4) $NaHSO_3$　(5) a. C_2H_5MgBr/b. 酸、水　(6) CH_3OH(过量)/干燥 HCl

(7) Zn-Hg/浓 HCl　(8) 异丙醇铝,异丙醇　(9) 2,4-二硝基苯肼

5. 用化学方法区别下列各组化合物:

(1) 丙醛　丙酮　异丙醇　对甲氧基苯甲醛　(2) 乙醛　丙醛　丙酮　丙醇

(3) 苯酚　1-苯基-2-丙酮　苯甲醛　(4) 2-戊酮　3-戊酮　环己酮

6. 试由指定原料合成产物(其他试剂任选)。

(1) 由 $CH_3{-}\overset{O}{\overset{\|}{C}}{-}CH_3$ 合成 $CH_3\overset{O}{\overset{\|}{C}}CH_2CH(CH_3)_2$。

(2) 由苯合成 2-苯基-2-丙醇。

(3) 由环戊烷合成环戊基甲醛(—CHO)。

(4) 由 $CH_3CH{=}CH_2$ 合成 $(CH_3)_2C(OH)CH(CH_3)_2$。

7. 推证结构。

(1) 有一化合物 A，分子式为 $C_8H_{14}O$，A 可以很快使溴水褪色，也可与苯肼反应，但不与银氨溶液反应。A 氧化后生成一分子丙酮及另一化合物 B，B 具酸性，B 和碘的 NaOH 溶液作用，生成一分子碘仿及一分子丁二酸二钠盐。试写出 A 与 B 的结构式及各步反应式。

(2) 某化合物 A 的分子式为 C_9H_9OBr，不与托伦试剂反应，也不能发生碘仿反应，但能与 2,4-二硝基苯肼作用。A 经氢化还原得到 B($C_9H_{11}OBr$)，B 与浓 H_2SO_4 共热得到化合物 C(C_9H_9Br)，C 具有顺、反异构体，且氧化可得到对溴苯甲酸。试推断 A、B、C 的结构式并写出反应式。

(3) 某化合物的分子式为 $C_5H_{12}O$(A)，氧化后得到 $C_5H_{10}O$(B)，B 能与苯肼反应，并与碘的碱溶液共热时产生黄色沉淀 C。A 和浓硫酸共热得到 D(C_5H_{10})。D 经氧化后得丙酮和乙酸。试推测 A、B、C、D 的结构式。

8. 试设计用 Grignard 试剂制取 2-苯基-2-丁醇的所有可能的途径，用反应式表示。

五、习题参考答案

1. (1) 4-乙基-2-环己烯酮　(2) 丙醛肟　(3) 2,5-二甲基-1,4-苯醌或 2,5-二甲基对苯醌　(4) 4-羟基苯乙醛　(5) 2,4-戊二酮　(6) 对甲氧基水杨醛　(7) (Z)-3-氧-3-戊烯-2-酮　(8) 对氨基苯-2-丙酮　(9) 二苯酮

2. (1) $CH_3CH_2CH(CH_3)CH(CH_3)C(=O)C(CH_3)_3$　(2) $p\text{-}CH_3OC_6H_4CHO$（4-甲氧基苯甲醛）

(3) $CH_3CH_2CH{=}CH{-}CH(CH_3){-}C(=O){-}CH_3$　(4) $CH_3CH(Br)C(=O)CH_3$

(5) $C_6H_5{-}CH_2CH_2C(=O)CH_3$　(6) $CH_3CH_2CH(CH_3)C(=O)C(=O)CH_3$

(7) $(p\text{-}HOC_6H_4)_2C{=}O$　(8) $(CH_3)_2C{=}NOH$

3. (1) $C_6H_5C(=O)CH_3$，$C_6H_5CH_2CH_3$　(2) $C_6H_5CH{=}CHCH_2OH$

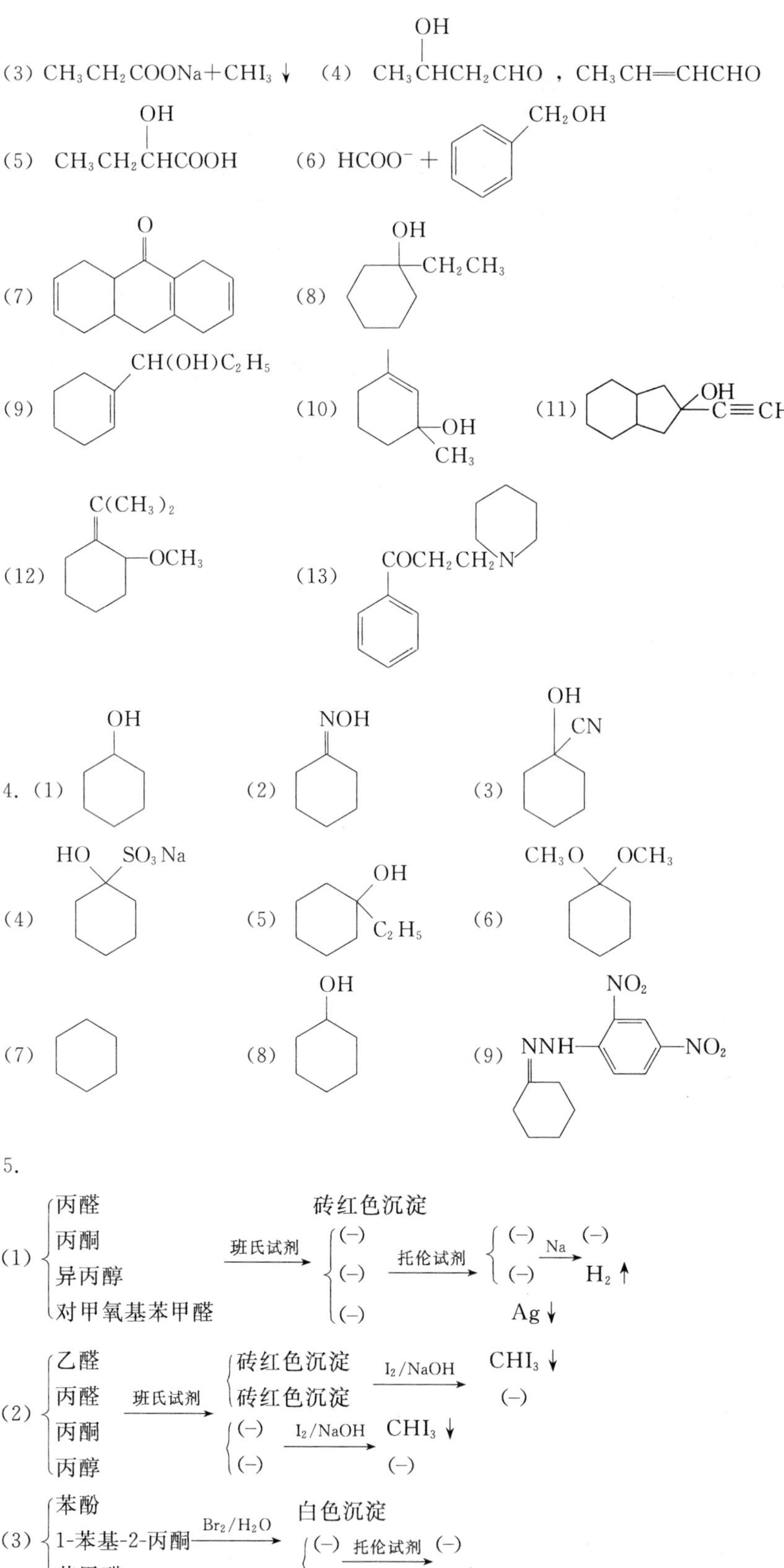

(3) $CH_3CH_2COONa+CHI_3\downarrow$
(4) OH CH_3CHCH_2CHO , $CH_3CH=CHCHO$
(5) OH $CH_3CH_2CHCOOH$
(6) $HCOO^-$ + CH_2OH
(7) O
(8) OH CH_2CH_3
(9) $CH(OH)C_2H_5$
(10) OH CH_3
(11) OH C≡CH
(12) $C(CH_3)_2$ OCH_3
(13) $COCH_2CH_2N$
4. (1) OH
(2) NOH
(3) OH CN
(4) HO SO_3Na
(5) OH C_2H_5
(6) CH_3O OCH_3
(7)
(8) OH
(9) NO_2 NNH NO_2
5.
(1) 丙醛 丙酮 异丙醇 对甲氧基苯甲醛 班氏试剂 砖红色沉淀 (−) (−) (−) 托伦试剂 (−) (−) Ag↓ Na (−) $H_2\uparrow$
(2) 乙醛 丙醛 丙酮 丙醇 班氏试剂 砖红色沉淀 砖红色沉淀 $I_2/NaOH$ $CHI_3\downarrow$ (−) (−) (−) $I_2/NaOH$ $CHI_3\downarrow$ (−)
(3) 苯酚 1-苯基-2-丙酮 苯甲醛 Br_2/H_2O 白色沉淀 (−) (−) 托伦试剂 (−) Ag↓

(4) $\left\{\begin{array}{l}\text{2-戊酮}\\\text{3-戊酮}\\\text{环己酮}\end{array}\right.\xrightarrow{I_2/NaOH}\begin{array}{l}CHI_3\downarrow\\\left\{\begin{array}{l}(-)\xrightarrow{\text{饱和 }NaHSO_3\text{ 溶液}}(-)\\(-)\qquad\qquad\qquad\text{无色结晶}\end{array}\right.\end{array}$

6. (1) $2CH_3-\overset{O}{\overset{\|}{C}}-CH_3\xrightarrow{Ba(OH)_2}H_3C-\overset{O}{\overset{\|}{C}}-CH_2-\underset{CH_3}{\underset{|}{\overset{OH}{\overset{|}{C}}}}-CH_3\xrightarrow{\triangle}H_3C-\overset{O}{\overset{\|}{C}}-CH=\underset{CH_3}{\underset{|}{C}}-CH_3$

$\xrightarrow[\text{无水 HCl}]{HOCH_2CH_2OH}H_3C-C(OCH_2CH_2O)-CH=\underset{CH_3}{\underset{|}{C}}-CH_3\xrightarrow[Pt]{H_2}H_3C-C(OCH_2CH_2O)-CH_2-\underset{CH_3}{\underset{|}{CH}}-CH_3\xrightarrow{\text{稀酸}}H_3C-\overset{O}{\overset{\|}{C}}-CH_2-\underset{CH_3}{\underset{|}{CH}}-CH_3$

(2) 方法一

$C_6H_6+CH_3COCl\xrightarrow{\text{无水 }AlCl_3}C_6H_5COCH_3$

$CH_3Br\xrightarrow[\text{无水乙醚}]{Mg}CH_3MgBr$

两者反应 $\longrightarrow C_6H_5C(CH_3)_2OMgBr\xrightarrow{H_3O^+}C_6H_5\underset{CH_3}{\underset{|}{\overset{CH_3}{\overset{|}{C}}}}-OH$

方法二

$C_6H_6\xrightarrow[FeBr_3]{Br_2}C_6H_5Br\xrightarrow[\text{无水乙醚}]{Mg}C_6H_5MgBr\xrightarrow{(CH_3)_2CO}C_6H_5C(CH_3)_2OMgBr$

$\xrightarrow{H_3O^+}C_6H_5\underset{CH_3}{\underset{|}{\overset{CH_3}{\overset{|}{C}}}}-OH$

(3) $C_5H_{10}\xrightarrow[\text{光照}]{Br_2}C_5H_9Br\xrightarrow[\text{无水乙醚}]{Mg}C_5H_9MgBr\xrightarrow{HCHO}C_5H_9-CH_2OMgBr$

$\xrightarrow{H_3O^+}C_5H_9CH_2OH$ 方法(1) $\xrightarrow[\text{高温}]{Cu}$ / 方法(2) $\xrightarrow{(C_6H_5N)_2\cdot CrO_3}$ C_5H_9CHO

(4) $CH_3CH=CH_2\xrightarrow{HBr}CH_3CHBrCH_3\xrightarrow[\text{无水乙醚}]{Mg}CH_3\underset{MgBr}{\underset{|}{C}}HCH_3$

$CH_3CH=CH_2\xrightarrow[PdCl_2\text{-}CuCl_2]{O_2}CH_3COCH_3$

两者 $\longrightarrow$

$$\xrightarrow{H_3O^+} (CH_3)_2\overset{\displaystyle OH}{\overset{|}{C}}CH(CH_3)_2$$

7.（1）A 的结构式：$(CH_3)_2C{=}CHCH_2CH_2COCH_3$

$$\underset{(A)}{CH_3\underset{\underset{\displaystyle CH_3}{|}}{C}{=}CHCH_2CH_2COCH_3} + Br_2 \longrightarrow CH_3\overset{\displaystyle Br}{\overset{|}{\underset{\underset{\displaystyle CH_3}{|}}{C}}}-\overset{\displaystyle Br}{\overset{|}{C}}HCH_2CH_2COCH_3$$

$$\xrightarrow{C_6H_5NHNH_2} CH_3\underset{\underset{\displaystyle CH_3}{|}}{C}{=}CHCH_2CH_2\overset{\displaystyle NNH-C_6H_5}{\overset{\|}{C}}CH_3$$

$$\underset{(A)}{CH_3\underset{\underset{\displaystyle CH_3}{|}}{C}{=}CHCH_2CH_2COCH_3} \xrightarrow{[O]} (CH_3)_2CO + CH_3COCH_2CH_2COOH(B)$$

$$(B) \xrightarrow{I_2 + NaOH} \begin{matrix} CH_2-COONa \\ | \\ CH_2-COONa \end{matrix} + CHI_3\downarrow$$

（2）

$$\underset{(A)}{p\text{-}Br-C_6H_4-COCH_2CH_3} \xrightarrow{[H]} \underset{(B)}{p\text{-}Br-C_6H_4-CHOHCH_2CH_3} \xrightarrow[\triangle]{浓\ H_2SO} \underset{(C)}{p\text{-}Br-C_6H_4-CH{=}CHCH_3} \xrightarrow{[O]} p\text{-}Br-C_6H_4-COOH$$

$$p\text{-}Br-C_6H_4-COCH_2CH_3 \xrightarrow{2,4\text{-}(O_2N)_2C_6H_3-NHNH_2} p\text{-}Br-C_6H_4-\overset{\displaystyle NNH-C_6H_3(NO_2)_2}{\overset{\|}{C}}CH_2CH_3$$

（3）

$$\underset{(A)}{(CH_3)_2CH\underset{\underset{\displaystyle OH}{|}}{C}HCH_3} \xrightarrow{[O]} \underset{(B)}{(CH_3)_2CH\underset{\underset{\displaystyle O}{\|}}{C}CH_3} \xrightarrow{C_6H_5NHNH_2} (CH_3)_2CH\underset{\underset{\displaystyle NNH-C_6H_5}{\|}}{C}CH_3$$

$$(B) \xrightarrow{I_2/NaOH} \underset{(C)}{CHI_3\downarrow} + (CH_3)_2CHCOONa$$

$$(A) \xrightarrow[\triangle]{浓\ H_2SO_4} \underset{(D)}{(CH_3)_2C{=}CHCH_3} \xrightarrow{[O]} (CH_3)_2CO + CH_3COOH$$

8.（1）$$CH_3CH_2Br \xrightarrow[\text{无水乙醚}]{Mg} CH_3CH_2MgBr \xrightarrow[2.\ H_2O/H^+]{1.\ C_6H_5COCH_3} CH_3\underset{\underset{C_6H_5}{|}}{\overset{\overset{OH}{|}}{C}}CH_2CH_3$$

（2）$$C_6H_5Br \xrightarrow[\text{无水乙醚}]{Mg} C_6H_5MgBr \xrightarrow[2.\ H_2O/H^+]{1.\ CH_3\overset{\overset{O}{\|}}{C}CH_2CH_3} CH_3\underset{\underset{C_6H_5}{|}}{\overset{\overset{OH}{|}}{C}}CH_2CH_3$$

（3）$$CH_3Br \xrightarrow[\text{无水乙醚}]{Mg} CH_3MgBr \xrightarrow[2.\ H_2O/H^+]{1.\ C_6H_5COCH_2CH_3} CH_3\underset{\underset{C_6H_5}{|}}{\overset{\overset{OH}{|}}{C}}CH_2CH_3$$

第九章

羧酸和取代羧酸

一、目的要求

1. 掌握羧酸和取代羧酸的定义、分类和命名。

2. 掌握羧酸和取代羧酸的主要官能团结构及主要化学性质，了解物理性质。

3. 熟悉饱和一元羧酸和主要取代羧酸的常用制备方法。

4. 熟悉人体内具有生命学意义的重要羧酸，了解羟基酸和羰基酸与物质代谢相关的化学反应。

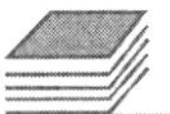

二、本章要点

1. 定义

分子中含有羧基(—COOH)的一类化合物称为羧酸。羧基是羧酸的官能团，其通式为R—COOH。

羧酸分子中，烃基上的H原子被其他原子或基团取代后的产物称为取代羧酸。

2. 分类

根据与羧基相连的烃基的不同，羧酸可分为脂肪酸、芳香酸、饱和酸和不饱和酸等。根据分子中羧基数目不同，又可分为一元羧酸、二元羧酸和多元羧酸。脂肪酸由于是脂肪水解的产物，因而得名，是一类非常重要的化合物。

按照烃基上的H原子被其他原子或基团取代的种类不同，取代羧酸分为羟基酸、羰基酸、卤代酸和氨基酸。羟基酸包括醇酸和酚酸，羰基酸包括醛酸和酮酸。本章主要讨论羟基酸和羰基酸。

3. 命名

(1) 羧酸的命名。

早期发现的羧酸通常根据其来源命名，例如，甲酸称为蚁酸；丁酸称为酪酸；苯甲酸称为安息香酸。

简单的羧酸用普通法命名，选择含有羧基的最长碳链为主链，主链碳原子的编号从与羧基直接相连的碳原子开始，用希腊字母α、β、γ、δ等依次标明，ω代表最末的位置，如ω-溴代十八碳酸；芳香酸通常当作苯甲酸的衍生物来命名。

大多数羧酸均按系统命名法命名。饱和脂肪酸选含有羧基的最长碳链为主链称某酸，从羧基碳原子开始编号，再在母体名称前加取代基的名称和位置；不饱和脂肪酸应选择包含羧基和不饱和键在内的最长碳链为主链，并将双键或叁键的位次写在某烯酸或某炔酸名称前；脂肪族二元羧酸的命名，取分子中含有两个羧基的最长碳链作为主链称某二酸，再在母体名称前加取代基的名称和位置。

脂环羧酸和芳香羧酸命名时，将脂环和芳环看作取代基，以脂肪羧酸作为母体加以命名。

(2) 取代羧酸的命名。

羟基酸的命名：醇酸的命名以羧酸为母体，用阿拉伯数字或希腊字母表示羟基位置；酚酸以芳酸为母体，标明酚羟基在芳环上的位置。例如：

$$\begin{array}{c} CH_3CHCOOH \\ | \\ OH \end{array}$$

2-羟基丙酸或α-羟基丙酸（乳酸）

（苯环邻位分别连 —COOH 和 —OH）

邻羟基苯甲酸（水杨酸）

羰基酸包括醛酸和酮酸，命名以羧酸为母体。酮酸需标明羰基位置。例如：

$OHCCH_2COOH$

丙醛酸

CH_3COCH_2COOH

β-丁酮酸（乙酰乙酸）

4. 羧酸的结构

羧基是羧酸的官能团，由羰基和羟基直接相连而成，但并不是两者简单的加和。羧酸结构的根本特征是羧基中存在共轭。

羧酸分子中，羧基碳原子以 sp^2 杂化轨道分别与烃基碳原子和两个氧原子形成 3 个 σ 键，剩下的一个 p 轨道与羰基氧原子形成 π 键，由于与羰基碳原子连接的羟基上的氧有一对未共用电子，因此可与 C═O 中 π 键形成 p-π 共轭体系。

5. 羧酸的化学性质

(1) 酸性。

由于 p-π 共轭，羟基氧原子上的电子云向羰基移动，O—H 间的电子云更靠近氧原子，使得 O—H 键的极性增强，有利于 H 原子的离解，因此羧酸的酸性强于醇。

羧酸酸性的强弱取决于和羧基相连基团的电子效应、空间效应以及氢键等的影响。通常，邻近基团表现出吸电子效应时，酸性增强；反之则减弱。

多数羧酸是弱酸，可与碱反应生成盐和水。例如：

$$CH_3COOH + NaOH \longrightarrow CH_3COONa + H_2O$$

(2) 亲核取代反应——羧酸衍生物的生成。

由于共轭，导致羧基中的键长平均化，降低了羧基碳的正电性而使其亲核加成活性减弱，羧酸的亲核加成活性远不如醛、酮。羧酸中的羧羟基可以被—X、—OCOR、—OR、—NH_2取代，分别生成酰卤、酸酐、酯、酰胺等羧酸衍生物，反应均为亲核加成-消去历程，其中酯化反应最为重要。反应通式：

$$R-\overset{\overset{\displaystyle O}{\|}}{C}-OH + Y^- \rightleftharpoons R-\underset{\underset{\displaystyle Y}{|}}{\overset{\overset{\displaystyle O^-}{|}}{C}}-OH \rightleftharpoons R-\overset{\overset{\displaystyle O}{\|}}{C}-Y + OH^-$$

（3）羧酸的还原。

羧酸不易被一般的还原剂还原，但可被$LiAlH_4$、B_2H_6还原成伯醇。两种还原剂对分子中双键的作用不同，前者可保留双键，后者则一起被还原。例如：

$$CH_2=CHCH_2COOH \xrightarrow[2)\ H_2O/H^+]{1)\ LiAlH_4} CH_2=CHCH_2CH_2OH$$

$$CH_2=CHCH_2COOH \xrightarrow[2)\ H_2O/H^+]{1)\ B_2H_6} CH_3CH_2CH_2CH_2OH$$

（4）α-H 的反应。

由于羧基的影响，羧酸中的 α-H 活性比醛、酮弱，其取代反应不如后者容易，需有少量红磷作催化剂方可进行；有 3 个 α-H 的羧酸不能发生卤仿反应。例如：

$$CH_3COOH + Cl_2 \xrightarrow{P} ClCH_2COOH$$

（5）羧酸的脱羧反应。

一元羧酸不易脱羧。除甲酸外，乙酸的同系物直接加热都不容易脱去羧基。若 α 位连有强吸电子基则较容易脱羧；或在特殊条件下也可以发生脱羧反应，如无水醋酸钠与碱石灰混合并加强热生成甲烷：

$$CH_3COONa + NaOH(S) \xrightarrow{\text{热熔}} CH_4\uparrow + Na_2CO_3$$

（6）二元羧酸受热时的特殊反应。

二元羧酸随着两个羧基间距的不同，受热发生不同的分解反应。两个羧基间隔 0～1 个碳原子，受热发生脱羧，生成一元羧酸；两个羧基间隔 2～3 个碳原子，受热发生脱水，生成五元或六元环酐；两个羧基间隔 4～5 个碳原子，受热既脱羧又脱水，生成五元或六元环酮；两个羧基间隔 5 个碳原子以上，则在高温时发生分子间脱水反应，生成高分子链状酸酐。

7. 羧酸的制备

羧酸的制备方法很多，主要有油脂水解法、有机物氧化法、有机金属化合物制备法、氰化物水解法以及羧酸衍生物水解法等。

8. 羟基酸的化学性质

（1）酸性。

羟基酸的酸性强于相应的羧酸，且酸性随羟基离羧基距离增加而减弱；酚酸的酸性与酚羟基和羧基的相对位置有关：邻羟基苯甲酸由于分子内氢键的形成使酸性大大增强，间羟基苯甲酸由于羟基的吸电子诱导效应（此时不存在共轭效应）使酸性较苯甲酸略有增加，对羟基苯甲酸则由于羟基较强的给电子共轭效应使酸性弱于苯甲酸。

（2）羟基酸的脱水反应。

羟基酸受热易脱水，产物随羟基位置不同而异。α-羟基酸分子间交叉脱水生成交酯，如两分子 α-羟基丙酸分子间脱水生成丙交酯；β-羟基酸分子内脱水生成 α，β-不饱和酸，如 β-羟基丁酸分子内脱水生成 2-丁烯酸；γ-羟基酸分子内脱水生成内酯，如 γ-羟基丁酸分子内脱水生成 γ-丁内酯；δ-羟基酸也可以生成内酯，但极易开环；羟基和羧基间隔 4 个碳原子以上的羟基酸很难形成内酯，可分子间脱水成链状聚酯。

（3）氧化反应。

羟基酸中的羟基比醇羟基易氧化，反应可在稀硝酸中进行；α 位的羟基则更易氧化，只需弱氧化剂即可氧化为羰基酸。

$$RCH(OH)CH_2COOH \xrightarrow{\text{稀 }HNO_3} RC(=O)CH_2COOH$$

$$RCH(OH)COOH \xrightarrow{\text{托伦试剂}} RC(=O)COOH$$

(4) α-羟基酸的分解反应。

羟基酸受热易发生分解。α-羟基酸与稀硫酸共热分解为醛或酮和甲酸，与浓硫酸共热分解为少一个碳原子的醛或酮。

$$RCH(OH)COOH \xrightarrow[\triangle]{\text{稀 }H_2SO_4} RCHO + HCOOH$$

$$RCH(OH)COOH \xrightarrow[\triangle]{\text{浓 }H_2SO_4} RCHO + H_2O + CO\uparrow$$

(5) 酚酸的脱羧反应。

酚酸的羟基位于羧基邻、对位时，对热不稳定，加热易脱羧成酚。例如：

$$\text{邻羟基苯甲酸} \xrightarrow{200℃\sim220℃} \text{苯酚} + CO_2\uparrow$$

$$\text{3,4,5-三羟基苯甲酸} \xrightarrow{200℃} \text{1,2,3-苯三酚} + CO_2\uparrow$$

9. 羰基酸的化学性质

(1) 酮酸的脱羧反应。

α-酮酸与稀硫酸共热，生成少一个碳原子的醛和二氧化碳。β-酮酸更易脱羧，微微受热即可脱去二氧化碳，生成酮。此反应也称为β-酮酸的酮式分解。

$$R—C(=O)—C(=O)—OH \xrightarrow[\triangle]{\text{稀 }H_2SO_4} RCHO + CO_2\uparrow$$

$$RC(=O)CH_2COOH \xrightarrow{\triangle} RC(=O)CH_3 + CO_2\uparrow$$

(2) β-酮酸的分解反应。

β-酮酸加热脱羧生成酮，称为酮式分解；β-酮酸与浓碱共热则生成两分子羧酸盐，称为酸式分解。

$$RC(=O)CH_2COOH \xrightarrow{\triangle} RC(=O)CH_3 + CO_2 \qquad \text{酮式分解}$$

$$RC(=O)CH_2COOH \xrightarrow{\text{浓 }NaOH,\triangle} RCOONa + CH_3COONa \qquad \text{酸式分解}$$

三、例题解析

[例 1] 写出下列羧酸或取代羧酸的结构式，并指出这些化合物在加热下发生什么反应，写出主要产物的结构式。

(1) 2-羟基环戊烷羧酸；(2) 2-环戊酮羧酸；(3) 2-羟基戊酸；(4) 邻羧基苯乙酸；(5) 2-甲基-4-羟基己酸；(6) 1-羧基环戊烷羧酸

解：(1) 环戊烷（1-COOH，2-OH）　(2) 环戊酮（2-COOH）

(3) $CH_3CH_2CH_2CH(OH)COOH$　(4) 苯环邻位（COOH，CH_2COOH）

(5) $CH_3CH_2CH(OH)CH_2CH(CH_3)COOH$　(6) 环戊烷（1,1-二 COOH）

(1) β-羟基酸，加热发生分子内脱水，生成 α,β-不饱和羧酸。

(2) β-羰基酸，加热发生脱羧，生成酮。

(3) α-羟基酸，加热发生两个分子间交叉脱水，生成环状交酯。

(4) 二元羧酸，两个羧基间隔三个碳原子，加热发生脱水，生成酸酐。

(5) γ-羟基酸，加热发生分子内脱水，生成 γ-内酯。

(6) 二元羧酸，两个羧基间隔一个碳原子，加热发生脱羧，生成一元羧酸。

(1) 环戊烯-1-COOH　(2) 环戊酮

(3) $H_3CH_2CH_2CHC$（六元环交酯 O—C(=O)…C(=O)—O）$CHCH_2CH_2CH_3$　(4) 苯并六元环酸酐（两个 C=O，环 O）

(5) 五元内酯（CH_3 取代，CH_3CH_2— 取代，C=O，环 O）　(6) 环戊烷-COOH

[例 2] 比较下列化合物的酸性大小：

(1)
COOH（苯环对位 Cl）　COOH（苯环间位 Cl）　COOH（苯环间位 NO_2）　COOH（苯环对位 NO_2）

(A)　(B)　(C)　(D)

(2)　$HC\equiv CCH_2COOH$　　$CH_2=CHCH_2COOH$　　$CH_3CH_2CH_2COOH$

解：(1) COOH（对位 NO_2）＞ COOH（间位 NO_2）＞ COOH（间位 Cl）＞ COOH（对位 Cl）

(A)，(B)，(C)，(D) 分别为硝基($-NO_2$)和氯的对位或间位一取代苯甲酸，取代基的电子效应对其酸性产生影响。如果取代基对羧基产生吸电子效应，羧酸的酸性增强，而且吸电子效应越大，酸性越强；如果取代基对羧基产生吸给电子效应，则酸性减弱，而且给电子效应越大，酸性越弱。当硝基处于羧基的对位时，对羧基产生吸电子的共轭效应($-C$)和吸电子的诱导效应($-I$)，而当硝基处于羧基的间位时，对羧基只产生吸电子的诱导效应($-I$)，无共轭效应。因此，对位硝基对羧基的吸电子效应大于间位硝基，故酸性(D)＞(C)；当氯处于羧基的对位时，对羧基产生给电子的共轭效应($+C$)和吸电子的诱导效应($-I$)；当氯处于间位时，只有吸电子的诱导效应($-I$)，无共轭效应。因此，间位氯对羧基的吸电子效应大于对位氯，故酸性(B)＞(A)。由于硝基的吸电子诱导效应大于氯，故酸性(C)＞(B)。

(2)　$HC\equiv CCH_2COOH > CH_2=CCH_2COOH > CH_3CH_2CH_2COOH$

三种羧酸均可看成是乙酸中的一个 α-H 分别被乙炔基($HC\equiv C-$)，乙烯基($CH_2=CH-$)和乙基(CH_3CH_2-)取代得到，它们的酸性强弱与取代基的性质有关。乙基对羧基产生给电子作用，使羧酸酸性减弱；乙炔基和乙烯基对羧基均产生吸电子作用，使羧酸酸性增强。乙炔基(sp 杂化态)的吸电子能力强于乙烯基(sp^2 杂化态)，使羧酸酸性增强较多。

[例 3]　乙酸为何不能发生碘仿反应?

解：碘仿反应是指在碱性溶液中，具有“CH_3CO-”结构单元的醛或酮，α-H 被 OH^- 逐个夺取并进行碘代，直至三个 α-H 全被取代生成三碘代物。三碘代物在碱性条件下不稳定，可分解生成三碘甲烷(碘仿)及相应的羧酸盐。具有“CH_3CO-”结构的醛酮和乙酸虽然都含有“CH_3CO-”结构单元，但乙酸的羰基上连接了羟基($-OH$)，而醛酮连接的是 R 基团(R 为烃基或 H)。由于乙酸中羟基氧与羰基的 p-π 共轭效应降低了羰基碳的正电性，从而降低了 α-H 的活性，OH^- 不能夺取其质子形成碳负离子，故难以形成三碘代物。因此，乙酸虽有 3 个 α-H，但不能发生碘仿反应。

[例 4]　写出下列反应的产物：

(1) 对位取代苯：上方 CH_2COONa，下方 $CH{=}CHCH_2CHO$ $\xrightarrow[2.\ H^+]{1.\ Ag(NH_3)_2^+}$ (Ⅰ) $\xrightarrow{H_2/Pd}$ (Ⅱ) $\xrightarrow[2.\ H_2O/H^+]{1.\ LiAlH_4}$ (Ⅲ)

(2) $CH_3COCH_2CH_2COOH \xrightarrow[2.\ H^+]{1.\ NaBH_4}$ (Ⅰ) $\xrightarrow{\triangle}$ (Ⅱ)

(3) $CH_3COOH +$ HO—C₆H₄—CH_2OH $\xrightarrow{H^+/\triangle}$

(4) 邻二甲苯（CH_3，CH_3） $\xrightarrow{KMnO_4/H^+}$ (Ⅰ) $\xrightarrow{\triangle}$ (Ⅱ)

(5) 环己醇（环己基—OH） $\xrightarrow[\triangle]{浓\ H_2SO_4}$ (Ⅰ) $\xrightarrow{KMnO_4/H^+}$ (Ⅱ)

解:(1)

(Ⅰ) 对位取代苯：上方 CH_2COOH，下方 $CH{=}CHCH_2COOH$ （醛基易被氧化，弱氧化剂即可将其氧化。银氨溶液为弱氧化剂，只氧化醛基，碳碳双键不受影响）。

(Ⅱ) 对位取代苯：上方 CH_2COOH，下方 $CH_2CH_2CH_2COOH$ （羧基不易被还原，催化加氢只能还原碳碳双键）

(Ⅲ) 对位取代苯：上方 CH_2CH_2OH，下方 $CH_2CH_2CH_2CH_2OH$ （氢化铝锂可还原羧基，且反应有较高产率和较好的选择性）

(2)(Ⅰ) $CH_3CH(OH)CH_2CH_2COOH$ （经硼氢化钠还原、酸化后羰基成羟基，得到 γ-羟基戊酸。）

(Ⅱ) 五元环内酯（环上 C=O，环 O 旁碳连 CH_3） （γ-羟基戊酸经加热发生分子内脱水生成 γ-戊内酯。）

(3) HO—C₆H₄—CH_2OCOCH_3 （这是一个在酸催化下醇与酸的酯化反应，烯丙基型的羟基活性大于乙烯基型羟基）

(4)(Ⅰ) $C_6H_4(COOH)_2$（邻位）（邻二甲苯氧化成邻苯二甲酸）

(Ⅱ) 邻苯二甲酸酐（邻苯二甲酸受热后发生分子内脱水成苯酐）

(5)(Ⅰ) 环己烯（醇分子内脱水成烯）

(Ⅱ) $HOOCCH_2CH_2CH_2CH_2COOH$（环烯烃氧化，双键断开成二元羧酸）

[例 5]　用逆合成分析方法，由指定原料和必要的试剂合成下列化合物。

(1) 由甲苯合成 $O_2N-C_6H_4-CH_2COOH$（对位）

(2) 由 3-甲基丁酸合成 $(CH_3)_2CHCH(OH)COOC_2H_5$

(3) 由$(CH_3)_2CHOH$ 合成$(CH_3)_2C(OH)COOH$

(4) 由苯合成 α-甲基苯乙酸

解：逆合成分析是针对要合成的目标化合物（最终化合物）而展开的设计合成路线的一种思维方法。

在进行逆合成分析时，首先要了解目标化合物的结构特点，即了解目标化合物的碳架结构特点和所含的官能团；然后根据目标化合物的结构特点，确定是通过官能团的转换还是通过对碳架进行改造来反复寻找目标化合物的前体，直至得到的前体为指定的原料为止。结构简单的目标化合物通过官能团转换即可完成逆合成分析，而结构复杂的目标化合物还需要对碳架进行改造才能完成逆合成分析。

(1) 逆合成分析：

$$O_2N-C_6H_4-CH_2COOH \Longrightarrow O_2N-C_6H_4-CH_2CN \Longrightarrow O_2N-C_6H_4-CH_2Br$$

$$\Longrightarrow O_2N-C_6H_4-CH_3 \Longrightarrow C_6H_5-CH_3$$

合成设计：

$$C_6H_5-CH_3 \xrightarrow[H_2SO_4]{HNO_3} \left\{ \begin{array}{l} O_2N-C_6H_4-CH_3 \text{（对位）} \\ o\text{-}NO_2-C_6H_4-CH_3 \text{（邻位）} \end{array} \right. \xrightarrow{\text{分离}} O_2N-C_6H_4-CH_3 \text{（对位）}$$

$$\xrightarrow[(C_6H_5COO)_2,\triangle]{NBS,CCl_4} O_2N-C_6H_4-CH_2Br \xrightarrow{NaCN/CH_3CH_2OH} O_2N-C_6H_4-CH_2CN$$

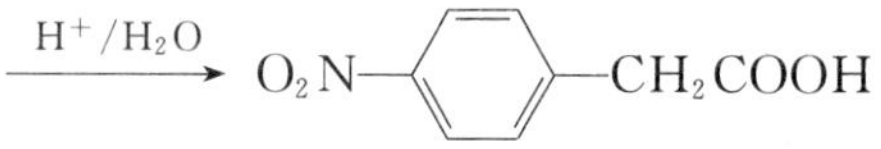

$\xrightarrow{H^+/H_2O}$ $O_2N-C_6H_4-CH_2COOH$

（2）逆合成分析：

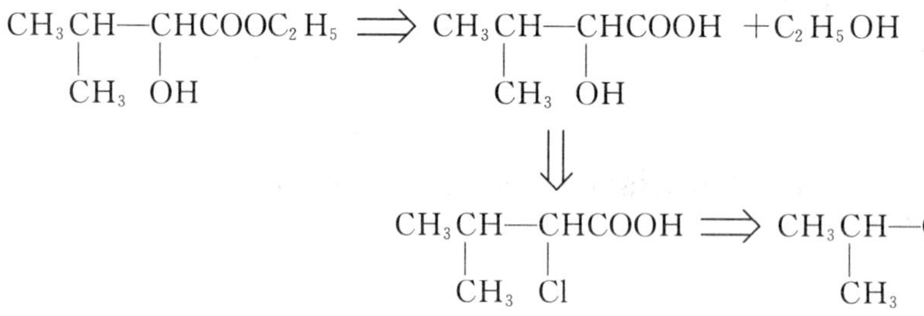

$CH_3CH(CH_3)-CH(OH)COOC_2H_5 \Rightarrow CH_3CH(CH_3)-CH(OH)COOH + C_2H_5OH$

$\Downarrow$

$CH_3CH(CH_3)-CH(Cl)COOH \Rightarrow CH_3CH(CH_3)-CH_2COOH$

合成设计：

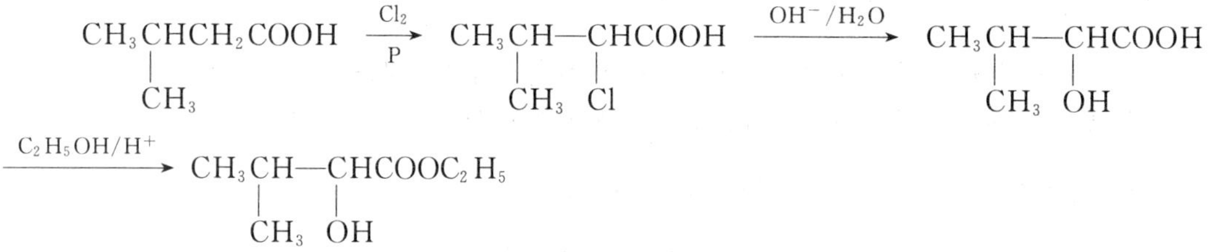

$CH_3CH(CH_3)CH_2COOH \xrightarrow[P]{Cl_2} CH_3CH(CH_3)-CH(Cl)COOH \xrightarrow{OH^-/H_2O} CH_3CH(CH_3)-CH(OH)COOH$

$\xrightarrow{C_2H_5OH/H^+} CH_3CH(CH_3)-CH(OH)COOC_2H_5$

（3）逆合成分析：

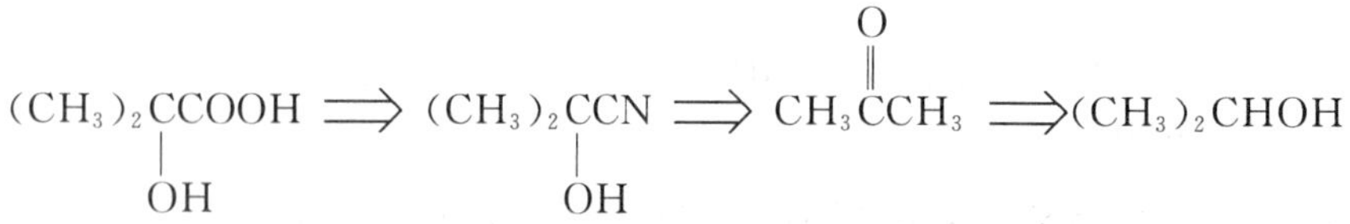

$(CH_3)_2C(OH)COOH \Rightarrow (CH_3)_2C(OH)CN \Rightarrow CH_3COCH_3 \Rightarrow (CH_3)_2CHOH$

合成设计：

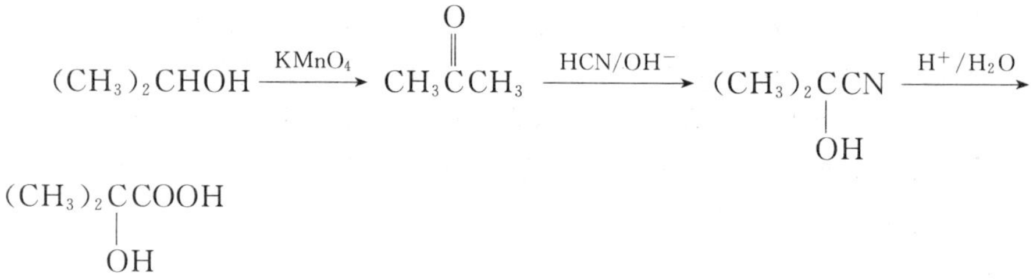

$(CH_3)_2CHOH \xrightarrow{KMnO_4} CH_3COCH_3 \xrightarrow{HCN/OH^-} (CH_3)_2C(OH)CN \xrightarrow{H^+/H_2O}$

$(CH_3)_2C(OH)COOH$

（4）逆合成分析：

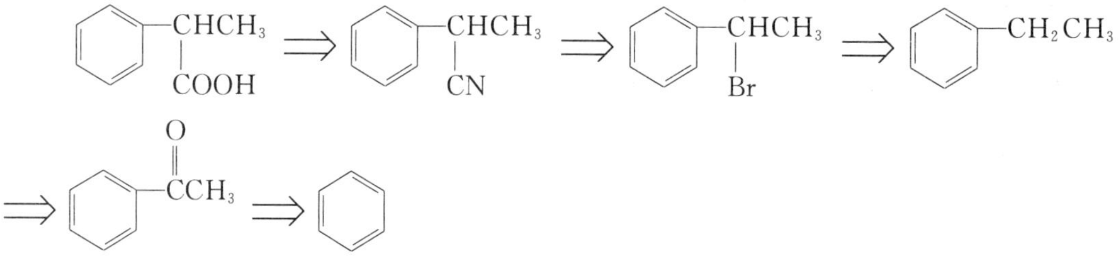

$C_6H_5CH(COOH)CH_3 \Rightarrow C_6H_5CH(CN)CH_3 \Rightarrow C_6H_5CH(Br)CH_3 \Rightarrow C_6H_5CH_2CH_3$

$\Rightarrow C_6H_5COCH_3 \Rightarrow C_6H_6$

合成设计：

$C_6H_6 \xrightarrow[\text{无水 } AlCl_3]{(CH_3CO)_2O} C_6H_5COCH_3 \xrightarrow[\text{浓 } HCl]{Zn\text{-}Hg} C_6H_5CH_2CH_3 \xrightarrow[\text{光照}]{Br_2} C_6H_5CH(Br)CH_3$

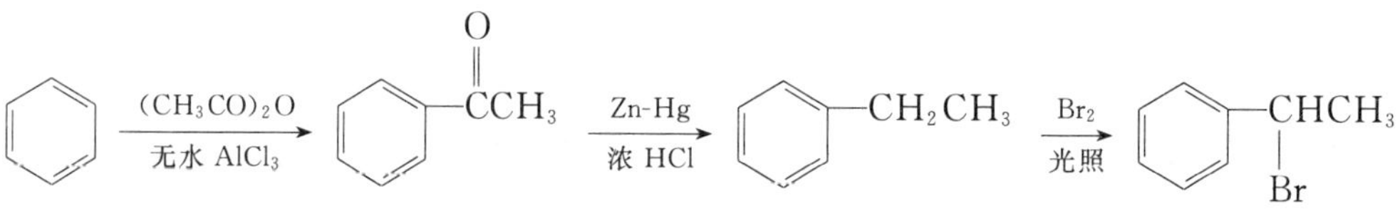

$$\xrightarrow{NaCN/CH_3CH_2OH} C_6H_5\text{-}\underset{\displaystyle CN}{\underset{|}{C}}HCH_3 \xrightarrow{H^+/H_2O} C_6H_5\text{-}\underset{\displaystyle COOH}{\underset{|}{C}}HCH_3$$

傅-克烷基反应常伴有多烷基化副反应，故产率较低，而傅-克酰基化反应产率一般较好。因此，在合成路线中，乙苯的合成采用先傅-克酰基化，再用克莱门森还原法将乙酰基还原为乙基。

任何一个目标化合物，其逆合成分析的途径都不是唯一的，因此合成设计的路线也不是唯一的。读者可以设计一下以上四种目标化合物的其它合成路线，再从多条合成路线中选择一条步骤少、产率高、操作简便的合成路线。

［例 6］ 用简单的化学方法区别下列各组化合物：

(1) 草酸　蚁酸　醋酸　　　(2) 安息香酸　肉桂酸　水杨酸

解：(1) 草酸、蚁酸和醋酸的学名分别是乙二酸、甲酸和乙酸。

$$\left\{\begin{array}{l} HOOC—COOH \\ HCOOH \\ CH_3COOH \end{array}\right. \xrightarrow{\triangle} \begin{array}{l} \left\{\begin{array}{l} CO_2\uparrow \\ CO_2\uparrow \end{array}\right. \xrightarrow{托伦试剂} \begin{array}{l} (—) \\ Ag\downarrow \end{array} \\ (—) \end{array}$$

(2) 安息香酸、肉桂酸和水杨酸的学名分别是苯甲酸、3-苯基丙烯酸和邻羟基苯甲酸。

$$\left\{\begin{array}{l} C_6H_5\text{-}COOH \\ C_6H_5\text{-}CH{=}CHCOOH \\ o\text{-}HO\text{-}C_6H_4\text{-}COOH \end{array}\right. \xrightarrow{FeCl_3 溶液} \begin{array}{l} \left\{\begin{array}{l} (—) \\ (—) \end{array}\right. \xrightarrow{Br_2/CCl_4} \begin{array}{l} (—) \\ 褪色 \end{array} \\ 显色 \end{array}$$

［例 7］ 化合物 A($C_4H_8O_3$)具有光学活性，A 的水溶液呈酸性。A 受热得到 B($C_4H_6O_2$)，B 无旋光性，它的水溶液也呈酸性，B 比 A 更容易被氧化。当 A 与稀 $KMnO_4$ 溶液共热，可得到一个易挥发的化合物 C(C_3H_6O)，C 不容易与 $KMnO_4$ 反应，但可发生碘仿反应。试写出 A、B、C 的结构式，并用反应式表示各步反应。

解：根据 A 的水溶液呈酸性且具有光学活性，考虑 A 是含有一个手性碳原子的羧酸。根据 B 比 A 少一个 H_2O，且 B 比 A 更容易被氧化，推断 B 的结构为 α,β 不饱和丁酸，它是由 A 经受热发生分子内脱水得到的，故 A 的结构为 β-羟基丁酸，排除羟基在 α 位或 γ 位的可能。A 与稀 $KMnO_4$ 溶液共热经氧化脱羧得到 C，推断 C 应为丙酮(易挥发)。因此，A、B、C 的结构式为：

$$A:\ CH_3\underset{\displaystyle OH}{\underset{|}{\overset{*}{C}}}HCH_2COOH \qquad B:\ CH_3CH{=}CHCOOH \qquad C:\ CH_3\overset{\displaystyle O}{\overset{\|}{C}}CH_3$$

反应式：

$$\underset{(A)}{CH_3\overset{*}{C}H(OH)CH_2COOH} \xrightarrow{\triangle} \underset{(B)}{CH_3CH{=}CHCOOH}$$

(A) $\xrightarrow{稀 KMnO_4,\triangle}$ $\left[CH_3\overset{O}{\overset{\|}{C}}CH_2COOH\right] \xrightarrow{-CO_2} \underset{(C)}{CH_3\overset{O}{\overset{\|}{C}}CH_3} \xrightarrow{I_2/OH^-} CH_3COO^- + CHI_3\downarrow$

［例 8］ 1-庚醇用重铬酸钾的硫酸溶液氧化可得到 1-庚酸。反应完成后，如何从含有 1-庚醇、重铬酸钾、硫酸和可能存在的 1-庚醛的混合物中分离和提纯 1-庚酸？

解： 混合物 $\xrightarrow{乙醚}$ $\xrightarrow[分离]{分液漏斗}$ 酸相（重铬酸钾、硫酸）；有机相（1-庚醇，1-庚醛，1-庚酸）（乙醚）$\xrightarrow{水洗}$ $\xrightarrow[分离]{分液漏斗}$

水相（无机杂质）；有机相（1-庚醇，1-庚醛，1-庚酸）（乙醚）$\xrightarrow{稀 NaOH}$ $\xrightarrow[分离]{分液漏斗}$ 水相（1-庚酸钠）$\xrightarrow[酸化]{稀 HCl}$ $\xrightarrow{过滤}$ $\xrightarrow{干燥}$ 1-庚酸；有机相（1-庚醇，1-庚醛）（乙醚）

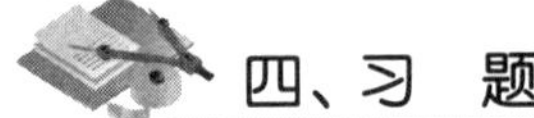

四、习 题

1. 命名下列化合物。

(1) $CH_3CH{=}CHCOOH$　(2) CH_3COCH_2COOH　(3) $CH_3CH(COOH)_2$

(4) 环己基—$CH(CH_3)CH_2COOH$　(5) $COCOOH$—CH_2COOH　(6) CH_3—CH—COOH 与 CH_3—CH—COOH 相连

(7) 1-萘基—CH_2COOH　(8) 苯环上 OH，邻位 Br 和 COOH，对位 CH_3　(9) 苯环上邻位 COOH、OH

2. 写出下列物质的结构式。

(1) α-甲基丙烯酸　(2) 乳酸　(3) 没食子酸　(4) 邻甲氧基苯甲酸

(5) 反-1,4-环己基二甲酸　(6) 草酸　(7) 对氨基水杨酸　(8) 酒石酸

3. 写出下列反应的主要产物。

(1) $CH_3(CH_2)_2COCOOH \xrightarrow[\triangle]{稀 H_2SO_4}$

(2) $CH_3CH_2—CH(OH)—CH_2COOH \xrightarrow{\triangle}$

(3) $CH_3CHCOOH$（α位连 OH） $\xrightarrow[\triangle]{KMnO_4/H^+}$

(4) 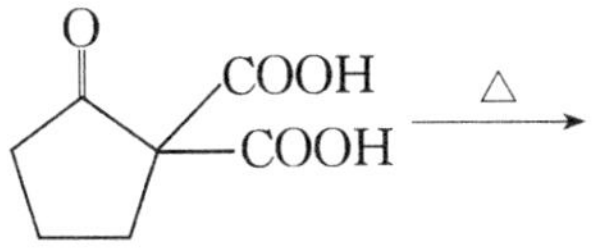 2-氧代环戊烷-1,1-二甲酸（环戊酮 α 碳上连两个 —COOH） $\xrightarrow{\triangle}$

(5) $CH_2{=}CHCH_2COOH \xrightarrow[H_2O/H^+]{LiAlH_4}$

(6) 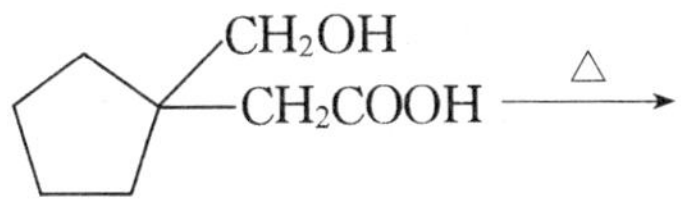 环戊烷同一碳上连 $—CH_2OH$ 和 $—CH_2COOH$ $\xrightarrow{\triangle}$

(7)  邻苯二甲酸（苯环邻位两个 —COOH） $\xrightarrow{\triangle}$

(8) $CH_3COCH_2COOH \xrightarrow[\triangle]{浓\ NaOH}$

(9) $CH_3CHCOOH$（α位连 OH） $\xrightarrow{\triangle}$

(10) 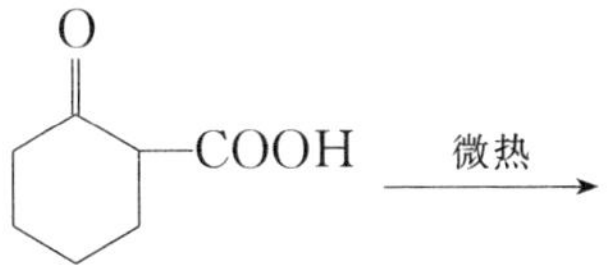 2-氧代环己烷甲酸（环己酮 α 碳上连 —COOH） $\xrightarrow{微热}$

4. 用化学方法区别下列各组化合物。

(1) 甲酸、乙酸和乙醛　　(2) 乙醇、乙醚和乙酸

(3) 乙酸、草酸和乙酸乙酯　　(4) 肉桂酸、丁二酸、苯甲酸和水扬酸

5. 按酸性降低的次序排列以下各组化合物。

(1) 甲酸、乙酸、三氯乙酸、苯甲酸

(2) 乙酸、苯酚、碳酸、乙醇、水

(3) 苯甲酸、对甲基苯甲酸、对硝基苯甲酸

(4) 草酸、丙二酸、丁二酸、己二酸

6. 用指定原料和必要的无机试剂合成下列化合物。

(1) 由丙酮合成 α-甲基-α-羟基丙酸。

(2) 由 $(CH_3)_3CBr$ 合成 $(CH_3)_3CCOOH$。

(3) 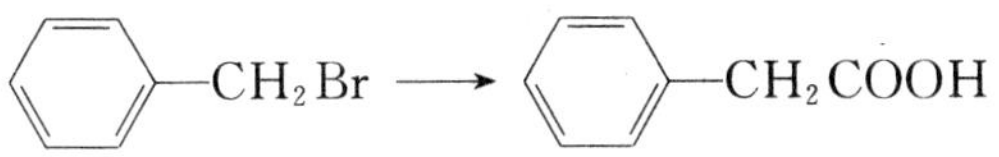 $C_6H_5—CH_2Br \longrightarrow C_6H_5—CH_2COOH$　（用两种合成方法）

7. 根据已知条件写出化合物 A,B,C,D,E 的结构式。

$$\underset{(酮酸)}{A} \xrightarrow[Pt]{H_2} B \xrightarrow{HBr} C \xrightarrow{Na_2CO_3} D \xrightarrow{KCN} E \xrightarrow{H_2O/H^+} \underset{(\alpha\text{-甲基戊二酸})}{HOOCCH_2CH_2CH(CH_3)COOH}$$

8. 化合物 A 的分子式为 $C_6H_{12}O$，它与浓 H_2SO_4 共热生成化合物 $B(C_6H_{10})$。B 与

$KMnO_4/H^+$作用得到$C(C_6H_{10}O_4)$。C可溶于碱，当C与脱水剂共热时则得到化合物D。D与苯肼作用生成黄色沉淀物；D用锌汞齐及浓盐酸处理得到化合物$E(C_5H_{10})$。写出A～E的结构式。

五、习题参考答案

1. (1) 2-丁烯酸　　(2) β-丁酮酸

(3) 2-甲基丙二酸　　(4) 3-环己基丁酸

(5) 草酰乙酸(2-酮丁二酸)　　(6) 2,3-二甲基丁二酸

(7) α-萘乙酸　　(8) 5-甲基-2-羟基-3-溴苯甲酸

(9) 邻羟基苯甲酸(水杨酸)

2. (1) $H_2C{=}C(CH_3){-}COOH$　　(2) $CH_3CH(OH)COOH$

(3) 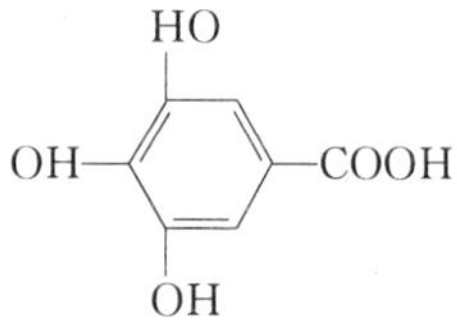 HO, OH, OH—苯环—COOH　　(4) 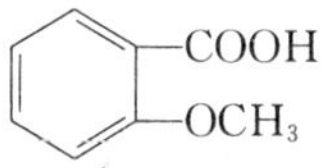 苯环(—COOH, —OCH_3)

(5) 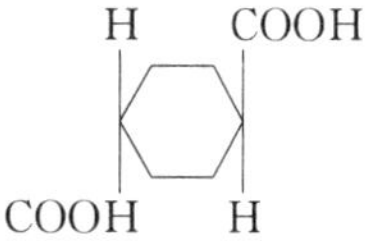 环己烷(H, COOH; COOH, H)　　(6) HOOC—COOH

(7) 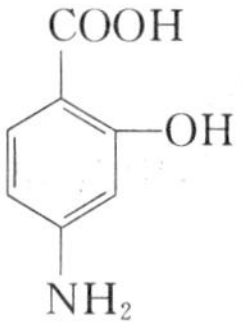 苯环(COOH, —OH, NH_2)　　(8) HO—CH—COOH / HO—CH—COOH

3. (1) $CH_3(CH_2)_2CHO+CO_2$　　(2) $CH_3CH_2CH{=}CHCOOH$

(3) $CH_3CHO+CO_2$　　(4) 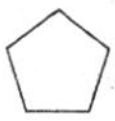 环戊烷 $+CO_2\uparrow$

(5) $CH_2{=}CHCH_2CH_2OH$　　(6) 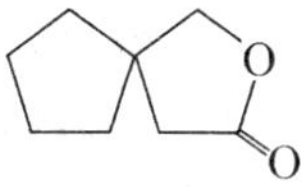 螺环内酯(O, O)

(7) 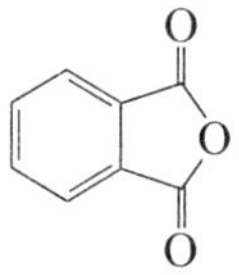 邻苯二甲酸酐(O, O, O)　　(8) CH_3COONa

(9) 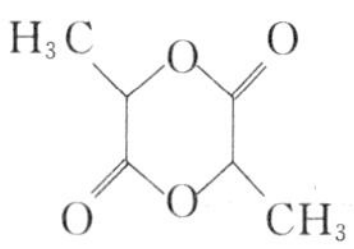 交酯(H_3C, O, O; O, O, CH_3)　　(10) 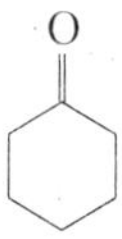 环己酮(O) $+CO_2\uparrow$

4. (1) 甲酸、乙酸、乙醛 $\xrightarrow{NaHCO_3}$ 甲酸：$CO_2\uparrow$；乙酸：$CO_2\uparrow$；乙醛：(—)

甲酸、乙酸 $\xrightarrow[NH_3\cdot H_2O]{AgNO_3}$ 甲酸：$Ag\downarrow$；乙酸：(—)

(2) 乙醇、乙醚、乙酸 $\xrightarrow{NaHCO_3}$ 乙醇：(—)；乙醚：(—)；乙酸：$\uparrow$

乙醇、乙醚 $\xrightarrow{I_2/OH^-}$ 乙醇：$CHI_3\downarrow$；乙醚：(—)

(3) 乙酸、乙酸乙酯、草酸 $\xrightarrow[\triangle]{KMnO_4}$ 乙酸：(—)；乙酸乙酯：(—)；草酸：褪色

乙酸、乙酸乙酯 $\xrightarrow{NaHCO_3}$ 乙酸：$CO_2\uparrow$；乙酸乙酯：(—)

(4) Ph-CH=CH-COOH（顺式）、苯甲酸、苯酚、邻羟基苯甲酸 $\xrightarrow{FeCl_3}$ Ph-CH=CH-COOH：(—)；苯甲酸：(—)；苯酚：紫色；邻羟基苯甲酸：紫色

Ph-CH=CH-COOH、苯甲酸 $\xrightarrow{Br_2}$ Ph-CH=CH-COOH：褪色；苯甲酸：(—)

苯酚、邻羟基苯甲酸 $\xrightarrow{NaHCO_3}$ 苯酚：(—)；邻羟基苯甲酸：$CO_2\uparrow$

5. (1) 三氯乙酸＞甲酸＞苯甲酸＞乙酸　(2) 乙酸＞碳酸＞苯酚＞水＞乙醇

(3) 对硝基苯甲酸＞苯甲酸＞对甲基苯甲酸　(4) 草酸＞丙二酸＞丁二酸＞己二酸

6. (1) $CH_3COCH_3 \xrightarrow[OH^-]{HCN} CH_3C(OH)(CN)CH_3 \xrightarrow[2)\ H^+]{1)\ H_2O/OH^-} CH_3C(OH)(CH_3)COOH$

(2) $(CH_3)_3CBr \xrightarrow[\text{干}\ Et_2O]{Mg} (CH_3)_3CMgBr \xrightarrow{CO_2} (CH_3)_3CCOOMgBr \xrightarrow{H_2O/H^+} (CH_3)_3CCOOH$

(3) 方法 1：$C_6H_5CH_2Br \xrightarrow{NaCN} C_6H_5CH_2CN \xrightarrow{H_2O/H^+} C_6H_5CH_2COOH$

方法 2：$C_6H_5CH_2Br \xrightarrow[\text{干}\ Et_2O]{Mg} C_6H_5CH_2MgBr \xrightarrow{CO_2} C_6H_5CH_2COOMgBr \xrightarrow{H_2O/H^+} C_6H_5CH_2COOH$

7. A. $CH_3COCH_2CH_2COOH$　B. $CH_3CH(OH)CH_2CH_2COOH$

C. $CH_3CHBrCH_2CH_2COOH$　D. $CH_3CHBrCH_2CH_2COONa$

E. $CH_3CH(CN)CH_2CH_2COONa$

8. A：环己醇　B：环己烯　C：$HOOC(CH_2)_4COOH$　D：环戊酮　E：环戊烷

第十章

羧酸衍生物

一、目的要求

1. 掌握羧酸衍生物的定义、分类、命名及其结构特点。

2. 掌握羧酸衍生物的重要化学性质，了解物理性质。

3. 熟悉羧酸衍生物中羰基的亲核取代反应机理，掌握活性比较；掌握酰化反应和酰化剂的内涵。

4. 掌握乙酰乙酸乙酯和丙二酸二乙酯在合成中的作用，了解重要的羧酸衍生物及其在医药上的应用。

5. 熟悉羧酸衍生物的重要制备方法。

6. 掌握油脂的定义、组成、结构和理化性质，了解磷脂的结构特点和分类。

二、本章要点

1. 定义

羧酸分子中，羧基上的羟基被其他原子或基团取代生成的化合物称羧酸衍生物，包括酰卤、酸酐、酯和酰胺，通式为 $R-\overset{\overset{O}{\|}}{C}-L$（L＝—X，—OCOR，—OR，—$NH_2$）。

2. 羧酸衍生物的命名

酰卤和酰胺的命名是根据酰基的名称称为“某酰卤”、“某酰胺”；酸酐由相应羧酸名称加上“酐”字而成；酯则按相应羧酸和醇的名称称为“某酸某酯”。例如：

苯甲酰氯　　丙烯酰胺　　乙(酸)酐　　乙酸乙酯

3. 羧酸衍生物的化学性质

羧酸衍生物是一类重要的有机合成原料或中间体，其主要反应有亲核取代反应（包括水解、醇解、氨解等）、还原反应以及各自的特殊反应（霍夫曼降解、克莱森酯缩合等）。

（1）亲核取代反应。

羧酸衍生物的亲核取代反应都为亲核加成-消去历程，最终结果是亲核试剂 Nu^- 取代了羧酸衍生物中的离去基团 L^-；也可看作在亲核试剂分子中引入了羧酸衍生物中的酰基，故羧酸衍生物也称酰化剂，亲核取代反应也称酰化反应。反应分两步进行，第一步为决定速度步骤：

$$R-\overset{O}{\overset{\|}{C}}-L + :Nu^- \underset{加成}{\overset{慢}{\rightleftharpoons}} R-\underset{L}{\overset{O^-}{C}}-Nu \underset{消去}{\overset{快}{\rightleftharpoons}} R-\overset{O}{\overset{\|}{C}}-Nu + :L^-$$

电子效应和空间效应对第一步亲核加成的反应速率都有影响，羰基碳连接的基团体积小且能够增加羰基碳正电性将有利于反应；第二步消去反应的难易则取决于离去基团 L^- 的碱性，碱性越弱越易离去，反应越易进行。

羧酸衍生物中，与羰基碳原子直接相连的 O、N、X 原子上都有孤对电子，可与羰基碳形成 p-π 共轭。酰卤通常为酰氯和酰溴。酰氯中的氯原子具有较强的吸电子诱导效应和较弱的给电子共轭效应，增强了羰基碳的正电性，有利于亲核试剂进攻；同时，氯负离子碱性较弱，稳定性较高，易于离去，故酰氯的反应活性很强。反之，酰胺中氨基具有较强的给电子共轭效应和较弱的吸电子诱导效应，不利于亲核试剂进攻，且氨基负离子碱性较强，稳定性较差，不易离去，故酰胺的反应活性很小。同理分析酸酐和酯后可知，羧酸衍生物的亲核取代反应活性次序为：

$$RCOX > (RCO)_2O > RCOOR' > RCONH_2 \ (X=Cl,\ Br)$$

羧酸衍生物水解、醇解和氨解反应的产物如下：

$$\left.\begin{array}{l} R-\overset{O}{\overset{\|}{C}}-NH_2 + NH_4X \\ R-\overset{O}{\overset{\|}{C}}-NH_2 + R'-\overset{O}{\overset{\|}{C}}-OH \\ R-\overset{O}{\overset{\|}{C}}-NH_2 + R'OH \end{array}\right\} \xleftarrow{NH_3} \begin{array}{c} R-\overset{O}{\overset{\|}{C}}-X \\ R-\overset{O}{\overset{\|}{C}}-O-\overset{O}{\overset{\|}{C}}-R' \\ R-\overset{O}{\overset{\|}{C}}-OR' \\ R-\overset{O}{\overset{\|}{C}}-NH_2 \end{array} \xrightarrow{H_2O} \left\{\begin{array}{l} R-\overset{O}{\overset{\|}{C}}-OH + HX \\ R-\overset{O}{\overset{\|}{C}}-OH + R'-\overset{O}{\overset{\|}{C}}-OH \\ R-\overset{O}{\overset{\|}{C}}-OH + R'OH \\ R-\overset{O}{\overset{\|}{C}}-OH + NH_3(\text{或 } NH_4^+) \end{array}\right.$$

$$R-\overset{O}{\overset{\|}{C}}-NHCH_3 + NH_4Cl \xleftarrow{CH_3NH_2 \cdot HCl} R-\overset{O}{\overset{\|}{C}}-NH_2$$

$$\xrightarrow{R''OH} \left\{\begin{array}{l} R-\overset{O}{\overset{\|}{C}}-OR'' + HX \\ R-\overset{O}{\overset{\|}{C}}-OR'' + R'-\overset{O}{\overset{\|}{C}}-OH \\ R-\overset{O}{\overset{\|}{C}}-OR'' + R'OH(\text{酯交换反应}) \\ R-\overset{O}{\overset{\|}{C}}-OR'' + NH_3(\text{或 } NH_4^+) \end{array}\right.$$

(2) 还原反应。

用氢化铝锂作还原剂，酰卤、酸酐及酯被还原为伯醇，酰胺被还原为胺。

$$\left.\begin{array}{l} R-\overset{O}{\overset{\|}{C}}-X \\ R-\overset{O}{\overset{\|}{C}}-O-\overset{O}{\overset{\|}{C}}-R' \\ R-\overset{O}{\overset{\|}{C}}-OR' \\ R-\overset{O}{\overset{\|}{C}}-NH_2 \end{array}\right. \xrightarrow{LiAlH_4} \left\{\begin{array}{l} RCH_2OH+HX \\ RCH_2OH+R'CH_2OH \\ RCH_2OH+R'OH \\ RCH_2NH_2+H_2O \end{array}\right.$$

4. 酯的重要反应

(1) 克莱森(Claisrn)酯缩合反应：酯分子中的 α-H 受酯基影响具有弱酸性，在醇钠作用下与另一分子酯缩合失去一分子醇，得到 β-酮酸酯，称为克莱森酯缩合反应。

$$2CH_3\overset{O}{\overset{\|}{C}}OC_2H_5 \xrightleftharpoons{C_2H_5ONa} CH_3\overset{O}{\overset{\|}{C}}CH_2\overset{O}{\overset{\|}{C}}OC_2H_5$$

(2) 迈克尔(Michael)反应：含活泼亚甲基的化合物与 α，β-不饱和醛、酮、羧酸、酯、腈、硝基化合物等在碱催化下的共轭加成反应。主要用于合成 1,5-二羰基化合物。

$$CH_3COCH_2COOEt + CH_2{=}CHCOOEt \xrightleftharpoons[EtOH]{EtO^-} CH_3COCH(COOEt)CH_2CH_2COOEt$$

(3) 酯与格氏试剂的反应。羧酸酯与格氏试剂反应都经过酮这一中间体。由于酮羰基的活性比酯分子中羰基活性大，反应难于停留在生成酮这一步，因此甲酸酯与格氏试剂反应得到对称的仲醇，其他羧酸酯与格氏试剂则生成有两个相同取代基的叔醇。整个反应需要消耗两倍量的格氏试剂。

$$R'\overset{O}{\overset{\|}{C}}OR + R''MgX \longrightarrow R'-\underset{R''}{\underset{|}{\overset{OMgX}{\overset{|}{C}}}}-OR \xrightarrow{-ORMgX} R'\overset{O}{\overset{\|}{C}}R'' \xrightarrow{R''MgX} R'-\underset{R''}{\underset{|}{\overset{OMgX}{\overset{|}{C}}}}-R''$$

$$\xrightarrow{H_2O/H^+} R'-\underset{R''}{\underset{|}{\overset{OH}{\overset{|}{C}}}}-R'' \quad (R'{=}H\text{ 或烃基})$$

5. 酰胺的酸碱性及重要反应

酰胺近乎中性。酰亚胺中的氮原子受两个吸电子的羰基影响使酸性明显增强。如邻苯二甲酰亚胺可与强碱反应成盐：

$$\text{邻苯二甲酰亚胺} + KOH \longrightarrow \text{邻苯二甲酰亚胺}\ N^-K^+ + H_2O$$

具有氨基的酰胺与伯胺一样，与亚硝酸反应放出氮气。酰胺与强脱水剂共热或强热，会发生分子内脱水生成腈。酰胺与次氯酸钠或次溴酸钠的碱溶液作用时，脱去羰基生成比反应物少一个碳原子的伯胺，此称霍夫曼降级反应。

$$RCONH_2 \xrightarrow{NaOH, Br_2} RNH_2$$

6. 乙酰乙酸乙酯的酮式-烯醇式互变异构

某些有机化合物的结构以两种官能团异构体互相迅速变换而处于动态平衡的现象称为互变异构现象。例如，常温下乙酰乙酸乙酯是酮式和烯醇式的平衡混合物，称为酮式-烯醇式互变异构，常发生于β-酮酸酯以及β-二酮等化合物。其产生条件是分子中含有 —CO—CH—CO— 结构，且至少具有一个独立羰基。α-H 越活泼、烯醇结构中存在共轭且可形成分子内氢键，则可增强烯醇型的相对稳定性，烯醇式所含比例就会增加。例如：

$$\text{环己酮}=O \rightleftharpoons \text{环己烯醇}—OH\ (0.02\%)$$

$$C_6H_5—\overset{O}{\overset{\|}{C}}—CH_2—\overset{O}{\overset{\|}{C}}—CH_3 \rightleftharpoons C_6H_5—\overset{O—H\cdots}{C}=CH—\overset{O}{\overset{\|}{C}}—CH_3\ (99\%)$$

7. 乙酰乙酸乙酯和丙二酸二乙酯在合成中的应用

乙酰乙酸乙酯和丙二酸二乙酯都具有活泼的亚甲基，在强碱的作用下亚甲基上的氢很容易失去形成烯醇负离子。烯醇负离子具有亲核性，与烃基化试剂或酰基化试剂可发生取代反应从而在亚甲基上引入各种不同的烃基或酰基。乙酰乙酸乙酯的取代衍生物经酮式分解可得到丙酮的衍生物，而丙二酸二乙酯的取代衍生物经水解和加热脱羧可得到乙酸的衍生物。因此，在合成中可利用乙酰乙酸乙酯和丙二酸二乙酯制备不同结构的酮和羧酸。

例如：

（1）利用乙酰乙酸乙酯制备酮。

$$CH_3\overset{O}{\overset{\|}{C}}—CH_2—\overset{O}{\overset{\|}{C}}—OEt \xrightarrow[2)\ PhCH_2Br]{1)\ EtONa} CH_3\overset{O}{\overset{\|}{C}}—\underset{CH_2—C_6H_5}{\underset{|}{CH}}—\overset{O}{\overset{\|}{C}}—OEt$$

$$\xrightarrow[2)\ H^+]{1)\ 稀\ NaOH} CH_3\overset{O}{\overset{\|}{C}}—\underset{CH_2—C_6H_5}{\underset{|}{CH}}—\overset{O}{\overset{\|}{C}}—OH \xrightarrow{\triangle} CH_3\overset{O}{\overset{\|}{C}}—CH_2—CH_2—C_6H_5$$

（2）利用丙二酸二乙酯制备羧酸。

$$CH_2(COOEt)_2 \xrightarrow[2)\ PhCH_2Cl]{1)\ EtONa} C_6H_5-CH_2CH(COOEt)_2 \xrightarrow[2)\ CH_3CH_2Br]{1)\ EtONa}$$

$$C_6H_5-CH_2C(CH_2CH_3)(COOEt)_2 \xrightarrow{H_2O/H^+} C_6H_5-CH_2C(CH_2CH_3)(COOH)_2 \xrightarrow{\triangle} C_6H_5-CH_2CH(CH_2CH_3)COOH$$

8. 油脂

油脂是油和脂的总称，是甘油和高级脂肪酸形成的酯的混合物，具有酯的一般性质，能发生碱性水解（皂化）、加成、氧化（酸败）等反应。

磷脂是类似于油脂的一类化合物，分为甘油磷脂和神经磷脂，最常见的甘油磷脂是卵磷脂和脑磷脂。

三、例题解析

［例 1］ 羧酸衍生物和醛、酮都含有羰基，为什么羧酸衍生物发生亲核取代反应，而醛、酮却发生亲核加成反应？

解： 羧酸衍生物的亲核取代反应分两步进行，第一步是亲核试剂与羰基碳发生亲核加成，形成中间体；第二步是中间体消除一个负离子得到取代产物。反应的最终结果是取代，因此称亲核取代。

醛、酮与亲核试剂在第一步加成后，如要在第二步中像羧酸衍生物那样消除一个负离子生成取代产物，则消除的负离子将是 H^- 或 R^-，两者均为极强的碱，是很难离去的基团，而氧负离子中间体却很容易和质子结合生成加成产物，因此是亲核加成。

［例 2］ 乙酰氯遇水迅速水解，而苯甲酰氯水解速度很慢，试加以解释。

解： 乙酰氯中氯的 $-I$ 效应大于 $+C$ 效应，增强了羰基碳的正电性，容易受水分子的亲核进攻，且四面体中间产物的空间张力不大，所以反应容易进行。苯甲酰氯分子中，苯环与羰基存在 π-π 共轭，减小了羰基碳的正电性，不易受到水分子的进攻，且苯环体积较大，使中间体空间张力增大，不易形成，所以水解速度较慢。说明电子效应与空间效应对羧酸衍生物的亲核取代反应速率有影响。

［例 3］ 若克莱森酯缩合产物仍具有 α-H，可以继续反应缩合成多元酮吗？

解： 不可以。以乙酸乙酯的克莱森酯缩合为例，其产物乙酰乙酸乙酯中的亚甲基比甲基的酸性强，碱夺取 H 始终发生在亚甲基上，其碳负离子也因共轭而稳定，而且进一步的酯缩合位阻较大。因此，克莱森酯缩合的产物继续酯缩合成多元酮不可能发生。

［例 4］ 命名酰胺时，如何区分酰胺中碳原子和氮原子上的取代基？

解： 酰胺命名是根据所含的酰基称为“某酰胺”。当酰基碳链和氮原子上同时存在取代基时，必须进行区分。取代在酰基碳链上的取代基，则用相应的阿拉伯数字表示其位次；取代在氮上的，则需在取代基名称前冠以“N-”，说明该取代基是连接在氮原子上。如果有两个取代基，则分别冠以“N-”，而且简单的在前，复杂的在后。例如：

$$CH_3CH_2CH(CH_3)C(=O)NHCH_3 \qquad CH_3CH_2CH_2C(=O)N(CH_3)(CH_2CH_3) \qquad CH_3-C_6H_4-C(=O)-N(CH_3)_2$$

N-甲基-2-甲基丁酰胺　　N-甲基-N-乙基丁酰胺　　N,N-二甲基-4-甲基苯甲酰胺

［**例5**］ 完成下列转变：

(1) 丁二酸酐 $\xrightarrow{1mol\ C_2H_5OH}$ (Ⅰ) $\xrightarrow{SOCl_2}$ (Ⅱ) $\xrightarrow{C_2H_5OH}$ (Ⅲ)

(2) 环戊烷并δ-内酯 $\xrightarrow[H^+]{C_2H_5OH}$

(3) $C_6H_5COOC_2H_5$ $\xrightarrow[C_2H_5ONa]{CH_3COOC_2H_5}$

(4) $CH_3COCH_2COOC_2H_5$ $\xrightarrow[\triangle]{浓\ NaOH}$ (Ⅰ)；$\xrightarrow[\triangle]{稀\ NaOH}$ (Ⅱ)

(5) $C_6H_5CH_2CH(CH_3)COOH$ $\xrightarrow{SOCl_2}$ (Ⅰ) $\xrightarrow{NH_3}$ (Ⅱ) $\xrightarrow{Br_2/NaOH}$ (Ⅲ)

(6) $CH_2COOC_2H_5$—CH_2CONH_2 $\xrightarrow{水解(控制在第一步)}$

解：(1) (Ⅰ) CH_2COOH—$CH_2COOC_2H_5$，(Ⅱ) CH_2COCl—$CH_2COOC_2H_5$，(Ⅲ) $CH_2COOC_2H_5$—$CH_2COOC_2H_5$

((Ⅰ) 酸酐的醇解，(Ⅱ) 由羧酸生成酰氯，(Ⅲ) 酰氯的醇解)

(2) 环戊烷上连有 CH_2OH 和 $CH_2COOC_2H_5$（OH，$COOC_2H_5$） (δ-内酯的酯交换反应)

(3) $C_6H_5COCH_2COOC_2H_5$ (克莱森酯缩合反应)

(4) (Ⅰ)：CH_3COONa (β-酮酸酯在浓碱作用下先水解成β-酮酸，继而酸式分解，生成两分子羧酸盐。)，(Ⅱ)：CH_3COCH_3 (β-酮酸酯在稀碱作用下水解成β-酮酸继而酮式分解)

(5) (Ⅰ) $C_6H_5CH_2CH(CH_3)COCl$，(Ⅱ) $C_6H_5CH_2CH(CH_3)CONH_2$，

(Ⅲ) $C_6H_5CH_2CH(CH_3)NH_2$ ((Ⅰ) 由羧酸生成酰氯，(Ⅱ) 酰氯的氨解，(Ⅲ) 霍夫曼降级)

(6) CH_2COOH—CH_2CONH_2 (酯的水解活性强于酰胺)

［**例6**］ 由乙酰乙酸乙酯或丙二酸二乙酯为原料合成下列化合物。

(1) 环戊基—$COCH_3$　(2) 2-戊酮　(3) 环丁基—COOH　(4) 2-苄基丁酸

解：(1)和(2)中分别含“$>CH-COCH_3$”和“$-CH_2-COCH_3$”结构单元，可分别看成是丙酮的二取代衍生物和一取代衍生物。丙酮、(1)和(2)的结构对比如下：

$$\underset{\text{丙酮}}{CH_3-COCH_3} = \begin{matrix} H \\ \quad\backslash \\ \quad CH-COCH_3 \\ \quad/ \\ H \end{matrix}, \quad \underset{(1)}{\text{(环戊基)}-COCH_3 = \text{(环戊叉)}CH-COCH_3},$$

$$CH_3CH_2CH_2COCH_3 = \underset{(2)}{\begin{matrix} H \\ \quad\backslash \\ \quad CH-COCH_3 \\ \quad/ \\ CH_3CH_2 \end{matrix}}$$

(2)相当于丙酮中 CH_3 上的一个 H 被 CH_2CH_3 取代得到，而(1)相当于丙酮中同一个 CH_3 上的二个 H 被环丁基取代得到。因此(1)和(2)可采用乙酰乙酸乙酯与相应结构的烃基化试剂在强碱作用下发生取代反应，然后酮式分解得到。(3)和(4)中都含“$>CH-COOH$”结构单元，可看成是乙酸的二取代衍生物。乙酸、(3)和(4)的结构对比如下：

$$\underset{\text{乙酸}}{CH_3-COOH} = \begin{matrix} H \\ \quad\backslash \\ \quad CH-COOH \\ \quad/ \\ H \end{matrix} \quad \underset{(3)}{\text{(环丙基)}-COOH = \text{(环丙叉)}CH-COOH}$$

$$\begin{matrix} CH_3CH_2CHCOOH \\ | \\ CH_2C_6H_5 \end{matrix} = \underset{(4)}{\begin{matrix} C_6H_5CH_2 \\ \quad\backslash \\ \quad CHCOOH \\ \quad/ \\ CH_3CH_2 \end{matrix}}$$

(4)相当于乙酸中 CH_3 上的二个 H 分别被 CH_2CH_3 和 $C_6H_5CH_2$ 取代得到，而(3)相当于乙酸中 CH_3 上的二个 H 被环丙基取代得到。因此(3)和(4)可采用丙二酸二乙酯与相应结构的烃基化试剂在强碱作用下发生取代反应，然后经水解和脱羧得到。

(1)、(2)、(3)、(4)的合成路线如下：

(1)

$$CH_3\overset{O}{\overset{\|}{C}}CH_2\overset{O}{\overset{\|}{C}}OC_2H_5 \xrightarrow[C_2H_5ONa]{Br(CH_2)_4Br} CH_3\overset{O}{\overset{\|}{C}}-\underset{\text{(环戊叉)}}{C}-\overset{O}{\overset{\|}{C}}OC_2H_5 \xrightarrow{\text{稀 } NaOH} \xrightarrow[\triangle]{H^+} \text{(环戊基)}-COCH_3$$

采用二卤代烃 $Br(CH_2)_4Br$ 引入环丁基。

$$(2)\quad CH_3\overset{O}{\overset{\|}{C}}CH_2\overset{O}{\overset{\|}{C}}OC_2H_5 \xrightarrow[2)\ C_2H_5Br]{1)\ C_2H_5ONa} CH_3\overset{O}{\overset{\|}{C}}\underset{C_2H_5}{\underset{|}{C}H}\overset{O}{\overset{\|}{C}}OC_2H_5 \xrightarrow{OH^-} \xrightarrow[H_2O]{H^+}$$

$$\xrightarrow{\triangle} CH_3\overset{O}{\overset{\|}{C}}CH_2CH_2CH_3$$

采用 CH_3CH_2Br 引入乙基。

(3) $CH_2(COOC_2H_5)_2 \xrightarrow{2EtONa} \xrightarrow{Br(CH_2)_3Br}$ 1,1-环丁烷二甲酸二乙酯（环丁基上连两个 $COOC_2H_5$）$\xrightarrow[2)\ HCl]{1)\ OH^-} \xrightarrow{\triangle}$ 环丁基—COOH

采用二卤代烃 $Br(CH_2)_3Br$ 引入环丙基。

(4) $CH_2(CO_2Et)_2 \xrightarrow[EtOH]{EtONa} \xrightarrow{CH_3CH_2Cl} CH_3CH_2CH(CO_2Et)_2 \xrightarrow[EtOH]{EtONa} \xrightarrow{C_6H_5CH_2Cl}$

$$(C_6H_5CH_2)(C_2H_5)C(CO_2Et)_2 \xrightarrow[2)\ HCl]{1)\ NaOH} \xrightarrow{\triangle} CH_3CH_2\overset{C_6H_5CH_2}{\overset{|}{C}}HCOOH$$

分别采用 C_2H_5Cl 和 $C_6H_5CH_2Cl$ 进行二次烃基取代引入乙基和苄基。

［例 7］ 用简便的化学方法鉴别下列各化合物：

(1) 丁酮　β-丁酮酸乙酯　丁酸乙酯

(2) 乙酸苯酯　邻羟基苯甲酸乙酯　邻甲氧基苯甲酰胺

解：(1)

化合物	2,4-二硝基苯肼	$FeCl_3$
丁酮	↓黄	(—)
β-丁酮酸乙酯	↓黄	紫色
丁酸乙酯	(—)	

丁酮和β-丁酮酸乙酯均含有 $CH_3—\overset{O}{\overset{\|}{C}}—CH_2—$ 结构，具有羰基的亲核加成特性；丁酸乙酯的羰基碳原子连接了一个 OC_2H_5 基团，受氧原子的影响，其羰基活性大大下降，无亲核加成特性。

β-丁酮酸乙酯可发生酮式-烯醇式互变异构，其烯醇式结构与 $FeCl_3$ 发生显色反应。

(2)

化合物	$FeCl_3$	① OH^-/H_2O　② H^+ ③ $FeCl_3$
邻羟基苯甲酸乙酯	紫色	
乙酸苯酯	(—)	紫色
邻甲氧基苯甲酰胺	(—)	(—)

乙酸苯酯在碱性条件下水解，然后酸化生成苯酚。苯酚与 $FeCl_3$ 发生显色反应。

［例 8］ 分子式为 $C_4H_6O_2$ 的化合物 A 和 B 都具有水果香味，均不溶于氢氧化钠溶液。将 A 和 B 与氢氧化钠共热后，A 生成一种羧酸盐和乙醛，B 除生成甲醇外，其反应液酸化后蒸馏得到的馏出液显酸性，并使溴水褪色。试推测 A、B 的结构，并写出相关化学反应式。

解：根据 A 和 B 具有水果香味，可知为酯；根据 A 和 B 的分子式其不饱和度应该为 2，判断 A 和 B 分子中含有一个碳碳双键。酯碱性水解生成羧酸盐和醇。A 生成乙醛，推断是乙烯醇的重排产物。B 生成的产物除甲醇外为酸，并使溴水褪色，据此推断此酸为烯酸。

A：$CH_3\overset{O}{\overset{\|}{C}}OCH{=}CH_2$　　B：$CH_2{=}CH\overset{O}{\overset{\|}{C}}OCH_3$

反应式：$CH_3\overset{\overset{O}{\|}}{C}OCH{=}CH_2 \xrightarrow[\triangle]{NaOH} CH_3\overset{\overset{O}{\|}}{C}ONa + \overset{\overset{OH}{|}}{C}H{=}CH_2 \xrightarrow{重排} CH_3CHO$

$CH_2{=}CH\overset{\overset{O}{\|}}{C}OCH_3 \xrightarrow[\triangle]{NaOH} CH_2{=}CH\overset{\overset{O}{\|}}{C}ONa + CH_3OH$

［**例 9**］ 解释 $\begin{matrix} CH_2CH_2COOC_2H_5 \\ | \\ CH_2CH_2COOC_2H_5 \end{matrix} \xrightarrow[2)\ H_3O^+]{1)\ C_2H_5ONa}$ 2-氧代环戊基—$COOC_2H_5$ 的反应机理。

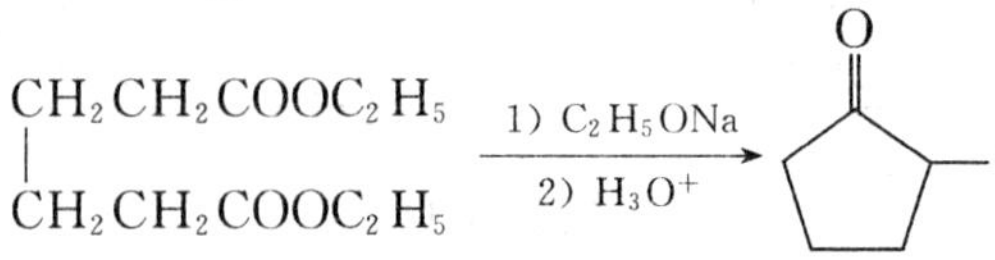

解：

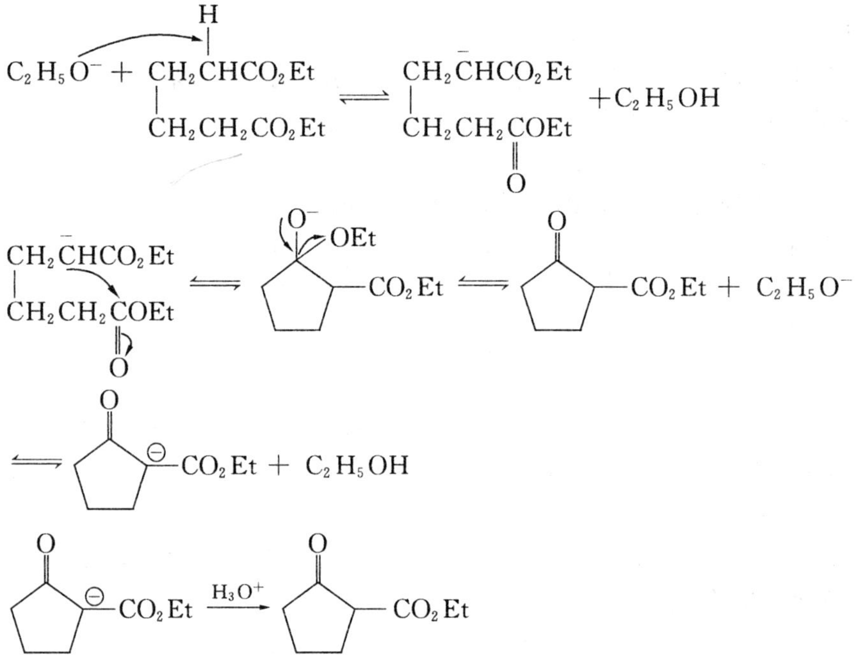

$C_2H_5O^- + \begin{matrix} \overset{H}{|} \\ CH_2CHCO_2Et \\ | \\ CH_2CH_2CO_2Et \end{matrix} \rightleftharpoons \begin{matrix} CH_2\bar{C}HCO_2Et \\ | \\ CH_2CH_2\underset{\underset{O}{\|}}{C}OEt \end{matrix} + C_2H_5OH$

$\begin{matrix} CH_2\bar{C}HCO_2Et \\ | \\ CH_2CH_2\underset{\underset{O}{\|}}{C}OEt \end{matrix} \rightleftharpoons$ （环戊烷，C-1 上连 O^- 和 OEt，C-2 上连 CO_2Et） $\rightleftharpoons$ （环戊酮，α-C 上连 CO_2Et） $+ C_2H_5O^-$

$\rightleftharpoons$ （环戊酮，α-C 带负电荷 ⊖，连 CO_2Et） $+ C_2H_5OH$

（环戊酮，α-C 带负电荷 ⊖，连 CO_2Et） $\xrightarrow{H_3O^+}$ （环戊酮，α-C 上连 CO_2Et）

四、习 题

1. 命名下列化合物。

(1) 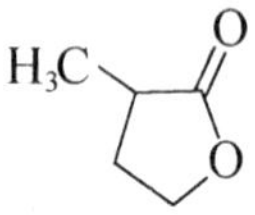 （五元内酯环：C=O 相邻碳上连 H_3C，环中含 O）

(2) $CH_3\overset{\overset{O}{\|}}{C}{-}N(CH_3)_2$

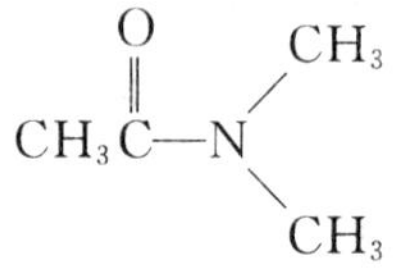

(3) 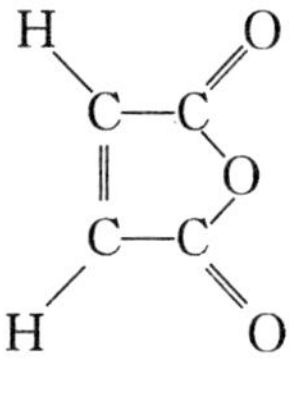 （五元环：H—C=C—H，两个 C 各连 C=O，两个羰基碳通过 O 相连）

(4) $CH_3\overset{\overset{O}{\|}}{C}O\overset{\overset{O}{\|}}{C}CH_2CH_3$

(5) 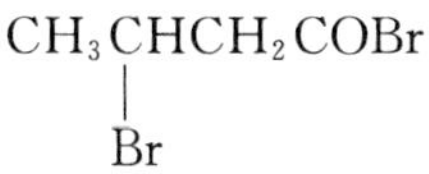 CH_3CHCH_2COBr（Br 连于 CH 上）

(6) 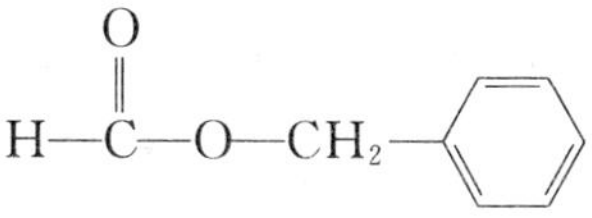 $H-\overset{O}{\overset{\|}{C}}-O-CH_2-C_6H_5$

(7) $CH_3COCH_2COOC_2H_5$

(8) 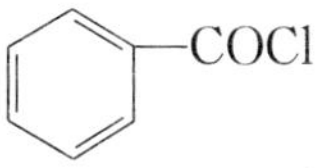 C_6H_5-COCl

(9) 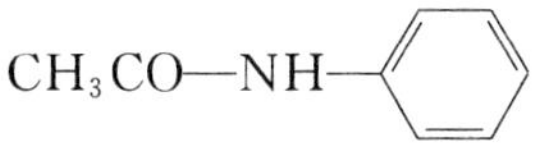 $CH_3CO-NH-C_6H_5$

(10) 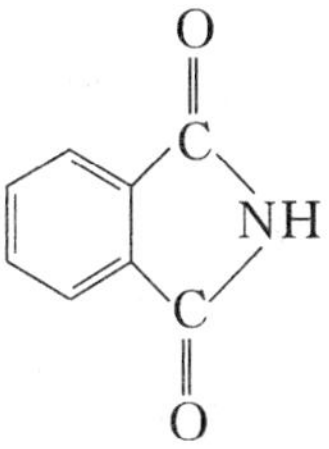 邻苯二甲酰亚胺（苯环并五元环，两个 C=O 与 NH 相连）

2. 写出下列物质的结构简式。

(1) 乙二酸二乙酯　(2) 邻苯二甲酸酐　(3) 苯甲酸苄酯　(4) 乙酸异丙酯

(5) 草酸氢乙酯　(6) 硫酸二甲酯　(7) 对溴苯甲酰溴　(8) 乙酰水杨酸

(9) α-甲基丙烯酸甲酯　(10) γ-丁内酯　(11) N-甲基丙酰胺

3. 写出下列反应的主要产物。

(1) 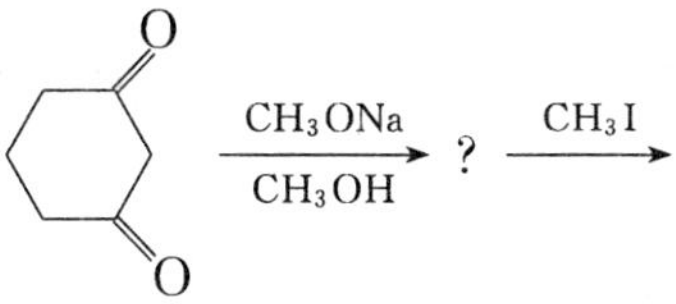 1,3-环己二酮 $\xrightarrow[CH_3OH]{CH_3ONa}$? $\xrightarrow{CH_3I}$

(2) 邻羟基苯甲酸（-COOH，-OH）$\xrightarrow{CH_3COCl}$

(3) 邻（-COOH，$-CH_2NH_2$）苯 $\xrightarrow{\triangle}$

(4) 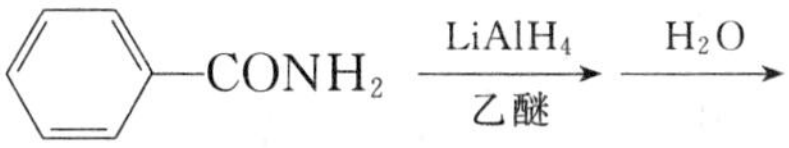 $C_6H_5-CONH_2$ $\xrightarrow[乙醚]{LiAlH_4}$ $\xrightarrow{H_2O}$

(5) $C_6H_5-COOH + SO_2Cl \longrightarrow$

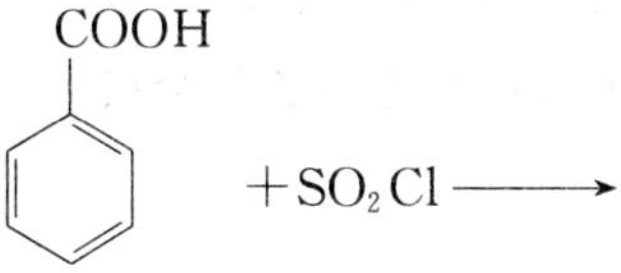

(6) 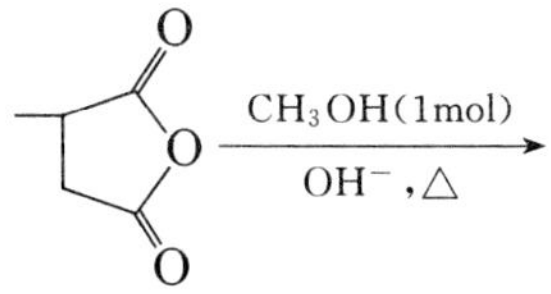 甲基丁二酸酐 $\xrightarrow[OH^-,\triangle]{CH_3OH(1mol)}$

(7) $CH_3CH=CH-COOC_2H_5$ $\xrightarrow[2)\ H_3O^+]{1)\ LiAlH_4}$

(8) $2CH_3COOC_2H_5$ $\xrightarrow[2)\ CH_3COOH,H_2O]{1)\ NaOC_2H_5,C_2H_5OH}$

(9) $EtOOC-(CH_2)_4-COOEt$ $\xrightarrow[EtOH]{EtONa}$

(10) $PhCHO+(CH_3CO)_2O \xrightarrow{KAc}$

(11) 邻苯二甲酸酐 $\xrightarrow{NH_3}$? $\xrightarrow[\triangle]{-H_2O}$

(12) 邻苯二甲酰亚胺 $\xrightarrow{KOH}$

(13) $CH_3-\overset{O}{\overset{\|}{C}}-CH_2-\overset{O}{\overset{\|}{C}}-OC_2H_5 \xrightarrow[\triangle]{浓 NaOH}$

4. 鉴别下列各组化合物。

(1) $CH_3CHClCOOH$ 和 CH_3CH_2COCl

(2) $CH_3COOC_2H_5$ 和 $CH_3COCH_2COOC_2H_5$

(3) $CH_3CH_2COOC_2H_5$ 和 $CH_3CH_2CONH_2$

(4) $(CH_3CO)_2O$ 和 $CH_3COOC_2H_5$

5. 下列化合物在相同浓度的稀氢氧化钠溶液中进行水解，写出其水解反应的活性次序。

$X-C_6H_4-COOC_2H_5$（对位）

X＝(1) $-NO_2$　(2) $-OCH_3$　(3) $-H$　(4) $-Cl$

6. 用指定原料和必要的无机试剂合成下列化合物。

(1) 由丙二酸二乙酯合成3-甲基丁酸。　(2) 由乙酰乙酸乙酯合成2,5-己二酮。

(3) 由 环己酮 合成 2-乙基环戊酮。　(4) 由 萘 合成 邻氨基苯甲酸（$C_6H_4(COOH)NH_2$）。

(5) 由丙二酸二乙酯合成2-甲基-3-苯基丙醇。(6) 由乙酰乙酸乙酯合成2-甲基丁酸。

7. 解释下列反应机理。

(1) β-丙内酯 $\xrightarrow{H^+, H_2O^{18}}$ $HOCH_2CH_2\overset{O}{\overset{\|}{C}}-\overset{18}{O}H$

(2) o-$CH_3CO-C_6H_4-OCOC_6H_5$ $\xrightarrow[C_2H_5OH]{NaOC_2H_5}$ o-$C_6H_5COCH_2CO-C_6H_4-O^-$

8. 化合物(Ⅰ)、(Ⅱ)和(Ⅲ)，分子式都是 $C_3H_6O_2$，(Ⅰ)与 $NaHCO_3$ 作用放出 CO_2，(Ⅱ)和(Ⅲ)则不能。(Ⅱ)和(Ⅲ)在 NaOH 溶液中加热后可水解，(Ⅱ)的水解液蒸馏，其馏出液可发生碘仿反应，(Ⅲ)则不能。试推测(Ⅰ)、(Ⅱ)和(Ⅲ)的结构式，并写出有关反应式。

9. 有一化合物分子式为 $C_7H_6O_3$(Ⅰ)，能与 $NaHCO_3$ 作用，与 $FeCl_3$ 水溶液有颜色反应，与乙酸酐作用生成 $C_9H_8O_4$(Ⅱ)，与 CH_3OH 能生成 $C_8H_8O_3$(Ⅲ)，(Ⅲ)进行硝化，主要得到 1 种一硝基衍生物，试推测(Ⅰ)、(Ⅱ)、(Ⅲ)的结构，并写出各有关反应式。

10. 某化合物 A ($C_3H_5O_2Cl$)，能与水发生剧烈反应，生成 B ($C_3H_6O_3$)。B 经加热脱水得到产物 C，C 能使溴水褪色，C 与酸性 $KMnO_4$ 反应得 CO_2、H_2O 和草酸。试推断 A、B、C 的结构式并写出有关反应式。

11. 某化合物 A 经测定含 C、H、O、N 四种元素，A 与 NaOH 溶液共煮放出一种刺激性气体，残余物经酸化后得到不含氮的物质 B，B 与 $LiAlH_4$ 反应后得到 C，C 用浓 H_2SO_4 处理后得到烯烃 D，该烯烃的相对分子质量为 56，经臭氧氧化并还原水解后得到一种醛和一种酮。试推测 A、B、C、D 的结构。

12. 某化合物的分子式为 $C_{11}H_{12}O_3$(A)，A 能与 $FeCl_3$ 水溶液发生显色反应，能与溴水发生加成反应。一分子 A 与浓 NaOH 水溶液共热生成一分子醋酸钠和一分子苯丙酸钠。A 加热生成化合物 B 和二氧化碳。B 能与 $NaHSO_3$ 发生加成反应，生成无色晶体 C；B 也能与 NH_2OH 反应生成化合物 D；B 还能发生碘仿反应，生成碘仿和化合物 E。E 也可由 $C_6H_5CH_2CH_2CN$ 在碱性条件下水解得到。试推测 A、B、C、D、E 的结构式。

五、习题参考答案

1. (1) α-甲基-γ-丁内酯　(2) N,N-二甲基乙酰胺　(3) 顺丁烯二酸酐　(4) 乙丙酐　(5) 3-溴丁酰溴　(6) 甲酸苄酯　(7) 乙酰乙酸乙酯(β-酮丁酸乙酯)　(8) 苯甲酰氯　(9) 乙酰苯胺　(10) 邻苯二甲酰亚胺

2. (1) EtOOC—COOEt　(2) 邻苯二甲酸酐(环状结构，C=O、O、C=O)　(3) C_6H_5—$COOCH_2C_6H_5$

(4) $CH_3COOCH(CH_3)_2$　(5) HOOC—COOEt　(6) $H_3CO—S(=O)_2—OCH_3$

(7) 对溴苯甲酰溴(苯环上 COBr 与 Br 对位)　(8) 苯环邻位 $—OCOCH_3$、—COOH　(9) $CH_2=C(CH_3)COOCH_3$

(10) γ-丁内酯(五元环，C=O)　(11) $CH_3CH_2CONHCH_3$

3. (1) 环己-1,3-二酮负离子(O、⊖、O)；2-甲基环己-1,3-二酮(O、$—CH_3$、O)　(2) 苯环邻位 —COOH、$—OCOCH_3$　(3) 异吲哚啉-1-酮(O、NH)

(4) $C_6H_5CH_2NH_2$　(5) C_6H_5COCl　(6) 甲基丁二酸单甲酯负离子（两种异构体）

(7) $CH_3CH=CHCH_2OH + CH_3CH_2OH$

(8) $CH_3\overset{O}{\overset{\|}{C}}CH_2COOEt$　(9) 2-氧代环戊烷甲酸乙酯（COOEt）　(10) Ph—CH=CH—COOH（顺式）

(11) 邻氨甲酰基苯甲酸（$CONH_2$，COOH）；邻苯二甲酰亚胺（NH）　(12) 邻苯二甲酰亚胺钾（N^-K^+）

(13) CH_3COONa

4. (1) $\left\{\begin{array}{l}CH_3CHClCOOH\\CH_3CH_2COCl\end{array}\right.\xrightarrow{H_2O}\begin{array}{l}(—)\\HCl\uparrow\end{array}$

(2) $\left\{\begin{array}{l}CH_3COOEt\\CH_3COCH_2COOC_2H_5\end{array}\right.\xrightarrow{Br_2/H_2O}\begin{array}{l}(—)\\褪色\end{array}$

(3) $\left\{\begin{array}{l}CH_3CH_2COOC_2H_5\\CH_3CH_2CONH_2\end{array}\right.\xrightarrow[\triangle]{H_2O/OH^-}\begin{array}{l}(—)\\NH_3\uparrow\end{array}$

(4) $\left\{\begin{array}{l}(CH_3CO)_2O\\CH_3COOEt\end{array}\right.\xrightarrow{H_2O/H^+}\xrightarrow{KMnO_4/H^+}\begin{array}{l}(—)\\褪色或红色变淡\end{array}$

5. 水解反应活性次序：(1)(4)(3)(2)。

解释：按题设条件，该水解属 $B_{AC}2$ 机理，带负电荷四面体中间体越稳定越利于水解。酯分子中与羰基直接相连的基团吸电子能力越强，中间体越稳定而促进反应，水解速度加快。

6. (1) $CH_2(COOEt)_2\xrightarrow[(2)\ (CH_3)_2CHBr]{(1)\ EtONa}(CH_3)_2CHCH(COOEt)_2\xrightarrow{OH^-/H_2O}\xrightarrow[\triangle]{H^+}CH_3CH(CH_3)CH_2COOH$

(2) $CH_3COCH_2COOEt\xrightarrow{CH_2BrCOCH_3}CH_3COCH(CH_2COCH_3)COOEt\xrightarrow[\triangle]{H_2O/OH^-}\xrightarrow{H^+}$

$CH_3COCH(CH_2COCH_3)COOH\xrightarrow{\triangle}CH_3COCH_2CH_2COCH_3$

(3) 环己酮 $\xrightarrow{HNO_3}$ $\begin{array}{l}CH_2CH_2COOH\\|\\CH_2CH_2COOH\end{array}\xrightarrow[H^+,\triangle]{EtOH}\begin{array}{l}CH_2CH_2COOEt\\|\\CH_2CH_2COOEt\end{array}\xrightarrow{EtONa}$ 2-氧代环戊烷甲酸乙酯（COOEt）$\xrightarrow{EtONa}$

2-氧代环戊烷甲酸乙酯碳负离子（$^{\ominus}$COOEt）$\xrightarrow{EtBr}$ 1-乙基-2-氧代环戊烷甲酸乙酯（Et，COOEt）$\xrightarrow[\triangle]{H_2O/OH^-}\xrightarrow{H^+}$ 1-乙基-2-氧代环戊烷甲酸（Et，COOH）$\xrightarrow{\triangle}$ 2-乙基环戊酮（C_2H_5）

(4) 萘 $\xrightarrow[V_2O_5]{O_2}$ 邻苯二甲酸酐 $\xrightarrow{NH_3}\xrightarrow{H^+}$ 邻氨甲酰基苯甲酸（COOH，$CONH_2$）$\xrightarrow[OH^-]{Br_2}\xrightarrow{H^+}$ 邻氨基苯甲酸（COOH，NH_2）

(5) $CH_2(COOEt)_2 \xrightarrow[(2)\ C_6H_5CH_2Cl]{(1)\ EtONa} C_6H_5CH_2CH(COOEt)_2 \xrightarrow[(2)\ CH_3Br]{(1)\ EtONa} C_6H_5CH_2C(CH_3)(COOEt)_2$

$\xrightarrow{OH^-/H_2O} \xrightarrow[\triangle]{H^+} C_6H_5CH_2CH(CH_3)COOH \xrightarrow{LiAlH_4} C_6H_5CH_2CH(CH_3)CH_2OH$

(6) $CH_3COCH_2COOC_2H_5 \xrightarrow[CH_3Br]{NaOEt} CH_3COCH(CH_3)COOC_2H_5 \xrightarrow[CH_3CH_2Br]{NaOEt} CH_3CO-C(CH_3)(CH_2CH_3)-COOC_2H_5$

$\xrightarrow[\triangle]{浓\ OH^-} \xrightarrow{H^+} CH_3CH_2CH(CH_3)COOH$

7. (1) β-丙内酯 $\xrightarrow{H^+}$ 质子化内酯（$\overset{+}{O}H$） $\xrightarrow{H_2O^{18}}$ 四面体中间体（OH、^{18}OH、$\overset{+}{O}H$） $\xrightarrow{-H^+} HOCH_2CH_2\overset{O}{\overset{\|}{C}}-{}^{18}OH$

(2) 邻乙酰基苯基苯甲酸酯（$C_6H_4(COCH_3)(OCOC_6H_5)$） $\xrightarrow{C_2H_5O^-}$ 烯醇负离子（$C(O^-)=CH_2$，$OCOC_6H_5$） $\longrightarrow$ 环状中间体（$C(=O)$—CH_2—$C(O^-)(C_6H_5)$—O） $\longrightarrow$

$C_6H_4(O^-)-\overset{O}{\overset{\|}{C}}-CH_2COC_6H_5$

8. Ⅰ. CH_3CH_2COOH　Ⅱ. $HCOOCH_2CH_3$　Ⅲ. CH_3COOCH_3

$CH_3CH_2COOH + NaHCO_3 \longrightarrow CH_3CH_2COONa + CO_2 + H_2O$

$HCOOCH_2CH_3 \xrightarrow[NaOH]{H_2O} HCOONa + CH_3CH_2OH$

$CH_3CH_2OH \xrightarrow{I_2/OH^-} HCOO^- + CHI_3$

$CH_3COOCH_3 \xrightarrow[NaOH]{H_2O} CH_3COONa + CH_3OH$

9. Ⅰ. 对羟基苯甲酸（$HO-C_6H_4-COOH$）　Ⅱ. 对乙酰氧基苯甲酸（$CH_3COO-C_6H_4-COOH$）　Ⅲ. 对羟基苯甲酸甲酯（$HO-C_6H_4-COOCH_3$）

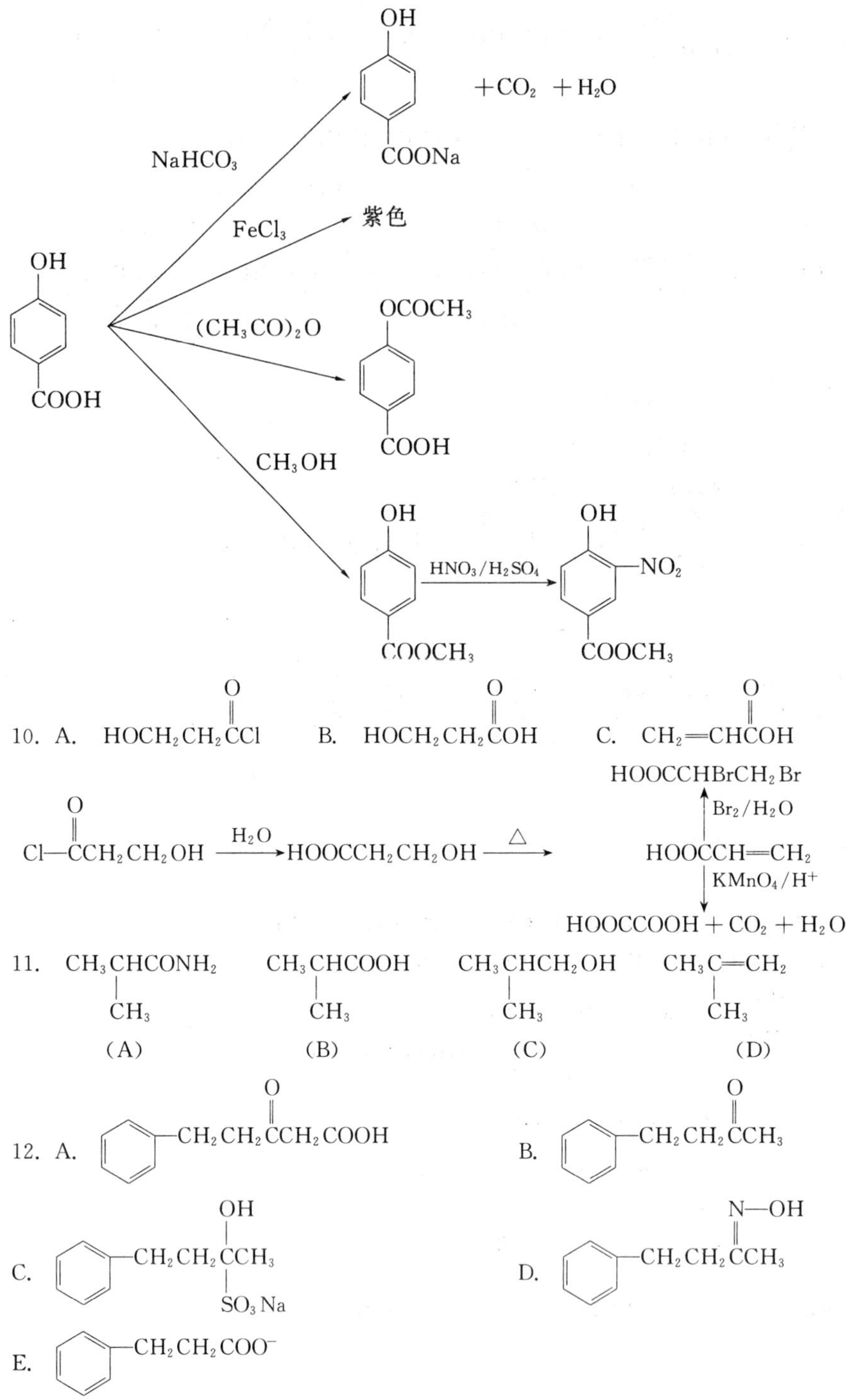
OH
COOH
$NaHCO_3$
OH
COONa
$+CO_2$ $+H_2O$
$FeCl_3$
紫色
$(CH_3CO)_2O$
$OCOCH_3$
COOH
CH_3OH
OH
$COOCH_3$
HNO_3/H_2SO_4
OH
NO_2
$COOCH_3$
10. A. $HOCH_2CH_2CCl$ (C=O) B. $HOCH_2CH_2COH$ (C=O) C. $CH_2{=}CHCOH$ (C=O)
$Cl{-}CCH_2CH_2OH$ (C=O) $\xrightarrow{H_2O}$ $HOOCCH_2CH_2OH$ $\xrightarrow{\triangle}$ $HOOCCH{=}CH_2$
Br_2/H_2O → $HOOCCHBrCH_2Br$
$KMnO_4/H^+$ → $HOOCCOOH + CO_2 + H_2O$
11. $CH_3CHCONH_2$ (CH_3) (A) $CH_3CHCOOH$ (CH_3) (B) CH_3CHCH_2OH (CH_3) (C) $CH_3C{=}CH_2$ (CH_3) (D)
12. A. $CH_2CH_2CCH_2COOH$ (C=O)
B. $CH_2CH_2CCH_3$ (C=O)
C. $CH_2CH_2CCH_3$ (OH, SO_3Na)
D. $CH_2CH_2CCH_3$ (N—OH)
E. $CH_2CH_2COO^-$

第十一章

含氮有机化合物

一、目的要求

1. 熟悉胺的分类，掌握胺的结构和命名。

2. 掌握胺的化学性质，胺的结构对其碱性的影响因素，了解胺的物理性质。

3. 掌握重要的重氮和偶氮化合物、腈、碳酸衍生物、磺胺和硝基化合物的结构和命名。

4. 掌握重氮和偶氮化合物、腈、碳酸衍生物、硝基化合物的重要化学性质，了解它们的物理性质。

5. 了解胺、重氮和偶氮化合物、腈、碳酸衍生物、磺胺和硝基化合物的重要应用及其主要的制备方法。

二、本章要点

1. 胺

(1) 定义和命名。

胺是指氨分子中的氢原子被烃基取代而形成的一系列的衍生物。简单的胺按它所含的烃基命名，称作某烃基胺。若氮原子上连有两个或三个相同的烃基时，须写出烃基的数目；如果所连烃基不同，则把简单的写在前面，复杂的写在后面。对于芳香仲胺或叔胺，在取代基前冠以“N”，表示这个基团是连在氮上，而不是连在芳环上。

结构比较复杂的胺，按系统命名法，将氨基当作取代基，以烃基或其他官能团为母体，取代基按次序规则排列。

季铵类化合物的命名则与氢氧化铵或铵盐的命名相似。

(2) 胺的立体结构。

胺与氨相似，分子的空间结构呈三角锥形状，氮原子采取不等性 sp^3 杂化。

苯胺的—NH_2 仍然是三角锥的结构，但是 H—N—H 键角较大，为 113.9°，HNH 平面与苯环平面的夹角为 38°。

(3) 胺的化学性质。

① 胺的碱性。胺具有弱碱性。胺的氮原子上电子密度越大，接受 H^+ 的能力越强，碱性也就越强。在气态中，N 上的烷基越多碱性越强：

$$(CH_3)_3N > (CH_3)_2NH > CH_3NH_2 > NH_3$$

但在水溶液中其碱性强弱次序发生了改变：

$$(CH_3)_2NH > CH_3NH_2 > (CH_3)_3N > NH_3$$

芳胺由于其氮原子上的未共用电子对与芳环形成共轭，从而使得芳胺的碱性比脂肪胺要弱得多。

胺的碱性强弱是电子效应、空间效应和溶剂化效应共同作用的结果。胺的碱性强弱的一般顺序为：脂环仲胺>脂肪仲胺>脂肪伯、叔胺>氨>芳伯胺>芳仲胺>芳叔胺。

季铵碱是强碱，其碱性类似于 NaOH 和 KOH。

② 季铵碱的 Hofmann 消除。加热（100℃～200℃）季铵碱时，OH^- 进攻 β-氢脱去水，α-碳脱去叔胺，α，β 碳之间形成双键而生成烯烃。这种季铵碱的消除叫做 Hofmann 消除。消除得到的主要产物是双键碳原子含最少烷基的烯烃，此称 Hofmann 规则，与 Saytzeff 规则恰好相反。

③ 烃基化反应。胺可以作为亲核试剂与卤代烃发生亲核取代反应，生成高一级的胺，直至最后生成季铵盐。氨或胺的烷基化，实际上往往得到伯、仲、叔胺和季铵盐的混合物。

④ 酰基化反应。酰氯或酸酐可以与伯胺、仲胺或氨反应生成酰胺。

在有机合成上，常通过芳胺酰基化变成酰胺，把氨基保护起来，然后进行其他反应，反应后再把酰胺水解变回原来的胺。

⑤ 与苯磺酰氯反应[兴斯堡(Hinsberg)反应]。伯胺和仲胺在强碱性溶液中可以和苯磺酰氯或对甲苯磺酰氯发生磺酰化反应，生成苯磺酰胺。常用苯磺酰氯来鉴别或分离伯、仲、叔胺的混合物，这就是著名的兴斯堡反应。例如：

C_6H_5—NH_2 　→（ClO_2S—C_6H_4—CH_3）　C_6H_5—$NHSO_2$—C_6H_4—CH_3 ↓（沉淀溶于碱）

C_6H_5—$NHCH_3$ 　→（ClO_2S—C_6H_4—CH_3）　C_6H_5—$N(CH_3)SO_2$—C_6H_4—CH_3 ↓（沉淀不溶于碱）

C_6H_5—$N(CH_3)_2$ 　→ 不反应，可蒸出

⑥ 与亚硝酸反应。脂肪族伯胺与亚硝酸作用，生成很不稳定的重氮化合物，在低温下就会分解，定量放出氮气。芳香族伯胺与亚硝酸在低温下可以生成较稳定的重氮化合物，温度升高则也会分解。

脂肪族或芳香族仲胺与亚硝酸作用，都得到黄色油状或固体的 N-亚硝基化合物。

脂肪叔胺因氮上无氢，因此与亚硝酸不发生作用。

与亚硝酸的反应也可以用于鉴别伯、仲、叔胺，但不能用于三者的分离。

⑦ 氧化反应。胺比较容易被氧化，用过氧化氢即可使脂肪伯胺和仲胺氧化，分别得到肟和羟胺，脂肪叔胺与过氧化氢反应得氧化胺。

芳香胺更容易氧化，在贮藏过程中就逐渐被空气中的氧所氧化，使得颜色变深。

⑧ 芳环上的取代反应。氨基（烃氨基）是邻、对位定位基，活化苯环，有利于苯环上的亲电取代反应。如苯胺与溴水作用，立刻得到 2，4，6－三溴苯胺的白色沉淀，而得不到一溴代产物。该反应能定量进行，可用于苯胺的定性鉴别与定量分析。

2. 重氮和偶氮化合物

(1) 定义。

重氮和偶氮化合物都含有—N═N—基团，该基团的一端与烃基相连，另一端与其他原

子(非碳原子,CN^-除外)或基团相连的化合物,被称为重氮化合物;该基团的两端都分别与烃基相连的化合物则称为偶氮化合物。例如:

$C_6H_5-N^+\equiv NCl^-$　氯化重氮苯

$C_6H_5-N=N-C_6H_5$　偶氮苯

(2) 重氮化反应。

芳香族伯胺在低温和强酸存在下与亚硝酸反应生成重氮化合物的反应称为重氮化反应。例如:

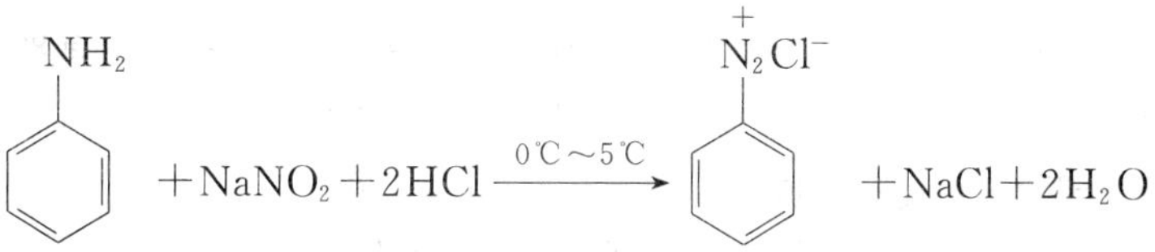

$$C_6H_5NH_2+NaNO_2+2HCl\xrightarrow{0℃\sim5℃}C_6H_5\overset{+}{N}_2Cl^-+NaCl+2H_2O$$

(3) 重氮基的取代反应(放氮反应)。例如:

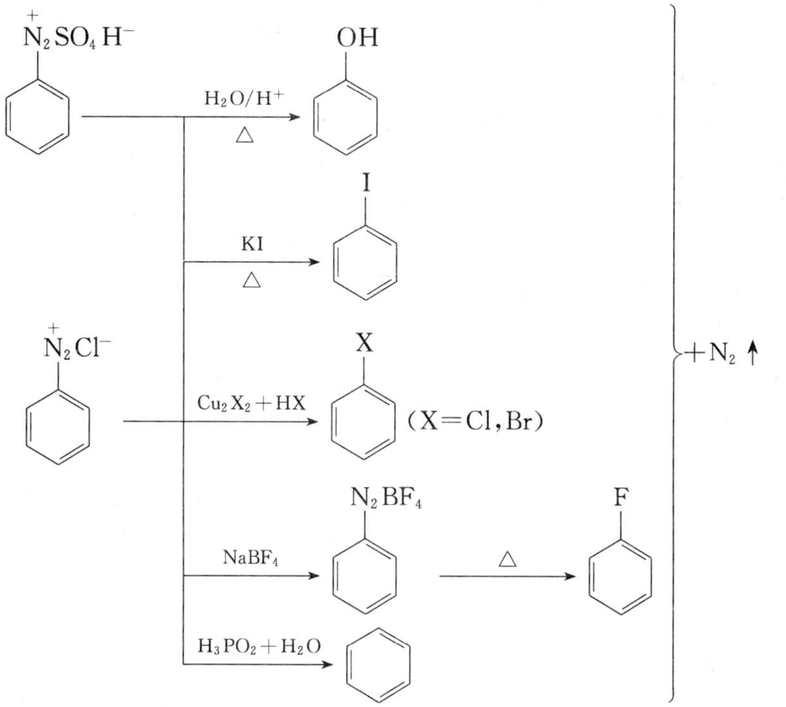

$$C_6H_5\overset{+}{N}_2SO_4H^-\xrightarrow[\triangle]{H_2O/H^+}C_6H_5OH$$

$$C_6H_5\overset{+}{N}_2Cl^-\xrightarrow[\triangle]{KI}C_6H_5I$$

$$C_6H_5\overset{+}{N}_2Cl^-\xrightarrow{Cu_2X_2+HX}C_6H_5X\ (X=Cl,Br)$$

$$C_6H_5\overset{+}{N}_2Cl^-\xrightarrow{NaBF_4}C_6H_5N_2BF_4\xrightarrow{\triangle}C_6H_5F$$

$$C_6H_5\overset{+}{N}_2Cl^-\xrightarrow{H_3PO_2+H_2O}C_6H_6$$

以上反应均 $+N_2\uparrow$

(4) 偶合反应(不放氮反应)。例如:

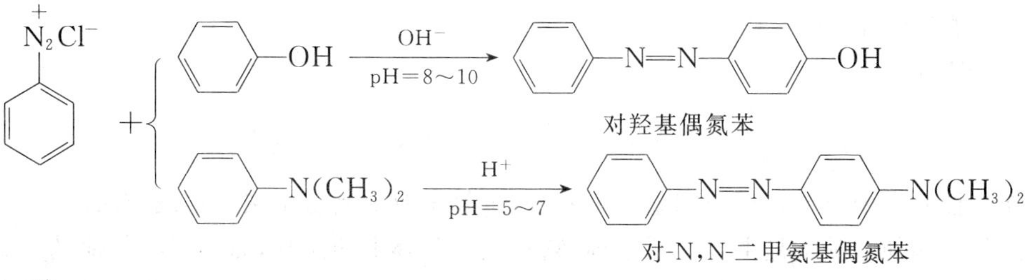

$$C_6H_5\overset{+}{N}_2Cl^-+C_6H_5OH\xrightarrow[pH=8\sim10]{OH^-}C_6H_5-N=N-C_6H_4-OH$$

对羟基偶氮苯

$$C_6H_5\overset{+}{N}_2Cl^-+C_6H_5N(CH_3)_2\xrightarrow[pH=5\sim7]{H^+}C_6H_5-N=N-C_6H_4-N(CH_3)_2$$

对-N,N-二甲氨基偶氮苯

3. 腈

(1) 定义和命名。

腈中含氰基，即—C≡N，其结构通式为R—C≡N。腈命名时要把 CN 中的碳原子计算在主链碳原子个数内，称“某腈”，并从 CN 的碳开始编号。如 CN 作为取代基，则称为氰基，氰基碳原子不计在内。

(2) 腈的性质。

在酸或碱催化下，通过加热可使腈水解成酰胺，继续水解生成羧酸。

腈可用 $LiAlH_4$、催化氢化还原为伯胺。

4. 碳酸衍生物

(1) 尿素。

尿素可以看成是碳酸中的两个羟基被氨基取代的产物。尿素的重要性质有：与硝酸、草酸等强酸的成盐反应，在酸、碱或酶的作用下的水解，与亚硝酸的反应，与酰氯或酸酐作用生成酰脲和发生缩合反应生成缩二脲。

例如，脲与丙二酰氯或丙二酸酯作用，则生成环状的丙二酰脲：

$$H_2C(COOC_2H_5)_2 + (H_2N)_2C{=}O \xrightarrow{NaOC_2H_5} H_2C\begin{matrix}CO{-}NH\\ \\ CO{-}NH\end{matrix}CO + 2C_2H_5OH$$

丙二酰脲具有酸性，其酸性比醋酸强，所以又叫巴比妥酸。

将尿素晶体小心加热到稍高于它的熔点时，两分子尿素间脱去一分子氨生成缩二脲。在缩二脲的碱溶液中加入很稀的硫酸铜溶液，产生紫红色，这个颜色反应称为缩二脲反应。凡是化合物中含有两个或两个以上酰胺键(—NHCO—)的化合物都有这个反应。缩二脲反应可用来鉴别尿素、多肽和蛋白质等。

(2) 胍。

胍可以看成是尿素分子中的氧被亚氨基取代后的化合物。胍是强碱($pK_b=0.52$)，碱性与 KOH 相当。

5. 磺胺类药物

磺酸从结构上看相当于硫酸的一个羟基被烃基(或芳基)取代的产物。若磺酸的羟基被氨基(—NH_2)取代，得到的产物则是磺酰胺。对氨基苯磺酰胺，简称磺胺，是合成磺胺类药物的中间体。

6. 硝基化合物

(1) 定义和命名。

硝基或亚硝基化合物从结构上可看作烃的一个或多个氢原子被硝基或亚硝基取代的产物，它们的命名类似卤代烃，将硝基或亚硝基作为取代基。

(2) 硝基化合物的性质。

① 还原反应：

$$C_6H_5{-}NO_2 \xrightarrow[\triangle]{Fe+HCl} C_6H_5{-}NH_2$$

在酸性介质中以铁粉还原硝基苯为苯胺，这是工业上制备苯胺的常用方法。

氯化亚锡加盐酸也是重要的还原剂，它只还原芳环上的硝基，而不影响其他基团。

硝基苯在中性介质中发生单分子还原，可以生成羟基苯胺；在碱性介质中发生双分子还原，生成氢化偶氮苯。

钠或铵的硫化物、硫氢化物或多硫化物，如硫化钠、硫化铵、硫氢化钠、硫氢化铵等，在适当的条件下，可以选择性地将多硝基化合物中的一个硝基还原成氨基，而另一个不变。

② 硝基对芳环上邻对位取代基的影响。硝基是强吸电子基团，能降低苯环上的电子密度。例如，2,4-二硝基氯苯中与氯相连的碳原子易于接受亲核试剂的进攻而发生亲核取代的水解反应：

$$\text{(Cl, 2-}NO_2\text{, 4-}NO_2\text{)}C_6H_3 + H_2O \xrightarrow[\triangle]{Na_2CO_3} \text{(OH, 2-}NO_2\text{, 4-}NO_2\text{)}C_6H_3 + HCl$$

由于硝基的极强吸电子作用，使得硝基酚中的酚羟基上的氢容易解离，从而使酸性增强。

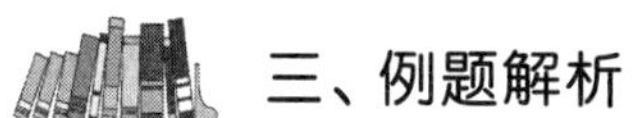

三、例题解析

[例 1] 将下列各组胺按照碱性由大到小的顺序排列。

(1) 丁胺(A)、N-甲基丁胺(B)、丁酰胺(C)、丁二酰亚胺(D)

(2) 苯胺(A)、对氯苯胺(B)、对硝基苯胺(C)、对甲基苯胺(D)、对甲氧基苯胺(E)

解：(1) 酰胺的氮原子上连有酰基，使氮原子上电子云密度降低，因此酰胺没有碱性。酰亚胺的氮原子上连有二个酰基，使氮原子上电子云密度降低更多，因此酰亚胺不仅无碱性反而显示弱酸性。(A)和(B)属于胺类，其中(A)为伯胺(B)为仲胺，仲胺的碱性大于伯胺，因此(B)的碱性大于(A)；(C)为酰胺，(D)为酰亚胺。碱性由大到小的顺序排列应为：

N-甲基丁胺(B)＞丁胺(A)＞丁酰胺(C)＞丁二酰亚胺(D)

(2) (B)(C)(D)(E)的结构可看成是苯胺(A)中氨基对位的 H 原子分别被 Cl、NO_2、CH_3、OCH_3 所取代得到。以苯胺的碱性为对照，如果能够降低氨基氮原子电子云密度的取代基，其碱性比(A)弱，而且降低得越多，碱性越弱；如果能够增加氨基氮原子电子云密度的取代基，其碱性比(A)强，而且增加得越多，碱性越强。Cl 和 NO_2 起吸电子作用，降低了氮原子的电子云密度，其中 NO_2 的吸电子能力大于 Cl，使氮原子上电子云密度降低得多一些，因此，(B)和(C)的碱性小于(A)，(C)又小于(B)；CH_3、OCH_3 起给电子作用，使氮原子上电子云密度增加，其中 OCH_3 给电子能力大于 CH_3，使氮原子上电子云密度增加得多一些，因此(D)和(E)的碱性大于(A)，(E)又大于(D)。碱性由大到小的顺序排列应为：

对甲氧基苯胺(E)＞对甲基苯胺(D)＞苯胺(A)＞对氯苯胺(B)＞对硝基苯胺(C)

[例 2] 用两种不同的化学方法鉴别丁胺、甲丁胺和二甲丁胺。

解：所要鉴别的三种胺分别属于伯、仲、叔胺，可以根据它们和对甲苯磺酰氯或亚硝酸等试剂反应的不同实验现象来鉴别。

方法 1：与对甲苯磺酰氯反应(Hinsberg 反应)：

$$\begin{cases} C_4H_9NH_2 \\ C_4H_9NHCH_3 \\ C_4H_9N(CH_3)_2 \end{cases} \xrightarrow{ClO_2S-C_6H_4-CH_3} \begin{cases} H_3C-C_6H_4-SO_2NHC_4H_9\downarrow \xrightarrow{NaOH溶液} 沉淀溶解 \\ H_3C-C_6H_4-SO_2N(CH_3)C_4H_9\downarrow \quad 沉淀不溶解 \\ 不反应 \end{cases}$$

方法 2：与亚硝酸反应：

$$\begin{cases} C_4H_9NH_2 \\ C_4H_9NHCH_3 \\ C_4H_9N(CH_3)_2 \end{cases} \xrightarrow{NaNO_2+HCl} \begin{cases} 有气体放出(产物复杂，定量放出氮气) \\ 黄色油状液体 \\ 无明显现象 \end{cases}$$

[例 3] 分离苯胺、苯酚和环己醇的混合物。

解：

混合物 $\xrightarrow{NaOH}$ $\xrightarrow[分离]{分液漏斗}$

- 水层（C_6H_5ONa）$\xrightarrow[酸化]{稀 HCl}$ $\xrightarrow{过滤}$ C_6H_5OH
- 有机层 $\xrightarrow{稀 HCl}$ $\xrightarrow{分液漏斗}$
  - 有机层（环己醇）$\xrightarrow{水洗}$ $\xrightarrow{干燥}$ 环己醇
  - 水层（$C_6H_5NH_3^+Cl^-$）$\xrightarrow{NaOH}$ $\xrightarrow{分离}$ $\xrightarrow{蒸馏}$ 苯胺

[例 4] 写出下列反应的产物：

(1) $C_2H_5Br + NH_3$(过量)$\longrightarrow$　　　(2) $CH_2{=}CHCN + H_2/Pt \longrightarrow$

(3) 1-Cl-2,4-二硝基苯（Cl 邻位、对位各有 NO_2）$+ CH_3NH_2 \longrightarrow$　　　(4) $(CH_3)_2CHCH(\overset{+}{N}(CH_3)_3)CH_3\,OH^- \xrightarrow{\triangle}$

解：(1) $C_2H_5NH_2$。反应中氨过量，主要得到伯胺。

(2) $CH_3CH_2CH_2NH_2$。反应中的"C═C"和"C≡N"在 H_2/Pt 还原条件下均被还原。

(3) 2,4-二硝基-N-甲基苯胺（$NHCH_3$ 邻位、对位各有 NO_2）　苯环上氯的邻对位连有二个强吸电子硝基，使与氯相连的碳原子易接受亲核试剂的进攻而发生亲核取代反应。

(4) $(CH_3)_2CHCH{=}CH_2 + N(CH_3)_3$。此反应为季铵碱的 Hofmann 消除反应。消除产物遵守 Hofmann 规则，即生成双键碳原子含最少烷基的烯烃（注意：Hofmann 规则与 Saytzeff 规则的消除产物正好相反）。

[例 5] 通常重氮盐与酚的偶联是在弱碱性（pH＝8～10）介质中进行，与芳胺的偶联是在弱酸性（pH＝5～7）介质中进行，为什么？

解： 重氮盐正离子作为亲电试剂与酚或芳胺的偶联反应属于亲电取代反应。酚或芳胺芳环上的电子云密度越大，越有利于重氮盐向芳环进攻而发生偶联反应。

酚是弱酸，在碱性介质中能形成酚盐，增加了酚的溶解性。另外，酚盐负离子与原来的羟基相比，使得芳环上的电子云密度更大，有利于偶联反应。然而当碱性太强时（$pH>10$），重氮盐则与碱发生反应，生成重氮酸或重氮酸负离子，使之失去偶合能力。所以，重氮盐与酚的偶联需在弱碱性（$pH=8\sim10$）介质中进行。

$$ArN_2^+ \underset{H^+}{\overset{OH^-}{\rightleftharpoons}} Ar-N=N-OH \underset{H^+}{\overset{OH^-}{\rightleftharpoons}} Ar-N=N-O^-$$

芳胺一般不溶于水，在酸性溶液中，芳胺形成铵盐而增加了溶解度。成盐反应是可逆的，随着偶联反应中芳胺的消耗，铵盐会重新转化成芳胺而满足反应的需要。所以芳胺的偶联要在酸性介质中进行。但酸性不能太强，若酸性太强，生成的铵盐变成不可逆而降低了芳胺的浓度，使偶联反应减弱或中止。所以，重氮盐与芳胺偶联需在弱酸性（$pH=5\sim7$）介质中进行。

［**例 6**］　磺胺的合成从乙酰苯胺开始，经过氯磺化、氨水处理，最后水解保护基团生成磺胺。其合成路线如下：

$$C_6H_5NHCOCH_3 \xrightarrow{HOSO_2Cl} p\text{-}ClO_2S-C_6H_4-NHCOCH_3 \xrightarrow{NH_3/H_2O} p\text{-}H_2NO_2S-C_6H_4-NHCOCH_3 \xrightarrow[\triangle]{H^+/H_2O} p\text{-}H_2NO_2S-C_6H_4-NH_2$$

磺胺

解释：

（1）如果氨基没有被保护成酰基，即直接用苯胺进行氯磺化反应，在氯磺化步骤中会发生什么？

（2）乙酰氨基是邻、对位定位基，为什么在氯磺化步骤中只主要得到对位一取代物？

解：（1）如果直接用苯胺进行氯磺化反应，发生的将是氨基与磺酰氯的反应，难以得到目标产物，因为氨基的 H 比苯环的 H 更活泼容易被取代。将氨基转变成酰氨基使它与磺酰氯反应的活性大大下降而主要发生苯环与磺酰氯的反应。

乙酰氨基为中等强的邻、对位定位基，乙酰氨基对苯环的致活能力难以二次氯磺化，所以在氯磺化步骤中主要得到一取代产物，且受乙酰氨基位阻的影响，主要得到对位产物。

［**例 7**］　某化合物 A 的分子式为 $C_5H_{10}N_2$，能溶于水，其水溶液呈碱性，可用盐酸滴定。A 经催化加氢得到 B（$C_5H_{14}N_2$）。A 与苯磺酰氯不发生反应，但 A 和较浓的 HCl 溶液一起煮沸时则生成 C（$C_5H_{12}O_2NCl$），C 易溶于水。试推测 A、B、C 的可能结构式和相应的反应方程式。

解： A 的水溶液呈碱性且能用盐酸滴定，说明 A 是胺类化合物，A 与苯磺酰氯不发生反应进一步说明 A 是叔胺。A 经催化加氢得到的 B 中增加了四个氢，说明 A 的不饱和度为 2，而 A 在盐酸溶液中水解得到 C（$C_5H_{12}O_2NCl$），C 比 A 增加了两个氧原子、两个氢原子、一个氯原子，少了一个氮原子，推断 A 中含有 —CN 不饱和基团。综合分析 A、B、C 的结构式及相关反应的方程式如下：

$$H_3C-N(CH_3)-CH_2CH_2CN \text{ 或 } H_3C-N(CH_2CH_3)-CH_2CN \ (A) \longrightarrow \begin{cases} \xrightarrow{C_6H_5SO_2Cl} (-) \\ \xrightarrow{HCl} H_3C-N(CH_3)-CH_2CH_2CN \cdot HCl \\ \xrightarrow[\triangle]{HCl/H_2O} H_3C-N(CH_3)-CH_2CH_2COOH \cdot HCl \quad (C) \\ \xrightarrow{2H_2/Pt} H_3C-N(CH_3)-CH_2CH_2CH_2NH_2 \quad (B) \end{cases}$$

[**例 8**] 由苯和其他必需的试剂为原料,合成间溴氯苯。

解:

$$C_6H_6 \xrightarrow[\triangle]{HNO_3/H_2SO_4} C_6H_5NO_2 \xrightarrow[Fe]{Br_2} m\text{-}BrC_6H_4NO_2 \xrightarrow{Sn+HCl}$$

$$m\text{-}BrC_6H_4NH_2 \xrightarrow[0℃\sim5℃]{HCl+NaNO_2} m\text{-}BrC_6H_4N_2^+Cl^- \xrightarrow[Cu_2Cl_2]{HCl} m\text{-}BrC_6H_4Cl$$

四、习 题

1. 用系统命名法命名下列化合物。

(1) $NH_2CH_2(CH_2)_3CH_2NH_2$

(2) $CH_3CH(CH_3)CH_2CH(NH_2)CH_2CH_3$

(3) $C_6H_5-NHC_2H_5$

(4) $[(CH_3)_4N]^+Br^-$

(5) $CH_3CH_2CH_2CH_2-CH(CH_2CH_3)-C\equiv N$

(6) $[(C_2H_5)_2N(CH_3)_2]^+OH^-$

(7) $H_3C-C_6H_4-SO_2NH_2$ (对位)

(8) $H_3C-C_6H_3(Cl)-NO_2$ (Cl 在甲基邻位，NO_2 在甲基对位)

(9) $C_6H_5-\overset{+}{N}\equiv NCl^-$　　(10) $H_3C-C(CH_3)(CN)-N=N-C(CH_3)(CN)-CH_3$

2. 写出下列化合物的结构式。

(1) R-仲丁胺　　(2) N,N-二甲基-2,4-二乙基苯胺

(3) 乙二胺　　(4) 二乙胺

(5) 苄胺　　(6) 丙烯腈

(7) 碘化四乙铵　　(8) 对氨基苯磺酰胺

(9) 乙酰胆碱　　(10) 胍

(11) TNT　　(12) β-萘胺

3. 将下列化合物按沸点从低到高的顺序排列：

丙胺、丙醇、甲乙醚、甲乙胺

4. 写出下列体系中可能存在的氢键。

(1) 纯的二甲胺　　(2) 二甲胺的水溶液

5. 将下列化合物按碱性由强至弱的顺序排列。

(1) NH_3，环己胺（$C_6H_{11}-NH_2$），哌啶，苯胺（$C_6H_5-NH_2$），二苯胺（$C_6H_5-NH-C_6H_5$）

(2) $CH_3CH_2NH_2$，CH_3CONH_2，NH_2CONH_2，$[(CH_3)_4\overset{+}{N}]OH^-$，$NH_3$

(3) 对氯苯胺，对甲基苯胺，对硝基苯胺，苯胺

6. 写出下列反应的主要产物。

(1) $CH_3COCl + CH_3CH_2NHCH_3 \longrightarrow$

(2) $C_6H_5-NHCH_3 + NaNO_2 + HCl \longrightarrow$

(3) $C_6H_5-NHCH_3 \xrightarrow{(CH_3CO)_2O}$

(4) $C_6H_5-N_2^+Cl^- \xrightarrow[H_2O]{H_3PO_2}$

(5) 间甲基苯胺（H_3C，NH_2） $\xrightarrow[0℃\sim5℃]{NaNO_2+HCl}$ $\xrightarrow[弱\ H^+]{C_6H_5-N(CH_3)_2}$

(6) $C_6H_5-NO_2 \xrightarrow[[H]]{Fe+HCl}$ $\xrightarrow{CH_3COCl}$

(7) $C_6H_{11}-NH_2 \xrightarrow{过量\ CH_3I}$ $\xrightarrow{AgOH}$ $\xrightarrow{\triangle}$

(8) $\begin{array}{c} O \\ \| \\ C-Cl \\ / \\ CH_2 \\ \backslash \\ C-Cl \\ \| \\ O \end{array} + H_2N-\overset{\overset{\displaystyle O}{\|}}{C}-NH_2 \longrightarrow$

(9) $CH_3CH_2CN \xrightarrow[\triangle]{H^+/H_2O}$

(10) $C_6H_5-CH_2C\equiv N \xrightarrow[(2)\ H_2O]{(1)\ LiAlH_4}$

7. 用化学方法鉴别下列各组化合物。

(1) 乙胺、二乙胺、三乙胺

(2) 邻甲苯胺、N-甲基苯胺、苯甲酸、邻羟基苯甲酸

(3) N-甲基乙胺、乙酰胺、尿素

(4) 苯胺、苯酚、苯甲醇、苯甲醛

8. 由指定原料合成产物(其他试剂任选)。

(1) 由苯合成 1,3,5-三溴苯。

(2) 由乙醇合成 2-氨基丁烷。

(3) 由甲苯合成 4-甲基-2,6-二溴苯酚。

(4) 由苯制备对硝基苯胺。

(5) 由 $C_6H_5-NO_2$ 合成 $m\text{-}BrC_6H_4-N{=}N-C_6H_4-NH_2(p)$。

(6) 由 $C_6H_5-CH_3$ 和 2-萘酚($C_{10}H_7-OH$) 合成 1-($p\text{-}CH_3C_6H_4-N{=}N$)-2-萘酚($C_{10}H_6(OH)-N{=}N-C_6H_4-CH_3$)。

9. N-甲基苯胺中混有少量苯胺和 N,N-二甲基苯胺,怎样将 N-甲基苯胺提纯?

10. 将苄胺、苄醇和对甲苯酚的混合物分离为三种纯的组分。

11. 化合物 A 的分子式为 $C_5H_{13}N$,A 与盐酸反应生成盐,在室温下 A 可与亚硝酸反应放出 N_2,并得产物之一为 B($C_5H_{12}O$),B 经 $KMnO_4$ 氧化得到 C($C_5H_{10}O$),B 和 C 都可发生碘仿反应,C 与托伦试剂不反应,但 C 与锌-汞齐及浓盐酸反应得正戊烷。试写出 A、B、C 的结构式及有关反应方程式。

12. 化合物 A 的分子式为 $C_5H_{11}O_2N$,具有旋光性,用稀碱处理发生水解,生成 B 和 C。B 也具有旋光性,它既能与酸成盐,也能与碱成盐,并与 HNO_2 反应放出 N_2。C 没有旋光性,能与金属钠反应放出氢气,并能发生碘仿反应。试写出 A,B,C 的结构式及有关反应方程式。

13. 某化合物的分子式为 C_6H_7N(A),具有碱性。A 的盐酸盐与亚硝酸在 0℃~5℃时作用生成化合物 $C_6H_5N_2Cl$(B)。在碱性溶液中,化合物 B 与苯酚作用生成具有颜色的化合物 $C_{12}H_{10}ON_2$(C)。试写出 A、B 和 C 的结构式及有关反应式。

五、习题参考答案

1. (1) 1,5-戊二胺 (2) 2-甲基-4-氨基己烷
(3) N-乙基苯胺 (4) 溴化四甲基铵
(5) 2-乙基己腈 (6) 氢氧化二甲基二乙基铵
(7) 对甲基苯磺酰胺 (8) 4-硝基-2-氯甲苯
(9) 氯化重氮苯 (10) 偶氮二异丁腈

2. (1) 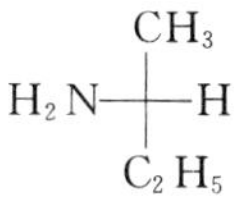 H_2N—C(—CH_3)(—C_2H_5)—H (2) C_2H_5—C₆H₃(—C_2H_5)—$N(CH_3)_2$

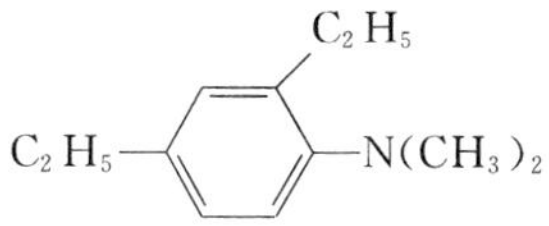

(3) $H_2NCH_2CH_2NH_2$ (4) $(C_2H_5)_2NH$

(5) $C_6H_5CH_2NH_2$ (6) $CH_2=CHCN$

(7) $[N(C_2H_5)_4]^+I^-$ (8) 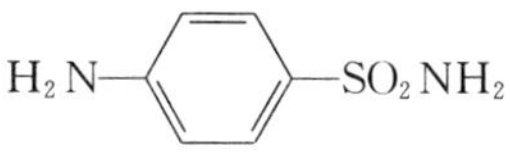 H_2N—C₆H₄—SO_2NH_2

(9) $[CH_3COOCH_2CH_2N(CH_3)_3]^+OH^-$ (10) $H_2N\overset{\overset{NH}{\|}}{C}NH_2$

(11) 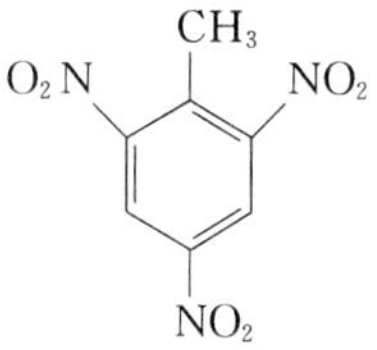 CH_3、O_2N、NO_2、NO_2(2,4,6-三硝基甲苯) (12) 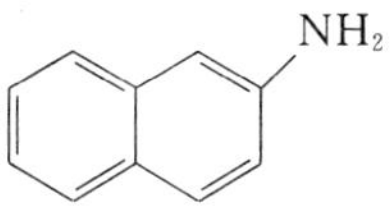 NH_2(2-萘胺)

3. 甲乙醚<甲乙胺<丙胺<丙醇

4. (1) $(CH_3)_2N—H\cdots NH(CH_3)_2$

(2) $(CH_3)_2N—H\cdots NH(CH_3)_2$;$(CH_3)_2N—H\cdots OH_2$;$HO—H\cdots NH(CH_3)_2$;$HO—H\cdots OH_2$

5. (1) 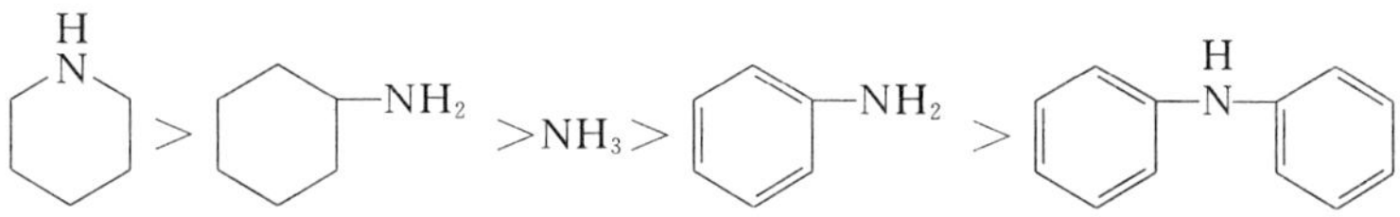 六氢吡啶(NH) > 环己基—NH_2 > NH_3 > 苯基—NH_2 > 苯基—NH—苯基

(2) $[(CH_3)_4\overset{+}{N}]OH^-$ > $CH_3CH_2NH_2$ > NH_3 > NH_2CONH_2 > CH_3CONH_2

(3) 对甲基苯胺>苯胺>对氯苯胺>对硝基苯胺

6. (1) $CH_3CH_2N(CH_3)COCH_3$

(2) 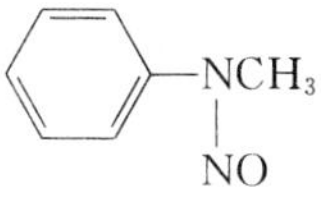 C₆H₅—NCH_3(N—NO)

(3) C₆H₅—$NCOCH_3$(N—CH_3) (4)  苯

(5) 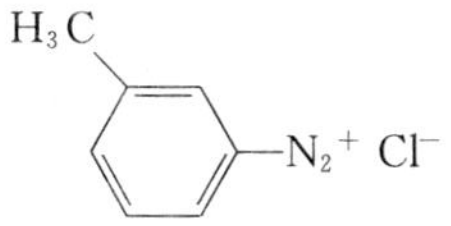 H_3C—C₆H₄—$N_2^+Cl^-$, H_3C—C₆H₄—N=N—C₆H₄—$N(CH_3)_2$

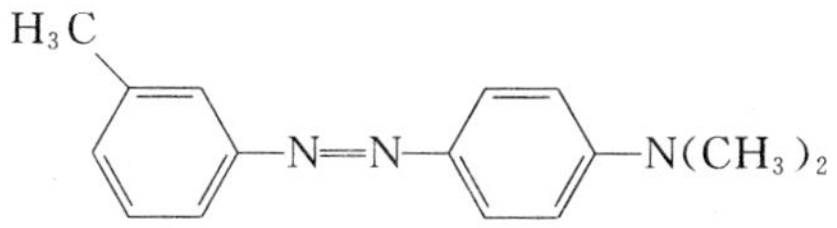

(6) C₆H₅—NH_2 , C₆H₅—$NHCOCH_3$

(7) 环己基$-N^+(CH_3)_3I^-$，环己基$-N^+(CH_3)_3OH^-$，环己烯 $+ (CH_3)_3N$

(8) 丙二酰脲（巴比妥酸）：H_2C 与两个 $C(=O)-NH$ 相连，两个 NH 再与 $C=O$ 相连成环

(9) CH_3CH_2COOH

(10) $C_6H_5-CH_2CH_2NH_2$

7. (1) 乙胺、二乙胺、三乙胺 $\xrightarrow{NaNO_2+HCl}$ 乙胺：有气体放出；二乙胺：黄色油状物；三乙胺：无明显变化

(2) 邻甲苯胺、N-甲基苯胺、苯甲酸、邻羟基苯甲酸 $\xrightarrow{FeCl_3溶液}$ 邻甲苯胺、N-甲基苯胺、苯甲酸：(—)；邻羟基苯甲酸：显色

(—)(—)(—) $\xrightarrow{NaHCO_3}$ 苯甲酸：气体；邻甲苯胺、N-甲基苯胺：(—) $\xrightarrow[②\ NaOH溶液]{①\ ClO_2S-C_6H_4-CH_3}$ 邻甲苯胺：沉淀溶解；N-甲基苯胺：沉淀不溶解

(3) N-甲基乙胺、乙酰胺、尿素 $\xrightarrow{NaNO_2+HCl}$ N-甲基乙胺：黄色油状物；乙酰胺、尿素：气体 $\xrightarrow[②\ 极稀硫酸铜溶液,OH^-]{①\ \triangle}$ 乙酰胺：(—)；尿素：紫红色

(4) 苯酚、苯胺、苯甲醇、苯甲醛 $\xrightarrow{FeCl_3溶解}$ 苯酚：显色；苯胺、苯甲醇、苯甲醛：(—) $\xrightarrow{银氨溶液}$ 苯甲醛：$Ag\downarrow$；苯胺、苯甲醇：(—) $\xrightarrow{Br_2/H_2O}$ 苯胺：白色沉淀；苯甲醇：(—)

8. (1) $C_6H_6 \xrightarrow{混酸} C_6H_5NO_2 \xrightarrow{Fe+HCl} C_6H_5NH_2 \xrightarrow{Br_2}$ 2,4,6-三溴苯胺 $\xrightarrow{HCl+NaNO_2}$ 2,4,6-三溴苯重氮盐（$N_2^+Cl^-$）$\xrightarrow[H_2O]{H_3PO_2}$ 1,3,5-三溴苯

(2) $CH_3CH_2OH \xrightarrow{HBr} CH_3CH_2Br \xrightarrow[无水乙醚]{Mg} CH_3CH_2MgBr$

$CH_3CH_2OH \xrightarrow{CrO_3/吡啶} CH_3CHO$

两者 $\longrightarrow \xrightarrow{H_2O/H^+} CH_3CH_2CH(OH)CH_3 \xrightarrow{HCl} CH_3CH_2CHClCH_3 \xrightarrow{NH_3} CH_3CH_2CH(NH_2)CH_3$

(3) $C_6H_5CH_3 \xrightarrow{HNO_3(浓)+H_2SO_4(浓)} \xrightarrow{分离}$ 对硝基甲苯 $\xrightarrow{Fe/HCl}$ 对甲苯胺 $\xrightarrow{Br_2}$ 2,6-二溴-4-甲基苯胺

$\xrightarrow{NaNO_2/H_2SO_4}$ 2,6-二溴-4-甲基苯重氮硫酸氢盐（$N_2^+HSO_4^-$，Br，Br，CH_3） $\xrightarrow[\triangle]{H_2O}$ 2,6-二溴-4-甲基苯酚（OH，Br，Br，CH_3）

或者：

对甲苯胺（NH_2，CH_3） $\xrightarrow{NaNO_2/H_2SO_4}$ 对甲苯重氮硫酸氢盐（$N_2^+HSO_4^-$，CH_3） $\xrightarrow[\triangle]{H_2O}$ 对甲苯酚（OH，CH_3） $\xrightarrow{Br_2}$ 2,6-二溴-4-甲基苯酚（OH，Br，Br，CH_3）

（4）苯 $\xrightarrow{混酸}$ 硝基苯（NO_2） $\xrightarrow{Fe+HCl}$ 苯胺（NH_2） $\xrightarrow{CH_3COCl}$ 乙酰苯胺（$NHCOCH_3$） $\xrightarrow{混酸}$ 对硝基乙酰苯胺（$NHCOCH_3$，NO_2）

$\xrightarrow{H_2O/H^+}$ 对硝基苯胺（NH_2，NO_2）

（5）硝基苯（NO_2） $\xrightarrow{Fe+HCl}$ 苯胺（NH_2） $\xrightarrow{CH_3Br}$ N,N-二甲基苯胺（$N(CH_3)_2$）

硝基苯（NO_2） $\xrightarrow[Fe]{Br_2}$ 间溴硝基苯（NO_2，Br） $\xrightarrow{Fe+HCl}$ 间溴苯胺（NH_2，Br） $\xrightarrow{NaNO_2+HCl}$ 间溴苯重氮盐酸盐（$N_2^+Cl^-$，Br）

间溴苯重氮盐酸盐（$N_2^+Cl^-$，Br） + N,N-二甲基苯胺（$N(CH_3)_2$） $\xrightarrow{pH=5\sim7}$ 3-Br-C_6H_4—N═N—C_6H_4—$N(CH_3)_2$

（6）甲苯（CH_3） $\xrightarrow{混合酸}$ { 邻硝基甲苯（CH_3，NO_2）；对硝基甲苯（CH_3，NO_2） } $\xrightarrow{分离}$ 对硝基甲苯（CH_3，NO_2） $\xrightarrow{Fe+HCl}$ 对甲苯胺（CH_3，NH_2） $\xrightarrow[0℃\sim5℃]{NaNO_2+HCl}$ 对甲苯重氮盐酸盐（CH_3，$N_2^+Cl^-$）

对甲苯重氮盐酸盐（CH_3，$N_2^+Cl^-$） + 2-萘酚（—OH） $\xrightarrow[0℃\sim5℃]{pH=8\sim10}$ H_3C—C_6H_4—N═N—（2-羟基-1-萘基，OH）

9. 混合物在碱性溶液中与苯磺酰氯反应，过滤出得到的固体（N-甲基苯磺酰胺），再与强酸共沸水解得到 N-甲基苯胺，最后蒸馏即可得纯的 N-甲基苯胺。

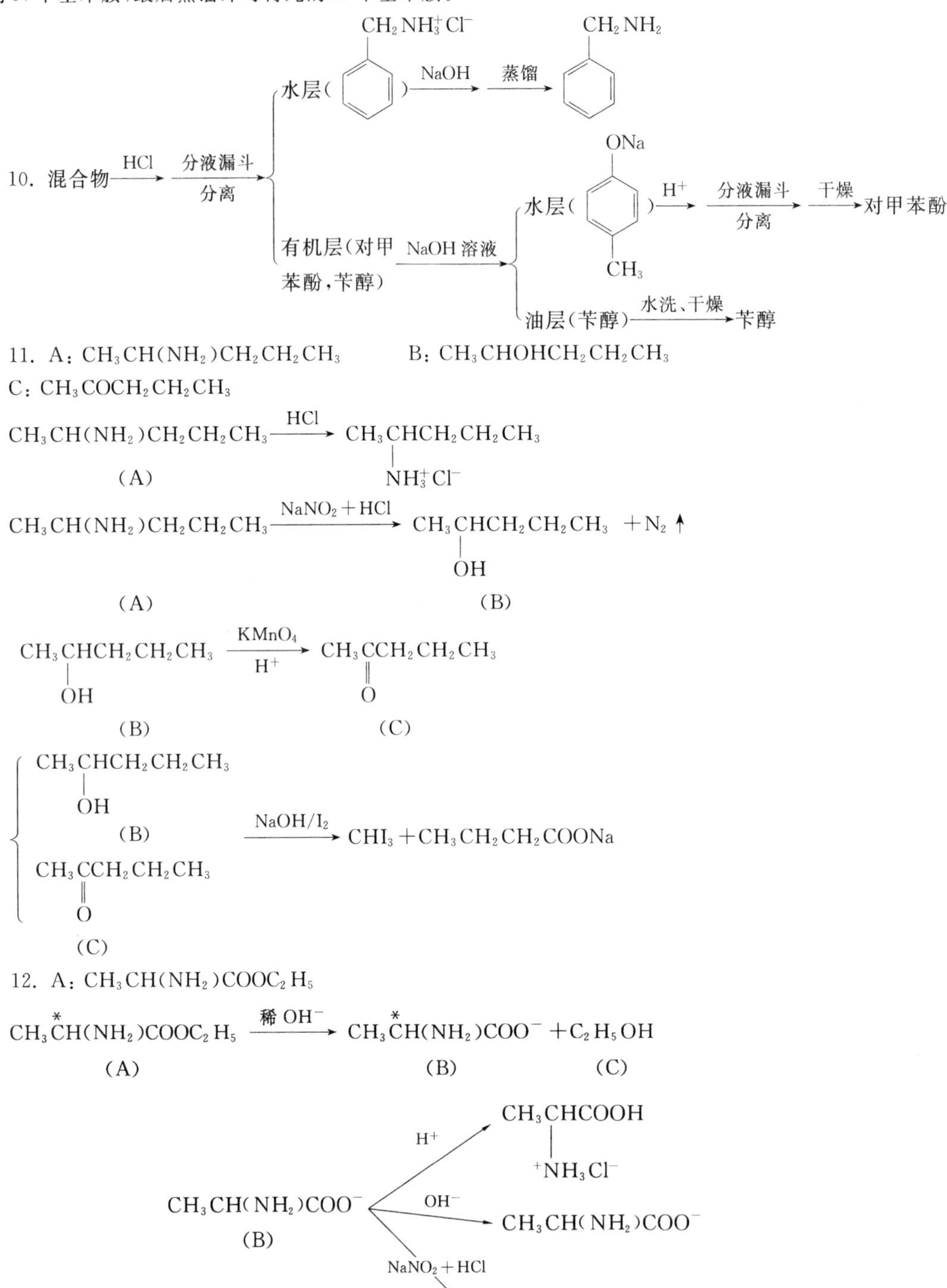

10. 混合物 $\xrightarrow{HCl}$ $\xrightarrow[\text{分离}]{\text{分液漏斗}}$
- 水层（$C_6H_5CH_2NH_3^+Cl^-$）$\xrightarrow{NaOH}$ $\xrightarrow{\text{蒸馏}}$ $C_6H_5CH_2NH_2$
- 有机层（对甲苯酚，苄醇）$\xrightarrow{NaOH\text{溶液}}$
  - 水层（$p\text{-}CH_3C_6H_4ONa$）$\xrightarrow{H^+}$ $\xrightarrow[\text{分离}]{\text{分液漏斗}}$ $\xrightarrow{\text{干燥}}$ 对甲苯酚
  - 油层（苄醇）$\xrightarrow{\text{水洗、干燥}}$ 苄醇

11. A：$CH_3CH(NH_2)CH_2CH_2CH_3$　　B：$CH_3CHOHCH_2CH_2CH_3$

C：$CH_3COCH_2CH_2CH_3$

$$\underset{(A)}{CH_3CH(NH_2)CH_2CH_2CH_3} \xrightarrow{HCl} CH_3CH(NH_3^+Cl^-)CH_2CH_2CH_3$$

$$\underset{(A)}{CH_3CH(NH_2)CH_2CH_2CH_3} \xrightarrow{NaNO_2+HCl} \underset{(B)}{CH_3CH(OH)CH_2CH_2CH_3} + N_2\uparrow$$

$$\underset{(B)}{CH_3CH(OH)CH_2CH_2CH_3} \xrightarrow[H^+]{KMnO_4} \underset{(C)}{CH_3C(=O)CH_2CH_2CH_3}$$

$$\left\{\begin{array}{l} \underset{(B)}{CH_3CH(OH)CH_2CH_2CH_3} \\ \underset{(C)}{CH_3C(=O)CH_2CH_2CH_3} \end{array}\right. \xrightarrow{NaOH/I_2} CHI_3 + CH_3CH_2CH_2COONa$$

12. A：$CH_3CH(NH_2)COOC_2H_5$

$$\underset{(A)}{CH_3\overset{*}{C}H(NH_2)COOC_2H_5} \xrightarrow{\text{稀 } OH^-} \underset{(B)}{CH_3\overset{*}{C}H(NH_2)COO^-} + \underset{(C)}{C_2H_5OH}$$

$\underset{(B)}{CH_3CH(NH_2)COO^-}$
- $\xrightarrow{H^+}$ $CH_3CH(^+NH_3Cl^-)COOH$
- $\xrightarrow{OH^-}$ $CH_3CH(NH_2)COO^-$
- $\xrightarrow{NaNO_2+HCl}$ $CH_3CH(OH)COOH + N_2\uparrow$

$\underset{(C)}{C_2H_5OH}$
- $\xrightarrow{Na}$ $C_2H_5ONa + \frac{1}{2}H_2$
- $\xrightarrow{NaOH/I_2}$ $CHI_3 + HCOONa$

13. A：$C_6H_5NH_2$　　B：$C_6H_5N_2^+Cl^-$　　C：$C_6H_5-N=N-C_6H_4-OH$（对位）

$$C_6H_5NH_3^+Cl^- \xrightarrow[0℃\sim5℃]{NaNO_2,HCl} \underset{(B)}{C_6H_5N_2^+Cl^-} \xrightarrow[pH=8\sim10,0℃\sim5℃]{C_6H_5OH} \underset{(C)}{C_6H_5-N=N-C_6H_4-OH}$$

第十二章

杂环化合物和生物碱

一、目的要求

1. 掌握常见杂环化合物的分类和命名。
2. 掌握主要单杂环化合物的结构和化学性质。
3. 掌握重要的稠杂环化合物的结构和化学性质。
4. 了解生物碱的概念、结构特点和主要性质。
5. 熟悉重要杂环衍生物的结构及其应用。
6. 了解重要生物碱的生理作用。

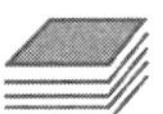

二、本章要点

1. 杂环化合物

(1) 定义。

由碳原子和杂原子所构成、性质较稳定的环状有机化合物称为杂环化合物。常见的杂原子有氧、硫、氮等。

(2) 分类和命名。

杂环分为单杂环和稠杂环两类，单杂环又分为五元和六元杂环化合物，稠杂环又分为苯稠杂环和杂环稠杂环化合物。

杂环化合物的命名比较复杂，我国常使用“音译法”，按英文读音，用同音字加“口”字旁命名。取代杂环的命名，选杂环为母体，将取代基的位次、数目和名称列于母体名称前。除个别稠杂环外，杂环编号一般从杂原子开始；环上有不同杂原子时，按 O,S,NH,N 的顺序编号。下面是一些常见杂环的名称和编号：

① 五元杂环：

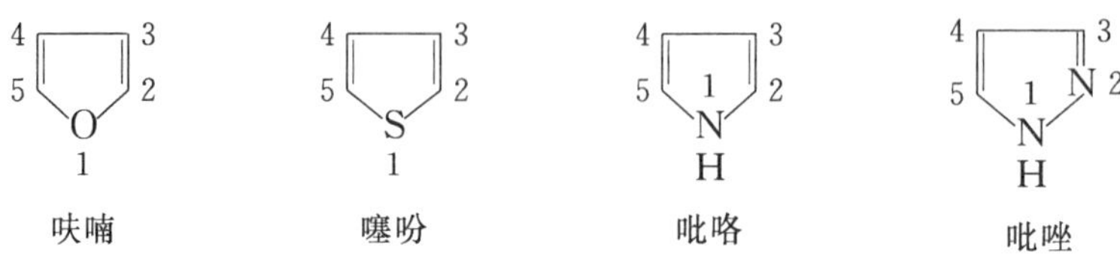

呋喃　噻吩　吡咯　吡唑

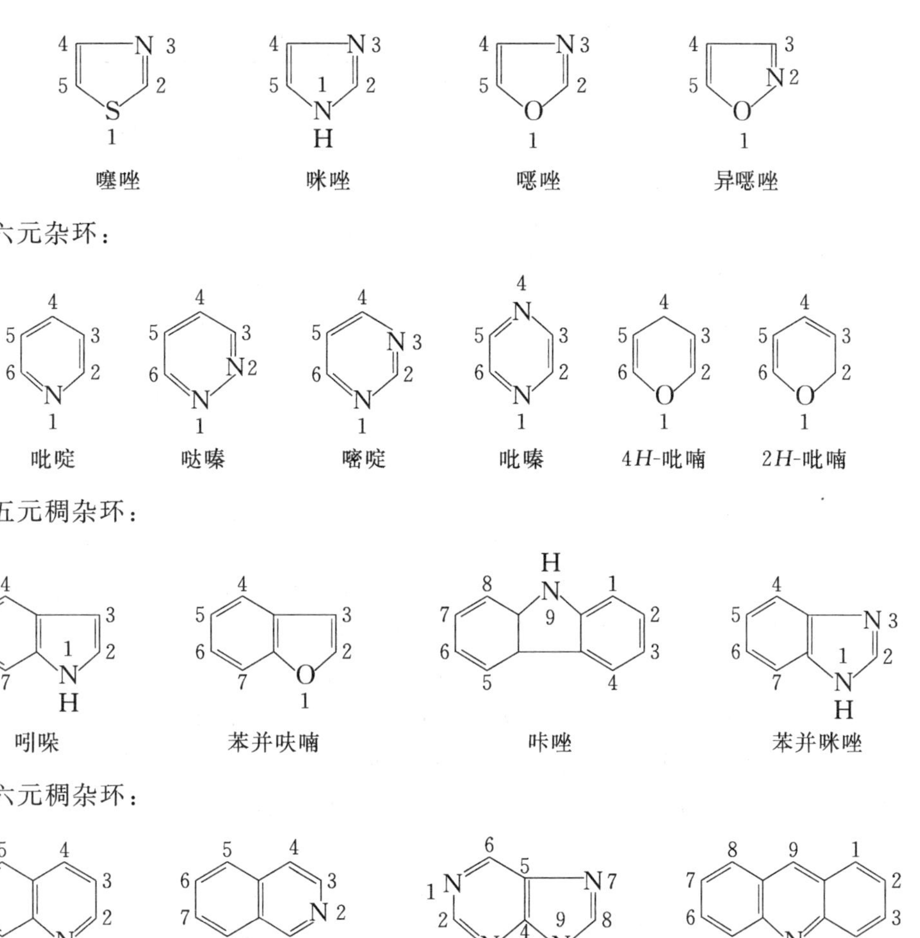

② 六元杂环：

③ 五元稠杂环：

④ 六元稠杂环：

喹啉　　异喹啉　　嘌呤　　吖啶

⑤ 含有饱和碳原子（sp^3 碳原子）的杂环，需用大写斜体“H”及其位次标明一个或多个饱和氢原子所在的位置：

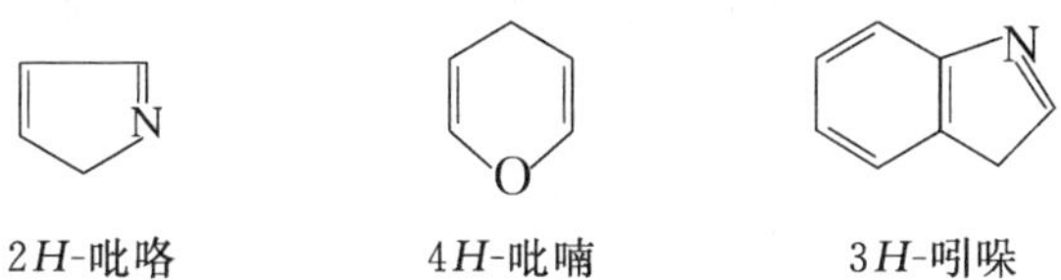

2H-吡咯　　4H-吡喃　　3H-吲哚

（3）杂环化合物的结构和化学性质。

① 单杂环（含一个杂原子）化合物的结构和主要化学性质。含一个杂原子的单杂环包括五元单杂环（呋喃、噻吩、吡咯）和六元单杂环（吡啶）。呋喃、噻吩、吡咯中杂原子的孤对电子参与闭合共轭体系，而吡啶中杂原子的孤对电子未参与闭合共轭体系，它们都有芳香性。呋喃、噻吩、吡咯、吡啶的结构和主要化学性质如表 12-1 所示：

表 12-1　单杂环化合物的结构和性质

结构和性质	五元单杂环(呋喃,噻吩,吡咯)	六元单杂环(吡啶)
共轭体系	孤对电子参与环共轭,多电子体系	孤对电子未参与环共轭,缺电子体系
环上电荷密度	比苯环高	比苯环低
芳香性	比苯弱	稍弱于苯
水溶性	难形成氢键,水溶性小	可形成氢键,能与水混溶
酸碱性	孤对电子参与环共轭,碱性减弱,吡咯甚至具有弱酸性	孤对电子未参与环共轭,具有碱性,碱性强于苯胺
亲电取代反应	比苯容易,优先取代在 α 位	比苯难,取代在 β 位
催化加氢	比苯容易	比苯容易
亲核取代反应		用强碱性的亲核试剂(如 $NaNH_2$、RLi 等),取代在 α 位

② 单杂环(含两个杂原子)的结构和化学性质。五元单杂环中含有两个杂原子的体系称为唑。噻唑、吡唑和咪唑可分别看成是噻吩或吡咯环上 2 位或 3 位上的 CH 换成了 N 原子。此 N 原子也以 sp^2 杂化轨道成键,孤对电子占据的是一个 sp^2 杂化轨道,为该氮所独有,未杂化的 p 轨道上含有一个电子参与形成环形闭合的六电子的大 π 键。因此,唑环的结构也符合休克尔规则,具有芳香性。此外,还因该氮原子的孤对电子未参与共轭,可与质子成盐,因而唑具有一定的碱性。但因孤对电子处于 sp^2 杂化轨道,受核影响较大,故碱性弱于一般的胺类。

咪唑的碱性较噻唑强,吡唑因两个氮原子相连而使碱性降低,为三者中最弱。咪唑 1 位氮原子的结构与吡咯一样,具有微弱的酸性,其所连的氢原子可被碱金属原子置换生成盐。

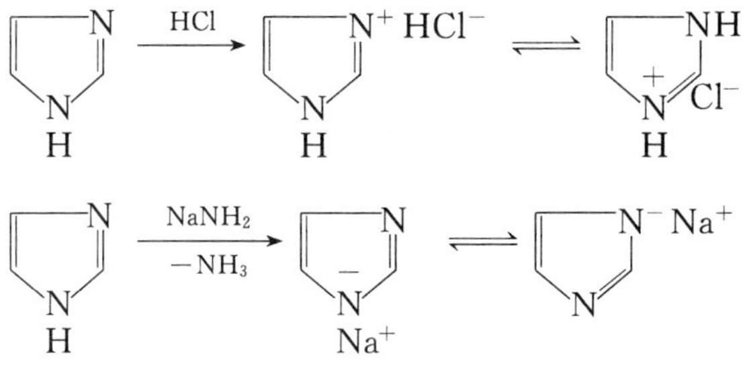

与呋喃、噻吩、吡咯相比较,唑环上增加了一个氮原子的吸电子作用,因此环上碳原子的电子云密度都比相应的五元单杂环低,亲电反应活性比呋喃、噻吩、吡咯要低,但比吡啶高。亲电取代进入唑环的位置与吡啶类似,一般在叔氮原子的间位上。

在咪唑和吡唑环中,由于氮原子上的氢可以移位,因而存在互变异构体,但两者不易分离。例如:

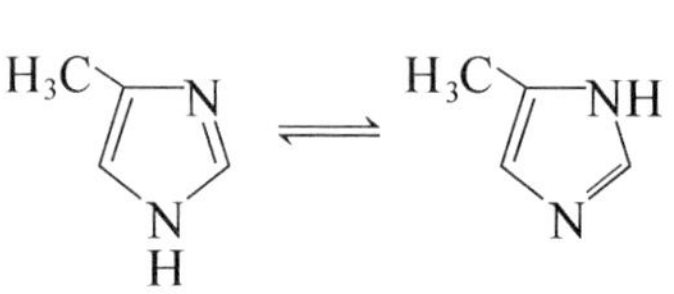

4(5)-甲基咪唑

③ 稠杂环的结构和化学性质。

吲哚是苯与吡咯的稠合物，具有弱酸性，在β位发生亲电取代反应，遇浸过盐酸的松木片显红色。

喹啉是苯环与吡啶的稠合物，碱性比吡啶弱，一般亲电取代反应易发生在苯环上，亲核取代易发生在吡啶环上。

嘌呤由咪唑和嘧啶稠合而成，咪唑部分可发生互变异构现象。嘌呤的衍生物广泛存在于生物体内，是核酸的组成成分。

2. 生物碱

生物碱是生物体（主要是植物体）内一类具有显著生理活性的含氮的有机碱性化合物。多数具有旋光性，一般左旋体具有很强的生理活性。

生物碱具有弱碱性，大都不溶于或难溶于水，可溶于稀酸形成盐，易溶于乙醚、丙酮、乙醇等有机溶剂。

生物碱与磷钨酸、磷钼酸、苦味酸、鞣酸等生成沉淀，与浓硝酸、浓硫酸、钒酸等生物碱显色剂发生颜色反应。

三、例题解析

［例 1］ 命名下列杂环化合物。

(1) 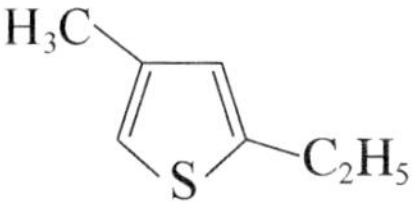 H_3C 噻吩环，C_2H_5　(2) 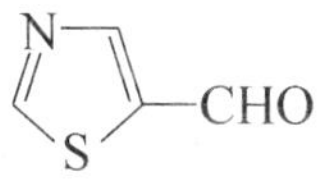 噻唑环 —CHO　(3) 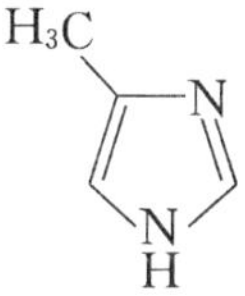 H_3C 咪唑环 N, NH

(4) 喹啉环 NO_2　(5) 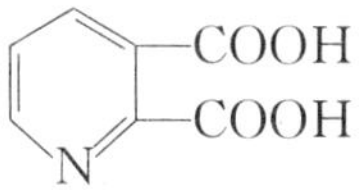 吡啶环 —COOH, —COOH　(6) 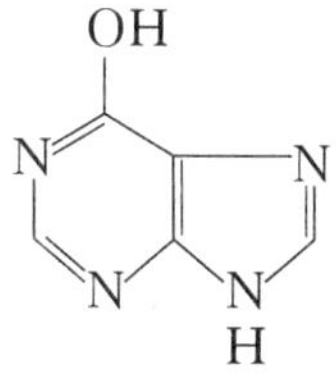 OH 嘌呤环 N, N, N, NH

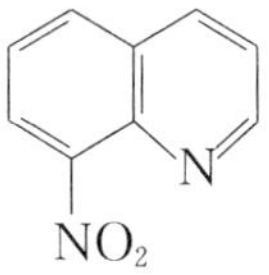

解： 杂环化合物的命名，首先按照杂环化合物的命名规则确定母体名称和编号，然后参照芳环化合物的命名规则进一步确定环上取代基的编号。当环上连有—R（烷基），—X，—NO_2 等基团时，一般以杂环为母体，基团为取代基；当环上连有—CHO，—COOH，—SO_3H 等基团时，一般以杂环为取代基，基团为母体。

(1) 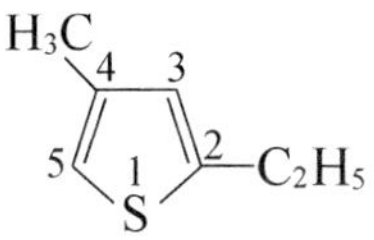 H_3C 4 3 5 1 S 2 C_2H_5，4-甲基-2-乙基噻吩（以杂环为母体，基团为取代基，—CH_3 和—C_2H_5 的位置按“最低系列”编号方法）。

(2) 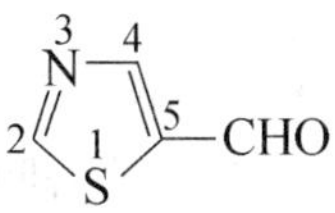 3 N 4 2 1 S 5 CHO，5-噻唑甲醛（以杂环为取代基，基团为母体，注意编号，不要把名称写成 2-噻唑甲醛或 2-甲醛基噻唑等）。

（3）4-甲基咪唑（注意咪唑的编号，不要把名称写成 3-甲基咪唑）。

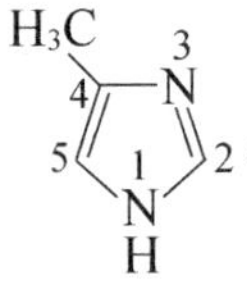

（4）8-硝基喹啉（注意喹啉的编号，共用碳原子不参与编号）。

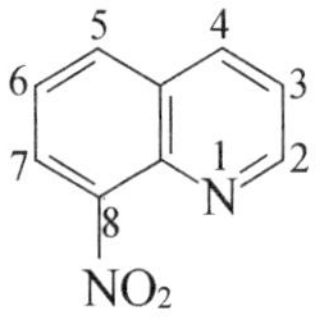

（5）2,3-吡啶二甲酸（以杂环为取代基，基团为母体，二个羧基的位次需要分别表示）。

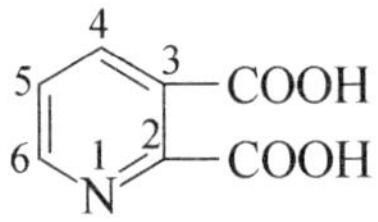

（6）6-羟基嘌呤（嘌呤的命名是特例，其共用碳原子参与编号，且编号顺序也很特殊）。

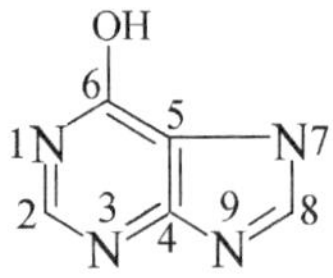

［例 2］ 为什么五元单杂环化合物比苯更容易发生亲电取代反应？

解： 五元单杂环中杂原子上的孤对电子参与了环的共轭，结果成环的 5 个原子共用 6 个 π 电子，为富电子芳环，电荷密度高于苯环。因此，五元单杂环化合物比苯更易发生亲电取代。

［例 3］ 为什么吡啶发生亲电取代反应比苯难？

解： 吡啶中氮原子的孤对电子未参与环的共轭，且氮原子的电负性较碳原子大，对环产生吸电子共轭效应和诱导效应，使其电荷密度降低，为缺电子芳环。因此亲电取代反应比苯难。

［例 4］ 写出下列化合物的结构式。这些化合物中哪些可与固体氢氧化钠（钾）反应？哪些可与盐酸反应？哪些与两者均可反应？

（1）5-羟基喹啉　（2）吲哚　（3）咪唑　（4）吡咯　（5）吡啶

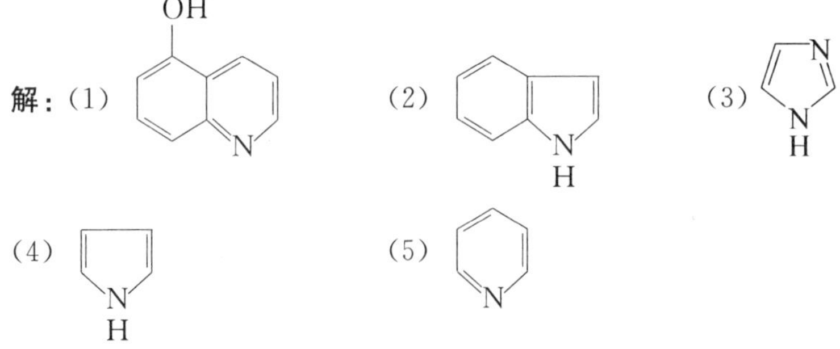

可与固体氢氧化钠（钾）反应的有（1）（2）（3）（4）；可与盐酸反应的有（1）（3）（5）；可与两者都反应的有（1）（3）。

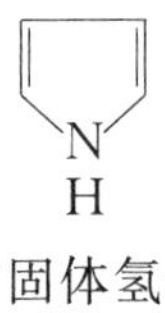

理由：吡咯分子中氮上的氢能以质子的形式解离而显出一定的酸性（$pK_a=15$）。吲哚中含有吡咯环，情况与吡咯相似，显示弱酸性。因此，吡咯和吲哚能与氢氧化钠（钾）反应。

吡啶分子中氮原子上的孤对电子未参与环的共轭，因此具有碱性，能与盐酸反应。

5-羟基喹啉中既有酚羟基而显出弱酸性，又具有吡啶型氮原子而显出弱碱性。因此，5-羟基喹啉与氢氧化钠(钾)和盐酸均可反应。

(咪唑结构式，环上标号 1–5，1 位为 NH，3 位为 N) 咪唑中 3 位氮原子上的孤对电子未参与环的共轭，因此属于吡啶型氮原子，具有弱碱性。1 位氮原子上的孤对电子参与了环的共轭，因此属于吡咯型氮原子，具有弱酸性。故咪唑与氢氧化钠(钾)和盐酸均可反应。

［**例 5**］　完成下列反应：

(1) 噻吩 $\xrightarrow[ZnCl_2]{(CH_3CO)_2O}$　　(2) 吡啶 $\xrightarrow[300℃]{Br_2}$

(3) 2-呋喃甲酸(—COOH) $\xrightarrow[100℃]{Br_2}$　　(4) 吡咯 + HO_3S—C₆H₄—$N_2^+Cl^-$ $\longrightarrow$

(5) 噻吩 $\xrightarrow{Br_2}$ (Ⅰ) $\xrightarrow{Mg}$ (Ⅱ) $\xrightarrow{CO_2}$ (Ⅲ)

(6) 糠醛(—CHO) $\xrightarrow{Cl_2}$ (Ⅰ) $\xrightarrow{浓\ NaOH}$ (Ⅱ)

解：呋喃、噻吩、吡咯属于富电子芳杂环体系，亲电取代反应比苯容易发生，且取代基团优先取代在 α 位。吡啶属于缺电子芳杂环体系，亲电取代反应比苯难，且取代基主要进入 β 位。

(1) 2-噻吩基—$COCH_3$(傅-克酰基化反应)　(2) 3-溴吡啶(Br)　(溴代反应)

(3) Br—(呋喃)—COOH (溴代反应)　　(4) HO_3S—C₆H₄—N═N—(2-吡咯基，NH)(偶合反应)

(5) (Ⅰ) 2-噻吩基—Br(溴代反应)，(Ⅱ) 2-噻吩基—MgBr，(Ⅲ) 2-噻吩基—COOH(格氏反应)

(6) (Ⅰ) Cl—(呋喃)—CHO (氯代反应)，

(Ⅱ) Cl—(呋喃)—COONa + Cl—(呋喃)—CH_2OH (歧化反应)

［**例 6**］　完成下列转化：

(1) 3-甲基吡啶(CH_3) $\longrightarrow$ 3-吡啶基—C(=O)—苯基　　(2) 糠醛(—CHO) $\longrightarrow$ 四氢呋喃

(3) 呋喃 ⟶ O_2N-呋喃-COOH　　(4) 甲苯 ⟶ 6-羧基-8-硝基喹啉（HOOC，NO_2）

解：(1) 3-甲基吡啶（CH_3）$\xrightarrow[H^+]{KMnO_4}$ 3-吡啶甲酸（COOH）$\xrightarrow{SOCl_2}$ 3-吡啶甲酰氯（COCl）$\xrightarrow[AlCl_3]{苯}$ 3-苯甲酰吡啶（C=O）

(产物为芳香酮，故考虑傅-克反应。但吡啶环不能进行傅-克反应，只能作为酰化剂)

(2) 糠醛（CHO）$\xrightarrow{AgNO_3/NH_3 \cdot H_2O}$ 呋喃甲酸（COOH）$\xrightarrow[-CO_2]{\triangle}$ 呋喃 $\xrightarrow[Ni]{H_2}$ 四氢呋喃

(呋喃甲酸受热易脱羧，故先将醛氧化为羧酸再经脱羧和还原得到产物)

(3) 呋喃 $\xrightarrow[BF_3]{(CH_3CO)_2O}$ 呋喃-$COCH_3$ $\xrightarrow{HNO_3}$ O_2N-呋喃-$COCH_3$ $\xrightarrow[2)\ H^+]{1)\ I_2/OH^-}$

O_2N-呋喃-COOH

(呋喃易被强酸树脂化，故不能用硝酸直接硝化，可先在环上引入钝化基团($—COCH_3$)进行减活后再用硝酸直接硝化，可避免树脂化)

(4) 甲苯（CH_3）$\xrightarrow[H_2SO_4]{HNO_3}$ 对硝基甲苯（CH_3，NO_2）$\xrightarrow[HCl]{Sn}$ 对甲基苯胺（CH_3，NH_2）$\xrightarrow{(CH_3CO)_2O}$ 对甲基乙酰苯胺（CH_3，$NHCOCH_3$）$\xrightarrow[H_2SO_4]{HNO_3}$ $\xrightarrow[H^+]{H_2O}$

4-甲基-2-硝基苯胺（CH_3，NO_2，NH_2）$\xrightarrow[As_2O_5\ \triangle]{甘油，浓\ H_2SO_4}$ 6-甲基-8-硝基喹啉（H_3C，NO_2）$\xrightarrow[H^+]{KMnO_4}$ 6-羧基-8-硝基喹啉（HOOC，NO_2）

(产物为喹啉的衍生物，考虑采用斯克劳普合成法)

[例 7]　如何除去苯中含有的少量噻吩？

将含有少量噻吩的苯置于分液漏斗中，反复用硫酸提取，去除硫酸层，即可除去噻吩。

原理：在室温下，噻吩比苯容易磺化，磺化的噻吩溶于浓硫酸内，从而与苯分离。

[例 8]　指出组胺分子中氮原子的碱性次序：

(3) N —$CH_2CH_2NH_2$ (1)

N(2)
H

解：氮原子碱性次序为(1)＞(3)＞(2)。

理由：从结构来看，(1)是 sp^3 杂化氮原子且属脂肪胺；(2)，(3)是 sp^2 杂化，其中(2)属于吡咯型氮原子，氮上的氢能解离而显示酸性；(3)属于吡啶型氮原子，具有弱碱性，其碱性小于氨和脂肪胺。

［**例 9**］　古液碱 A($C_8H_{15}ON$)是一种生物碱，存在于古柯植物中。不溶于 NaOH 水溶液而可溶于盐酸中。不与苯磺酰氯作用，但能与苯肼作用生成相应的苯腙。它与 NaOI 作用生成黄色沉淀和羧酸 B($C_7H_{13}O_2N$)。用 Cr_2O_3 强烈氧化，B 可转化为古液酸($C_6H_{11}O_2N$)，即 N-甲基-2-吡咯烷甲酸。试写出 A、B 的结构式。

解：A：—$CH_2\overset{O}{\overset{\|}{C}}CH_3$（N—$CH_3$）　　B：—$CH_2COOH$（N—$CH_3$）

古液酸($C_6H_{11}O_2N$)，即 N-甲基-2-吡咯烷甲酸：—COOH（N—CH_3），由 B 强氧化而来，且较 B 少了一个 CH_2，推断 B 应为 —CH_2COOH（N—CH_3）。

依据题意，B 由 A 经碘仿反应而来，故推断 A 为 —$CH_2\overset{O}{\overset{\|}{C}}CH_3$（N—$CH_3$），A 的氮原子具有弱碱性，可与盐酸成盐，叔氮不能发生酰化反应，羰基可与苯肼反应成腙，也可进行碘仿反应，均符合题意。

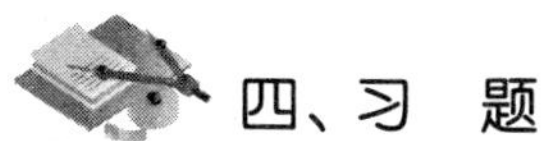

四、习　题

1. 命名下列化合物：

(1) —SO_3H（O）　(2) —$CONH_2$（N）　(3) （O）　(4) I、I、I、I（N—H）

(5) 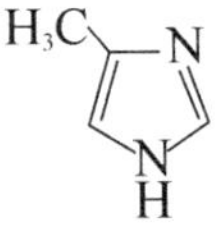
H₃C
N
N
H
(6) 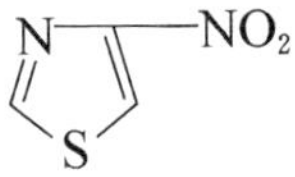
N
NO₂
S
(7) 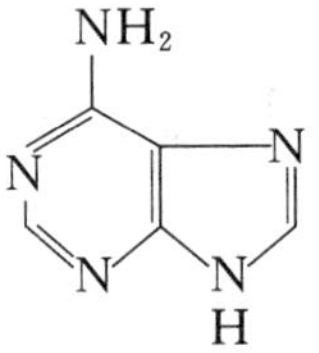
NH₂
N
N
N
N
H
(8) 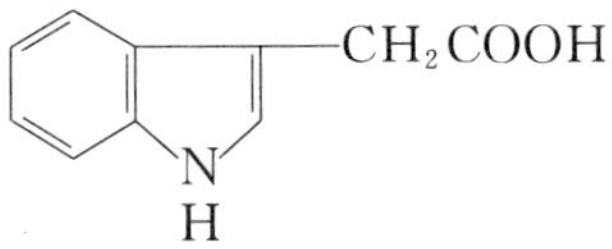
CH₂COOH
N
H

(9) 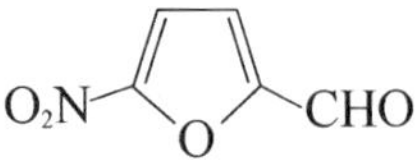
O₂N
O
CHO
(10) 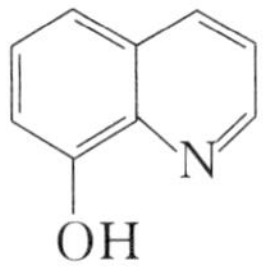
N
OH

2. 写出下列化合物的结构式：

(1) α-呋喃甲醇 (2) 四氢吡咯 (3) β-吡啶甲酸 (4) 2,3-吡啶二甲酸

(5) 六氢吡啶 (6) N-甲基吡咯 (7) 4-硝基喹啉-N-氧化物 (8) 8-羟基异喹啉

(9) 噻唑-5-磺酸 (10) 4-氯噻吩-2-甲酸

3. 写出下列反应式，写出主要产物：

(1) 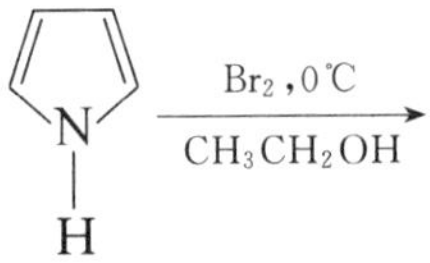
N
H
Br₂，0℃
CH₃CH₂OH

(2) 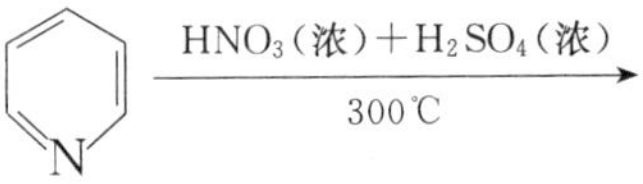
N
HNO₃(浓)+H₂SO₄(浓)
300℃

(3) 
N
+HCl

(4) 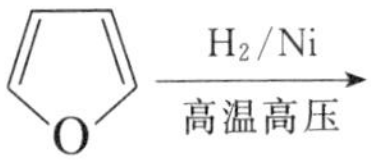
O
H₂/Ni
高温高压

(5) 2 
O
CHO
浓 NaOH

(6) 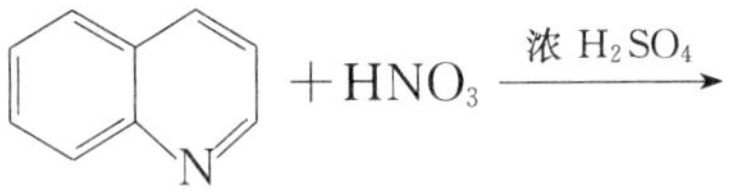
N
+HNO₃
浓 H₂SO₄

(7) 
O
+(CH₃CO)₂O
BF₃

(8) 
S
+H₂SO₄
25℃

(9) 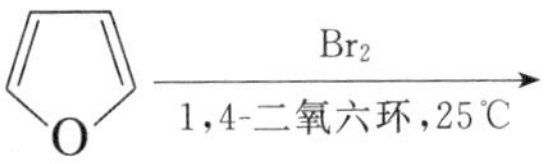
O
Br₂
1,4-二氧六环，25℃

(10) 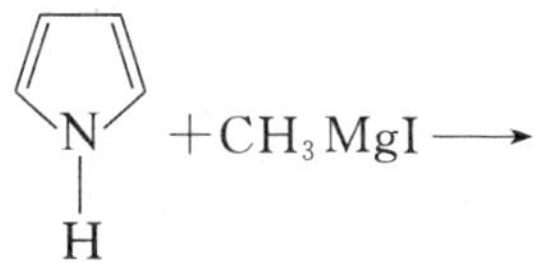 N—H $+CH_3MgI \longrightarrow$

(11) 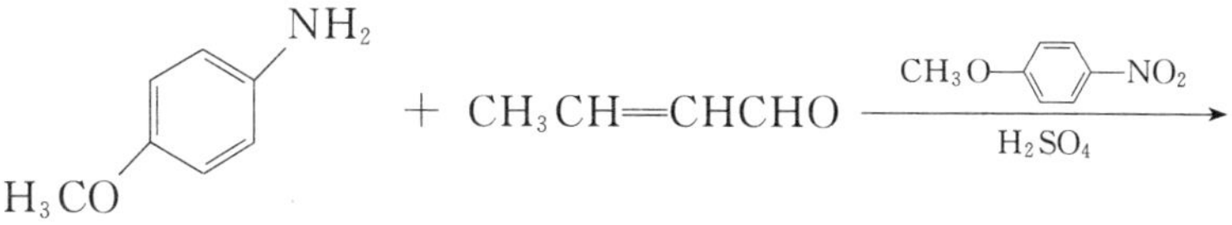 H_3CO—苯—NH_2 $+ CH_3CH{=}CHCHO \xrightarrow[H_2SO_4]{CH_3O—C_6H_4—NO_2}$

(12) 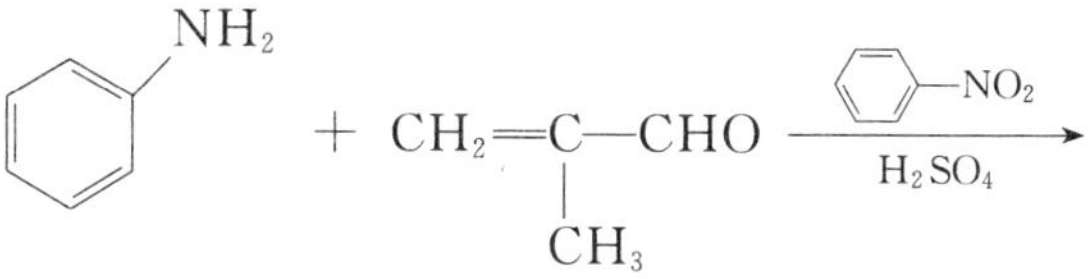 苯—NH_2 $+ CH_2{=}C(CH_3)—CHO \xrightarrow[H_2SO_4]{C_6H_5—NO_2}$

4. 选择题(多选一)：

(1) 下列化合物中碱性最弱的是　(　　)

A. NH_3　　B. 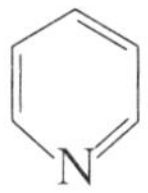 N　　C. 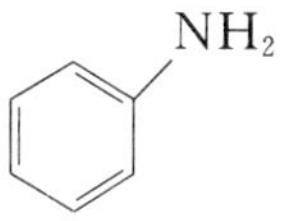 NH_2

D.  NH　　E. 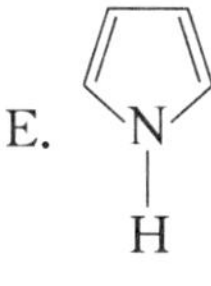

(2) 下列三个化合物进行硝化反应,其反应活性顺序正确的为　(　　)

a. 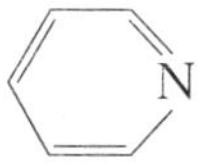 N　　b. 　　c. 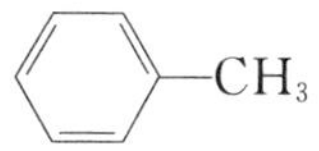 $—CH_3$

A. c>b>a　　B. c>a>b　　C. a>c>b

D. b>c>a　　E. 都不是

(3) 下列化合物中属于杂环化合物的是　(　　)

A. 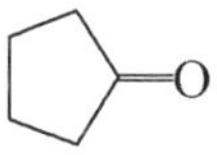 =O　　B.  O　　C. 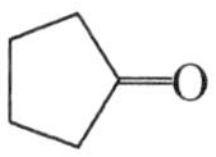 =O

D. 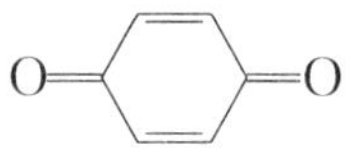 O= =O　　E.  O

(4) 下列化合物发生亲电取代反应的活性顺序正确的为　(　　)

a.  S　　b. 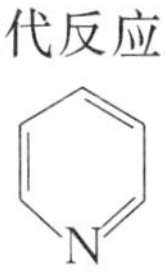 N　　c. 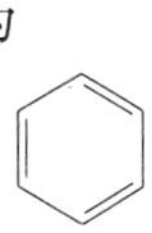　　d. 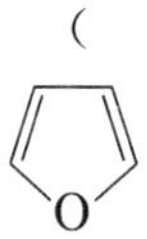 O

A. b>d>a>c　　B. c>b>d>a　　C. a>b>d>c

D. d>a>c>b　　E. b>a>d>c

5. 简答题：

(1) 如何区分吡啶与喹啉?

(2) 如何除去苯中的少量吡啶?

(3) 如何除去吡啶中的少量六氢吡啶？

6. 某杂环化合物 A(C_6H_6OS)不与银氨溶液反应，但能与 NH_2OH 形成肟 B(C_6H_7NOS)，且 A 与 I_2/NaOH 作用生成黄色沉淀和 C(α-噻吩甲酸钠)。试写出 A、B、C 的结构式及有关反应式。

五、习题参考答案

1. (1)α-呋喃磺酸　(2) β-吡啶甲酰胺　(3) 四氢呋喃　(4) 四碘吡咯　(5) 4-甲基咪唑　(6) 4-硝基噻唑　(7) 6-氨基嘌呤　(8) β-吲哚乙酸　(9) 5-硝基-2-呋喃甲醛　(10) 8-羟基喹啉

2. (1) 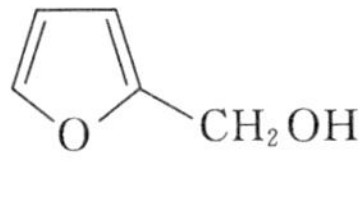 CH_2OH（2-呋喃甲醇）　(2) N-H（四氢吡咯）　(3) COOH（3-吡啶甲酸）　(4) COOH, COOH（2,3-吡啶二甲酸）

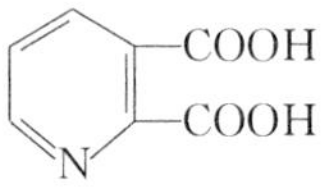

(5)  N-H（六氢吡啶）　(6) 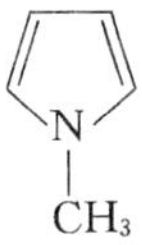 N-CH_3（N-甲基吡咯）　(7) 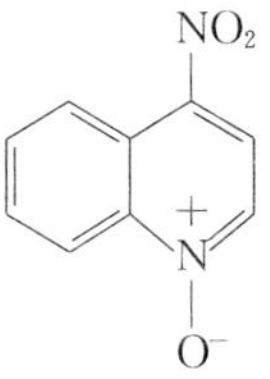 NO_2, $\overset{+}{N}$-O^-　(8) 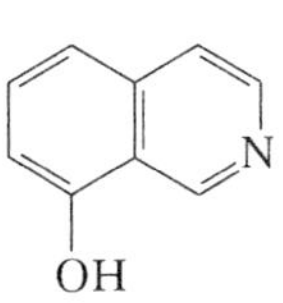 OH, N　(9) 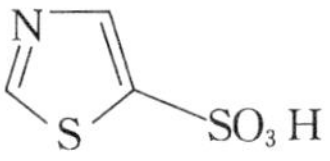 N, S, SO_3H

(10) 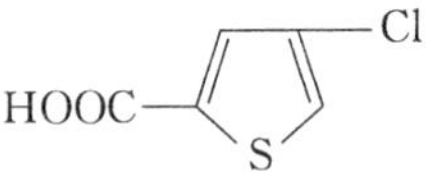 HOOC, S, Cl

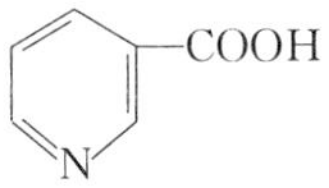

3. (1) 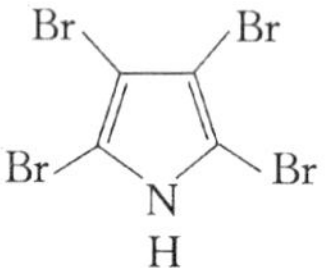 Br, Br, Br, Br, N-H　(2) 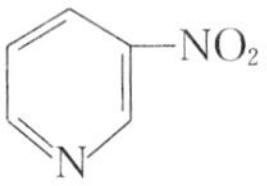 NO_2, N　(3) 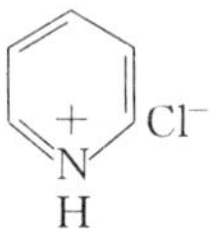 $\overset{+}{N}$-H Cl^-　(4)  O

(5) 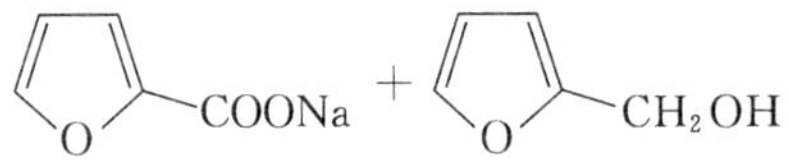 COONa + CH_2OH　(6) 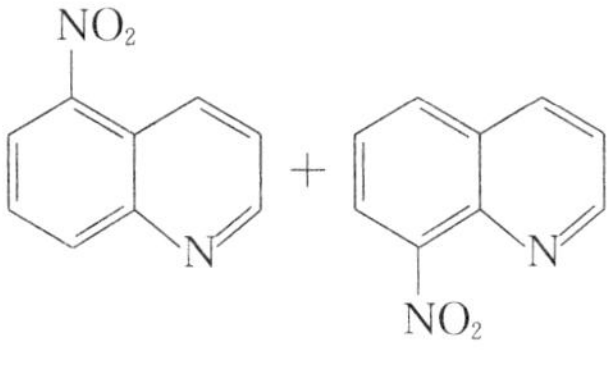 NO_2, N + N, NO_2

(7) 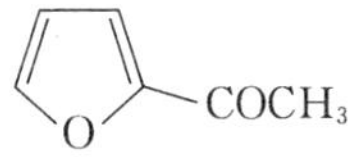 $COCH_3$　(8) 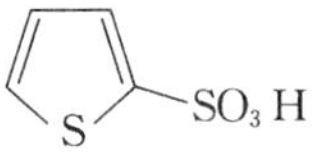 S, SO_3H　(9) 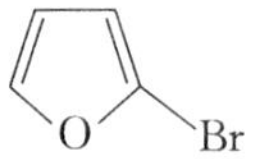 O, Br　(10) 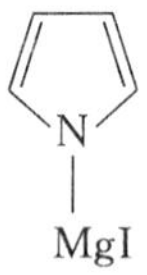 N-MgI

(11) 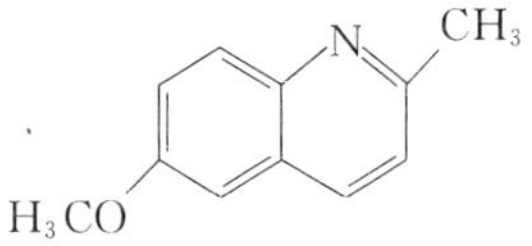 N, CH_3, H_3CO　(12) 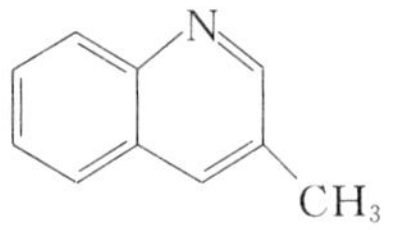 N, CH_3

4. (1) E　(2) A　(3) B　(4) D

5. (1)吡啶易溶于水，喹啉在水中溶解度很小。

(2) 方法一：在混合物中加入水并不断振摇，使吡啶溶于下层水中，静置，分离除去下层水溶液。

方法二：在混合物中加硫酸，吡啶与硫酸反应生成吡啶硫酸盐而溶于硫酸中，静置分层，分离除去下层的硫酸。

(3) 将混合物溶于乙醚后，加适量稀盐酸，后者生成盐酸盐，分层去除。

6.

A: 2-噻吩基—C(=O)—CH_3　B: 2-噻吩基—C(=N—OH)—CH_3　C: 2-噻吩基—COONa

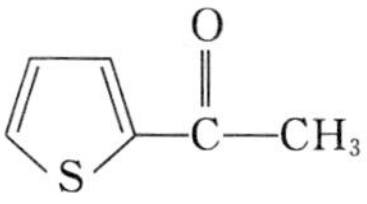

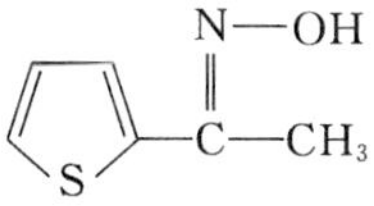

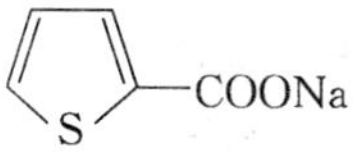

第十三章

萜类和甾族化合物

一、目的要求

1. 掌握萜类化合物的定义、分类和结构特点。
2. 熟悉常见的萜类化合物及其应用。
3. 掌握甾族化合物的基本结构、构型和构象。
4. 了解甾族化合物的命名；熟悉常见的甾族化合物及其应用。

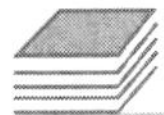

二、本章要点

1. 萜类化合物

(1) 定义。

萜类化合物是异戊二烯的低聚体、氢化物及含氧衍生物的总称。所以，萜类化合物的结构特征可看作是由若干个异戊二烯分子头尾相连而成的，这又叫萜类结构的异戊二烯规律。

(2) 分类。

① 根据所含异戊二烯单位的数目，萜类化合物分为：单萜类、倍半萜类、二萜类、三萜类、四萜类和多萜类。

② 按照碳原子连接方式，萜类化合物分为开链、单环和多环萜类。

(3) 命名。

萜类化合物的名称多以其来源及结构特点命名。例如，麝香酮、植醇、柠檬醛、薄荷醇、β-胡萝卜素等。

(4) 单萜类。

单萜类由两个异戊二烯单位组成，根据连接方式不同，可分为链状单萜、单环单萜和双环单萜等。

① 链状单萜。链状单萜具有如下基本骨架：

许多天然植物的挥发性油中均含有链状单萜的衍生物。例如：

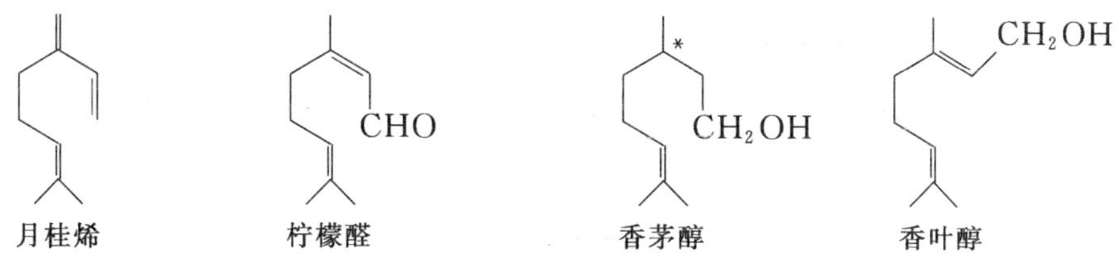

② 单环单萜。单环单萜的基本骨架是由两个异戊二烯单位缩合而成的六元碳环化合物。例如：

300℃

苧烯(柠檬烯)

③ 双环单萜。双环单萜可看作是薄荷烷的桥环衍生物。

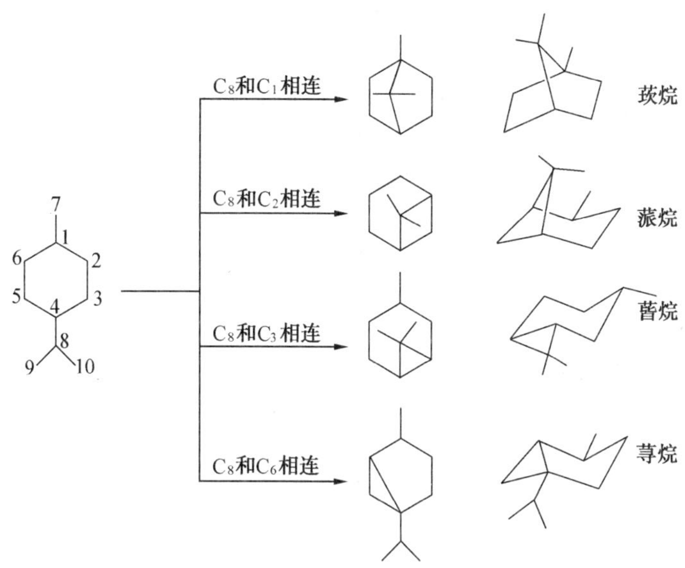

这四种双环单萜烷不存在于自然界，但它们的一些不饱和含氧衍生物则广泛存在于自然界。例如：

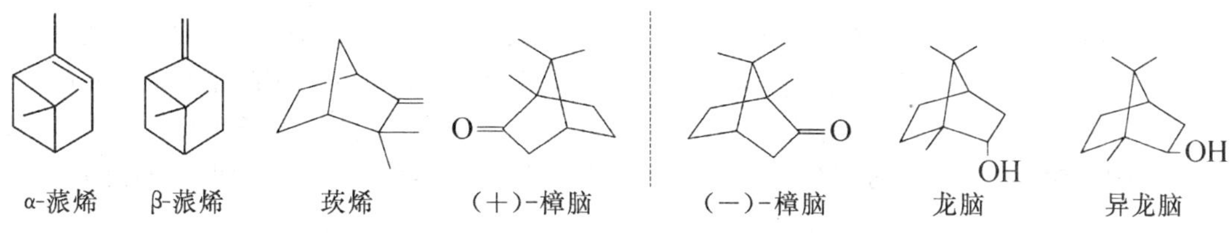

(5) 其他萜类化合物。

① 倍半萜类。倍半萜类是由三个异戊二烯单位组成，也有链状和环状两种结构。例如：

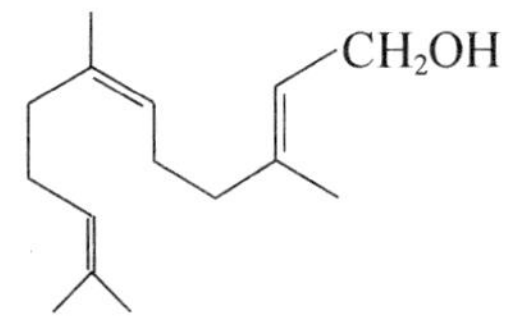

金合欢醇 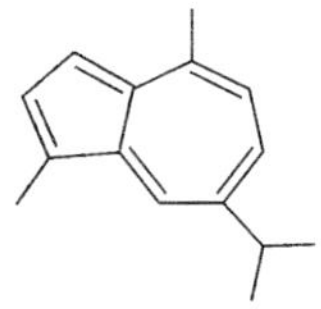　　愈创木薁 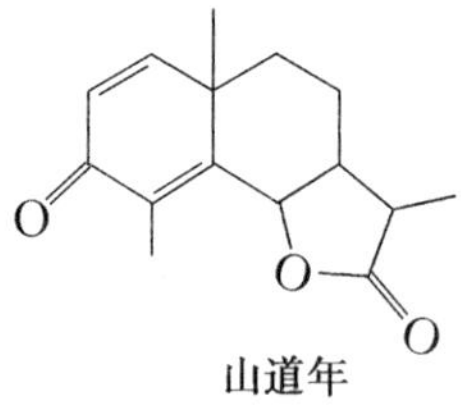　　山道年

② 二萜类。二萜分子中含有 20 个碳原子，是 4 个异戊二烯单位的聚合体。例如，植物醇为链状二萜类化合物，是叶绿素的水解产物之一。

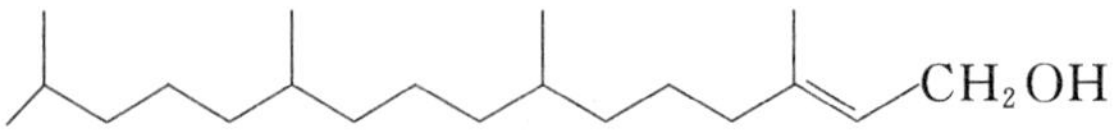

植物醇(叶绿醇)

③ 三萜类。三萜分子中含 30 个碳原子，是 6 个异戊二烯单位的聚合体，如角鲨烯。

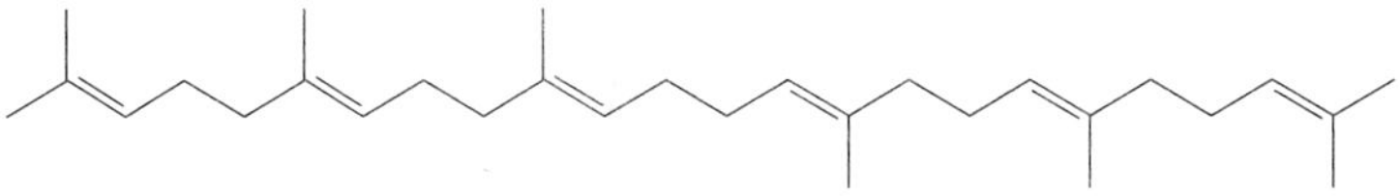

角鲨烯

④ 四萜类。类胡萝卜素是一类四萜，是一类天然色素，如番茄红素。

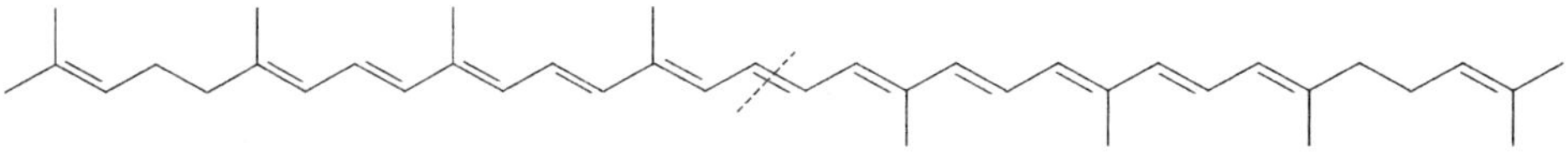

番茄红素

2. 甾族化合物

(1) 基本结构。

甾族化合物的基本结构如下：

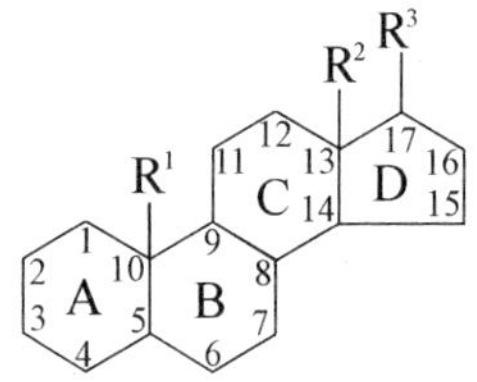

三个侧链中，R^1 和 R^2 常为角甲基，R^3 可为数目不同的碳链或含氧衍生基团。

(2) 构型。

甾族化合物主要有两种构型：稠合的 A/B 环有顺式和反式两种(稠合的 B/C 环和 C/D 环一般都是反式)。当 A/B 环顺式稠合时，C_5 上的氢原子和 C_{10} 上的角甲基在环平面的同侧，用实线表示，叫正系(5β-型)或类甾烷系；当 A/B 环反式稠合时，C_5 上的氢原子和 C_{10} 上的角甲基在环平面的异侧，C_5 上的氢原子伸向环平面的后方，用虚线表示，称为别系(5α-型)或胆甾烷系。

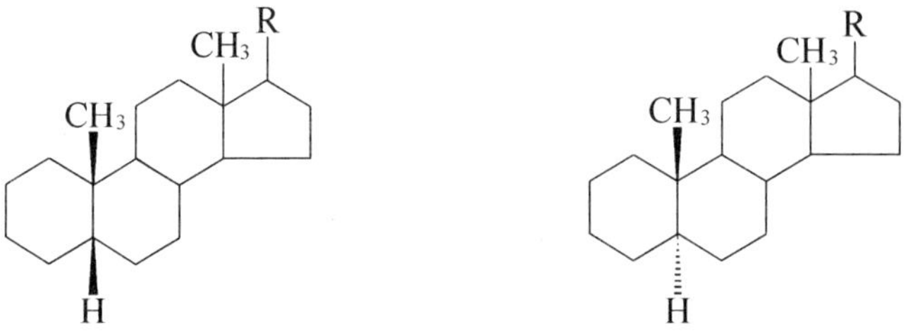

正系(A/B 顺式)或类甾烷系(5β-型)　　别系(A/B 反式)或胆甾烷系(5α-型)

此外，甾族化合物的环上取代基与角甲基在环平面同侧时，用实线表示，标记为β-型；与角甲基在环平面异侧时，用虚线表示，标记为α-型。例如：

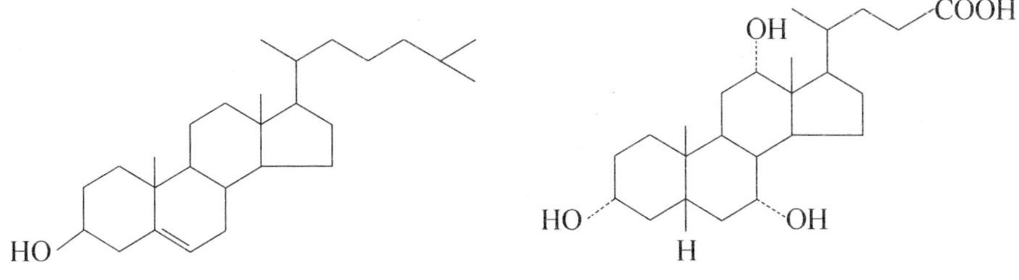

胆固醇(3β-羟基)　　胆酸(3α,7α,12α-三羟基-5β-胆烷-24-酸)

(3) 几类重要的甾族化合物。

① 甾醇类。甾醇类主要有胆甾醇、7-脱氢胆甾醇和麦角甾醇。

胆甾醇最初是从胆汁中分离得到的固体醇，因而又称胆固醇。其结构特点：C_3 连有一 3β-型醇羟基，C_5 和 C_6 间为双键，C_{17} 上连有一个 8 个碳原子的烃基。

7-脱氢胆甾醇由胆甾醇转化而来，存在于人体皮肤中。麦角甾醇存在于酵母和某些植物中，其结构只是在 C_{17} 的烃基上比 7-脱氢胆甾醇多了一个双键。当受到紫外线照射时，7-脱氢胆甾醇和麦角甾醇中的 B 环破裂，分别得到维生素 D_3 和 D_2。

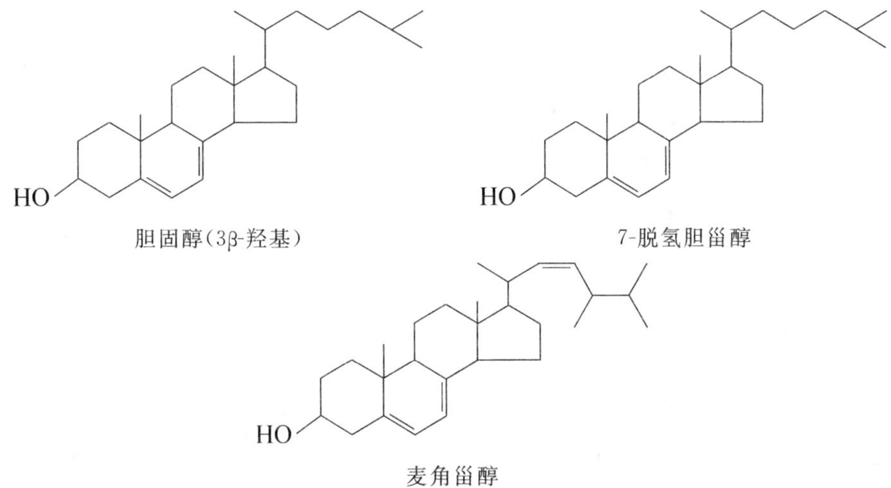

胆固醇(3β-羟基)　　7-脱氢胆甾醇

麦角甾醇

② 胆甾酸类。从动物的胆汁分离得到几种含氧酸性甾族化合物的总称叫胆甾酸，主要有四种：胆酸、脱氧胆酸(7-脱氧胆酸)、鹅胆酸(C_{12}-脱氧胆酸)和石胆酸(7,12 -二脱氧胆酸)四种。

③ 甾体激素。甾体激素根据来源和生理作用不同，分为性激素和肾上腺皮质激素两类。昆虫蜕皮激素也属于甾体激素。

性激素可分为雌性激素和雄性激素两大类。雌性激素又可分为雌激素(卵泡激素)和孕激素(黄体激素)。雌激素主要有雌二醇和雌酮，其中雌二醇的生理作用最强。孕激素主要有孕酮和孕二醇。雄性激素主要有睾丸酮和雄酮。

由肾上腺皮质所分泌的一类甾体激素，称肾上腺皮质激素。肾上腺皮质激素按其功能，可以分为糖类皮质激素和盐皮质激素。

昆虫蜕皮激素是昆虫前胸腺所分泌的一种甾体激素。

三、例题解析

[例 1] 自然界的甾族化合物，都具有环戊烷多氢菲的基本母体结构：

该结构中有几个手性碳原子？理论上应该有几个旋光异构体？为什么从自然界获得的甾族化合物其旋光异构体数目只有两种构型，大大少于理论数？这两种构型如何表示？

解：环戊烷多氢菲的母体结构有 7 个手性碳原子，理论上应有 $2^7=128$ 个旋光异构体。但由于四个环的相互稠合产生的空间位阻，使得实际存在的旋光异构体数目大大减少。目前，从自然界获得的甾族化合物，有两种构型——顺式和反式。顺式是指 A/B 环顺式稠合，即 C_5 上的氢原子和 C_{10} 上的角甲基在环平面的同侧，用实线表示；反式是指 C_5 上氢原子和 C_{10} 上的角甲基在环平面的异侧，C_5 上的氢原子用虚线表示，C_{10} 上的角甲基用实线表示。

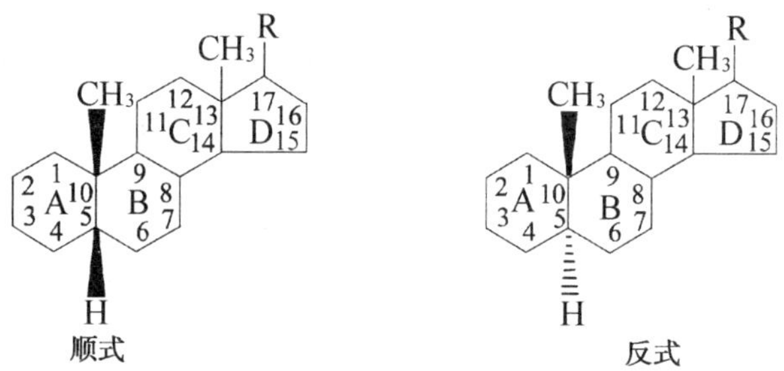

[例 2] 萜类化合物 $A(C_{10}H_{16}O)$，可由柠檬油中分离获得。A 和羟胺反应生成肟，又可发生银镜反应；A 通过催化加氢(H_2/Ni)吸收两摩尔氢形成化合物 $B(C_{10}H_{20}O)$；A 通过高锰酸钾氧化得化合物 C、丙酮和乙二酸。化合物 C 的结构式为 $CH_3COCH_2CH_2COOH$。试写出化合物 A 和 B 的结构式和构型。

解：根据 A 的分子式为 $C_{10}H_{16}O$，计算得到 A 的不饱和度等于 3(不饱和度的计算方法参见第六章“例题解析”[例 9])；A 能与羟胺反应生成肟又可发生银镜反应，说明结构中有醛基；根据 A 催化氢化吸收两摩尔氢得到产物 $B(C_{10}H_{20}O)$ 以及 A 的氧化产物为 C、丙酮和乙二酸，说明 A 中含有二个碳碳双键，排除叁键和环状单烯烃的结构可能；由几种条件拼接，推断 A 是含氧单萜衍生物。

A.　（结构式）　或　（结构式）（互为顺、反异构体）

B.　（结构式）

[例 3]　动物胆结石的主要成份为胆固醇(胆甾醇),具有以下构象式:

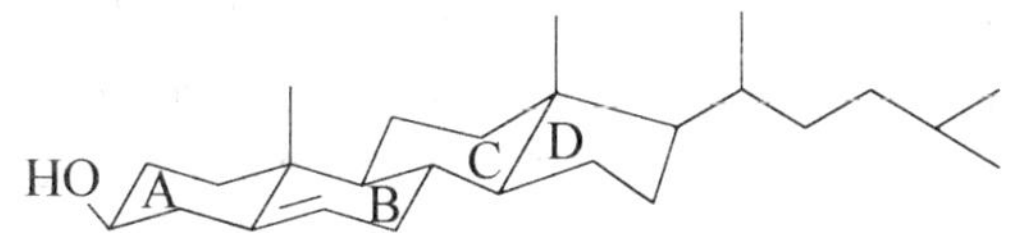

试问:(1) 胆固醇属于正系还是别系构型?(2) 3 位上的醇羟基为何种构型?(3) 3 位醇羟基发生酯化反应,其反应速度如何?

解:(1) 胆固醇的构型是别系,即 A/B 环为 e、e 键稠合。

(2) 3 位上的羟基为 β-型,即 3 位羟基与 C_{10} 或 C_{13} 位上的角甲基在环同侧。

(3) 因为 3 位羟基处于 e 键,空间位阻较 a 键小,因此酯化反应速度较快。

[例 4]　指出下列萜类化合物的异戊二烯单元数,并说明属于哪类萜,标出连接的部位。

(1) 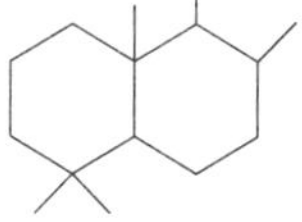　(2) 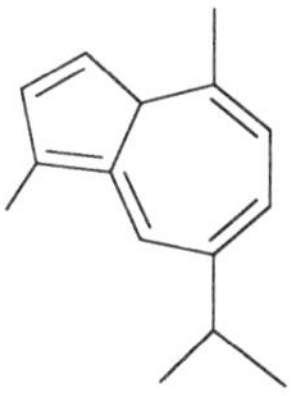　(3)

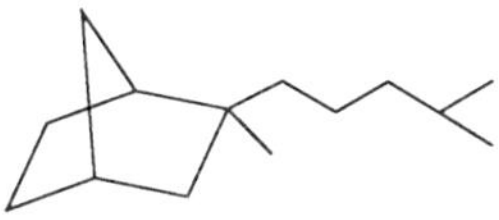

(4) 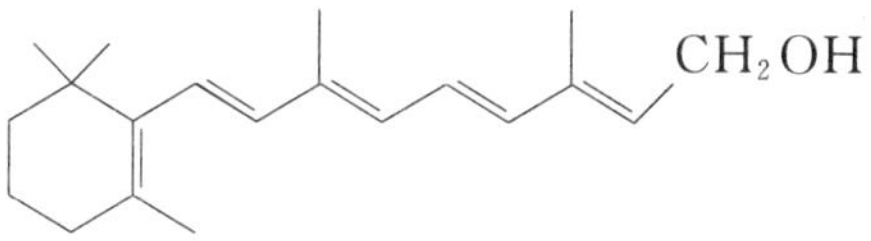　CH_2OH

解:(1) 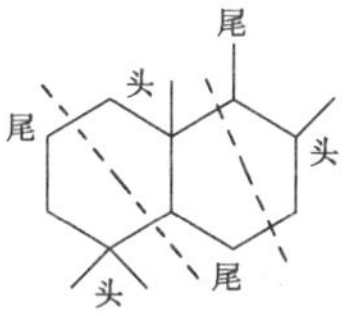 三个异戊二烯单元,属倍半萜。

(2) 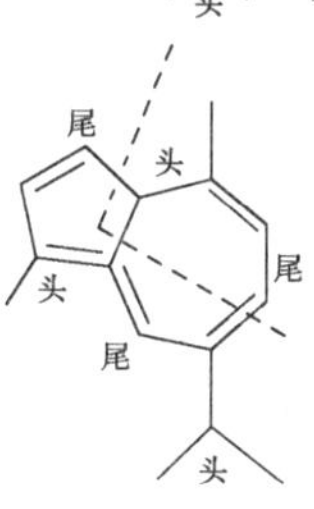 三个异戊二烯单元,属倍半萜。

(3) 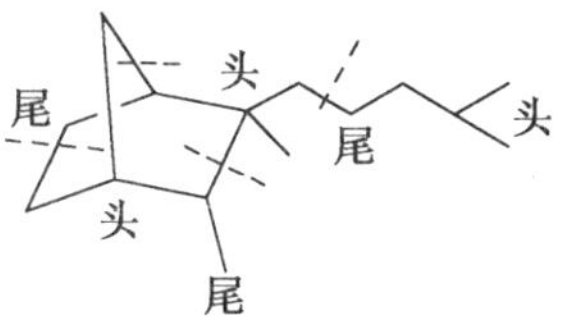 三个异戊二烯单元,属倍半萜。

(4) 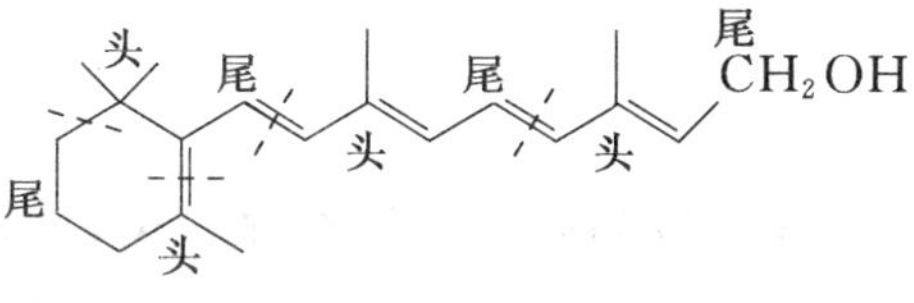 四个异戊二烯单元,属二萜。

[例 5]　试述胆汁酸的组成,并解释胆汁酸在动物小肠中为什么能够使脂肪乳化并促进吸收。

答：从动物的胆汁中分离得到的几种含氧酸性甾族化合物的总称叫胆甾酸，其组成主要有四种：胆酸，7-脱氧胆酸，C_{12}-脱氧胆酸和7，12-二脱氧胆酸。

胆汁酸是由胆甾酸分别与甘氨酸和牛磺酸的氨基结合而成。由于小肠的碱性环境，胆汁酸以盐的形式存在，其分子的一端为脂溶性（疏水性）的甾醇环，另一端为亲水性的羧基负离子，因此胆汁酸是一个表面活性分子。脂溶性（疏水性）的甾醇环将脂肪微粒包裹起来，亲水性的羧基负离子暴露在外，形成微球分散在小肠内（肠液中）而使脂肪乳化，同时胆汁酸能使脂肪水解酶活化，促进脂肪的消化与吸收。

四、习　题

1. 举例说明下列名词术语：

(1) 链状单萜

(2) 双环单萜

(3) 异戊二烯规律

(4) 甾族化合物的正系（5β-型）和别系（5α-型）

2. 写出下列化合物的结构式：

(1) 柠檬醛

(2) 冰片

(3) 樟脑

(4) 柠檬烯（苧烯）

(5) 薄荷醇

(6) 胆固醇

3. 胆酸有几个手性碳原子？理论上有几个旋光异构体？写出胆酸的结构式。它们属于何种构型？指出哪个羟基最易发生乙酰化反应。

4. 写出用樟脑合成冰片的反应式。如何检查反应是否完全？

五、习题参考答案

1. (1) 链状单萜由两个异戊二烯单位组成，具有如下基本骨架：

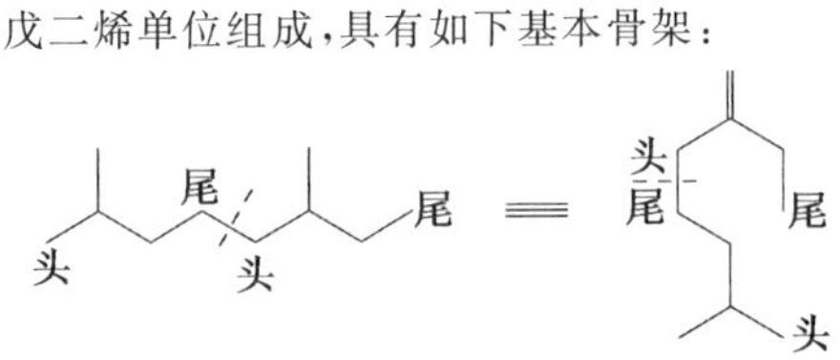

如月桂烯（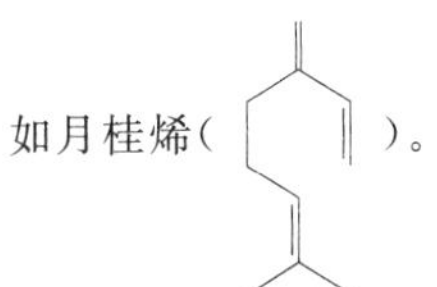）。

(2) 单环单萜的基本骨架是由两个异戊二烯单位环加成形成的六元碳环化合物。双环单萜可看作是单环单萜的桥环衍生物。如α-蒎烯（ 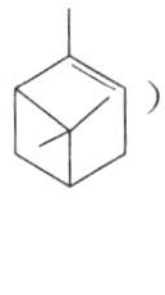 ）。

(3) 萜类化合物的结构特征可看作由若干个异戊二烯单元头尾相连而成的，这又叫萜类结构的异戊二烯规律。在异戊二烯单元中，C_1 称为“头”，C_4 称为“尾”。大多数萜类化合物中的异戊二烯单元以“头-尾连接”的形式互相连接，但也有少数以“尾-尾连接”，此种情况不多见。

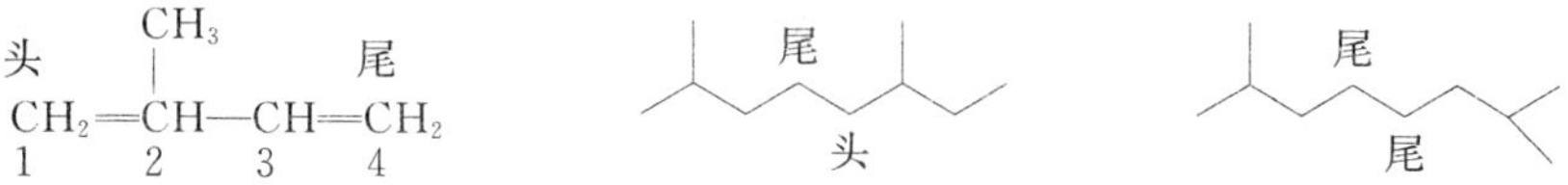

头　CH_3　尾
CH_2=CH—CH=CH_2
1　2　3　4

异戊二烯单元　　头-尾连接　　尾-尾连接

(4) 甾族化合物正系和别系的差别，仅 A/B 环稠合不同。

正系或类甾烷系：A/B 环以 e、a 键顺式稠合，即 C_5 上的氢原子和 C_{10} 上的角甲基在环平面的同侧。

别系或胆甾烷系：A/B 环以 e、e 键反式稠合，即 C_5 上氢原子和 C_{10} 上的角甲基在环平面的异侧。C_5 上的氢原子伸向环平面的后方，用虚线表示。

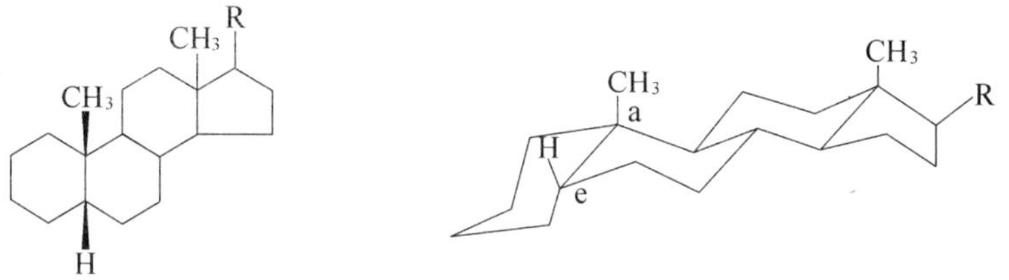

正系或类甾烷系(5β-型)(A/B 顺式)

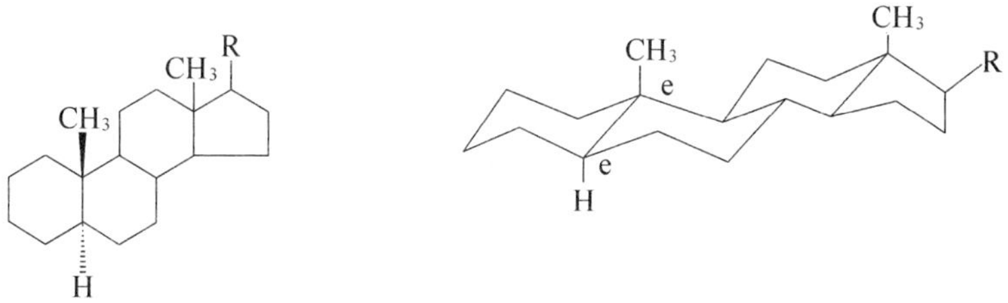

别系或胆甾烷系(5α-型)(A/B 反式)

2. (1)

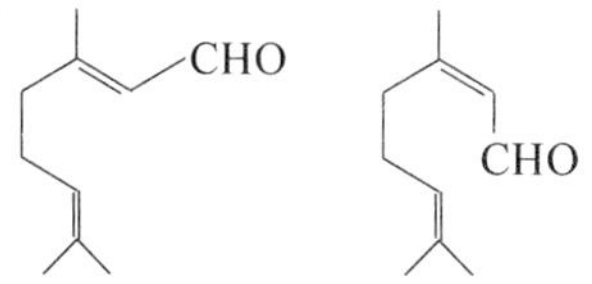

α-柠檬醛　β-柠檬醛

(2)

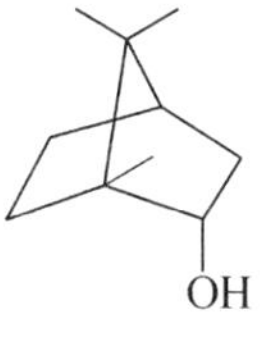

(3)

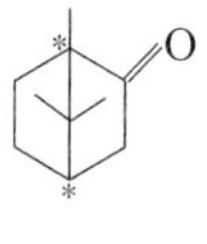

(4) 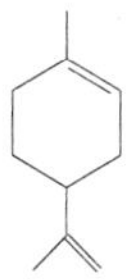　(5) 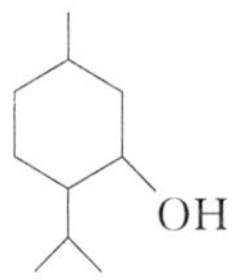　(6)

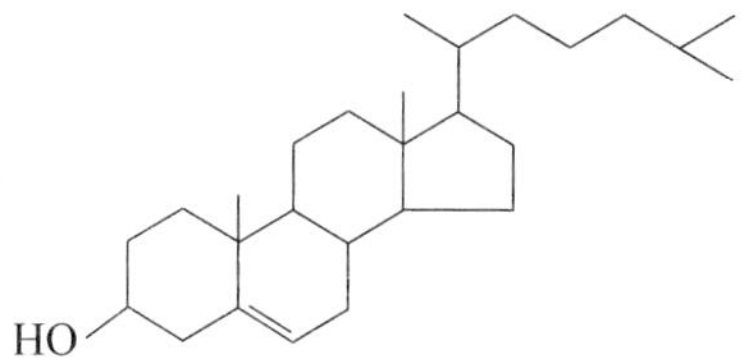

3. 胆酸有 11 个手性碳原子，理论上有 2^{11} 个旋光异构体。胆酸的结构式如下：

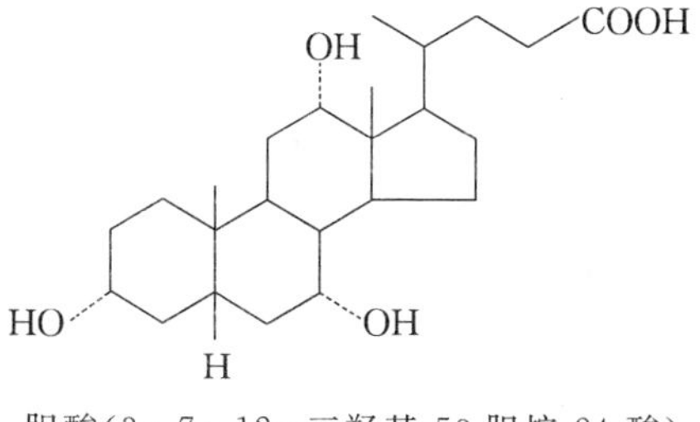

胆酸(3α,7α,12α-三羟基-5β-胆烷-24-酸)

胆酸属于正系(5β-型)。A/B环以e,a键顺式稠合,即C_5上的氢原子和C_{10}上的角甲基在环平面的同侧(β-型)。3,7,12位三个三羟基为α-型。3位羟基最易发生乙酰化反应。

4.

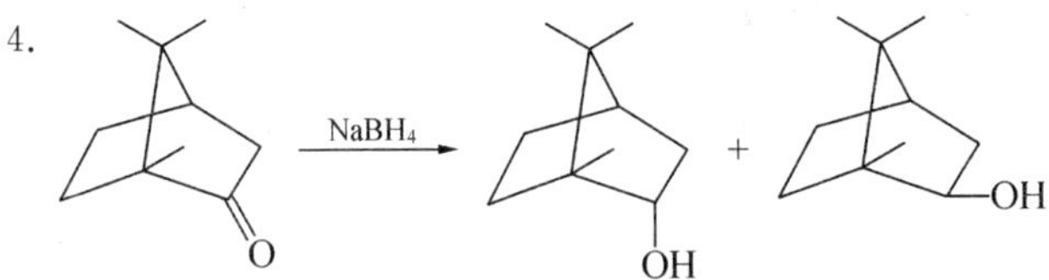

樟脑具有羰基化合物的性质,如可与2,4-二硝基苯肼反应生成黄色沉淀。检查用樟脑合成冰片的反应是否完全可用2,4-二硝基苯肼检查,如产物与2,4-二硝基苯肼反应无黄色沉淀,说明反应完全;反之则不完全。

第十四章

糖　　类

一、目的要求

1. 掌握糖类化合物的定义和分类。
2. 掌握葡萄糖和果糖的开链和环状结构，熟悉其他重要单糖的结构。
3. 掌握单糖的化学性质。
4. 熟悉麦芽糖、纤维二糖和蔗糖等二糖的结构和苷键形成的方式。
5. 掌握差向异构、变旋光现象、还原性糖、非还原性糖、糖苷、苷键等重要概念。
6. 掌握淀粉、纤维素等多糖的结构和组成，了解其重要的生理功能。

二、本章要点

1. 糖类的定义

糖类化合物又称碳水化合物，主要由C、H、O三种元素组成，是一类多羟基醛或多羟基酮以及它们的缩聚物或衍生物。

2. 糖类的分类

根据糖的单元结构，糖类分为单糖、低聚糖和多糖。

单糖：不能再水解的多羟基醛或多羟基酮，如葡萄糖、果糖、甘露糖等。

低聚糖：含2～10个单糖结构的缩合物。以二糖最为多见，如蔗糖、麦芽糖、乳糖等。

多糖：含10个以上单糖结构的缩合物，如淀粉、纤维素等。

3. 单糖

(1) 单糖的分类。

根据结构不同，单糖分为醛糖和酮糖两类；根据分子中所含碳原子的数目，分为丙糖、丁糖、戊糖和己糖等。自然界中存在最广泛的己醛糖和己酮糖分别是葡萄糖和果糖。

(2) 单糖的开链结构。

单糖的开链结构常用Fischer投影式表示。通常将单糖的碳链竖向排列，使羰基具有最小编号。单糖的构型习惯用D/L名称进行标记。在用甘油醛作标准比较时，单糖的Fischer投影式中编号最大的手性碳原子上—OH在右边的为D型，—OH在左边的为L型。

(3) 单糖的环型结构。

单糖的开链结构不能解释单糖的一些性质，如变旋光现象等，这些性质只能用单糖的环型结构加以解释。单糖分子中既有醛基(或酮羰基),又有醇羟基,所以在单糖分子内部可以形成半缩醛(酮),而使分子形成环状结构。在溶液中单糖主要以环型结构存在,环型结构和开链结构处于动态平衡。

单糖的环型结构有三种表示形式:直立环式、哈沃斯(Haworth)式和构象式。例如,D-葡萄糖的开链和环型结构如下:

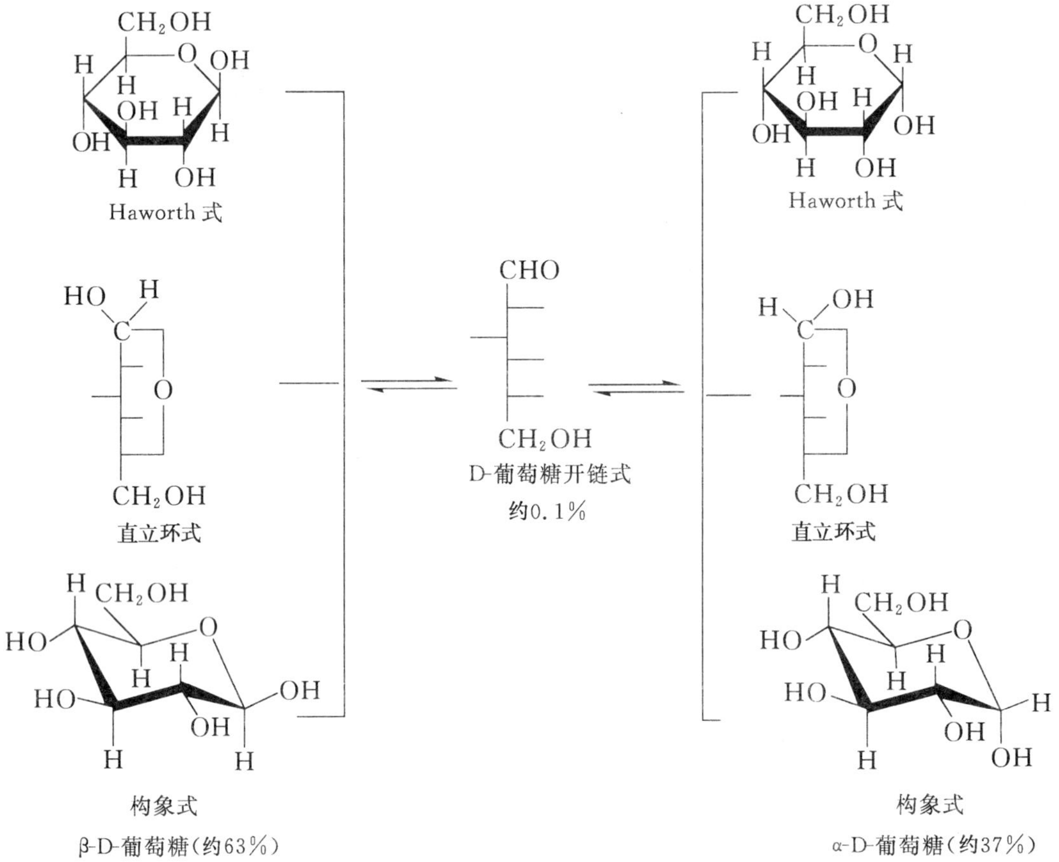

Haworth 式

直立环式

构象式

β-D-葡萄糖(约63%)

D-葡萄糖开链式

约0.1%

Haworth 式

直立环式

构象式

α-D-葡萄糖(约37%)

糖的六元哈沃斯式和杂环吡喃的结构相似,所以,六元环单糖又称为吡喃型单糖。

糖分子中的醛基与羟基作用形成环型半缩醛结构时,原醛基的碳成为手性碳原子,这个手性碳原子上的半缩醛羟基可以有两种空间取向,所以得到两种异构体:α-构型和 β-构型,两种构型可通过开链式相互转化。

对于直立环式,半缩醛羟基与氧环在同一侧的为 α-构型,不在同一侧的为 β-构型;对于哈沃斯(Haworth)式和构象式,半缩醛羟基与 C_6 上的 CH_2OH 在环平面同侧的为 β-型,不在环平面同侧的为 α-型,不管环上碳原子按顺时针方向排列还是按逆时针方向排列都一样。对于哈沃斯式和构象式 D/L 构型的判断是:如环上碳原子按顺时针方向排列,则 C_6 上的—CH_2OH 在环平面上方的为 D-型,在环平面下方的为 L-型;如环上碳原子按逆时针方向排列,其 D/L 构型正好相反。

(4) 单糖的化学性质。

单糖是多羟基的醛或酮,具有醇、醛和酮的某些性质,如成酯、成醚、还原、氧化等。另外,由于羰基和羟基的相互影响,单糖还具有一些特殊的性质。虽然单糖的一些化学性质体现了单糖分子以环形结构为主的结构特征，如单糖遇品红试剂不显色，与饱和亚硫酸氢钠不发生加成反应，以及与甲醇缩合只消耗1摩尔甲醇等，但由于在溶液中单糖的环型结构和开链结构处于动态平衡，其环型结构可以转变为开链结构，因此单糖的另一些化学性质是通过它的开链结构来体现的。

① 稀碱溶液中的异构化反应。在稀碱溶液中葡萄糖、甘露糖和果糖可通过烯二醇结构相互转化，形成这三种糖的平衡混合物。其过程如下：

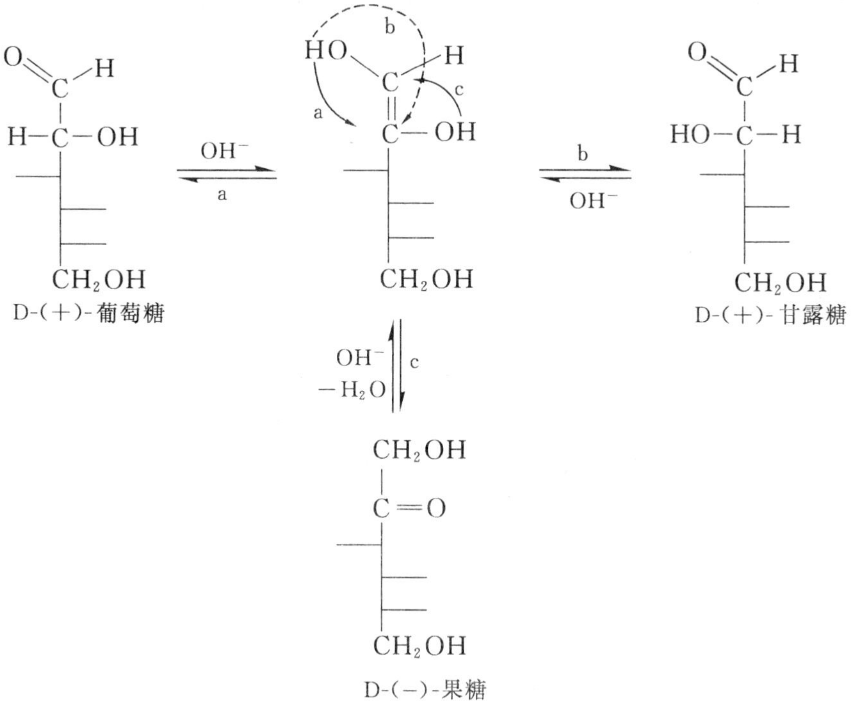

O=CH
H—C—OH
CH₂OH
D-(+)-葡萄糖

$\underset{a}{\overset{OH^-}{\rightleftharpoons}}$

HO—CH
‖
C—OH
CH_2OH

$\underset{OH^-}{\overset{b}{\rightleftharpoons}}$

O=CH
HO—C—H
CH_2OH
D-(+)-甘露糖

OH^-, $-H_2O$ ⇅ c

CH_2OH
C=O
CH_2OH
D-(−)-果糖

② 氧化反应。醛糖与酮糖都能被托伦试剂、斐林试剂和班氏试剂这样的弱氧化剂氧化。托伦试剂产生银镜，斐林试剂和班氏试剂生成氧化亚铜的砖红色沉淀。果糖具有还原性的原因是因为这些弱氧化剂均为稀碱溶液，由于果糖在稀碱溶液中发生了异构化，经烯二醇中间体使酮基不断地变成醛基，所以果糖能被这些试剂氧化。

溴水能氧化醛糖，但不能氧化酮糖。可利用溴水是否褪色区别醛糖和酮糖。稀硝酸的氧化作用比溴水强，能将醛糖氧化成糖二酸。

③ 脱水（显色）反应。单糖在稀酸和加热条件下，生成糠醛及其衍生物。生成的糠醛及其衍生物可与酚或芳胺类反应生成有色产物。Molisch 反应常用于检验糖类，Seliwanoff 反应常用于区别醛糖和酮糖。

④ 成苷反应。糖分子中的活泼半缩醛羟基与其他含羟基的化合物（如醇、酚）作用，失水而生成缩醛的反应称为成苷反应。其产物称为配糖物，简称为“苷”，全名为某某糖苷。例如：

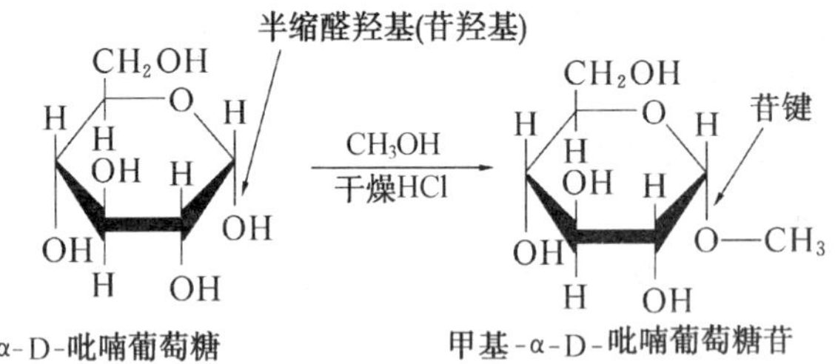

苷用酶水解时有选择性。例如，苦杏仁酶能水解β-苷键而不能水解α-苷键；麦芽糖酶能水解α-苷键而不能水解β-苷键。

⑤ 成脎反应。醛糖或酮糖与苯肼作用生成糖的二苯腙，糖的二苯腙称为糖脎。糖脎为黄色结晶，不同的糖脎有不同的晶形，反应中生成的速度也不同。因此，可根据糖脎的晶型和生成的时间来鉴别糖。

4. 二糖

二糖是由一分子单糖的半缩醛羟基与另一分子单糖的羟基或半缩醛羟基脱水而形成的，两个单糖分子可以相同也可以不相同。由于两分子单糖的成苷方式不同，所以二糖分为两种类型——还原性二糖和非还原性二糖。

还原性二糖是由一分子单糖的半缩醛羟基与另一分子单糖的醇羟基脱水而形成的，整个分子中还保留有一个半缩醛羟基，和单糖一样，它可以由环式变成开链结构，因此具有变旋光现象，能生成脎，有还原性，如纤维二糖、乳糖和麦芽糖。

非还原性二糖是由两分子单糖的半缩醛羟基脱去一分子水而形成的，它不能由环式转变成开链结构，因此不能成脎，没有变旋光现象，没有还原性，如蔗糖。

5. 多糖

多糖是由许多单糖分子通过苷键连接而成的大分子化合物。多糖与单糖、二糖在性质上有较大的区别。多糖无还原性，没有变旋光现象。多糖在酸或酶催化下水解，得到组成它的各种单糖及其衍生物。

多糖分为均多糖、杂多糖和复合多糖。均多糖的水解产物只有一种单糖，如淀粉、糖原和纤维素等都属于均多糖，它们水解后只得到葡萄糖。

三、例题解析

[例1] 戊醛糖有几个旋光异构体？写出D-戊醛糖的Fischer投影式，并指出它们中哪些互为差向异构体。写出D-戊醛糖分别用硝酸氧化所得产物的Fischer投影式，并指出其中哪些不具有旋光性。

解： 戊醛糖的构造式：

$$\underset{\displaystyle OH}{\underset{|}{CH_2}}-\underset{\displaystyle OH}{\underset{|}{\overset{*}{C}H}}-\underset{\displaystyle OH}{\underset{|}{\overset{*}{C}H}}-\underset{\displaystyle OH}{\underset{|}{\overset{*}{C}H}}-CHO。$$

分子中含有三个不相同的手性碳原子，应该有8(2^3)个旋光异构体，其中四个是L-型，四个是D-型，组成四对对映体。

四个D-戊醛糖的Fischer投影式如下：

$$\begin{array}{cccc}
\begin{array}{c} \mathrm{CHO} \\ \mathrm{H}-\!\!\!-\!\!\!-\mathrm{OH} \\ \mathrm{H}-\!\!\!-\!\!\!-\mathrm{OH} \\ \mathrm{H}-\!\!\!-\!\!\!-\mathrm{OH} \\ \mathrm{CH_2OH} \\ \mathrm{I} \end{array} &
\begin{array}{c} \mathrm{CHO} \\ \mathrm{HO}-\!\!\!-\!\!\!-\mathrm{H} \\ \mathrm{H}-\!\!\!-\!\!\!-\mathrm{OH} \\ \mathrm{H}-\!\!\!-\!\!\!-\mathrm{OH} \\ \mathrm{CH_2OH} \\ \mathrm{II} \end{array} &
\begin{array}{c} \mathrm{CHO} \\ \mathrm{H}-\!\!\!-\!\!\!-\mathrm{OH} \\ \mathrm{HO}-\!\!\!-\!\!\!-\mathrm{H} \\ \mathrm{H}-\!\!\!-\!\!\!-\mathrm{OH} \\ \mathrm{CH_2OH} \\ \mathrm{III} \end{array} &
\begin{array}{c} \mathrm{CHO} \\ \mathrm{HO}-\!\!\!-\!\!\!-\mathrm{H} \\ \mathrm{HO}-\!\!\!-\!\!\!-\mathrm{H} \\ \mathrm{H}-\!\!\!-\!\!\!-\mathrm{OH} \\ \mathrm{CH_2OH} \\ \mathrm{IV} \end{array}
\end{array}$$

差向异构体的定义：在含有多个手性碳原子的旋光异构体中，只有一个手性碳原子的构型不同的非对映异构体称为差向异构体。

根据差向异构体的概念，Ⅰ和Ⅲ，Ⅱ和Ⅳ分别互为 C_3 差向异构体；Ⅰ和Ⅱ，Ⅲ和Ⅳ分别互为 C_2 差向异构体。

D-戊醛糖用硝酸氧化生成 D-戊糖二酸，Fischer 投影式如下：

$$\begin{array}{cccc}
\begin{array}{c} \mathrm{COOH} \\ \mathrm{H}-\!\!\!-\!\!\!-\mathrm{OH} \\ \mathrm{H}-\!\!\!-\!\!\!-\mathrm{OH} \\ \mathrm{H}-\!\!\!-\!\!\!-\mathrm{OH} \\ \mathrm{COOH} \\ (1) \end{array} &
\begin{array}{c} \mathrm{COOH} \\ \mathrm{HO}-\!\!\!-\!\!\!-\mathrm{H} \\ \mathrm{H}-\!\!\!-\!\!\!-\mathrm{OH} \\ \mathrm{H}-\!\!\!-\!\!\!-\mathrm{OH} \\ \mathrm{COOH} \\ (2) \end{array} &
\begin{array}{c} \mathrm{COOH} \\ \mathrm{H}-\!\!\!-\!\!\!-\mathrm{OH} \\ \mathrm{HO}-\!\!\!-\!\!\!-\mathrm{H} \\ \mathrm{H}-\!\!\!-\!\!\!-\mathrm{OH} \\ \mathrm{COOH} \\ (3) \end{array} &
\begin{array}{c} \mathrm{COOH} \\ \mathrm{HO}-\!\!\!-\!\!\!-\mathrm{H} \\ \mathrm{HO}-\!\!\!-\!\!\!-\mathrm{H} \\ \mathrm{H}-\!\!\!-\!\!\!-\mathrm{OH} \\ \mathrm{COOH} \\ (4) \end{array}
\end{array}$$

(1)和(3)中存在对称面，无旋光性。

[例 2]　完成下列反应，写出主要产物：

H　O　OCH_3　H　HO　HOH_2C　H　OH　H

$$\xrightarrow{Me_2SO_4\text{-}NaOH} (\mathrm{I}) \xrightarrow{H_3O^+} (\mathrm{II}) \xrightarrow{NaBH_4} (\mathrm{III})$$

解：

H　O　OCH_3　$MeOH_2C$　H　MeO　H　OMe　H　（Ⅰ）

H　O　OH　$MeOH_2C$　H　MeO　H　OMe　H

（Ⅱ）（糖苷的水解反应。由半缩醛羟基得到的苷键最活泼，采用稀酸可使其水解成羟基，而其他苷键不能水解仍然保留。）

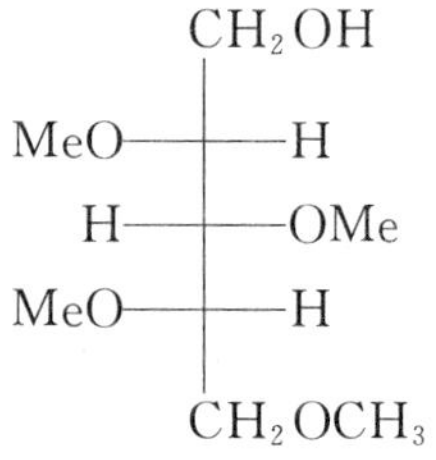

$$\begin{array}{c} CH_2OH \\ MeO-\!\!\!-\!\!\!-H \\ H-\!\!\!-\!\!\!-OMe \\ MeO-\!\!\!-\!\!\!-H \\ CH_2OCH_3 \end{array}$$

（Ⅲ）

（还原反应。由于（Ⅱ）含有半缩醛羟基，因此（Ⅱ）可以互变为链式结构。$NaBH_4$ 将链式结构中的—CHO 还原成—CH_2OH）。

［例 3］ 说明碱催化下，赤藓糖差向异构化为赤藓糖和苏阿糖混合物的机理。

解： 赤藓糖和苏阿糖互为 C2 差向异构体，在碱催化下的差向异构体化是经过链形结构的烯二醇中间体进行的：

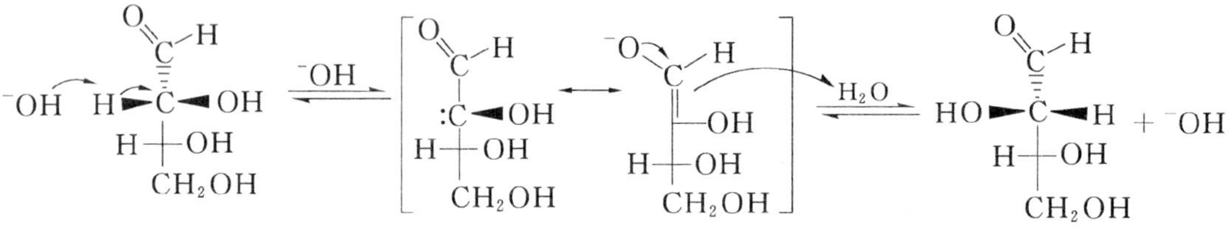

^-OH　O=C—H；H▶C◀OH；H—OH；CH_2OH　$\xrightleftharpoons{^-OH}$　［O=C—H；:C◀OH；H—OH；CH_2OH ⟷ ^-O—C—H；=C—OH；H—OH；CH_2OH］　$\xrightleftharpoons{H_2O}$　O=C—H；HO▶C◀H；H—OH；CH_2OH　+ ^-OH

D-赤藓糖　　　　烯二醇　　　　D-苏阿糖

糖分子中羰基旁的 α-氢很活泼，在碱作用下，很容易被碱夺去形成糖的烯二醇中间体。烯二醇中间体不稳定，会重新得到质子形成糖分子，因此烯二醇中间体和糖分子之间形成可逆的转变过程。由于烯二醇为平面结构，因此质子可以在烯二醇中间体的平面两侧与它结合，结果得到原来的糖分子和它的差向异构体的平衡混合物。

［例 4］ 选择题（多选一）：

(1) 关于 D-葡萄糖结构叙述正确的是　　（　　）

A. 是由 6 个碳原子组成的多羟基醇

B. 链状结构中 C_3 上的羟基在费歇尔投影式的左侧，其他碳原子上的羟基在右侧

C. 链状结构中 C_4 上的羟基在费歇尔投影式的左侧，其他碳原子上的羟基在右侧

D. 链状结构中 C_5 上的羟基可在费歇尔投影式的左侧，也可在右侧

E. 直立环式中，其半缩醛羟基在投影式左侧

(2) 决定葡萄糖 D/L 构型的碳原子是　　（　　）

A. C_1　B. C_2　C. C_3　D. C_4　E. C_5

(3) 环状葡萄糖分子中最活泼的羟基是　　（　　）

A. C_6　B. C_5　C. C_3　D. C_2　E. C_1

(4) 不能被人体消化酶消化的是　　（　　）

A. 蔗糖　B. 淀粉　C. 糊精　D. 纤维素　E. 糖原

(5) 用班氏试剂检验尿糖是利用葡萄糖在下述性质中的　　（　　）

A. 氧化性　B. 还原性　C. 成酯　D. 成苷　E. 旋光性

解： (1) B　(2) E　(3) E　(4) D　(5) B

［例 5］ 解答题：

(1) 果糖属于酮糖，但果糖为什么能被托伦试剂、斐林试剂和班氏试剂等弱氧化剂所氧化？

答: 由于果糖在稀碱溶液中可发生酮式-烯醇式互变异构,酮基不断地变成醛基,而托伦试剂、斐林试剂和班氏试剂都是碱性的试剂,所以果糖能被这些试剂所氧化。

(2) 比较糖的成苷反应和成酯反应的不同。

解: 成苷反应是由糖的环状结构中的半缩醛(酮)羟基与含羟基的化合物如醇、酚等脱水的反应;成酯反应是由糖分子中的任意羟基与酸之间的脱水反应。

(3) 为什么糖苷无变旋光现象和还原性?

答: 糖的变旋光现象和还原性等特性是由它的半缩醛(酮)结构互变异构成链形结构来完成的。环状糖的半缩醛(酮)羟基与含羟基或氨基等化合物失水,其失水产物称为糖苷。形成糖苷后,糖分子中不再有半缩醛(酮)羟基,因此环形结构不能互变异构成链形结构,故无变旋光现象和还原性。

(4) 为什么蔗糖没有还原性?

答: 蔗糖是通过 α-D-吡喃葡萄糖的半缩醛羟基和 β-D-呋喃果糖的半缩酮羟基脱水得到的二糖,分子内没有活泼的半缩醛(酮)羟基,因此不能互变异构为链形结构。故蔗糖没有还原性。

[例 6] 用化学方法区别下列化合物:

乳糖,蔗糖,淀粉,果糖

解:

	I_2/I^-	托伦试剂	Br_2/H_2O
乳糖	(—)	Ag	褪色
果糖	(—)	Ag	(—)
蔗糖	(—)	(—)	
淀粉	兰色		

乳糖是还原性二糖,蔗糖是非还原性二糖。果糖和乳糖具有还原性,能与托伦试剂反应,而蔗糖无还原性不能与托伦试剂;溴水为弱氧化剂能氧化醛糖,但不能氧化酮糖,因为溴水是酸性物质,不能使酮糖异构化为醛糖结构,所以醛糖能使溴水褪色而酮糖不能。果糖为酮糖,乳糖为醛糖,故乳糖能使溴水褪色,而果糖不能。

[例 7] 有四个己醛糖,其 C_2, C_3, C_4, C_5 的构型分别为:

(1) 2R、3R、4R、5R　　(2) 2R、3S、4R、5R

(3) 2R、3R、4S、5S　　(4) 2S、3S、4R、5R

写出(1)、(2)、(3)、(4)的 Fischer 投影式,并指出哪些是对映体,哪些是差向异构体。

解:

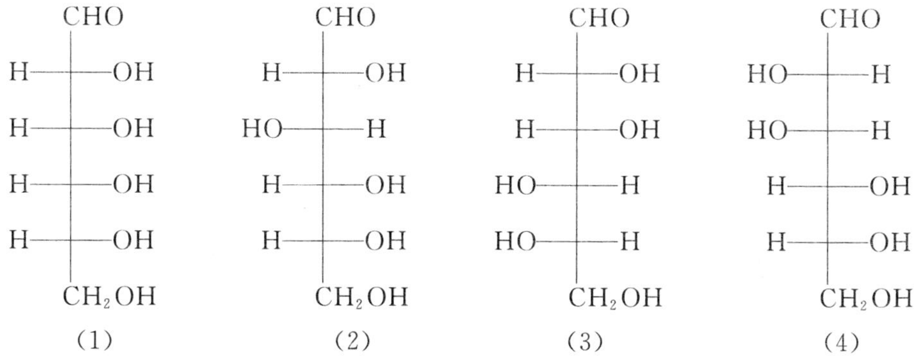

(3)和(4)互为对映体，(1)和(2)互为 C_3 差向异构体。

[例 8]　推断结构：

一种 D-己醛糖 A 经硝酸氧化得不旋光的糖二酸 B，若 A 经降解得一种戊醛糖 C，C 经硝酸氧化可得有旋光的糖二酸 D，试写出 A、B、C、D 的结构。其中 A 需写出 β-吡喃型的哈瓦斯式。

解：根据 B 为无旋光性的糖二酸，推测 B 为内消旋体；根据 A 为 D-已醛糖，A 的降解产物 C 经硝酸氧化可得有旋光的糖二酸 D，再结合 B 为内消旋体，综合考虑得到(A)。

A	B	C	D
CHO	COOH	CHO	COOH
H—OH	H—OH	HO—H	HO—H
HO—H	HO—H	HO—H	HO—H
HO—H	HO—H	H—OH	H—OH
H—OH	H—OH	CH_2OH	COOH
CH_2OH	COOH		

CH_2OH　HO　OH　O　OH　OH

A

[例 9]　推断结构：

某还原性二糖，有变旋光作用，与苯肼反应生成糖脎，用苦杏仁酶水解生成两分子 D-葡萄糖。如果先甲基化，然后水解，则生成 2,3,4-三-O-甲基-D-吡喃葡萄糖和 2,3,4,6-四-O-甲基-D-吡喃葡萄糖。推测此二糖的 Haworth 结构式，并写出其稳定的构象式。

解：此二糖有还原性，说明该二糖一定具有半缩醛羟基。用苦杏仁酶水解生成两分子 D-葡萄糖，说明该二糖由两分子 D-葡萄糖组成，而且以 β-苷键相结合。由于半缩醛羟基上的苷键比一般的醚键容易水解成羟基，且该二糖先甲基化，然后水解生成 2,3,4-三-O-甲基-D-吡喃葡萄糖和 2,3,4,6-四-O-甲基-D-吡喃葡萄糖，说明两分子 D-葡萄糖以 β-1,6 苷键相结合。

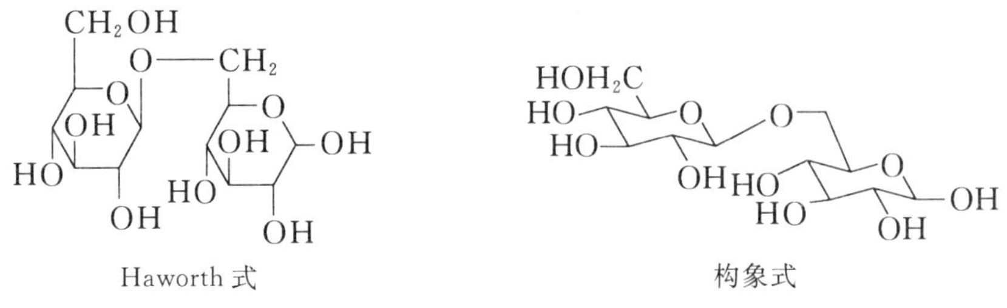

Haworth 式　　　　构象式

四、习　题

1. 写出下列化合物的直立式环型结构和 Haworth 式。

(1) α-D-吡喃葡萄糖

(2) β-D-吡喃葡萄糖

(3) α-D-呋喃葡萄糖

(4) β-D-吡喃甘露糖

(5) α-L-吡喃半乳糖

2. 用反应式表示 D-呋喃果糖也有变旋光现象。

3. 写出 D-(＋)-半乳糖与下列物质的反应式：

(1) 羟胺　　(2) 苯肼

(3) 溴水　　(4) HNO_3

(5) HIO_4　　(6) 乙酐

(7) 无水 CH_3OH/干 HCl　　(8) (7)反应后，再与$(CH_3)_2SO_4$/NaOH 反应

(9) (8)反应后再用稀 HCl 处理　　(10) HCN/OH^-，然后水解

4. D-(＋)-甘露糖怎样转化成下列化合物？写出其反应式。

(1) 甲基- β-D-甘露糖苷

(2) 甲基- β-2,3,4,6-四甲基-D-甘露糖苷

(3) 2,3,4,6-四甲基-D-甘露糖

(4) 葡萄糖

5. 用简便的化学方法鉴别下列化合物：

(1) D-葡萄糖、D-果糖和 D-葡萄糖甲苷

(2) 麦芽糖、果糖、蔗糖和淀粉

6. 6 个单糖的开链结构式如下：

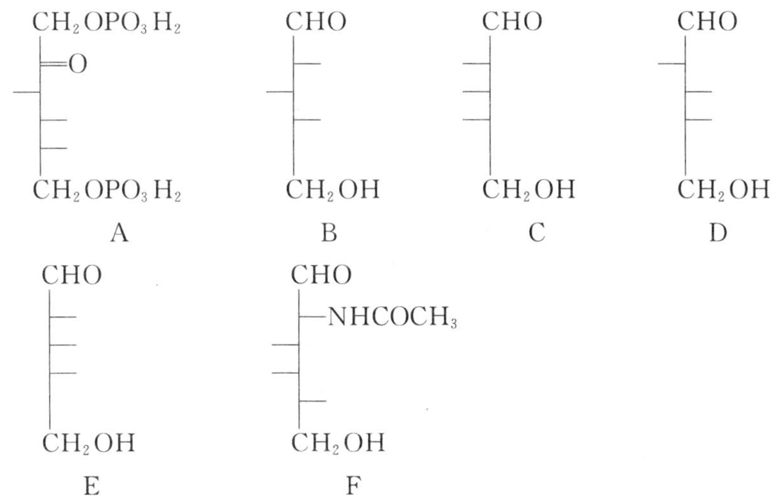

(1) 用 D、L 标出它们的构型。　　(2) 哪些互为差向异构体？

(3) 哪些互为对映体？　　(4) 哪些有还原性和变旋光现象？

(5) 哪些可以水解，水解产物是什么？　　(6) 哪些可以成苷？

7. 糖的衍生物 A($C_8H_{16}O_6$)，既无变旋光现象也不能和班氏试剂作用。在酸性条件下，经水解得到 B 和 C。B($C_6H_{12}O_6$)有变旋光现象和还原性，B 是 β-D-葡萄糖的 C_4 差向异构体。B 经稀硝酸氧化生成一个无旋光性的 D-糖二酸(E)。C 有碘仿反应。试写出 A、B、C、

E 的结构式。

8. 有一戊糖($C_5H_{10}O_4$)与羟胺反应生成肟，与硼氢化钠反应生成 $C_5H_{12}O_4$。后者有光学活性，与乙酐反应得四乙酸酯。戊糖($C_5H_{10}O_4$)与 CH_3OH、HCl 反应得 $C_6H_{12}O_4$，再与 HIO_4 反应得 $C_6H_{10}O_4$。它($C_6H_{10}O_4$)在酸催化下水解，得等量乙二醛(CHO-CHO)和 D-乳醛($CH_3CHOHCHO$)。从以上实验导出戊糖 $C_5H_{10}O_4$ 的构造式。你导出的构造式是唯一的呢，还是可能有其他结构？

9. 在甜菜糖蜜中有一三糖称为棉子糖。棉子糖部分水解后得到的双糖叫做蜜二糖。蜜二糖是个还原性双糖，是(+)-乳糖的异构体，能被麦芽糖酶水解，但不能为苦杏仁酶水解。蜜二糖经溴水氧化后彻底甲基化，再经过酸催化水解，得 2,3,5,6-四甲基-D-葡萄糖酸和 2,3,4,6-四甲基-D-半乳糖。写出蜜二糖的构造式及其反应。

10. 两种 D-丁醛糖 A 和 B，用溴水氧化时分别形成 C 和 D，而用稀 HNO_3 氧化时，分别形成 E 和 F，经测定 A、B、C、D、E 均具有旋光性，而 F 无旋光性。试写出 A、B、C、D、E、F 的结构式。

11. 柳树皮中存在一种糖苷叫做水杨苷，当用苦杏仁酶水解时得 D-葡萄糖和水杨醇(邻羟基苯甲醇)。水杨苷用硫酸二甲酯和氢氧化钠处理得五甲基水杨苷，酸催化水解得 2,3,4,6-四甲基-D-葡萄糖和邻甲氧基苯甲醇。写出水杨苷的结构式。

12. 某二糖水解后，只产生 D-葡萄糖，不与托伦试剂和斐林试剂反应，不生成糖脎，无变旋光现象，它只为麦芽糖酶水解，但不被苦杏仁酶水解。试写出该二糖的哈沃斯结构式。(要求写出推导过程)

五、习题参考答案

1.

(1)

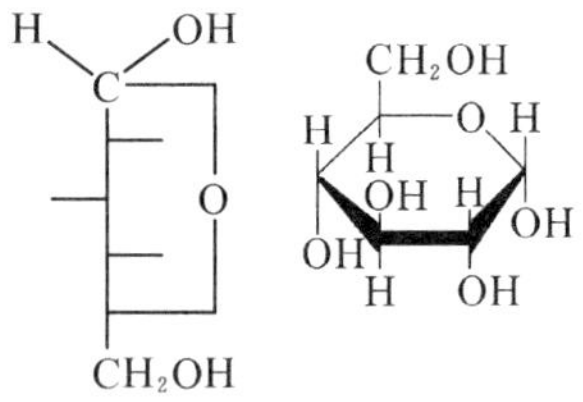

(2)

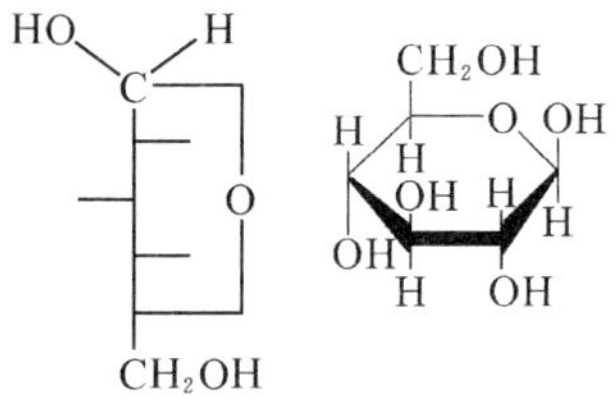

(3)

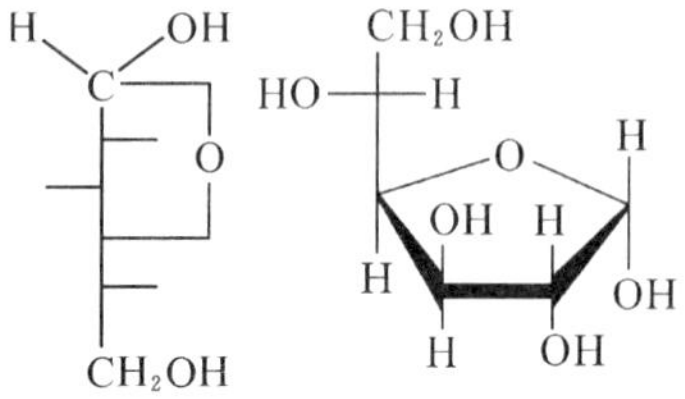

(4)

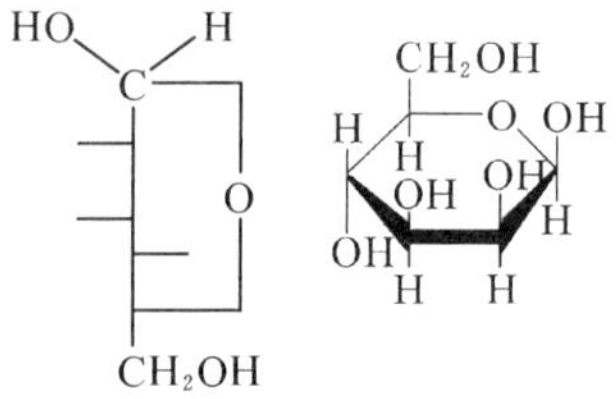

(5)

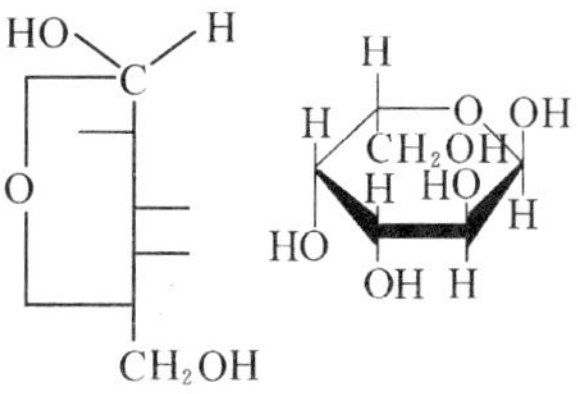

2.

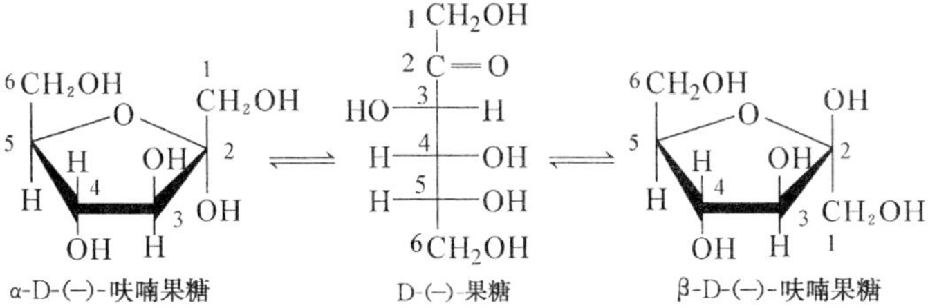

α-D-(−)-呋喃果糖　　D-(−)-果糖　　β-D-(−)-呋喃果糖

3. D-(+)-半乳糖在溶液中存在开链式与环式(α-型和β-型)的平衡体系，与下列物质反应时有的可用开链式表示，有的必须用环式表示，在用环式表示时，为简单起见，仅写 α-型。

半乳糖与葡萄糖为 C_4 差向异构体。

D-(+)-半乳糖：

```
      CHO
  H───┼───OH
 HO───┼───H
 HO───┼───H
  H───┼───OH
      CH2OH
```

(1) NH_2OH →

```
      HC═NHOH
  H───┼───OH
 HO───┼───H
 HO───┼───H
  H───┼───OH
      CH2OH
```

(2) $C_6H_5NHNH_2$ →

```
      HC═NNHC6H5
       ═NNHC6H5
 HO───┼───H
 HO───┼───H
  H───┼───OH
      CH2OH
```

(3) Br_2/H_2O →

```
      COOH
  H───┼───OH
 HO───┼───H
 HO───┼───H
  H───┼───OH
      CH2OH
```

(4) HNO_3 →

```
      COOH
  H───┼───OH
 HO───┼───H
 HO───┼───H
  H───┼───OH
      COOH
```

(5) HIO_4 → $5HCOOH + HCHO$

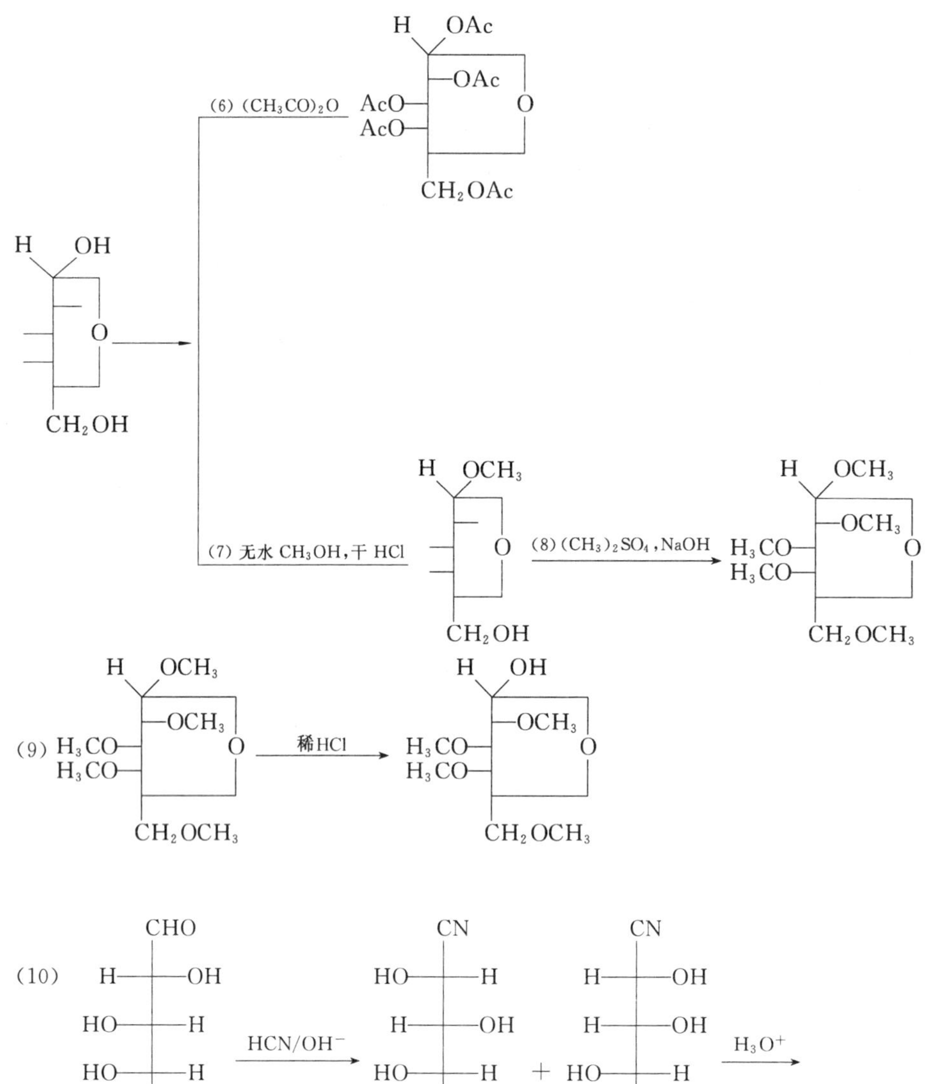

(10)

CHO: H—OH; HO—H; HO—H; H—OH; CH_2OH $\xrightarrow{HCN/OH^-}$ CN: HO—H; H—OH; HO—H; HO—H; H—OH; CH_2OH + CN: H—OH; H—OH; HO—H; HO—H; H—OH; CH_2OH $\xrightarrow{H_3O^+}$

COOH: HO—H; H—OH; HO—H; HO—H; H—OH; CH_2OH + COOH: H—OH; H—OH; HO—H; HO—H; H—OH; CH_2OH

4.

(1) 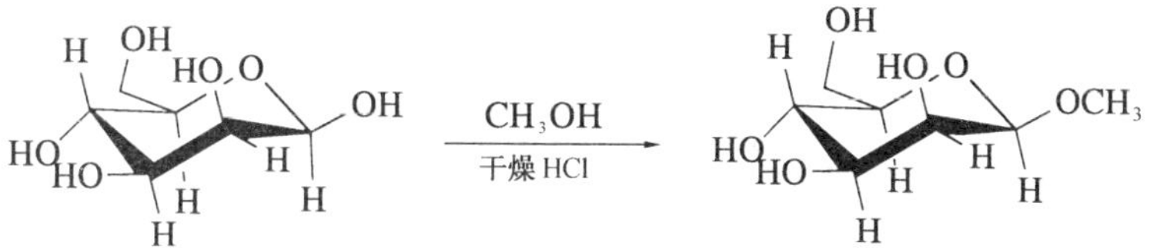 $\xrightarrow[\text{干燥 HCl}]{CH_3OH}$

(2) 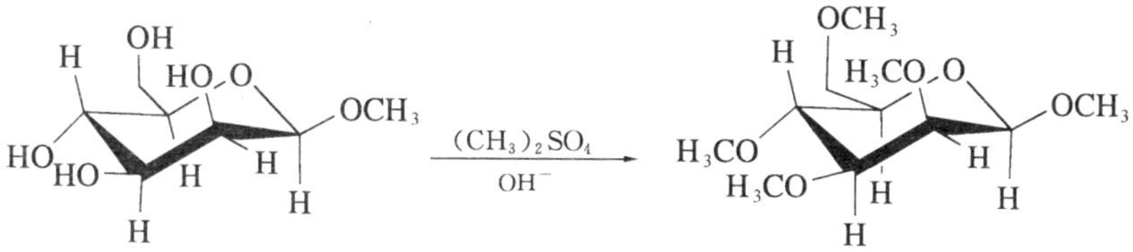 $\xrightarrow[OH^-]{(CH_3)_2SO_4}$

(3) $\xrightarrow[\text{水解}]{HCl}$

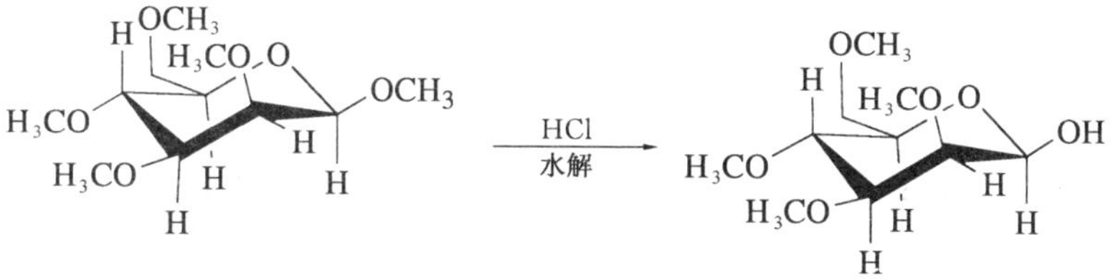

(4) D-葡萄糖和 D-甘露糖互为 C_2 差向异构体。用稀碱处理 D-甘露糖，通过烯二醇中间体转化为 D-葡萄糖。

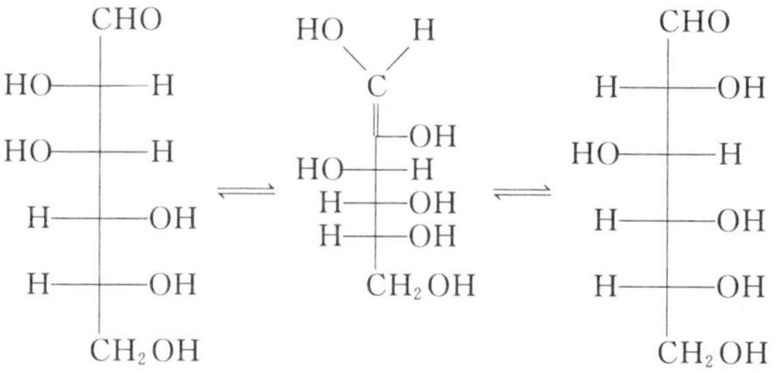

D-(+)-甘露糖		烯二醇中间体		D-(+)-葡萄糖
CHO		HO–C–H (=C–OH)		CHO
HO—H		HO—H		H—OH
HO—H	⇌	H—OH	⇌	HO—H
H—OH		H—OH		H—OH
H—OH		CH_2OH		H—OH
CH_2OH				CH_2OH

5.

(1)

	Tollens 试剂	Br_2 水
D-葡萄糖	Ag↓	褪色
D-果糖	Ag↓	不褪色
D-葡萄糖甲苷	(—)	

(2)

	Tollens 试剂	Br_2/H_O	I_2
麦芽糖	Ag↓	褪色	
果　糖	Ag↓	(—)	
蔗　糖	(—)		(—)
淀　粉	(—)		蓝色

6. (1) A:D; B:D; C:L; D:D; E:D; F:D。

(2) B 与 E 互为 C_3 差向异构体；D 与 E 互为 C_2 差向异构体。

(3) C 与 E 互为对映体。

(4) 全部。

(5) A、F；A 水解成果糖和磷酸，F 水解成 2-氨基半乳糖和乙酸。

(6) 全部。

7.

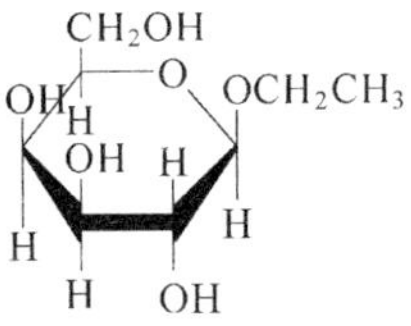

A 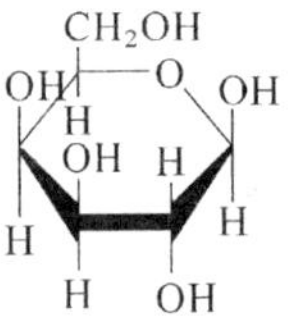 B C_2H_5OH (C) E

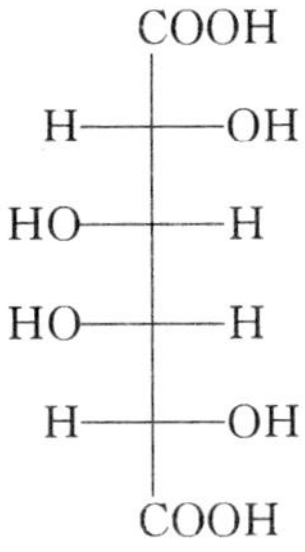

8. 推导过程：

(1) 戊糖与羟胺反应生成肟，说明有羰基存在。

(2) 戊糖与 $NaBH_4$ 反应生成的 $C_5H_{12}O_4$ 有光学活性，说明 $C_5H_{12}O_4$ 是一个手性分子。

(3) $C_5H_{12}O_4$ 与乙酐反应得四乙酸酯说明是四元醇(有一个碳原子上不连有羟基)。

(4) $C_5H_{10}O_4$ 与 CH_3OH、干 HCl 反应得糖苷 $C_6H_{12}O_4$，说明只有一个半缩醛羟基与之反应。糖苷被 HIO_4 氧化得 $C_6H_{10}O_4$，碳数不变，只是碳链断裂，说明糖苷中只有两个相邻的羟基，为环状化合物，水解得 CHO—CHO 和 CHO—CH(OH)—CH_3，说明甲基在分子末端，环式是呋喃型。

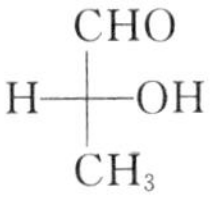

(5) 戊糖与 HIO_4 反应后的产物在酸催化下水解，得等量乙二醛和 D-乳醛，说明此戊糖为 D-型糖。

推导反应式如下：

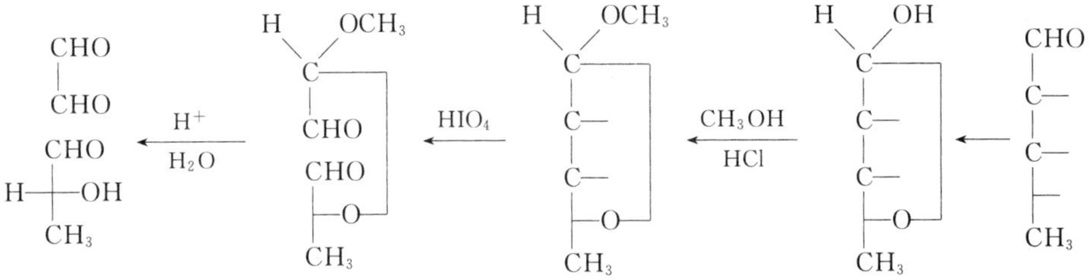

$C_5H_{10}O_4$ 可能的结构式为：

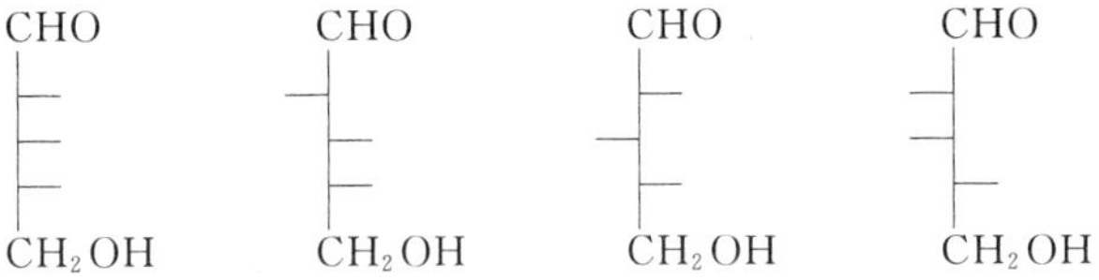

9. (1) 蜜二糖是还原性双糖，说明它有半缩醛羟基。

(2) 蜜二糖是(+)-乳糖的异构体，能被麦芽糖酶水解，说明它是由半乳糖和葡萄糖以 α-苷键结合的二糖。

蜜二糖的构造式：

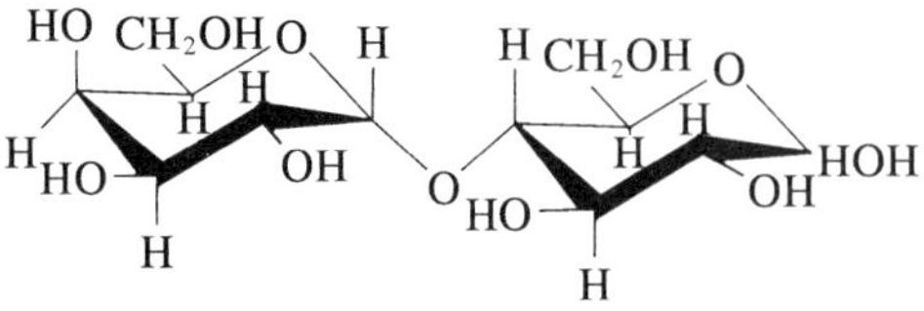

反应式：

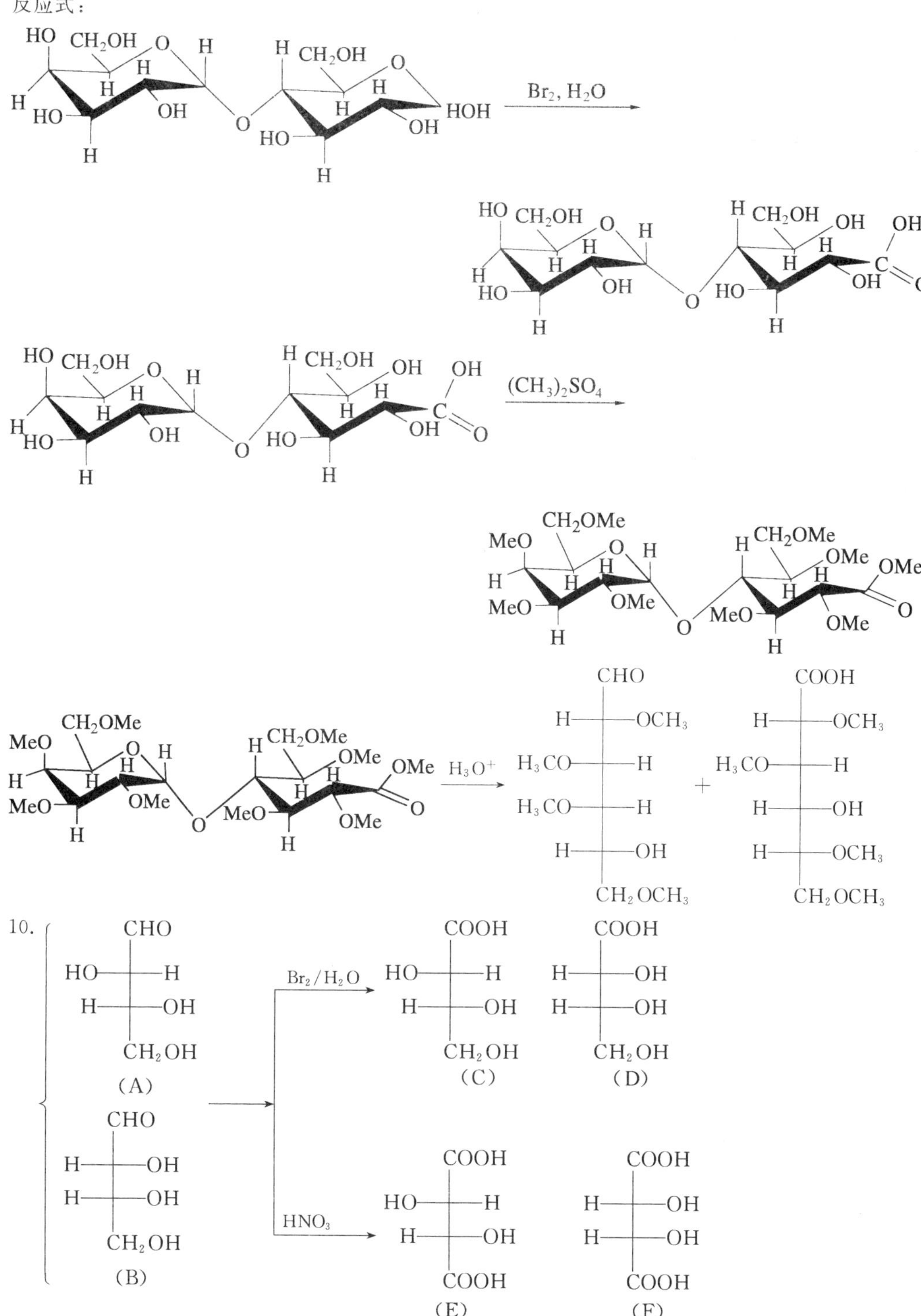

11.

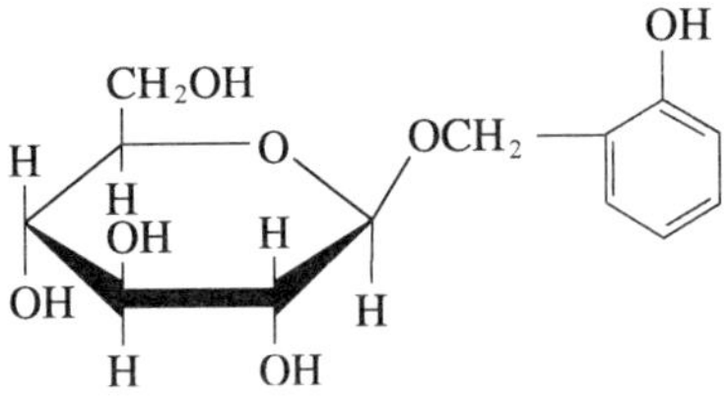

12.

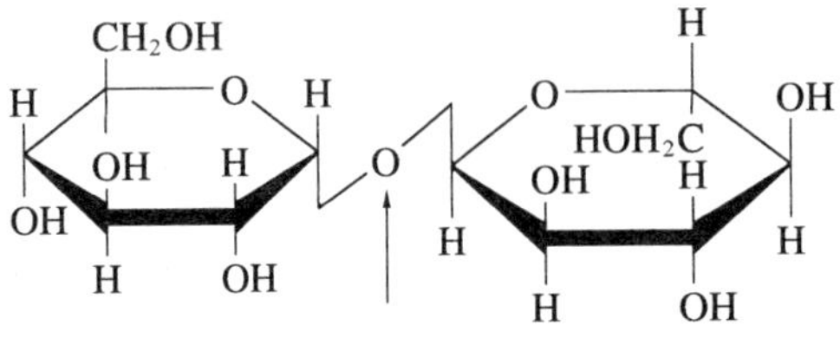

α,α-1,1-苷键

水解后只产生 D-葡萄糖，说明该二糖是由两分子 D-葡萄糖所组成；不与托伦试剂和斐林试剂反应，不生成糖脎，无变旋光现象说明该二糖是非还原性二糖，它是通过两个葡萄糖的半缩醛羟基脱去一分子水而相互连接成二糖；只为麦芽糖酶水解，但不被苦杏仁酶水解，说明该二糖为 α-苷键。

第十五章

氨基酸、蛋白质

一、目的要求

1. 掌握氨基酸的结构、分类和命名。
2. 掌握氨基酸的化学性质。
3. 掌握肽的组成和命名方法，了解肽键的结构。
4. 了解蛋白质的一级、二级、三级和四级结构。
5. 掌握蛋白质的重要理化性质，了解其一般性质。

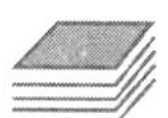

二、本章要点

1. 氨基酸

(1) 氨基酸的结构、分类和命名。

结构：天然蛋白质水解得到的氨基酸种类为 20 种左右，都是 α-氨基酸，其结构通式为：

$$\begin{array}{l} \mathrm{R—\overset{*}{C}H—COOH} \\ \quad\;\; | \\ \quad\;\mathrm{NH_2} \end{array}$$

除甘氨酸外，其他各种天然氨基酸的 α-碳原子都是手性碳原子，故具有旋光性。

构成蛋白质的氨基酸的构型如用 D/L 法标记，都是 L-型；如用 R/S 法标记，除半胱氨酸是 R-型外，其余都是 S-型。

$$\begin{array}{ccc} \mathrm{COOH} & \qquad & \mathrm{COOH} \\ \mathrm{H_2N—\!\!+\!\!—H} & & \mathrm{H_2N—\!\!+\!\!—H} \\ \mathrm{CH_2SH} & & \mathrm{CH_3} \end{array}$$

R-半胱氨酸　　S-丙氨酸

分类：如按 R 基团的结构，氨基酸可分为脂肪族氨基酸、芳香族氨基酸和杂环氨基酸；如按氨基酸分子中所含氨基或碱性基团和羧基数目，氨基酸可分为中性氨基酸、酸性氨基酸和碱性氨基酸。

命名：氨基酸称氨基某酸，氨基的位置常采用希腊字母 α，β，γ 等表示在氨基酸名称前面。此外，还经常采用氨基酸的俗名。

(2) 氨基酸的性质。

① 酸碱性——两性和等电点。

氨基酸分子中既含有氨基又含有羧基，它可以和酸生成盐，也可以和碱生成盐，所以氨基酸是两性物质。氨基酸的晶体是以偶极离子的形式存在的：

$$^{+}H_3N—\underset{\displaystyle |}{\overset{\displaystyle R}{\overset{|}{C}}}H—COO^{-}$$

在溶液中，氨基酸的偶极离子既可以与一个 H^+ 结合成为正离子，又可以失去一个 H^+ 成为负离子。这三种离子在水溶液中通过得到 H^+ 或失去 H^+ 互相转换而同时存在。通过调整溶液的 pH，氨基酸可以正离子或负离子或偶极离子的形式存在。在一定 pH 的溶液中，正离子和负离子数量相等，以偶极离子形式存在的氨基酸既不向正极移动，也不向负极移动。这时溶液的 pH 就叫做氨基酸的等电点，用 pI 表示。

中性氨基酸由于羧基的电离能力大于氨基，因此，在纯水溶液中，中性氨基酸呈微酸性，氨基酸负离子的浓度比正离子的浓度大些。要将溶液的 pH 调到等电点，使氨基酸以偶极离子形式存在，需要加些酸，把 pH 适当降低，以抑制羧基的电离。所以中性氨基酸的等电点小于 7，一般在 5.0～6.5 之间。酸性氨基酸含有 2 个羧基和 1 个氨基，羧基的电离程度比氨基大得多，故需要加入比较多的酸才能抑制羧基的电离，使之调到等电点。因此，酸性氨基酸的等电点更小，一般在 2.7～3.2 之间。碱性氨基酸含有 2 个碱性基团和 1 个羧基，碱性基团接受 H^+ 的程度比羧基的电离程度大，故需要加适量的碱抑制碱性基团接受 H^+，使之调到等电点。因此，碱性氨基酸的等电点都大于 7，一般在 7.6～10.8 之间。

氨基酸处于等电点时，溶解度最小，最易从溶液中析出。因而用调节等电点的方法，可以从氨基酸的混合物中，分离出某种氨基酸。

② 成肽反应。

氨基酸分子间氨基与羧基相互脱水缩合生成的一类化合物，叫做肽。

$$H_2N\underset{\displaystyle R_1}{\underset{|}{C}}HCOOH + H_2N\underset{\displaystyle R_2}{\underset{|}{C}}HCOOH \xrightarrow[\triangle]{-H_2O} H_2N\underset{\displaystyle R_1}{\underset{|}{C}}HCO—HN\underset{\displaystyle R_2}{\underset{|}{C}}HCOOH$$

许多氨基酸分子通过多个肽键互相连接起来，便形成多肽。多肽合成的步骤如下：(1) 保护氨基和羧基；(2) 活化羧基；(3) 形成肽键；(4) 去除保护基。重复以上操作可以合成多肽。

氨基酸有两个官能团，一个二肽就有可能有两种排列。因此，在反应时需按照结构的要求，对氨基或羧基进行保护，使合成按设计的方向进行。氨基可先酰化成酰胺，比较常用的酰化剂是氯代甲酸苯甲酯，它是由光气和苯甲醇反应制备得到的。

$$PhCH_2OH + COCl_2 \longrightarrow PhCH_2OCOCl$$

羧基一般用成酯来保护，可用苯甲醇与羧基进行酯化反应。

将两个相应的氨基被保护的及羧基被保护的氨基酸放在一起，并不形成肽键。要形成肽键，需将羧基活化。活化羧基成肽的方法主要有混合酸酐法和活泼酯法等。除用活化羧基的方法外，还可用有效的失水剂使氨基和羧基结合起来，其中最重要的方法之一是用二环己基碳二亚胺(DCC，dicyclohexy carbodiimide)作为失水剂。

去除保护基可采用 Pd-C 催化氢化或水解的方法。

③ 侧链 R 基团的颜色反应见表 15-1。

表 15-1　氨基酸侧链 R 基团的颜色反应

反应名称	加入试剂	颜色变化	发生反应的氨基酸
蛋白黄反应	浓硝酸再加碱	黄至橙红	苯丙氨酸、酪氨酸和色氨酸（含有苯基）
米伦反应	硝酸汞、硝酸亚汞、硝酸组成的混合液	红色沉淀	酪氨酸（含有酚羟基）
乙醛酸的反应	乙醛酸再加浓硫酸	紫红色环	色氨酸

④ 其他反应：

$$R-\underset{NH_2}{\underset{|}{CH}}COOH \longrightarrow \begin{cases} \xrightarrow{NaNO_2/H^+} R-\underset{OH}{\underset{|}{CH}}COOH + N_2(\text{定量}) + H_2O \\ \xrightarrow{2,4\text{-二硝基氟苯}} O_2N-C_6H_3(NO_2)-NH-CH(R)-COOH + HF \\ \xrightarrow{-2H} \xrightarrow{H_2O} \xrightarrow{-NH_3} R-\overset{O}{\overset{\|}{C}}-COOH\ (\text{脱氨基反应}) \\ \xrightarrow{\text{水合茚三酮}} \text{（茚三酮}-N=\text{茚三酮，紫色）} + RCHO + CO_2 + H^+ \\ \xrightarrow[\triangle]{Ba(OH_2)} RCH_2NH_2 + CO_2(\text{脱羧反应}) \end{cases}$$

紫色

2. 肽

肽分子由多个氨基酸组成，因此又称多肽链。氨基酸之间以酰胺键相连，又称肽键。也可以表示为：Gly-Ala-Ser，或甘-丙-丝。肽的结构一般自左至右将氨基酸残基逐个按顺序排列，每个氨基酸单位之间用一短线连接起来。如：

$$H_2NCH_2CO-NH-\underset{CH_3}{\underset{|}{CH}}CO-NH-\underset{CH_2OH}{\underset{|}{CH}}COOH$$

肽的命名是把 C-端的氨基酸作为母体，把肽链中其他氨基酸名称中的酸字改为酰字，按它们在肽链中的排列顺序由左至右逐个写在母体名称前，每个氨基酸名称中间用一短线连接起来。例如，上面的肽应命名为甘氨酰-丙氨酰-丝氨酸，简称甘丙丝肽。

3. 蛋白质

蛋白质与多肽之间没有明显的界限，一般把分子量在 1 万以上的肽称为蛋白质，在 1 万以下的肽称为多肽。

(1) 蛋白质的结构。

为了表示其不同层次的结构，常将蛋白质结构分为一级、二级、三级和四级结构。蛋白质多肽链中氨基酸的排列顺序为蛋白质的一级结构，在有二硫键的蛋白质中，一级结构也包括半胱氨酸残基之间共价二硫键的数量和位置。维持一级结构的化学键是肽键和二硫键。一级结构是蛋白质的基本骨架结构。蛋白质的二级结构是指多肽链本身的盘旋卷曲或折叠所形成的空间结构，包括棒状 α-螺旋、β-折叠、β-转角和无规卷曲四种形式。α-螺旋和 β-折叠是蛋白质分子中局部肽链有规则的结构单元，而 β-转角和无规卷曲是蛋白质分子中肽链无规则结构单元。维持二级结构的主要作用力是氢键。蛋白质分子的三级结构是指多肽链在二级结构的基础上做进一步盘曲折叠所形成的三维空间结构。蛋白质分子的四级结构是指由两条或两条以上具有三级结构的多肽链之间缔合而得到的聚合体。

蛋白质肽链中的肽键称为主键，氢键、离子键、二硫键和疏水作用力等称为次级键，又叫副键。虽然副键的键能较小，稳定性不高，但数量多，蛋白质的空间结构是靠副键维持的。

（2）蛋白质的理化性质。

① 两性电离和等电点。蛋白质和氨基酸一样，也具有两性电离和等电点的性质，蛋白质的带电状态与溶液的 pH 有关。蛋白质在等电点时最容易沉淀。蛋白质的两性电离和等电点的特性对蛋白质的分离和纯化具有重要的意义。

② 胶体性质。蛋白质分子颗粒的直径一般在 1～100nm，所以具有胶体溶液的特性。利用此性质可以采用半渗透膜的透析来分离和纯化蛋白质。

③ 变性。在物理或化学因素的影响下，蛋白质分子内部原有的高度规则的结构因氢键和其他副键破坏而变成不规则的排列方式，原有的生物特性和理化性质也随之发生变化，这种作用叫变性。蛋白质发生变性时，其一级结构不发生改变。变性有两种：可逆变性和不可逆变性。

④ 沉淀。蛋白质的沉淀是指蛋白质的水化膜受到破坏和电荷消除后，蛋白质从溶液中沉淀析出的现象。使蛋白质沉淀的方法主要有以下几种：盐析、加脱水剂、加入重金属盐和某些酸类。

⑤ 颜色反应。蛋白质分子中含有某些特定的结构，因此能与不同的试剂产生特有的显色反应，如茚三酮反应、缩二脲反应、米伦(Millon)反应、蛋白黄反应等。

三、例题解析

［**例 1**］ 选择题(多选一)：

（1）维持蛋白质二级结构稳定的主要因素是 （　　）

A. 静电作用力　　B. 氢键　　C. 疏水键　　D. 范德华作用力

（2）蛋白质变性是由于 （　　）

A. 一级结构改变　　B. 空间结构破坏　　C. 辅基脱落　　D. 蛋白质水解

（3）天然蛋白质中含有的 20 种氨基酸的结构 （　　）

A. 全部是 S-型　　B. 全部是 D-型

C. 部分是 L-型，部分是 D-型　　D. 除甘氨酸外都是 L-型

（4）天然蛋白质中不存在的氨基酸是 （　　）

A. 半胱氨酸　　B. 胍氨酸　　C. 丝氨酸　　D. 蛋氨酸

（5）蛋白质一级结构的主要化学键是 （　　）

A. 氢键　　B. 疏水键　　C. 盐键　　D. 二硫键　　E. 肽键

(6)中断 α-螺旋结构的氨基酸是　(　　)

A. 亮氨酸　B. 丙氨酸　C. 脯氨酸　D. 谷氨酸

(7)在 pH=6 的溶液中，下列氨基酸中带负电荷的是　(　　)

A. Pro　B. Lys　C. His　D. Glu

(8) 当蛋白质处于等电点时，可使蛋白质分子的　(　　)

A. 稳定性增加　B. 表面净电荷不变

C. 表面净电荷增加　D. 溶解度最小

(9) 使蛋白质分子中—S—S—键断裂的方法是　(　　)

A. 加尿素　B. 透析法　C. 加过甲酸　D. 加重金属盐

解：(1) B　(2) B　(3) D　(4)B　(5)E　(6) C　(7) D(Pro：脯氨酸，pI=6.48；Lys：赖氨酸，pI=9.74；His：组氨酸，pI=7.59；Glu：谷氨酸，pI=3.22)　(8) D　(9) C

［例 2］　写出甘氨酸与下列试剂反应的主要产物。

(1) KOH 水溶液　(2) HCl 水溶液　(3) $C_6H_5COCl+NaOH$

(4) $NaNO_2+HCl$　(5) 与 $Ca(OH)_2$ 共热

解：(1) $NH_2CH_2COO^-K^+$　(2) $Cl^-N^+H_3CH_2COOH$

(3) $C_6H_5CONHCH_2COO^-Na^+$　(4) $HOCH_2COOH + N_2$

(5) $CH_3NH_2+CO_2$

［例 3］　将下列氨基酸的等电点由大到小排列：

A. （吲哚-3-基）—$CH_2CHCOOH$（α-C 上连 NH_2）　B. $HOOCCH_2CHCOOH$（α-C 上连 NH_2）

C. （咪唑-4-基）—$CH_2CHCOOH$（α-C 上连 NH_2）

解：氨基酸的结构通式可表示为：$RCH(NH_2)COOH$。A 的 R 基团含中性的吲哚基团，B 的 R 基团含羧基，C 的 R 基团含碱性的咪唑基团。因此 A、B、C 分别属于中性、酸性和碱性氨基酸。等电点：碱性氨基酸(pI=7.6～10.8)＞中性氨基酸(pI=5.0～6.5)＞酸性氨基酸(pI=2.7～3.2)。所以三种氨基酸的等电点大小次序为：C＞A＞B。

［例 4］　酪氨酸和精氨酸的等电点应当是小于 7 还是大于 7？如果把它们分别溶在水中，要使它们达到等电点，应当加酸还是加碱？为什么？

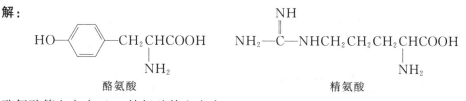

解：

HO—（对亚苯基）—$CH_2CHCOOH$（α-C 上连 NH_2）
酪氨酸

NH_2—C(=NH)—$NHCH_2CH_2CH_2CHCOOH$（α-C 上连 NH_2）
精氨酸

酪氨酸等电点小于 7，精氨酸等电点大于 7。

要使酪氨酸达到等电点必须加酸，要使精氨酸达到等电点必须加碱。

酪氨酸属中性氨基酸，其羧基的电离能力大于氨基。要使酪氨酸溶液的 pH 调到等电点，需要加酸，以此抑制羧基的电离，使酪氨酸以偶极离子的形式存在。

精氨酸含有 2 个碱性基团和 1 个羧基，碱性基团接受 H^+ 的程度比羧基的电离程度大。为了抑制碱性基团接受 H^+ 的程度，需要加碱，使正离子的浓度降低，达到等电点。

［例 5］ 一个氨基酸的衍生物 A($C_5H_{10}O_3N_2$)与 NaOH 水溶液共热放出氨，并生成 $C_3H_5(NH_2)(COOH)_2$ 的钠盐，若把 A 进行 Hofmann 降级反应，则生成 α，γ-二氨基丁酸。推测 A 的构造式，并写出相关反应式。

解： A($C_5H_{10}O_3N_2$)与 NaOH 水溶液共热放出氨，说明 A 的结构中含酰氨基团 (—C(=O)—NH_2)；根据 A 经过 Hofmann 降级反应，生成 α，γ-二氨基丁酸，确定 A 中的酰氨基或氨基的位置分别在羧基的 α 位或 γ 位，排除 β 位的可能。

A 的构造式：$H_2N-C(=O)-CH_2CH_2CH(NH_2)COOH$ 或者 $NH_2CH_2CH_2CH(CONH_2)COOH$

$$\left\{\begin{array}{l} H_2N-C(=O)-CH_2CH_2CH(NH_2)COOH \\ NH_2CH_2CH_2CH(CONH_2)COOH \end{array}\right. \xrightarrow[\triangle]{NaOH} \left\{\begin{array}{l} NaO-C(=O)-CH_2CH_2CH(NH_2)COONa \\ NH_2CH_2CH_2CH(COONa)COONa \end{array}\right. + NH_3\uparrow$$

$$\xrightarrow{Hofmann} NH_2CH_2CH_2CH(NH_2)COOH$$

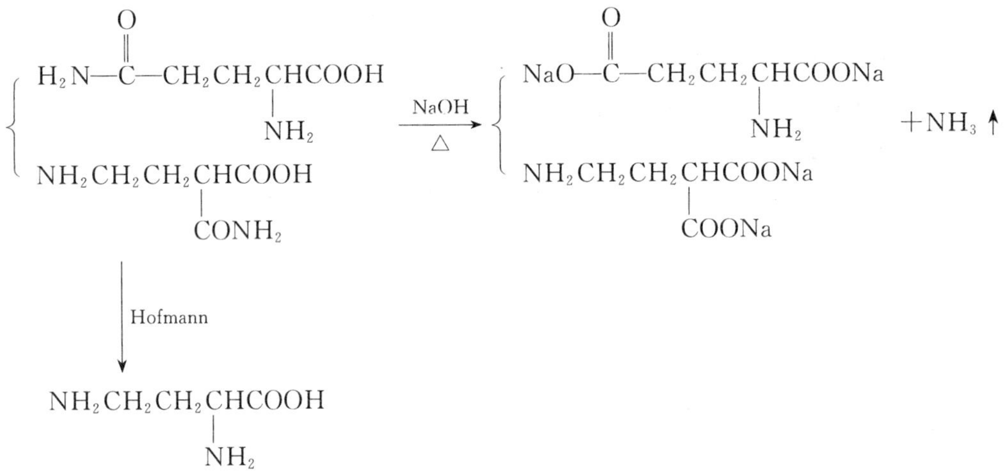

［例 6］ 试合成甘氨酰-丙氨酰-酪氨酸。

解： $PhCH_2OCOCl + NH_2CH_2COOH \longrightarrow PhCH_2OCONHCH_2COOH$(保护氨基)

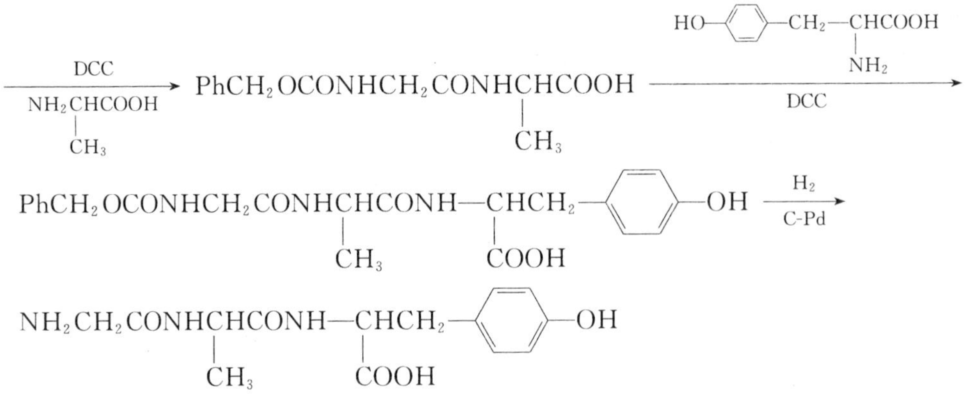

$$\xrightarrow[NH_2CH(CH_3)COOH]{DCC} PhCH_2OCONHCH_2CONHCH(CH_3)COOH \xrightarrow[DCC]{HO-C_6H_4-CH_2-CH(NH_2)COOH}$$

$$PhCH_2OCONHCH_2CONHCH(CH_3)CONH-CH(COOH)CH_2-C_6H_4-OH \xrightarrow[C\text{-}Pd]{H_2}$$

$$NH_2CH_2CONHCH(CH_3)CONH-CH(COOH)CH_2-C_6H_4-OH$$

［例 7］ 写出下列氨基酸按如下次序相结合所形成多肽的构造式。

(1) 赖 · 甘肽　　(2) 谷 · 谷 · 酪肽

(3) 丙 · 缬 · 苯丙 · 甘 · 亮肽

$$\begin{array}{l} \qquad\qquad\qquad\qquad\quad NH_2 \\ \qquad\qquad\qquad\qquad\quad | \\ H_2NCH_2CH_2CH_2CH_2CHCONHCH_2COOH \end{array}$$

解:(1) $H_2NCH_2CH_2CH_2CH_2\underset{}{\overset{NH_2}{\overset{|}{C}}}HCONHCH_2COOH$

(2) $HOOCCH_2CH_2\overset{NH_2}{\overset{|}{C}}HCONH\underset{\underset{CH_2CH_2COOH}{|}}{C}HCONH\overset{CH_2-C_6H_4-OH(p)}{\overset{|}{C}}HCOOH$

(3) $CH_3\underset{\underset{NH_2}{|}}{C}HCONH\underset{\underset{CH(CH_3)_2}{|}}{C}HCONH\overset{CH_2-C_6H_5}{\overset{|}{C}}HCONHCH_2CONH\underset{\underset{CH_2CH(CH_3)_2}{|}}{C}HCOOH$

[**例 8**] 写出下列化合物在酸性条件下水解后的产物。

(1) $CH_3CH_2CH_2\underset{\underset{NHCOCH_2CH(NH_2)COOH}{|}}{C}HCONHCH_2CONH_2$

(2) 1,4-二乙酰基-2,5-哌嗪二酮（$CH_3\overset{O}{\overset{\|}{C}}-N$ 环，$N-COCH_3$，环上两个 $C=O$）　(3) 2-哌啶酮（环中 $\underset{H}{N}$，$C=O$）

解: 三个化合物具有酰胺的结构,(1)中含三个酰胺键,(2)、(3)是内酰胺,分别含有四个和一个酰胺键。酰胺水解,羰基碳和氮之间的键断开,生成相应的羧酸和胺。

(1) $CH_3CH_2CH_2\overset{NH_2}{\overset{|}{C}}HCOOH$, $HOOCCH_2\underset{\underset{NH_2}{|}}{C}HCOOH$, H_2NCH_2COOH, NH_4^+

(2) CH_3COOH, H_2NCH_2COOH

(3) $H_2NCH_2CH_2CH_2CH_2COOH$

四、习　题

1. 组成天然蛋白质的氨基酸的结构有哪些共同特点?
2. 写出下列化合物的结构式。

(1) 甘氨酸　(2) 丙氨酸　(3) 苯丙氨酸　(4) 脯氨酸　(5) 半胱氨酸

(6) 丙甘肽　(7) 甘丙肽

3. 写出在下列 pH 介质中各氨基酸的主要形式。

(1) 丝氨酸在 pH=1 的溶液中。

(2) 谷氨酸在 pH=3 的溶液中。

(3) 缬氨酸在 pH=8 的溶液中。

(4) 赖氨酸在 pH=12 的溶液中。

4. 由天冬氨酸、亮氨酸、精氨酸、脯氨酸、赖氨酸和甘氨酸组成的混合液，调溶液的 pH 至 6.0 进行电泳，哪些氨基酸向正极移动？哪些氨基酸向负极移动？哪些氨基酸停在原处？

5. 何谓蛋白质的变性？能导致蛋白质变性的因素有哪些？

6. 将鱼精蛋白(pI=12.0～12.4)溶于 pH=6.8 的缓冲液中，欲使其沉淀的最佳沉淀剂是 （　　）

A. $AgNO_3$　　B. CCl_3COOH　　C. $CuSO_4$　　D. $HgCl_2$　　E. Br_2/CCl_4

7. 用重金属盐沉淀蛋白质时，蛋白质溶液的 pH 最好调节为 （　　）

A. 大于 7　　B. 小于 7　　C. 等于 7　　D. 稍大于等电点　　E. 稍小于等电点

8. 鉴别下列各组化合物：

(1) 甘氨酸、酪氨酸、苯丙氨酸、色氨酸

(2) 谷胱甘肽、丙甘肽、酪氨酸、苯丙氨酸

9. 一有机物 A，分子式为 $C_4H_7O_4N$，具旋光性，与 HNO_2 作用后生成产物 B 和 N_2。B 也具有旋光性，且可在脱氢氧化后生成产物 C，C 具有互变异构体 D。B 在发生脱水反应后生成产物 E，E 具有顺、反异构体 F。试写出 A、B、C、D、E 和 F 的结构式。

10. 化合物 A($C_5H_9O_4N$)具有旋光性，与 $NaHCO_3$ 作用放出 CO_2，与 HNO_2 作用产生 N_2，并转变为化合物 B($C_5H_8O_5$)，B 也具旋光性。将 B 氧化得到 C($C_5H_6O_5$)，C 无旋光性，但可与 2,4-二硝基苯肼作用生成黄色沉淀。C 与稀 H_2SO_4 共热可放出 CO_2，并生成化合物 D($C_4H_6O_3$)，D 能起银镜反应，其氧化产物为 E($C_4H_6O_4$)。1mol E 常温下与足量的 $NaHCO_3$ 反应可生成 2mol CO_2，试写出 A、B、C、D 和 E 的结构式。

11. 某三肽完全水解时可生成甘氨酸和丙氨酸两种氨基酸。该三肽若与亚硝酸钠的盐酸溶液反应后，其产物再经水解，则得到乳酸和甘氨酸两种化合物。试推测该三肽的结构，并写出有关反应式。

五、习题参考答案

1. 天然氨基酸的结构特点：氨基都连接在 α-碳原子上。其通式为：

$$\mathrm{R{-}\overset{*}{C}H(NH_2){-}COOH}$$

除甘氨酸外，其他各种天然氨基酸的 α-碳原子都是手性碳原子，故具有旋光性；都是 L-型氨基酸，除半胱氨酸是 R-型外，其余都是 S-型。

2. (1) $\mathrm{CH_2(NH_2)COOH}$　(2) $\mathrm{CH_3CH(NH_2)COOH}$　(3) $\mathrm{C_6H_5CH_2CH(NH_2)COOH}$

(4) 吡咯烷-2-COOH（N—H）　(5) $\mathrm{HSCH_2CH(NH_2)COOH}$　(6) $\mathrm{H_2NCH(CH_3)CONHCH_2COOH}$

(7) $\mathrm{H_2NCH_2CONHCH(CH_3)COOH}$

3. (1) 丝氨酸($pI=5.68$),$pH=1$ 时，$\begin{array}{l} ^{+}H_3N\underset{\displaystyle CH_2OH}{\underset{|}{C}}HCOOH \end{array}$ 向负极移动。

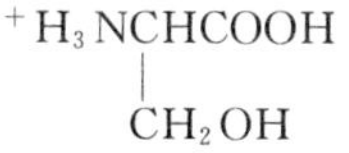

(2) 谷氨酸($pI=3.22$),$pH=3$ 时，$^{+}H_3N—\underset{\displaystyle CH_2CH_2COO^-}{\underset{|}{CH}}—COOH$　既不向正极移动，也不向负极移动。

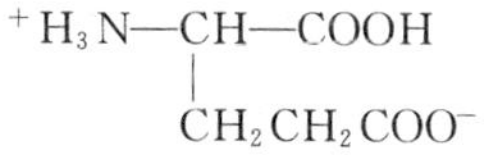

(3) 缬氨酸($pI=5.97$),$pH=8$ 时，$H_2N—\underset{\displaystyle CH(CH_3)_2}{\underset{|}{CH}}—COO^-$　向正极移动。

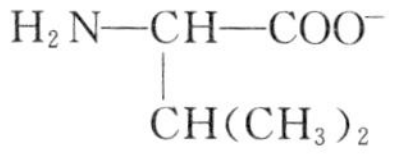

(4) 赖氨酸($pI=9.74$),$pH=12$ 时，$H_2N\underset{\displaystyle CH_2(CH_2)_2CH_2NH_2}{\underset{|}{C}}HCOO^-$　向正极移动。

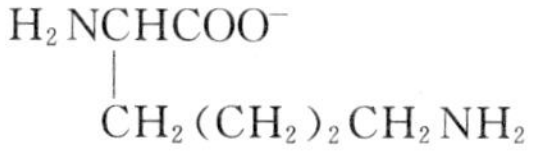

4. 留在原处：甘氨酸、亮氨酸；向正极移动：天冬氨酸；向负极移动：赖氨酸、精氨酸、脯氨酸。

5. 蛋白质在加热、干燥、高压、激烈搅拌或震荡、光(X 射线、紫外线)等物理因素或在酸、碱、有机溶剂、尿素、重金属盐、三氯乙酸等化学因素的影响下，分子内部原有的高度规则的结构因氢键和其他次级键破坏而变成不规则的排列方式，原有的理化性质和生物学特性也随之发生变化，这种作用叫变性。变性作用有两种：可逆变性和不可逆变性。

6. B

7. D

8.

(1) 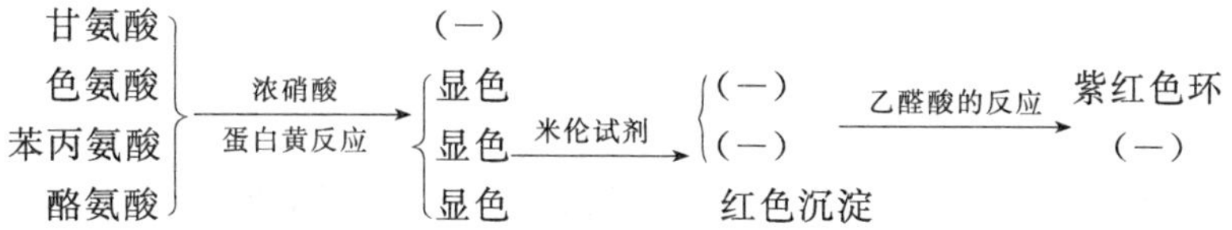
甘氨酸 → 浓硝酸/蛋白黄反应 → (−)
色氨酸 → 显色 → 米伦试剂 → (−) → 乙醛酸的反应 → 紫红色环
苯丙氨酸 → 显色 → 米伦试剂 → (−) → 乙醛酸的反应 → (−)
酪氨酸 → 显色 → 米伦试剂 → 红色沉淀

(2) 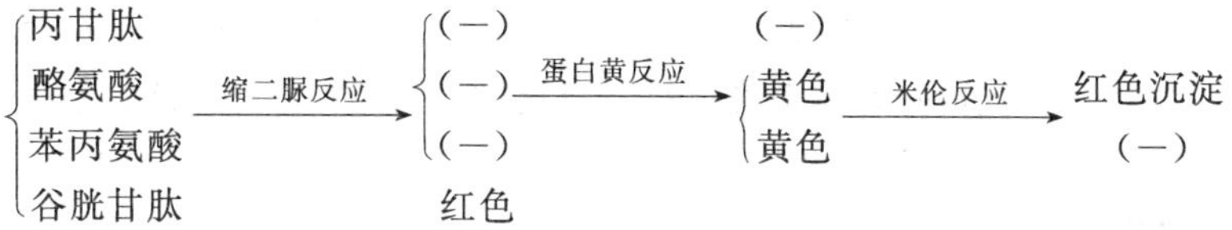
丙甘肽 → 缩二脲反应 → (−) → 蛋白黄反应 → (−)
酪氨酸 → 缩二脲反应 → (−) → 蛋白黄反应 → 黄色 → 米伦反应 → 红色沉淀
苯丙氨酸 → 缩二脲反应 → (−) → 蛋白黄反应 → 黄色 → 米伦反应 → (−)
谷胱甘肽 → 缩二脲反应 → 红色

9. A：$HOOCCH_2\underset{\displaystyle NH_2}{\underset{|}{C}}HCOOH$　B：$HOOCCH_2\underset{\displaystyle OH}{\underset{|}{C}}HCOOH$　C：$HOOCCH_2\underset{\displaystyle O}{\underset{\|}{C}}COOH$

D：$HOOC—CH{=}\underset{\displaystyle OH}{\underset{|}{C}}—COOH$　E(或 F)：$\begin{array}{ccc} H & & H \\ & C{=}C & \\ HOOC & & COOH \end{array}$

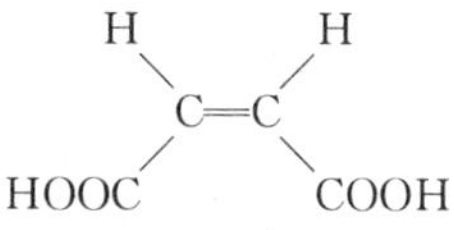

F(或 E)：$\begin{array}{ccc} HOOC & & H \\ & C{=}C & \\ H & & COOH \end{array}$

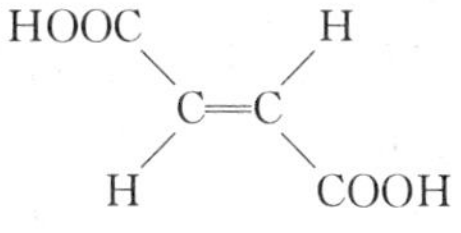

10. (A) 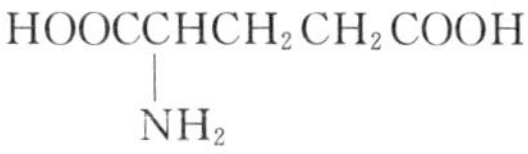 $HOOC\underset{\displaystyle NH_2}{\underset{|}{C}}HCH_2CH_2COOH$　(B) $HOOC\underset{\displaystyle OH}{\underset{|}{C}}HCH_2CH_2COOH$

(C) $HOOC\underset{\displaystyle O}{\underset{\|}{C}}CH_2CH_2COOH$　(D) 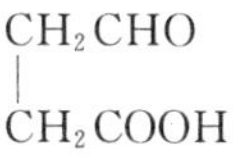 $\begin{array}{l} CH_2CHO \\ | \\ CH_2COOH \end{array}$　(E) 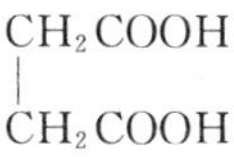 $\begin{array}{l} CH_2COOH \\ | \\ CH_2COOH \end{array}$

11. 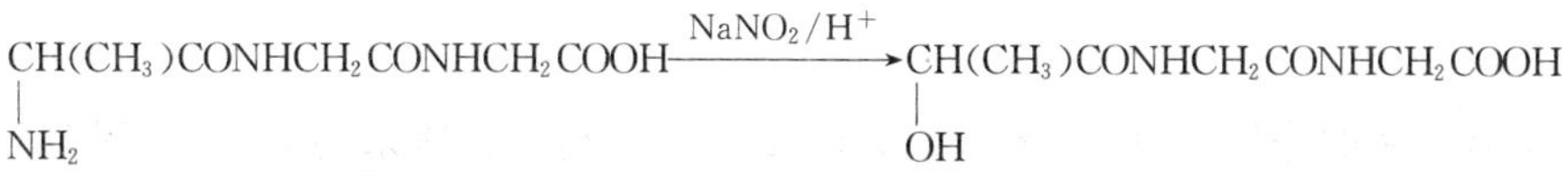 $\underset{\displaystyle NH_2}{\underset{|}{CH}}(CH_3)CONHCH_2CONHCH_2COOH \xrightarrow{NaNO_2/H^+} \underset{\displaystyle OH}{\underset{|}{CH}}(CH_3)CONHCH_2CONHCH_2COOH$

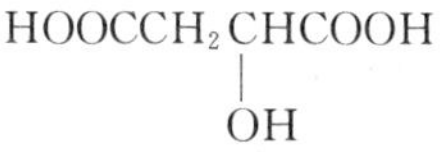

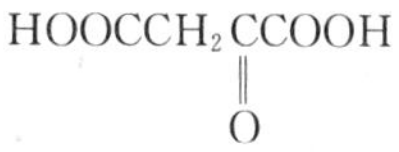

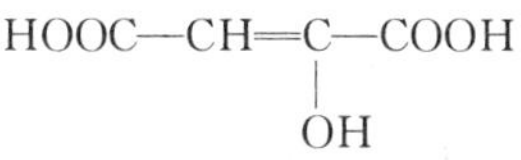

(A)

$\xrightarrow{H_2O/H^+} CH_3CH(OH)COOH + 2CH_2(NH_2)COOH$

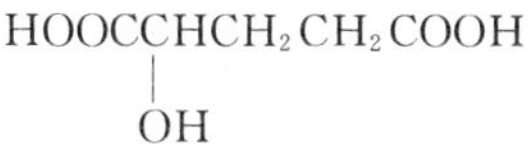

第十六章

周环反应

一、目的要求

1. 了解分子轨道对称守恒原理。
2. 学会用分子轨道图判断周环反应。
3. 掌握电环化反应、环加成反应和 σ 迁移反应。

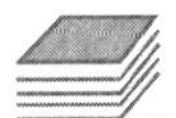

二、本章要点

1. 周环反应

主要包括电环化反应、环加成反应和 σ 迁移反应。它是一类具有高度的立体专一性的反应，在一定的反应条件下，生成转移构型的产物。周环反应的主要特点是反应过程中没有自由基或离子等活性中间体；反应速率与溶剂、催化剂、引发剂及抑制剂的影响不大；反应条件一般只需加热或光照；反应具有高度的立体选择性。

2. 分子轨道对称守恒原理

由美国化学家 Woodward R B 和 Hoffmann R 创立的分子轨道对称守恒原理认为，化学反应是分子轨道进行重新组合的过程，在一个协同反应中，分子轨道的对称性是守恒的，即由原料到产物，轨道对称性始终不变。

3. 电环化反应

是指在热或光的作用下，链状的共轭多烯烃通过分子内的环化，在共轭体系的两端形成 σ 键而关环，同时减少一个双键而生成环烯烃的反应及其逆反应。这种反应的特点是，在热或光的作用下都反应，常用顺旋和对旋来描述两种立体化学方式，其规律为：

反应物 π 电子数	旋转方式	热作用	光作用
$4n$	顺旋	允许	禁阻
	对旋	禁阻	允许
$4n+2$	对旋	允许	禁阻
	顺旋	禁阻	允许

4. 环加成反应

是指在热或光的作用下，两个烯烃或共轭多烯烃或其他 π 体系的分子相互作用，形成一个稳定的环状化合物的反应。环加成反应的规律为：

参与反应的 π 电子数	反应条件	反应结果
$4n+2$	加热	允许
	光照	禁阻
$4n$	加热	禁阻
	光照	允许

5. σ 迁移反应

是一个以 σ 键相连的原子或基团，从共轭体系的一端迁移到另一端，同时还伴随着 π 键转移的协同反应。σ 迁移反应有[1,j]和[i,j]。在立体选择性方面 σ 迁移反应有同面迁移和异面迁移。σ 迁移反应的规律为：

[1,j]迁移：[1,3]异面；[1,5]同面；[1,7]异面

[i,j]迁移：[3,3]同面；[3,5]异面；[3,7]同面；[5,5]同面；[5,7]异面

三、例题解析

[例 1] 推测下列化合物电环化时产物的结构。

(1) △→

(2) △→

解：

(1) $4n+2$ 体系，加热对旋允许：△ 对旋→

(2) $4n$ 体系，加热顺旋允许：

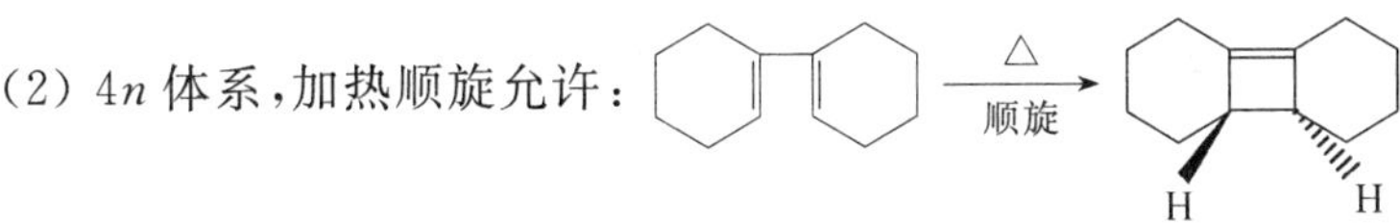

[例 2] 推测下列化合物环加成时产物的结构。

(1) + O═⟨⟩═O △→

(2) + CHO △→

解：

(1) 加热条件下，发生两次[4+2]环加成反应。

O O △→ O O △→ O O

(2) 加热条件下，[4+2]环加成反应。

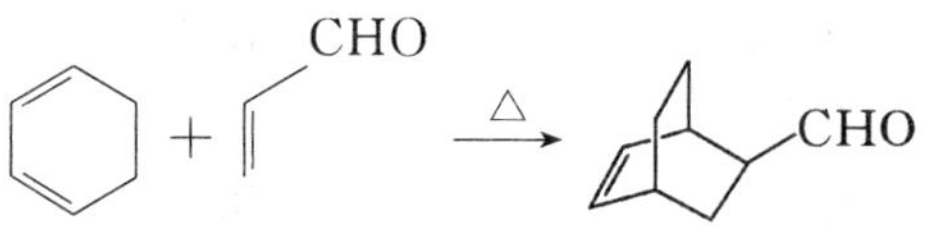

CHO

+ $\xrightarrow{\triangle}$ CHO

［例 3］ 加热下列化合物会发生什么样的变化？

(1) 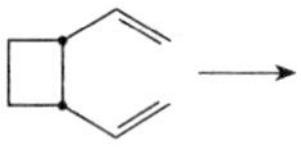 $\longrightarrow$

(2) 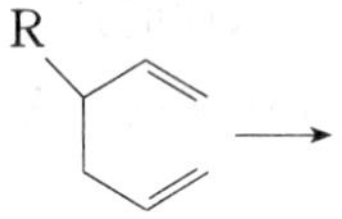 R $\longrightarrow$

解：

加热条件下这两个反应都是 Cope 重排，1，5-二丁烯及其衍生物的［3，3］碳迁移反应。

(1) 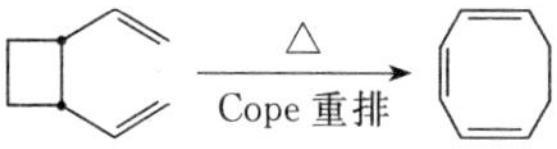 $\xrightarrow[\text{Cope 重排}]{\triangle}$

(2)  R $\xrightarrow[\text{Cope 重排}]{\triangle}$ R

四、习　题

1. 试预测下列反应的产物。

(1) 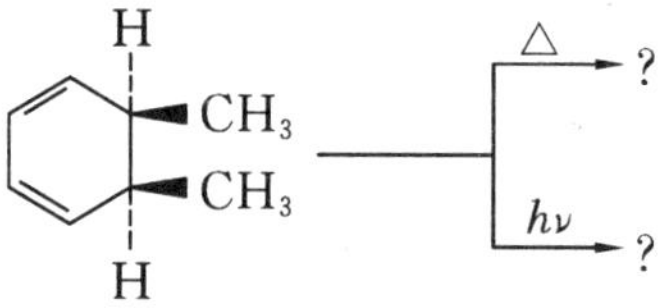 H, CH_3, CH_3, H $\xrightarrow{\triangle}$? ; $\xrightarrow{h\nu}$?

(2) D, H, H, D $\xrightarrow{h\nu}$? $\xrightarrow{\triangle}$?

(3) CH_3, H, CH_3, H $\xrightarrow{h\nu}$?

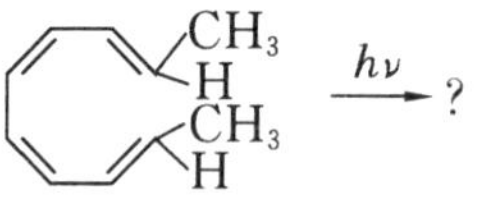

2. 试判断下列反应所需要的条件是光还是热。

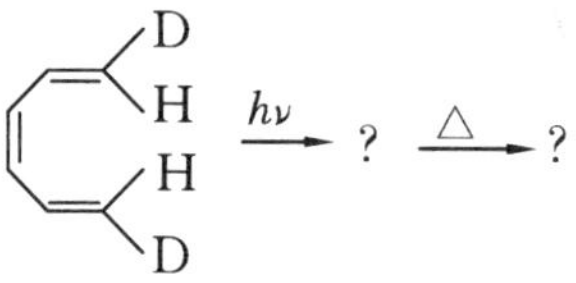

(1) 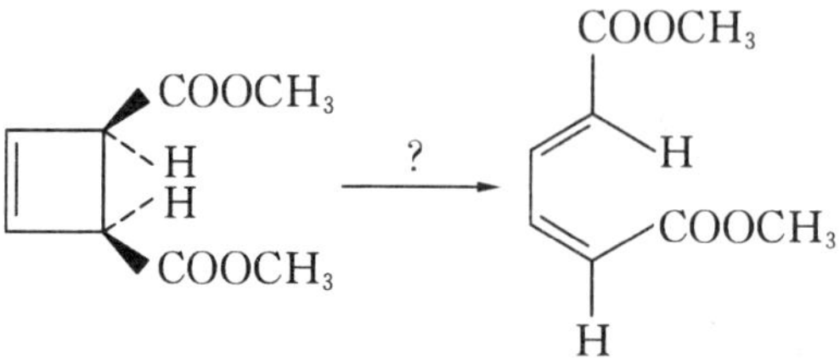 $COOCH_3$, H, H, $COOCH_3$ $\xrightarrow{?}$ $COOCH_3$, H, $COOCH_3$, H

(2) 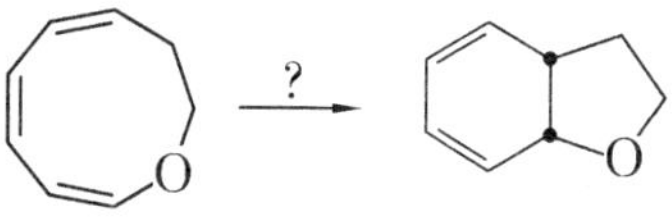 O $\xrightarrow{?}$ O

3. 完成下列反应。

(1) 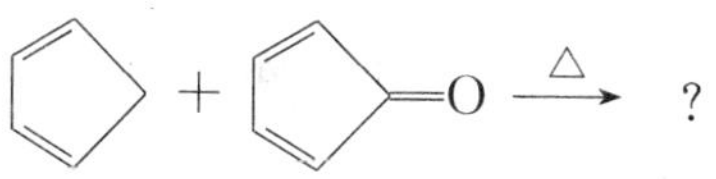 [环戊二烯] + [环戊二烯酮] $\xrightarrow{\triangle}$?

(2) [苯并环丁烯衍生物] $\xrightarrow{\triangle}$? $\xrightarrow{\text{顺丁烯二酸酐}}$ [产物]

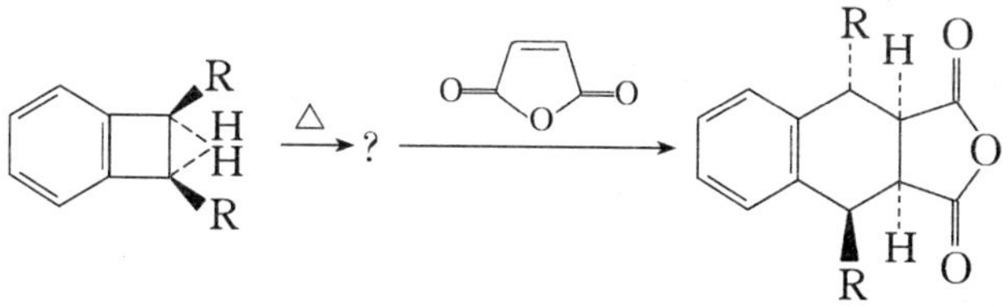

4. 下列反应的产物张力很大，但可以生成，为什么？

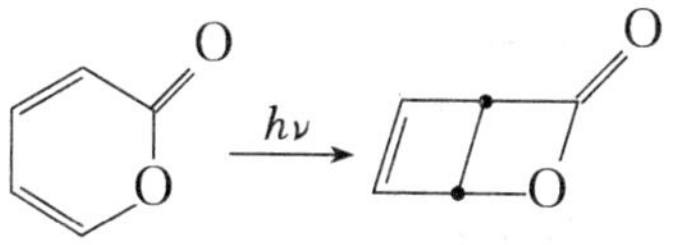

[2-吡喃酮] $\xrightarrow{h\nu}$ [双环内酯]

5. 下列化合物(A)在加热时，示踪原子氘要受到所有非苯环的三个位置的争夺，而产生(B)和(C)。其中主要发生了氢或氘的 σ 迁移，如按[1,3]迁移不可能产生(B)。试推测发生了什么反应，怎样产生的(B)，以反应式写出平衡关系式。

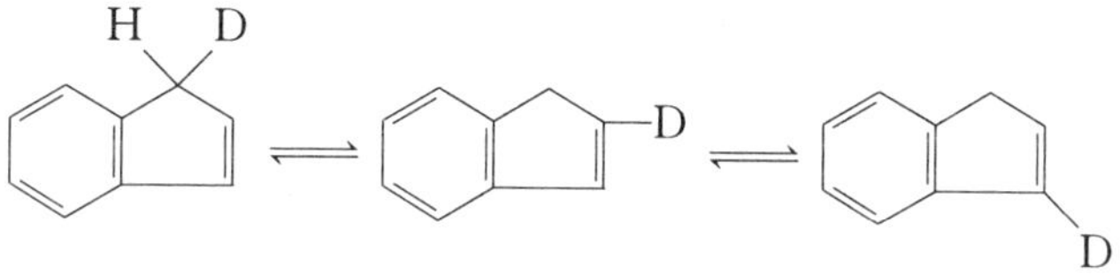

(A) $\rightleftharpoons$ (B) $\rightleftharpoons$ (C)

6. 解释下列现象。

(1) 1,3-环戊二烯与顺丁烯二酸酯环加成，生成产物 [COOR, COOR]，而与反丁烯二酸酯环加成则得 [COOR, COOR]。

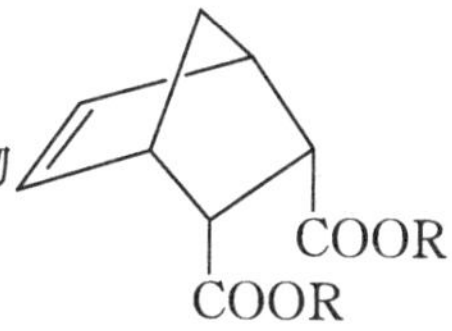

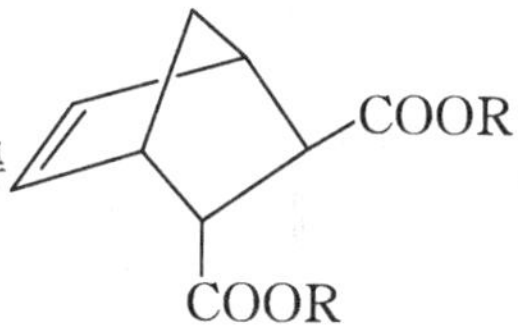

(2) 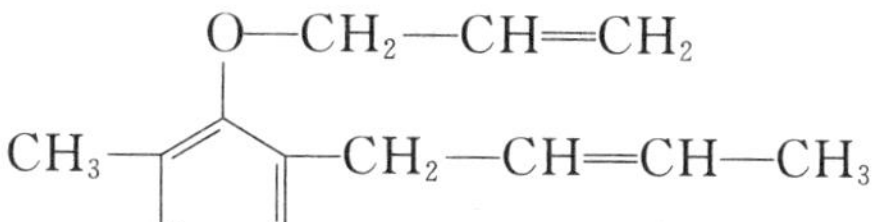 [CH_3—C$_6$H$_3$(O—CH_2—CH═CH_2)—CH_2—CH═CH—CH_3] 的 Claisen 重排反应生成两个产物(A)和(B)：

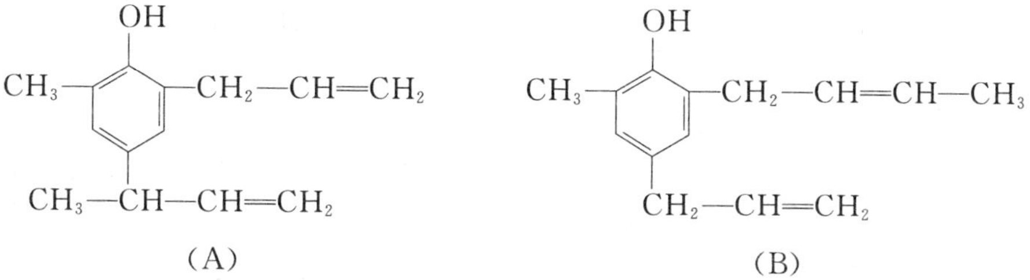

(A) OH, CH_3, CH_2—CH═CH_2, CH_3—CH—CH═CH_2

(B) OH, CH_3, CH_2—CH═CH—CH_3, CH_2—CH═CH_2

7. 给出下列反应的中间产物。

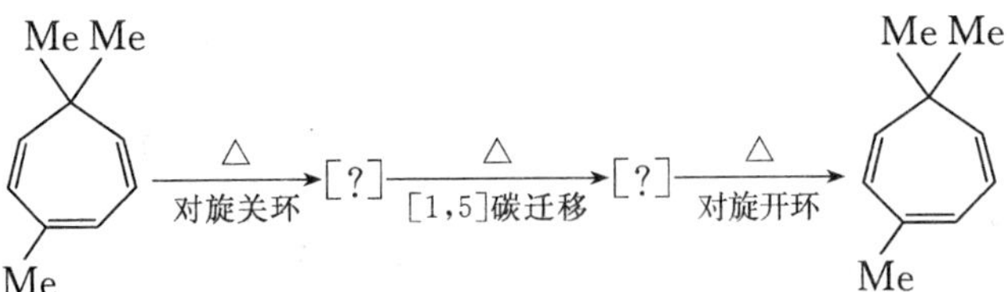

五、习题参考答案

1. (1) H₃C H H CH₃　H₃C H H₃C H

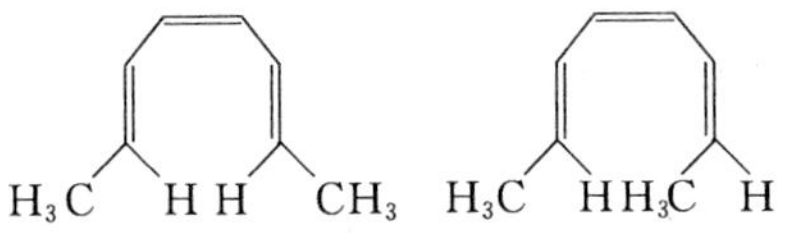

(2)

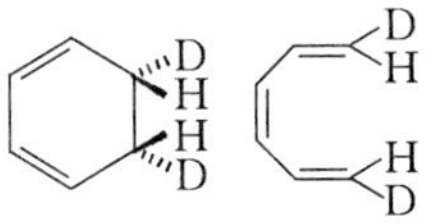

(3)

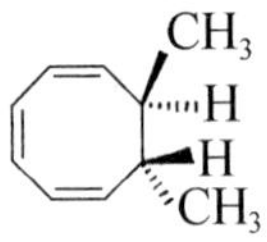

2. (1) 热(顺旋)　(2) 热(对旋)

3. (1)　(2)

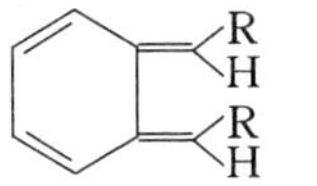

4. 为 4*n* 体系,光催化对旋关环。

5. [1,5]-H　(A)　[1,5]-D　[1,5]-H　[1,5]-H　(C)　(B)

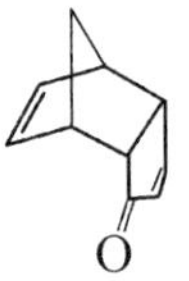

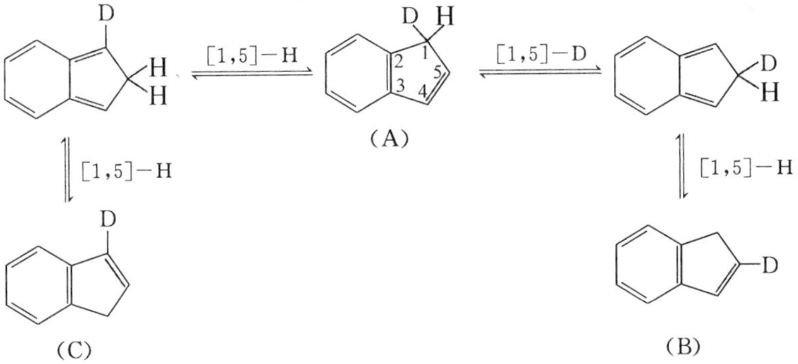

6. (1) Deils-Alder 反应时立体专属性的顺式加成。

(2) H_3C O—CH_2CH═CH_2 CH_2CH═$CHCH_3$ △ → [H_3C O CH_2CH═CH_2 CH_2CH═$CHCH_3$]

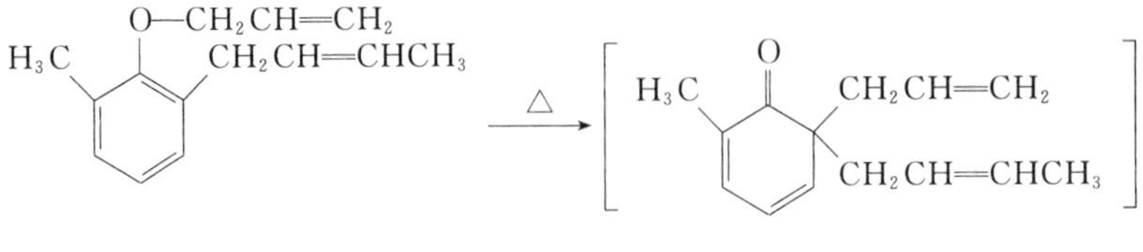

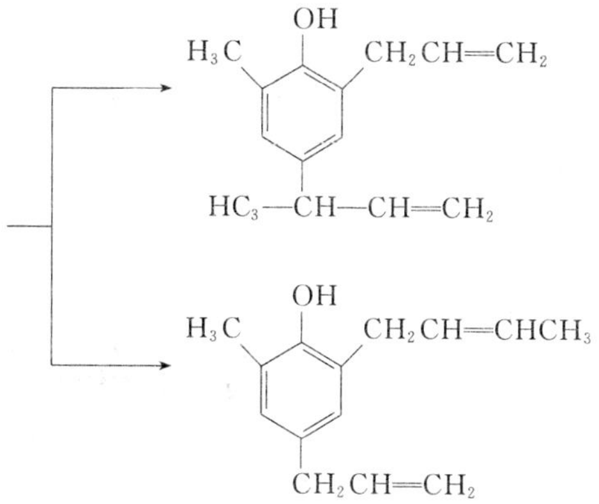

OH
H_3C 　$CH_2CH{=}CH_2$
HC_3—CH—$CH{=}CH_2$
(A)

OH
H_3C 　$CH_2CH{=}CHCH_3$
$CH_2CH{=}CH_2$
(B)

7. Me Me 1 2 3 4 5 Me　　Me Me Me

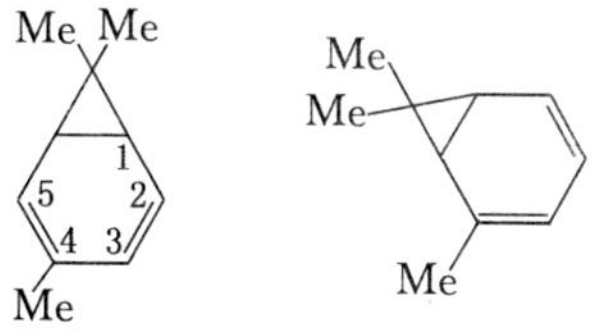

第十七章

波谱基础

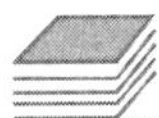

一、目的要求

1. 了解原子吸收光谱的原理及电磁波与分子运动跃迁的关系。
2. 了解紫外光谱的原理，掌握图谱解析。
3. 了解红外光谱的原理，掌握图谱解析。
4. 了解核磁共振谱的原理，掌握图谱解析。
5. 了解质谱的基本知识及其在有机物结构测定方面的应用。

二、本章要点

1. 吸收光谱的产生

微观运动中，组成分子的原子之间的化学键在不断振动。电磁波照射物质时，当电磁波的频率等于振动频率时，分子就可以吸收电磁波，使振动加剧（表 16-1）。当化学键的振动频率位于红外区时，这种吸收光谱称为红外吸收光谱；当用紫外-可见光照射物质时，分子中的最外层价电子吸收特定波长的紫外-可见光，从基态跃迁到激发态，由此产生的电磁波谱称为紫外-可见吸收光谱；原子核也处于不断的运动中，具有自旋的原子核置于外磁场中时可以吸收电磁波谱中的无线电波，发生核磁共振，由此得到核磁共振谱。

表 16-1　电磁波区与分子运动跃迁的关系

电磁波	光谱	波长/nm	能量/kJ・mol^{-1}	跃迁类型
远紫外线	真空紫外光谱	4～200	1196～598	σ 电子跃迁
近紫外线	紫外光谱	200～400	598～301	n 及 π 电子跃迁
可见光线	可见光谱	400～800	301～150	n 及 π 电子跃迁
中红外线	红外光谱	2500～25000（4000～400cm^{-1}）	46～0.52	分子振动及转动能级跃迁
无线电波	核磁共振谱	10^{-6}～10^{-5}	4.2×10^{-5}	核自旋

2. 紫外-可见吸收光谱（UV）

（1）紫外-可见吸收光区域的划分。

紫外光波长范围为 4～400nm。根据波长的不同又可分为远紫外和近紫外两个区域，远紫外波长范围 4～200nm，近紫外波长范围 200～400nm。远紫外区又称真空紫外区，在有机分析中用处不大。近紫外区又称石英紫外区，在有机分析中很有用。近紫外区的光谱可被普通玻璃吸收，测定时要用石英玻璃。可见光的波长范围为400～800nm，它由红、橙、黄、绿、蓝、紫等单色光组成。

(2) 电子跃迁类型。

分子在吸收紫外光后，电子从基态跃迁到激发态。一般有以下四种类型的跃迁。

① $\sigma \rightarrow \sigma^*$ 跃迁：位于 σ 成键轨道上的电子向 σ^* 反键轨道跃迁。此类跃迁需较大能量，一般发生在<200nm的远紫外区域。吸收强度强。

② $n \rightarrow \sigma^*$ 跃迁：位于 n 轨道上的电子向 σ^* 反键轨道跃迁。此类跃迁所需要能量小于 $\sigma \rightarrow \sigma^*$ 跃迁，多见于O、N、X等原子上的未成键 n 电子吸收紫外光时激发跃迁；大部分吸收波长<250nm。吸收强度很弱。

③ $n \rightarrow \pi^*$ 跃迁：位于 n 轨道上的电子向 π^* 反键轨道跃迁。在分子中既有 π 键又存在 n 电子对时(如在羰基中)，常发生此类跃迁，所需要的能量小于 $n \rightarrow \sigma^*$ 跃迁，吸收波长在170～200nm范围内。吸收强度弱。

④ $\pi \rightarrow \pi^*$ 跃迁：位于 π 成键轨道上的电子向 π^* 反键轨道跃迁。孤立双键的 π 电子 $\pi \rightarrow \pi^*$ 跃迁，吸收波长在170～200nm范围内，双键上连有取代基或共轭双键的 π 电子 $\pi \rightarrow \pi^*$ 跃迁，吸收波长在近紫外区域，共轭链增大时，吸收波长增大。吸收强度强。

(3) 几个基本术语。

① 发色团：凡是可以使分子在紫外光或可见光区产生吸收带的原子团。一般地，发色团中含有不饱和基团，如C=C，C=O，C=N等。

② 助色团：含有孤对电子的基团，如—OH、—OR、—NH_2、—NR_2、—NHR、—X等，当它们与发色团相连接时，由于 p-π 共轭作用使分子的共轭体系增大，使发色团的最大吸收波长增大或吸收强度增大。

③ 红移、蓝移：由于取代基或官能团或溶剂的影响，使分子的吸收峰向长波方向移动的现象称为红移，向短波方向移动的现象称为蓝移。

3. 红外光谱(IR)

(1) 红外光区域的划分。

红外区位于可见区和微波区之间，波长位于0.5(500nm)～1000μm(10^6 nm)。其中0.6～2.5μm称为近红外区；2.5～1.4nm称为中红外区；大于500 nm的称为远红外区。一般所说的红外光谱是指中红外区域的红外光谱。

(2) 基本原理。

用红外光(0.76～1000μm)照射有机化合物时，分子吸收红外光使分子中键的振动从低能态向高能态跃迁，所得的吸收光谱为红外光谱。

(3) 红外光谱图的表示方法。

红外光谱谱图一般是以百分透光率(T%)为纵坐标，波数(Wavenumbers，cm^{-1})为横坐标作图得到红外吸收曲线。波数是指每1cm距离中通过波的个数。

IR谱图可用吸收峰位置(峰位)、形状(峰型)和强度(峰强)来描述。IR谱图分为两个区域：① 特征谱带区：4000～1350cm^{-1}区域；②指纹区：1350～600cm^{-1}。

(4) 红外光谱图的解析。

有机化合物中的官能团可以吸收特定波长的光。由红外光谱图的高波数区开始往低波数区，检查有哪些特征吸收峰及相关峰，以判断化合物可能的类型和所含的主要官能团。一些常见基团的特征吸收频率可查阅相关资料获得。因此，红外光谱图可以用来鉴别有机物中的官能团。

4. 核磁共振(NMR)氢谱

(1) 基本原理。

^{1}H 核带一个正电荷，它可以像电子那样自旋而产生磁矩(就像极小的磁铁)。在外加磁场中时，^{1}H 核自旋运动发生能级裂分(跃迁)，与此同时，当外加的一定频率的电磁波的辐射能量与核自旋裂分的能级差向匹配时，则产生核磁共振氢谱。

(2) 化学位移(Chemical shift)。

外磁场中，氢原子在不同化合物或同一化合物的不同位置时(即磁不等性质子)，由于化学环境不同，则氢核受到的屏蔽作用程度不同，即实际感受到的磁场强度不同，因此而产生的核磁共振的信号位置的变化称为化学位移。

化学位移以 δ(ppm)表示，基准参照物 TMS 的 δ 值定为零。

影响化学位移的因素很多，氢核周边的基团或原子的电负性、杂化态与共振效应、各向异性、氢键、温度、溶剂及溶液浓度等。常见的各种^{1}H 的化学位移可查阅相关资料。

(3) 自旋偶合裂分。

由于氢原子核的自旋磁矩在外磁场中的取向不同，使相邻氢核感受到的外加磁场强度发生微小的变化，从而使相邻氢核原有的核磁共振吸收峰发生分裂；这种作用结果称为自旋偶合裂分。自旋偶合裂分峰中，相邻两个裂分峰之间的距离为偶合常数(用 J 表示，以 Hz 为单位)；峰的裂分数目与相邻氢原子磁等性质子的数目 n 的关系符合($n+1$)规律。

(4) ^{1}H NMR 谱图解析。

从^{1}H NMR 谱图上可以得到如下信息：① 化学位移；② 偶合裂分情况；③ 峰面积大小。通过这些信息，推测化合物的确切结构或对照标准谱图判断化合物的结构是否正确。

5. 质谱(Mz)

(1) 基本原理。

质谱分析法是用具有一定能量的电子流去轰击被分析的有机分子 M，M 失去一个电子生成分子离子峰 $M^{+\cdot}$，分子离子中的化学键在电子流轰击下会连续发生断裂生成各种阳离子碎片。在外加静电场和磁场的作用下，按质荷比将这些碎片逐一进行分析和检测。在获得的质谱图上，各种碎片离子的质荷比数值提供了分子结构的组成信息，结合分子断裂过程的机理，可推测被测物质的分子结构，并确定其分子量、组成元素的种类和分子式。

各种正离子的质量与其所带的电荷之比(质荷比)m/z 是不同的，在电场、磁场作用下，可按 m/z 的大小分离得到质谱。

(2) 质谱图解析。

解析质谱图上出现的峰，确定这些峰是怎么产生的，它们的位置和强度与化合物的分子种类和结构的关系。质谱图上出现的峰主要有分子离子峰、碎片离子峰、同位素离子峰等。

① 分子离子峰。分子离子峰一般位于质谱图的最右端。但质谱最右端的峰不一定都是分子离子峰，需根据情况作具体分析。有机分子失去一个电子后生成分子离子，因为一个电子的质量很小，可忽略，因此分子离子峰的 m/z 值就等于有机分子的相对分子质量。

② 碎片离子峰。分子离子在电子流轰击下会连续开裂生成各种碎片离子。碎片离子

的相对丰度与化合物的分子结构有密切的关系。

③ 同位素离子峰。组成有机化合物的元素中，C、H、O、N、S、Cl、Br 等都有同位素，因此在质谱中会出现 M+1、M+2 等同位素峰，这些峰的强度与分子中所含该元素的原子数目及该同位素的天然丰度有关。

三、例题解析

[例 1]　下列官能团在红外光谱中吸收峰频率最高的是哪个？

A. >C=C<　B. HC≡CH　C. $-\overset{|}{N}-H$　D. —O—H

解： D. —O—H 的吸收峰频率最高。

氧氢键的伸缩振动比氮氢键的伸缩振动高些，且从强度可以区分两者。羟基的吸收峰宽而强，氨基的吸收峰尖而弱。

[例 2]　下列化合物各有几种磁不等性质子？

A. $CH_3CH_2CH{=}CH_2$　B. 甲苯（苯环上连 CH_3）　C. 邻羟基苯甲醛（苯环上连 CHO 和 OH）

解： 化学环境不同的质子称为磁不等性质子。

A 的“$=CH_2$”上的两个氢原子属于磁不等性质子，加上其他三种磁不等性质子，A 共有 5 种磁不等性质子。

B 的苯环上有三种磁不等性质子，加上甲基的一种，B 共有 4 种磁不等性质子。

C 的苯环上的四个氢都处在磁不等性的位置，加上醛基的一个氢和羟基的一个氢，C 共有 6 种磁不等性质子。

[例 3]　下列化合物中，甲基上质子的化学位移最大的是哪一个？

A. $CH_3CH_2CH_3$　B. $CH_3CH{=}CH$　C. $CH_3C{\equiv}CH$　D. $CH_3C_6H_5$

解： 甲苯（$CH_3C_6H_5$）中甲基上质子化学位移值最大。

[例 4]　A、B 两种化合物的分子式均为 $C_3H_6Cl_2$，分别测得它们的 ^1H NMR 谱的数据为：

A. 多重峰　$\delta=2.2$　2H；三重峰 $\delta=3.7$　4H

B. 单峰　$\delta=2.4$　6H

试推测 A、B 的结构式。

解： A 有两组峰，说明有两种磁不等性质子。一组 $\delta=2.2$，2H，多重峰，表示邻近有多个氢，可能是$-CH_2CH_2CH_2-$；另一组为：三重峰，$\delta=3.7$，4H，说明周围有两个质子，δ 值较大，说明靠近氯原子。所以 A 的结构式为：$ClCH_2CH_2CH_2Cl$。

B 只有一组峰，只有一种等性质子。所以 B 的结构式为：$CH_3CCl_2CH_3$。

[例 5]　根据光谱分析，推测分子式为 C_4H_7N 的结构式。

IR 谱 $2273cm^{-1}$；^{1}HNMR 谱：$\delta=2.82$（1H），七重峰；$\delta=1.33$（6H），双重峰，$J=$

6.7Hz。

解：IR 谱 $2273cm^{-1}$ 表明有—CN 基团的伸缩振动；

^{1}HNMR 谱：$\delta=2.82$(1H)七重峰，表明是—$CH(CH_3)_2$ 中 CH 上的氢；$\delta=1.33$(6H)双重峰，$J=6.7Hz$，表明是—$CH(CH_3)_2$ 中两个 CH_3 上的氢。所以此化合物的结构式为 $(CH_3)_2CHCN$。

四、习 题

1. 用红外光谱可以鉴别下列哪几对化合物？说明理由。

(1) $CH_3CH_2CH_2OH$ 与 $CH_3CH_2NHCH_3$

(2) CH_3COCH_3 与 CH_3CH_2CHO

(3) $CH_3CH_2CH_2OCH_3$ 与 $CH_3CH_2COCH_3$

2. 应用 IR 或 ^{1}HNMR 谱中的哪一种，可使下列各对化合物达到快速而有效的鉴别？

(1) $CH_3CH_2CH_2CHO$ 与 $CH_3COCH_2CH_3$

(2) 环己醇与环己酮

(3) 2-丁醇与四氢呋喃

3. 具有下列各分子式的化合物，在 ^{1}HNMR 谱中均出现 1 个信号，其可能的结构式是什么？

(1) C_5H_{10}　(2) $C_3H_6Br_2$　(3) C_2H_6O　(4) C_3H_6O　(5) C_4H_6

4. 如何用 ^{1}HNMR 谱区分下列各组化合物？

(1) 环丁烷和甲基环丙烷

(2) $C(CH_3)_4$ 与 $CH_3CH_2CH_2CH_2CH_3$

(3) $ClCH_2CH_2Br$ 与 $BrCH_2CH_2Br$

5. 某化合物的分子式为 C_4H_8O，它的红外光谱在 $1751cm^{-1}$ 有强吸收峰，它的核磁共振谱中有一个单峰相当于 3 个 H，有一个四重峰相当于 2 个 H，有一个三重峰相当于 3 个 H。试写出该化合物的结构式。

6. 某化合物元素分析结果为 C 62.5%，H 10.3%，O 27.5%。常温时，该化合物与碘无作用，但加入 NaOH 并加热，则得到黄色沉淀。一些波谱数据如下：

MS　分子离子峰 m/z 为 116；

UV　无吸收峰；

IR　$3300cm^{-1}$ 有强宽吸收峰；$1700cm^{-1}$ 有强吸收峰；

^{1}HNMR　δ 1.3 单峰；δ 2.6 单峰；δ 单峰 3.8；峰面积比为 6∶3∶2。

请根据以上提供的数据推导该化合物的结构。

五、习题参考答案

1. 可以鉴别(3)。因为 $CH_3CH_2COCH_3$ 中的羰基在 $1700cm^{-1}$ 左右有强的特征峰。

2. (1)用 ^{1}HNMR 谱鉴别。(2) 用 IR 谱。(3) 用 IR 谱。

3.（1）环戊烷（五边形）　（2）$H_3C-\overset{Br}{\underset{Br}{C}}-CH_3$　（3）$H_3C-O-CH_3$　（4）$H_3C-\overset{O}{\overset{\|}{C}}-CH_3$

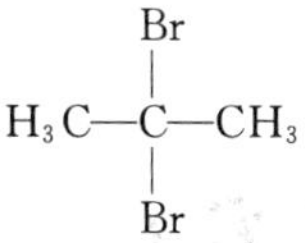

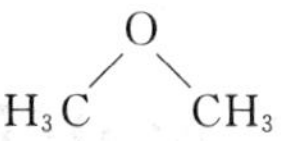

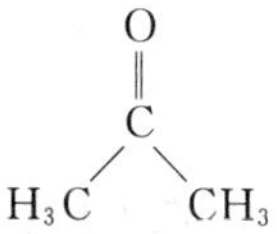

（5）$H_3C-C\equiv C-CH_3$

4.（1）环丁烷只有一个信号。　　（2）$C(CH_3)_4$只有一个信号。

（3）$BrCH_2CH_2Br$只有一个信号。

5. $CH_3CH_2COCH_3$

6. 该化合物的结构式为 $CH_3\overset{O}{\overset{\|}{C}}CH_2\underset{OH}{\overset{CH_3}{C}}CH_3$。

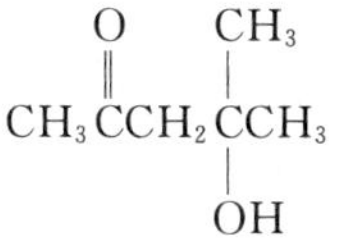

有机化学水平测试卷(一)

一、命名下列化合物

(1) 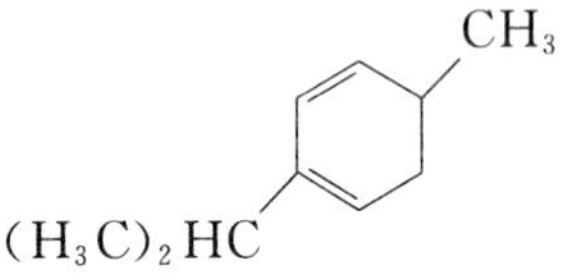 CH_3 $(H_3C)_2HC$

(2) 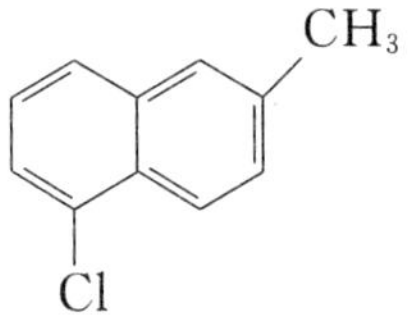 CH_3 Cl

(3) CH_3 H—OH Cl—Ph CH_3 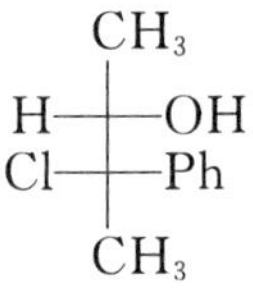 (R/S)

(4) 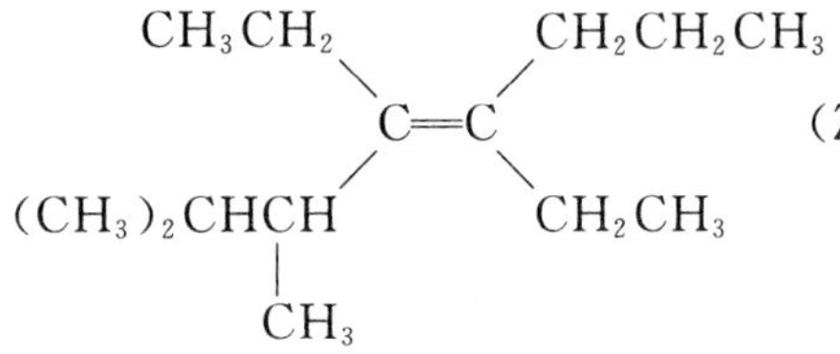 CH_3CH_2 $CH_2CH_2CH_3$ C=C $(CH_3)_2CHCH$ CH_2CH_3 CH_3 (Z/E)

(5) 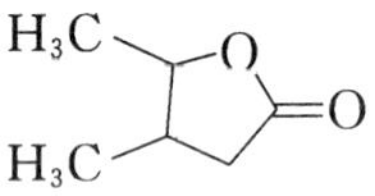 H_3C O O H_3C

(6) 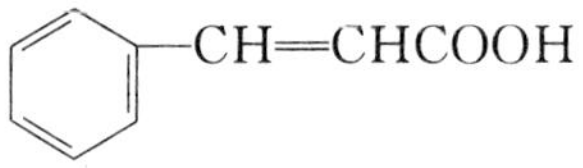 —CH=CHCOOH

(7) 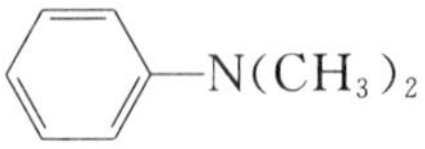 —$N(CH_3)_2$

(8) $CH_3CHCOCH_3$ OH

(9) 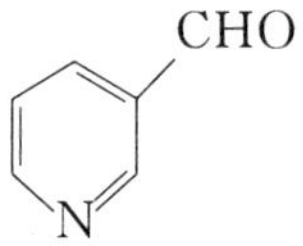 CHO N

(10) CH_2=CHC≡CH

二、写出下列化合物的结构式

(1) 甲基环己烷的优势构象　　(2) 内消旋 2,3-二氯丁烷

(3) 烯丙基溴　　(4) 嘌呤

(5) 苯胺盐酸盐　　(6) 甘氨酰丙氨酸

(7) β-D-吡喃葡萄糖(哈瓦斯式)　　(8) 苯甲酸苄酯

(9) 3-乙基-4-己烯-2-醇　　(10) 乙酰丙酮

三、选择题(四选一)

(1) 在甲基溴的 S_N2 取代反应中,反应活性最强的亲核试剂是　　(　　)

A. $C_2H_5O^-$　　B. HO^-　　C. $C_6H_5O^-$　　D. CH_3COO^-

(2) 不能用金属钠干燥的化合物是　　(　　)

A. 乙醇　　B. 乙醚　　C. 苯　　D. 环己烷

(3) 碱性最强的化合物是　　(　　)

A. 丁二酰亚胺　　B. 乙酰胺　　C. 三甲胺　　D. 苯胺

(4) 根据休克尔规则,下列物质具有芳香性的是　(　　)

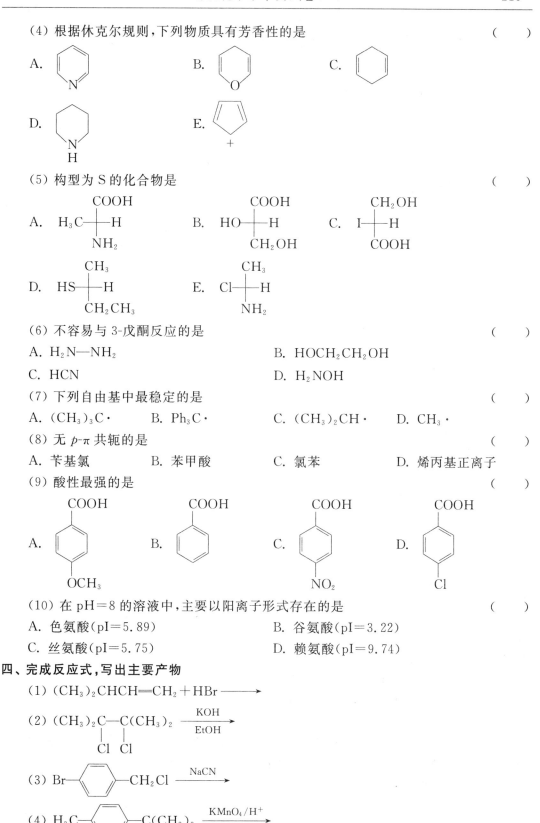

A. 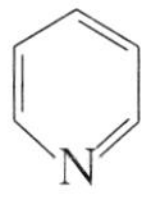 吡啶（环中含N）　B. 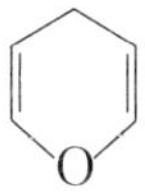 4H-吡喃（环中含O）　C. 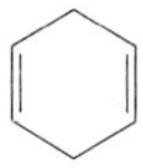 1,3-环己二烯

D.  哌啶（环中含NH）　E. 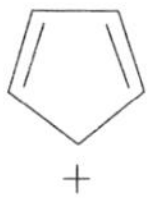 环戊二烯基正离子（+）

(5) 构型为S的化合物是　(　　)

A. 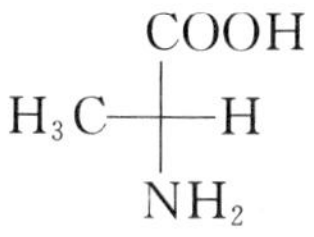 Fischer 投影式：上 COOH，左 H_3C，右 H，下 NH_2　B. 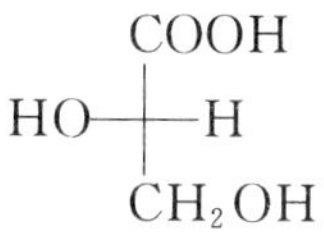 上 COOH，左 HO，右 H，下 CH_2OH　C. 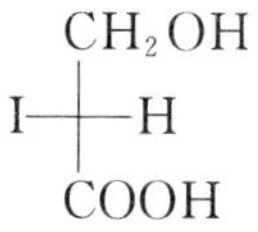 上 CH_2OH，左 I，右 H，下 COOH

D. 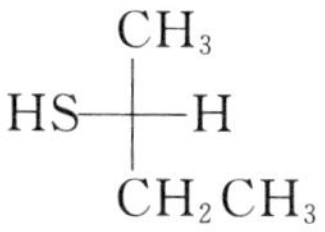 上 CH_3，左 HS，右 H，下 CH_2CH_3　E. 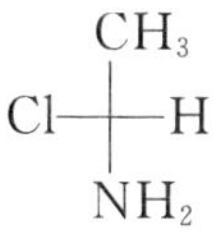 上 CH_3，左 Cl，右 H，下 NH_2

(6) 不容易与3-戊酮反应的是　(　　)

A. $H_2N—NH_2$　B. $HOCH_2CH_2OH$

C. HCN　D. H_2NOH

(7) 下列自由基中最稳定的是　(　　)

A. $(CH_3)_3C\cdot$　B. $Ph_3C\cdot$　C. $(CH_3)_2CH\cdot$　D. $CH_3\cdot$

(8) 无 p-π 共轭的是　(　　)

A. 苄基氯　B. 苯甲酸　C. 氯苯　D. 烯丙基正离子

(9) 酸性最强的是　(　　)

A. 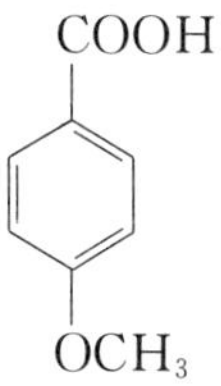 对位 OCH_3 的苯甲酸（COOH）　B. 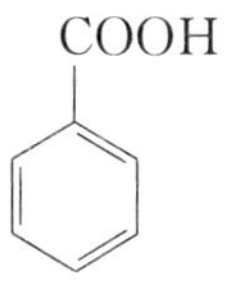 苯甲酸（COOH）　C. 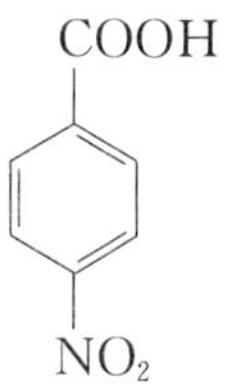 对位 NO_2 的苯甲酸（COOH）　D. 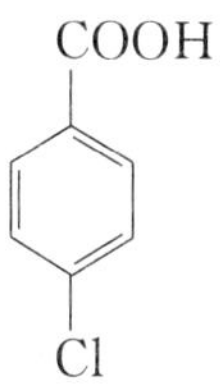 对位 Cl 的苯甲酸（COOH）

(10) 在pH=8的溶液中,主要以阳离子形式存在的是　(　　)

A. 色氨酸(pI=5.89)　B. 谷氨酸(pI=3.22)

C. 丝氨酸(pI=5.75)　D. 赖氨酸(pI=9.74)

四、完成反应式,写出主要产物

(1) $(CH_3)_2CHCH=CH_2+HBr \longrightarrow$

(2) 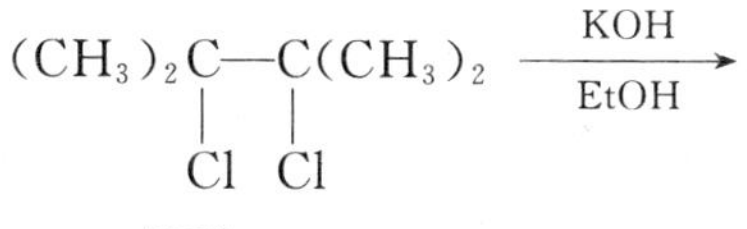 $(CH_3)_2C(Cl)—C(Cl)(CH_3)_2 \xrightarrow[EtOH]{KOH}$

(3) Br—C_6H_4—CH_2Cl $\xrightarrow{NaCN}$

(4) H_3C—C_6H_4—$C(CH_3)_3$ $\xrightarrow{KMnO_4/H^+}$

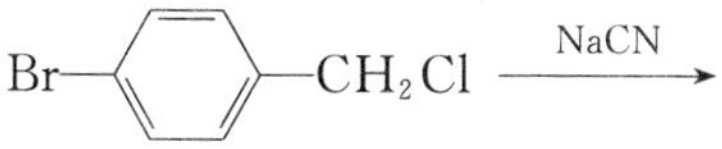

(5) $H_3C-C_6H_4-NHCOCH_3 \xrightarrow[H_2SO_4]{HNO_3}$

(6) $CH_3CHO + NH_2OH \longrightarrow$

(7) $CH_3CH(NH_2)COOH + NaOH \longrightarrow$

(8) β-D-吡喃葡萄糖（HOH_2C、OH、HO、OH、OH，环 O）$\xrightarrow[HCl]{CH_3OH}$

(9) 邻（氨甲基）苯甲酸（COOH、CH_2NH_2）$\xrightarrow{\triangle}$

(10) Cl-（呋喃环，O）-CHO $\xrightarrow{浓\ NaOH}$

五、鉴别和分离

1. 用简便的化学方法鉴别：

(1) 水杨酸、乙酰乙酸乙酯、苯甲醛、苯乙酮。

(2) 色氨酸，丙甘肽，谷胱甘肽。

2. 分离除去粗苯中混有的少量噻吩。

六、回答问题

(1) 为何不能用结构简式来表示糖分子的结构？

(2) 鉴别伯、仲、叔胺的方法通常有几种？

七、合成题

(1) 由甲苯（$C_6H_5-CH_3$）合成对硝基二苯基甲烷（$C_6H_5-CH_2-C_6H_4-NO_2$）。

(2) 由 CH_3CHO 合成 $CH_3CH{=}CHCH{=}CHCOOH$。

八、推断题

(1) 某化合物 A($C_4H_7O_2Br$)与热的 Na_2CO_3 水溶液反应后经酸化得到羟基酸 B，B 在稀硫酸中分解成丙醛和甲酸。B 加热脱水形成 C($C_8H_{12}O_4$)。C 不溶于水和 Na_2CO_3 溶液。试写出 A、B、C 的结构式及各反应式。

(2) 分子式同为 $C_7H_7O_2N$ 的化合物 A、B、C、D 都含有苯环。A 能溶于酸和碱，B 能溶于酸而不能溶于碱，C 能溶于碱不能溶于酸，D 既不能溶于酸也不能溶于碱。试写出 A～D 的可能结构式。

(3) 柳树皮中存在一种糖苷叫水杨苷，与 $FeCl_3$ 不发生显色反应，当用苦杏仁酶水解时得到 D-(＋)-葡萄糖和水杨醇（邻羟基苯甲醇）。试写出水杨苷的结构式及有关反应式。（要求写出推导过程）

参考答案

一、

(1) 5-甲基-2-异丙基-1,3-环己二烯　(2) 6-甲基-1-氯萘

(3) (2S,3R)-3-苯基-3-氯-2-丁醇　(4) (E)-2,3-二甲基-4,5-二乙基-4-辛烯

(5) 3-甲基-γ-戊内酯　(6) 3-苯基丙烯酸

(7) N,N-二甲基苯胺　(8) 3-羟基-2-丁酮

(9) β-吡啶甲醛　(10) 1-丁烯-3-炔

二、

(1) 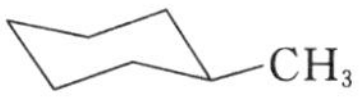 $-CH_3$　(2) 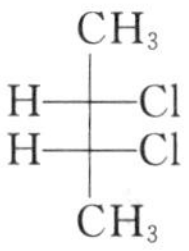 CH_3; H—Cl; H—Cl; CH_3

(3) CH_2=$CHCH_2Br$　(4) 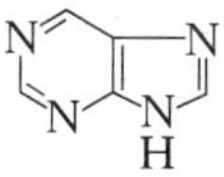 N, N, N, N, H

(5) 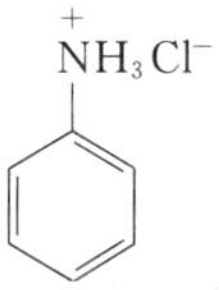 $\overset{+}{N}H_3Cl^-$　(6) $NH_2CH_2CONHCHCOOH$ / CH_3

(7) 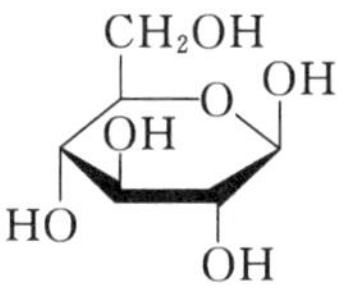 CH_2OH, O, OH, OH, HO, OH　(8)  $-COOCH_2-$

(9) CH_3CH=$CHCHCHCH_3$ / OH / CH_2CH_3　(10) $CH_3COCH_2COCH_3$

三、

(1) A　(2) A　(3) C　(4) A　(5) B　(6) C　(7) B　(8) A　(9) C　(10) D

四、

(1) $(CH_3)_2CHCHCH_3$ / Br　(2) CH_2=C—C=CH_2 / CH_3 CH_3

(3) Br—⟨苯环⟩—CH_2CN　(4) 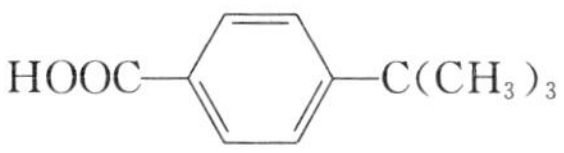 HOOC—⟨苯环⟩—$C(CH_3)_3$

(5) 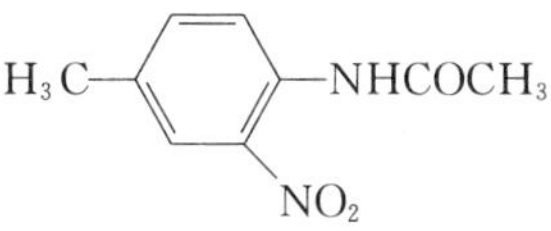 H_3C—⟨苯环⟩—$NHCOCH_3$ / NO_2　(6) CH_3CH=NH—OH

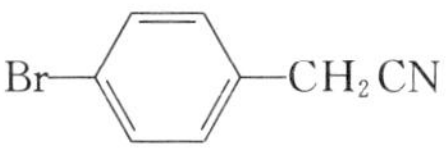

(7) $CH_3CHCOONa$ / NH_2　(8) 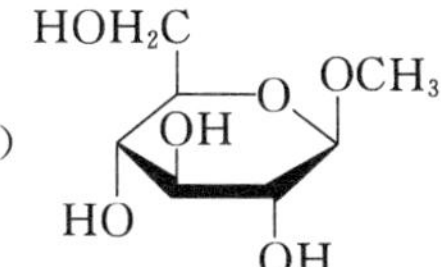

(9) 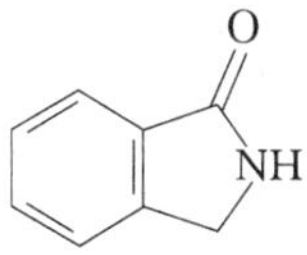 O, NH

(10) Cl—(呋喃环)—COONa + Cl—(呋喃环)—CH_2OH

五、

1. (1) 水杨酸、乙酰乙酸乙酯 $\xrightarrow{FeCl_3}$ 紫色、紫色 $\xrightarrow{I_2/NaOH}$ (—)、黄色↓

苯甲醛、苯乙酮 $\xrightarrow{FeCl_3}$ (—)、(—) $\xrightarrow{I_2/NaOH}$ (—)、黄色↓

(2) 色氨酸、丙甘肽、谷胱甘肽 $\xrightarrow{乙醛酸/硫酸}$ 紫红色环、(—)、(—)；丙甘肽、谷胱甘肽 $\xrightarrow{稀 CuSO_4/OH^-}$ (—)、紫红色

2. 在混有噻吩的苯中加入浓硫酸，充分振摇后，用分液漏斗分离除去酸层，将有机层蒸馏即可。

六、

(1) 糖是多羟基醛或多羟基酮，分子中有多个手性碳原子，可以存在多个旋光异构体。例如，己醛糖分子中含有 4 个不同的手性碳原子，具有 $2^4=16$ 个旋光异构体，其中 8 个为 D-型，8 个为 L-型。结构简式只是表示出分子中各元素的组成、原子或基团之间的相互连接方式，不能表示出分子的构型。所以不能简单地用结构简式来表示糖分子的结构，必须用可以揭示出每个碳原子构型的费歇尔投影式、哈沃斯式或构象式来表示。

(2) 鉴别伯、仲、叔胺的方法通常有两种。

方法一：兴斯堡反应。在三种胺溶液中分别加入苯磺酰氯，无沉淀的是叔胺，产生沉淀的是伯胺和仲胺；再往沉淀中分别加入氢氧化钠溶液，沉淀溶解的是伯胺，不溶解的是仲胺。

方法二：在三种胺溶液中分别加入亚硝酸钠和盐酸溶液，产生气体的是伯胺；有黄色物质产生的是仲胺；无明显现象的是叔胺。

七、

(1) C_6H_5—CH_3 $\xrightarrow[H_2SO_4]{HNO_3}$ H_3C—C_6H_4—NO_2 $\xrightarrow[光照]{Cl_2}$ ClH_2C—C_6H_4—NO_2 $\xrightarrow[AlCl_3]{C_6H_6}$ C_6H_5—CH_2—C_6H_4—NO_2

(2) $2CH_3CHO \xrightarrow[\triangle]{OH^-} CH_3CH{=}CHCHO \xrightarrow[OH^-]{CH_3CHO} CH_3CH{=}CHCH{=}CHCHO$

$\xrightarrow{Ag(NH_3)_2^+} CH_3CH{=}CHCH{=}CHCOOH$

八、

(1) 羟基酸 B 在稀硫酸中分解成丙醛和甲酸，说明 B 为 2-羟基丁酸（α-羟基酸的分解反应），因此推断 A 为 2-溴丁酸。α-羟基酸脱水形成交酯，故 C 应为交酯。结构式分别为：

A：$CH_3CH_2CH(Br)COOH$　　B：$CH_3CH_2CH(OH)COOH$　　C：3,6-二乙基-1,4-二氧六环-2,5-二酮（六元环交酯，两个 C_2H_5，两个 C=O）

反应式：

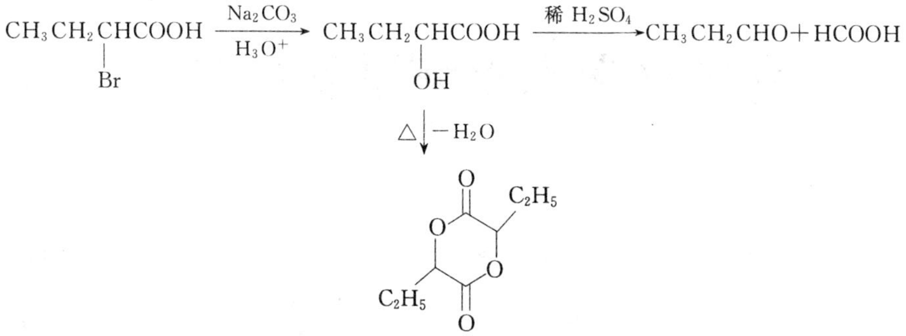

$$CH_3CH_2\underset{\displaystyle Br}{\underset{|}{C}}HCOOH \xrightarrow[H_3O^+]{Na_2CO_3} CH_3CH_2\underset{\displaystyle OH}{\underset{|}{C}}HCOOH \xrightarrow{稀\ H_2SO_4} CH_3CH_2CHO + HCOOH$$

$$\downarrow \triangle,\ -H_2O$$

（环状交酯：两个 O、两个 C=O，取代基 C_2H_5、C_2H_5）

(2) 据题意知 A～D 都为苯的取代产物，另含有 1 碳 2 氧 1 氮。A 能溶于酸和碱，故应含有酸性和碱性基团，推断为氨基酸。B 溶于酸不溶于碱，应含碱性基团不含酸性基团。C 溶于碱不溶于酸，应含酸性基团。D 酸碱都不溶，应只含中性基团。A～D 的可能结构如下，但其取代基团的相对位置无法确定，可能存在多种异构体，表示如下：

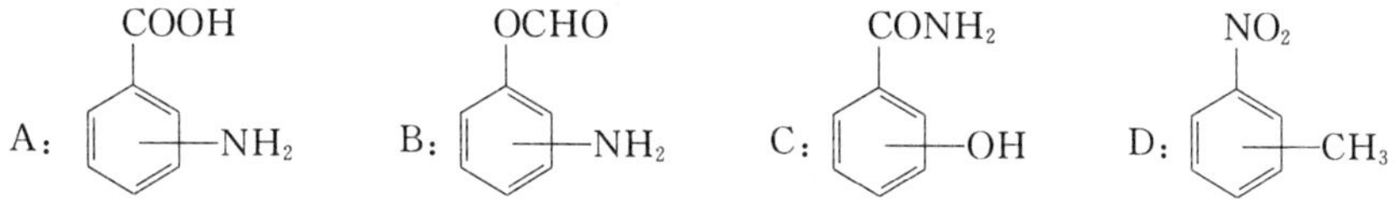

A：COOH、NH_2 取代苯　B：OCHO、NH_2 取代苯　C：$CONH_2$、OH 取代苯　D：NO_2、CH_3 取代苯

(3) 解：水杨苷与 $FeCl_3$ 不发生显色反应说明结构中无酚羟基，推断水杨苷是由 D-(+)-葡萄糖中的半缩醛羟基和邻羟基苯甲醇中的酚羟基脱水而形成的。

用苦杏仁酶水解时得到 D-(+)-葡萄糖和水杨醇，说明水杨苷为 β-型苷键。即：

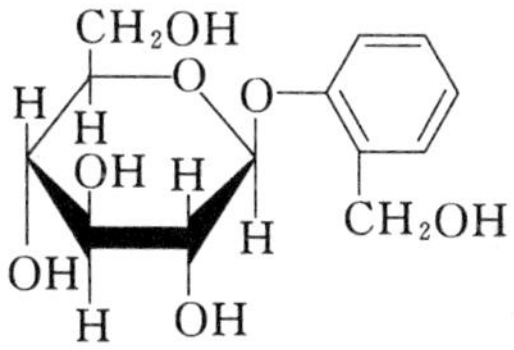

（结构式：CH_2OH、O、H、OH、CH_2OH）

反应式：

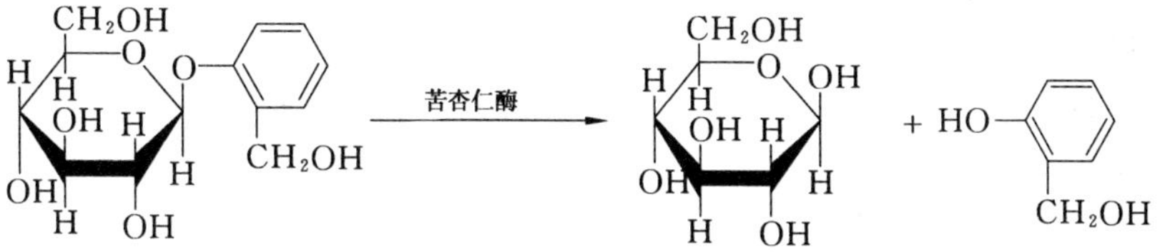

水杨苷 $\xrightarrow{苦杏仁酶}$ β-D-葡萄糖 + 水杨醇（HO—苯环—CH_2OH）

有机化学水平测试卷(二)

一、命名下列化合物

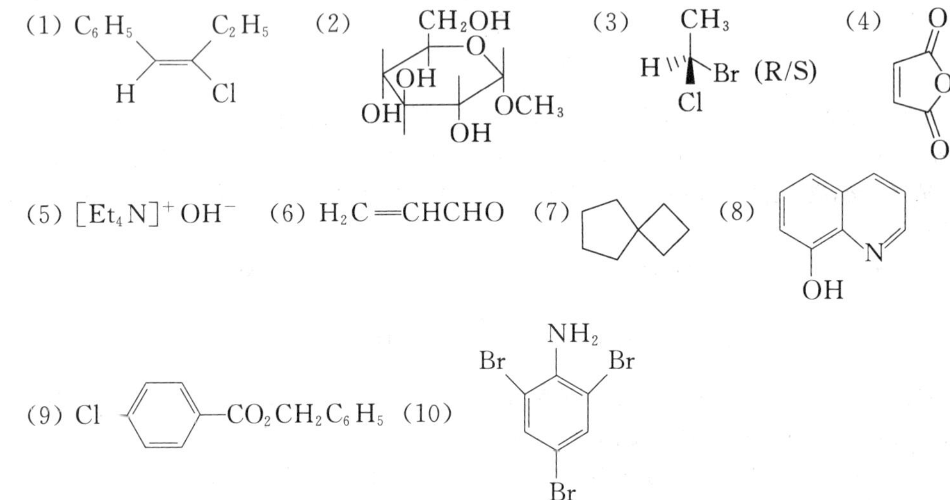

二、写出下列化合物的结构式

(1) 乙酰乙酸乙酯　(2) 水杨酸　(3) 3-氯环己烯　(4) 苦味酸

(5) 乙二胺　(6) 二环[2.2.1]庚烷　(7) 邻苯二甲酰亚胺　(8) 半胱氨酸

(9) 丙酮肟　(10) 顺-1,3-二甲基环己烷的优势构象

三、完成下列反应,写出主要产物

(1)

```
     CHO
  H──┼──OH
 HO──┼──H
  H──┼──OH      + Br2(H2O) ──→
  H──┼──OH
     CH2OH
```

(2) $C_6H_5COCH_3 \xrightarrow[HCl,\triangle]{Zn\text{-}Hg}$

(3) (1-甲基环戊烯) $-CH_3 \xrightarrow[2)\ H_2O_2,OH^-]{1)\ (BH_3)_2}$

(4) (4-甲基环己烯) $-CH_3 \xrightarrow[2)\ Zn/H_2O]{1)\ O_3}$

(5) $H_3C-C(CH_3)_2-C_6H_4-CH_3 \xrightarrow[H^+]{KMnO_4}$

(6) $H_3C-C_6H_4-OCH_3 \xrightarrow[H_2SO_4]{HNO_3}$

(7) $C_6H_5-MgBr + CH_3CHO \xrightarrow[2)\ NH_4Cl/H_2O]{1)\ Et_2O}$

(8) $2\,C_6H_5-CHO \xrightarrow{\text{浓 NaOH}}$

(9) $C_6H_6 + CH_3COCl \xrightarrow{AlCl_3}$

(10) $C_6H_5-\overset{+}{N_2}\overset{-}{Cl} + H_3PO_2 + H_2O \longrightarrow$

四、鉴别和分离

1. 用简便的化学方法鉴别：

(1) $C_6H_5-C{\equiv}CH$ 、$C_6H_5-C{\equiv}CCH_3$ 、$C_6H_5-CH_2CH_2CH_3$。

(2) 葡萄糖、果糖、蔗糖、淀粉。

2. 分离化合物：环己酮、环己基甲酸、环己醇。

五、选择题(四选一)

(1) 下列化合物中是内消旋体的是　(　　)

A. COOH; H—OH; H—OH; COOH　B. COOH; H—H; H—OH; COOH　C. COOH; H—Cl; H—OH; COOH　D. COOH; HO—H; H—OH; COOH

(2) 下列化合物中碱性最弱的是　(　　)

A. 吡啶　B. $C_6H_5-NH_2$　C. 哌啶（N—H）　D. 吡咯（N—H）

(3) 下列化合物中具有芳香性的是　(　　)

A. 环戊二烯　B. 双环庚三烯稠合结构　C. 含两个内氢（H H）的稠环结构　D. 环庚三烯正离子（+）

(4) 下列化合物中与卢卡斯试剂作用最快的是　(　　)

A. 2-丁醇　B. 2-甲基-2-丁醇　C. 2-甲基-1-丙醇　D. 2-甲基-1-丁醇

(5) 属于亲电取代反应的是　(　　)

A. 甲烷与 Cl_2 在光照条件下　B. 乙烯与 Br_2/H_2O 的反应

C. 苯胺与 Br_2/H_2O 的反应　D. 乙醛与 HCN 的反应

(6) 最容易发生分子内脱水的醇是　(　　)

A. $CH_3CH_2CH_2CH_2OH$　B. $CH_3\underset{\displaystyle OH}{\underset{|}{C}}HCH_2CH_3$

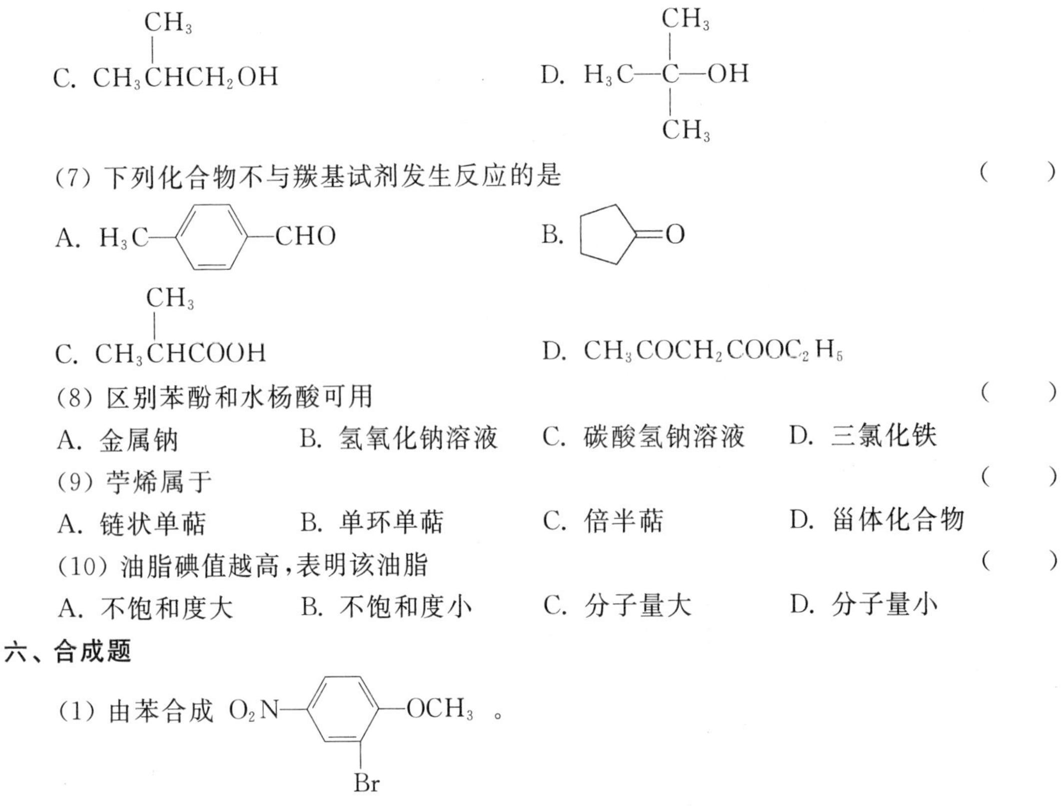

C. $CH_3CH(CH_3)CH_2OH$　　D. $H_3C—C(CH_3)_2—OH$

(7) 下列化合物不与羰基试剂发生反应的是　　(　　)

A. $H_3C—C_6H_4—CHO$（对位）　　B. 环戊酮

C. $CH_3CH(CH_3)COOH$　　D. $CH_3COCH_2COOC_2H_5$

(8) 区别苯酚和水杨酸可用　　(　　)

A. 金属钠　　B. 氢氧化钠溶液　　C. 碳酸氢钠溶液　　D. 三氯化铁

(9) 苎烯属于　　(　　)

A. 链状单萜　　B. 单环单萜　　C. 倍半萜　　D. 甾体化合物

(10) 油脂碘值越高,表明该油脂　　(　　)

A. 不饱和度大　　B. 不饱和度小　　C. 分子量大　　D. 分子量小

六、合成题

(1) 由苯合成 $O_2N—C_6H_3(Br)—OCH_3$ 。

(2) 由 1-丁炔合成反-2-戊烯。

七、回答问题

(1) 如何从理论上说明乙酰乙酸乙酯中烯醇式异构体较多的现象?

(2) 试比较卤代烷亲核取代反应 S_N1 历程和 S_N2 历程的特点。

八、推断题

(1) 化合物 A($C_5H_{12}O$),在酸催化下容易失水生成 B, B 用冷、稀高锰酸钾溶液处理得 C($C_5H_{12}O_2$), C 与高碘酸作用得乙酸和丙酮。试推测 A、B、C 的结构式。

(2) 有一旋光性化合物 A,分子式为 $C_7H_{14}N_2O_3$,A 用 $NaNO_2$ 和 HCl 处理,再经酸性水解,生成 α-羟基乙酸、丙氨酸和乙醇。试推测 A 的结构并写出有关反应式。

(3) 分子式为 $C_9H_{10}O_2$ 的化合物 A 能溶于氢氧化钠溶液,容易和溴水、羟胺反应,和托伦试剂不作用,经四氢铝锂还原则产生化合物 B,其分子式为 $C_9H_{12}O_2$, A 和 B 均有碘仿反应,用锌汞齐与盐酸还原 A,生成分子式为 $C_9H_{12}O$ 的 C,将 C 用氢氧化钠反应后再同碘甲烷作用得化合物 D, D 的分子式为 $C_{10}H_{14}O$,用高锰酸钾溶液氧化得对甲氧基苯甲酸。试写出化合物 A、B、C、D 的结构式。

参考答案

一、

(1) (E)-1-苯基-2-氯丁烯 (2) 甲基-α-D-吡喃葡萄糖苷 (3) (R)-1-氯-1-溴乙烷

(4) 顺丁烯二酸酐 (5) 氢氧化四乙基铵 (6) 丙烯醛 (7) 螺[3.4]辛烷

(8) 8-羟基喹啉 (9) 对氯苯甲酸苄酯 (10) 2,4,6-三溴苯胺

二、

(1) 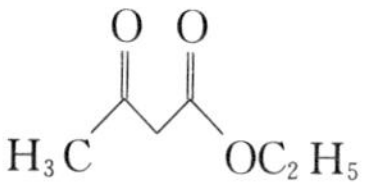 $H_3C-CO-CH_2-CO-OC_2H_5$ (2) 邻羟基苯甲酸（苯环，-OH，-COOH） (3) 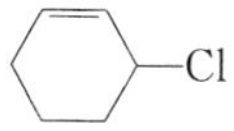 环己烯基-Cl

(4) 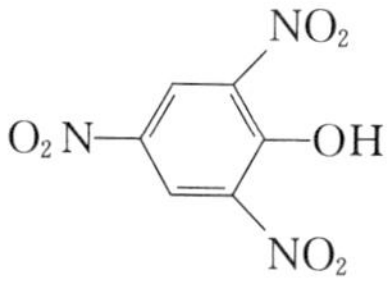 O_2N-（苯环）-OH，两个 NO_2 (5) $H_2NCH_2CH_2NH_2$ (6)  降冰片烷结构 (7) 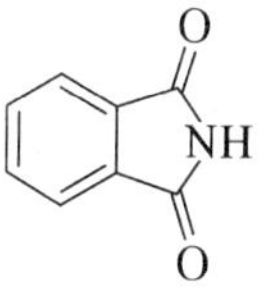 邻苯二甲酰亚胺（NH，两个 O）

(8) $HSCH_2CH(NH_2)COOH$ (9) 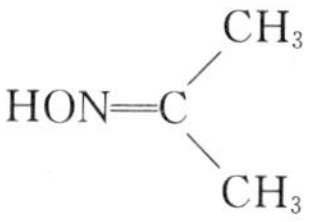 $HON{=}C(CH_3)_2$ (10) 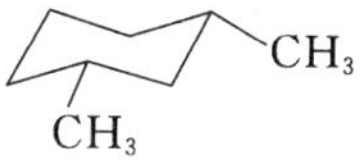 环己烷椅式构象，两个 CH_3

三、

(1) 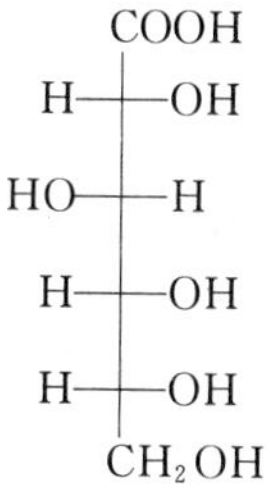 COOH；H—OH；HO—H；H—OH；H—OH；CH_2OH (2) $C_6H_5CH_2CH_3$ (3) 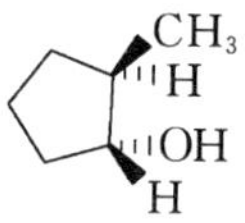 环戊烷，CH_3、H；OH、H (4)  支链二醛，CHO、CHO

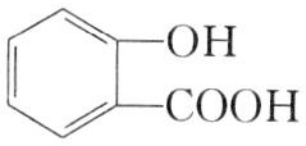

(5) 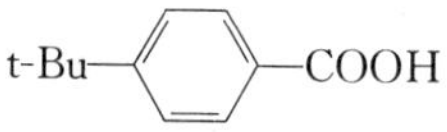 t-Bu-（苯环）-COOH (6) 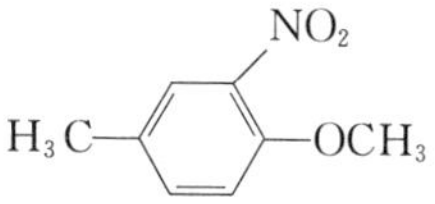 H_3C-（苯环，NO_2）-OCH_3 (7) 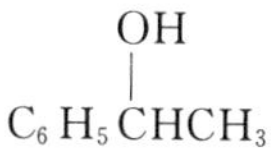 $C_6H_5CH(OH)CH_3$

(8) $PhCOONa$, $PhCH_2OH$ (9) 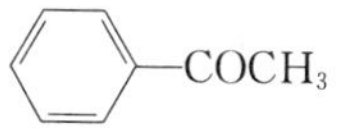 （苯环）-$COCH_3$ (10)  （苯环）

四、

1. (1) 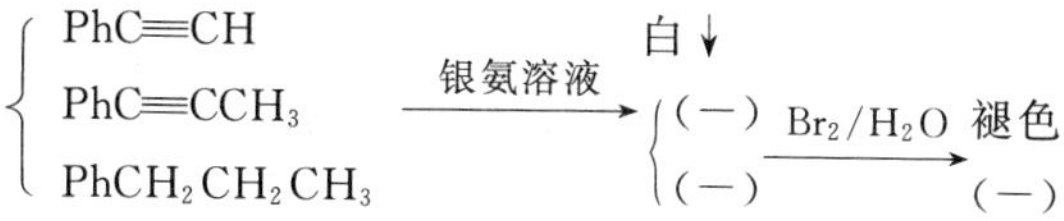 $\left\{\begin{array}{l} PhC{\equiv}CH \\ PhC{\equiv}CCH_3 \\ PhCH_2CH_2CH_3 \end{array}\right.$ $\xrightarrow{\text{银氨溶液}}$ 白↓；$\left\{\begin{array}{l}(-)\\(-)\end{array}\right.$ $\xrightarrow{Br_2/H_2O}$ 褪色；(－)

(2) $\left\{\begin{array}{l} \text{葡萄糖} \\ \text{果糖} \\ \text{蔗糖} \\ \text{淀粉} \end{array}\right.$ $\xrightarrow{I_2}$ $\left\{\begin{array}{l}(-)\\(-)\\(-)\end{array}\right.$ 蓝色；$\xrightarrow{\text{银氨溶液}}$ $\left\{\begin{array}{l}Ag\\Ag\end{array}\right.$ (－)；$\xrightarrow{Br_2/H_2O}$ 褪色；(－)

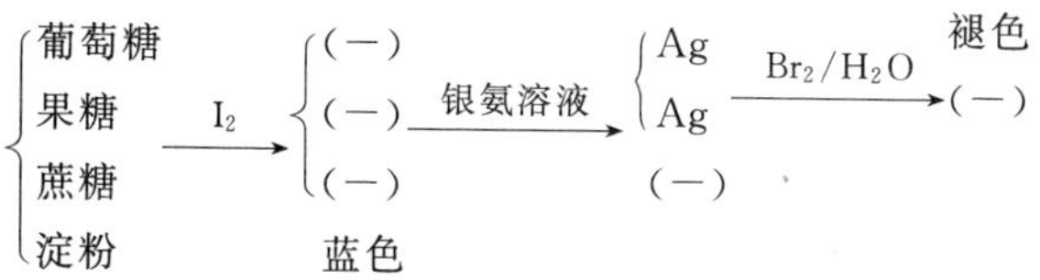

2. 环己酮、环己基甲酸（COOH）、环己醇（OH） $\xrightarrow{NaHCO_3\ 溶液}$
- 水层：环己基甲酸钠（COONa） $\xrightarrow{H^+}$ 环己基甲酸（COOH）
- 油层 $\xrightarrow{饱和\ NaHSO_3}$
  - 沉淀 $\xrightarrow[\triangle]{H^+/OH^-}$ 环己酮（$=O$）
  - 滤液：油层 环己醇（OH）；水层弃去

五、

(1) A (2) D (3) D (4) B (5) C (6) D (7) C (8) C (9) B (10) A

六、

(1) 苯 $\xrightarrow[Fe]{Cl_2}$ 氯苯（C_6H_5Cl） $\xrightarrow[H_2SO_4]{HNO_3}$ $O_2N-C_6H_4-Cl$ $\xrightarrow[CH_3OH]{CH_3ONa}$

$O_2N-C_6H_4-OCH_3$ $\xrightarrow[Fe]{Br_2}$ $NO_2-C_6H_3(Br)-OCH_3$（Br 在 OCH_3 邻位）

(2) $HC\equiv CC_2H_5$ $\xrightarrow[2)\ CH_3I]{1)\ NaNH_2}$ $H_3CC\equiv CC_2H_5$ $\xrightarrow[NH_3(l)]{Na}$ 反式 $C_2H_5CH=CHCH_3$（C_2H_5 与 CH_3 处于反位，两个 H 处于反位）

七、

(1) a. 在烯醇式结构中，可以形成 π-π 共轭效应，降低分子的内能。

b. 在烯醇式结构中，可以形成六元环的分子内氢键，更加稳定。

c. 亚甲基的氢原子很活泼。

(2) S_N1 反应历程特点：属于单分子反应，反应分两步进行，碳正离子是反应中间体，动力学上属于一级反应。

S_N2 反应历程特点：属于双分子反应，反应一步进行，旧键的断裂与新键的形成同时进行，产物的构型对于反应物的构型发生了翻转，动力学上属于二级反应。

八、

(1) A：$CH_3CH_2C(CH_3)(OH)CH_3$ B：$H_3CHC=C(CH_3)_2$ C：$CH_3-CH(OH)-C(CH_3)(OH)-CH_3$

(2) A：$H_2NCH_2CONHCH(CH_3)COOC_2H_5$

$H_2NCH_2CONHCH(CH_3)COOC_2H_5 \xrightarrow{NaNO_2+HCl} HOCH_2CONHCH(CH_3)COOC_2H_5$

$\xrightarrow{H^+/H_2O} HOCH_2COOH + NH_2CH(CH_3)COOH + C_2H_5OH$

(3) A：$HO-C_6H_4-CH_2COCH_3$ B：$HO-C_6H_4-CH_2CH(OH)CH_3$

C：$HO-C_6H_4-CH_2CH_2CH_3$ D：$H_3CO-C_6H_4-CH_2CH_2CH_3$

有机化学水平测试卷(三)

一、命名下列化合物

(1) 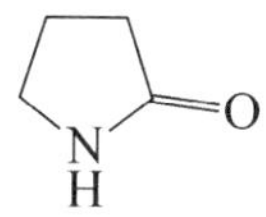 (2) 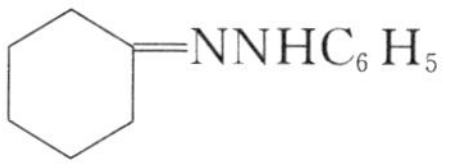 $=NNHC_6H_5$ (3) $CONH_2$ (4) C_2H_5 H_3C

(5) $Cl-\overset{O}{\overset{\|}{C}}-OCH_2CH_2CH_3$　(6) 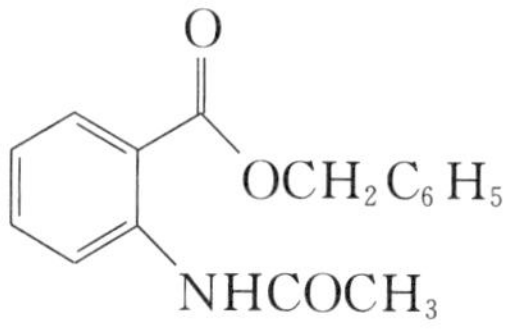 $OCH_2C_6H_5$ $NHCOCH_3$　(7) 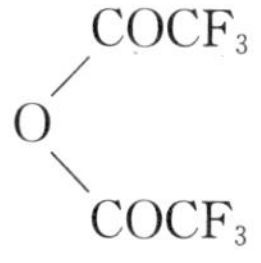 $O(COCF_3)_2$

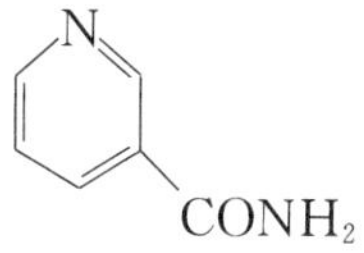

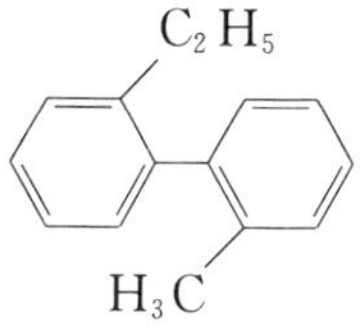

(8) 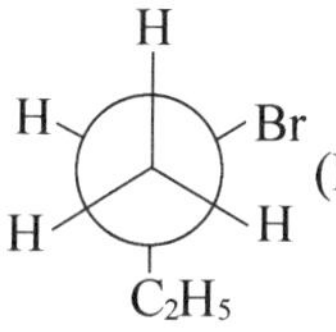 H, Br, H, H, C_2H_5 (R/S)　(9) 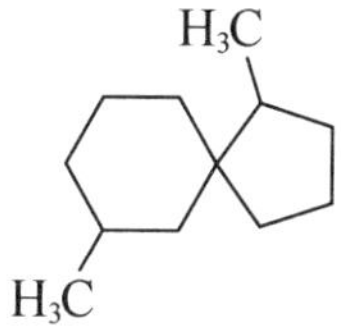 H_3C H_3C　(10)  O_2N N=N OH HO (顺/反)

二、写出下列化合物的结构式

(1) 水合氯醛　(2) β-吡啶甲醛肟　(3) DMSO　(4) 4-甲基咪唑

(5) 脯氨酸　(6) ω-己内酰胺　(7) 丙酮缩氨脲　(8) N,N-二甲基-2,4-二乙基苯胺

(9) α-D-吡喃半乳糖(哈瓦斯式)　(10) 甘丙丝肽

三、完成下列反应,写出主要产物

(1) 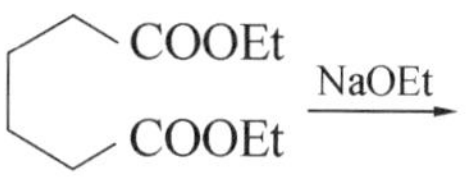 COOEt COOEt $\xrightarrow{NaOEt}$

(2) 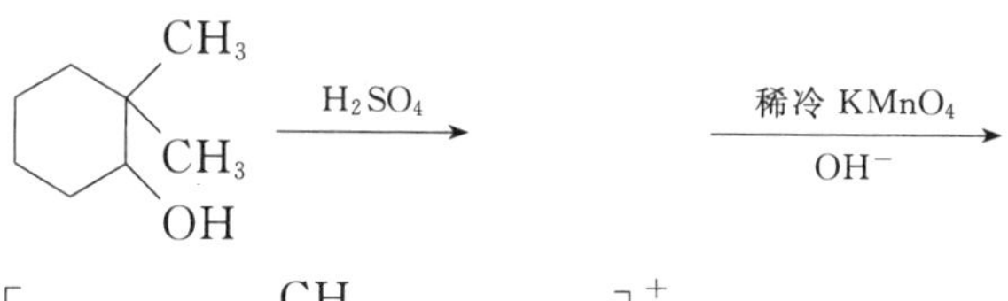 CH_3 CH_3 OH $\xrightarrow{H_2SO_4}$ $\xrightarrow[OH^-]{稀冷\ KMnO_4}$

(3) 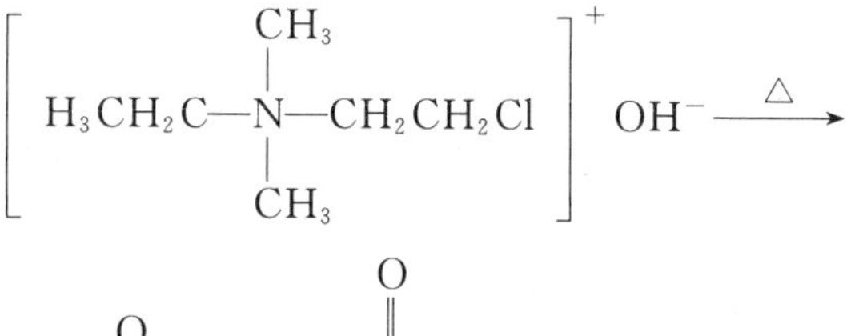 $\left[H_3CH_2C-\overset{CH_3}{\underset{CH_3}{N}}-CH_2CH_2Cl\right]^+ OH^- \xrightarrow{\triangle}$

(4) OEt + O O $\xrightarrow[EtOH,0℃]{NaOEt}$

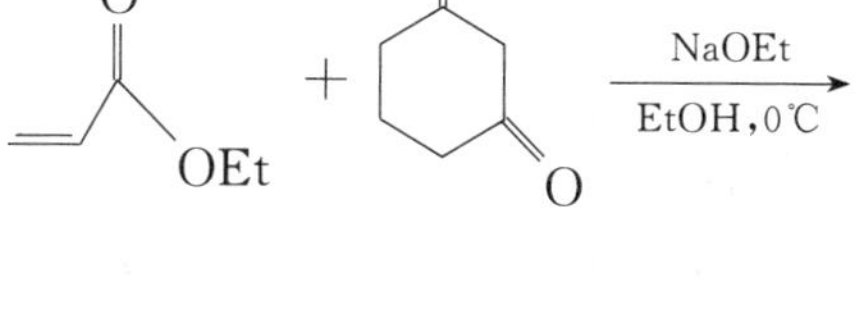

(5) $H_3C-\underset{OH}{\overset{CH_3}{C}}-\underset{OH}{\overset{CH_3}{C}}-CH_3 \xrightarrow{H_2SO_4}$

(6) $PhCH{=}CHCO_2Et \xrightarrow[2)\ H_3O^+]{1)\ LiAlH_4}$

(7) 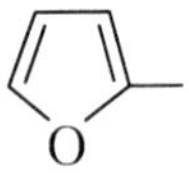 呋喃-2-基-$CHO+HCHO \xrightarrow{浓NaOH}$

(8) 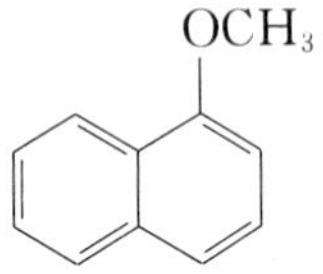 1-甲氧基萘（OCH_3）$\xrightarrow[H_2SO_4]{HNO_3}$

(9) 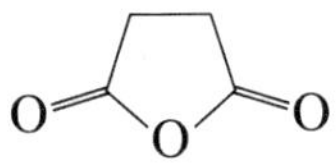 丁二酸酐（O=，O，=O）$\xrightarrow[H_2O]{2NaOH}$

(10) 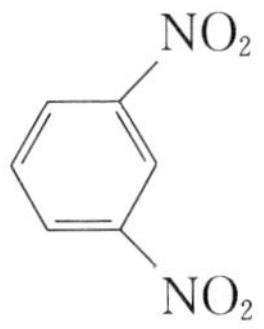 间二硝基苯（NO_2，NO_2）$\xrightarrow{(NH_4)_2S}$

(11) $PhC{\equiv}CCH_3 + H_2 \xrightarrow[Catalyse]{Lindlar}$

(12) 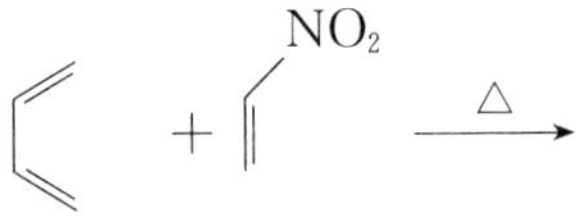 1,3-丁二烯 + $CH_2{=}CHNO_2$ $\xrightarrow{\triangle}$

四、选择题(四选一)

(1) D-葡萄糖和D-甘露糖互为 ( )

A. 差向异构 B. 对映异构 C. 官能团异构 D. 碳链异构

(2) 下列化合物不与羰基试剂发生反应的是 ( )

A. 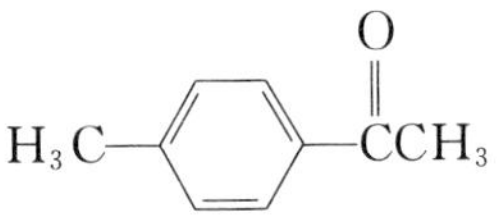 $H_3C-C_6H_4-\overset{O}{\overset{\|}{C}}CH_3$ B. 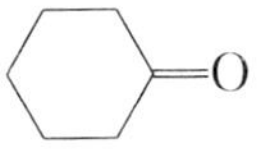 环己酮（=O）

C. $CH_3\overset{O}{\overset{\|}{C}}CH_2COOEt$ D. CH_3CH_2COOH

(3) 尿素可发生的反应是 ( )

A. 成酯反应 B. 缩二脲反应 C. 脱羧反应 D. 水解反应

(4) 临床上常用来作为镇静剂和安眠药的巴比妥类药物，它的母体是 ( )

A. 磺酰胺 B. 丙二酰脲 C. 胍 D. 偶氮苯

(5) 血红素的分子结构中含有 ( )

A. 吡啶环 B. 吡咯环 C. 嘧啶环 D. 嘌呤环

(6) 蛋白质变性时，一般不会改变的化学键是 ( )

A. 酯键 B. 二硫键 C. 盐键 D. 肽键

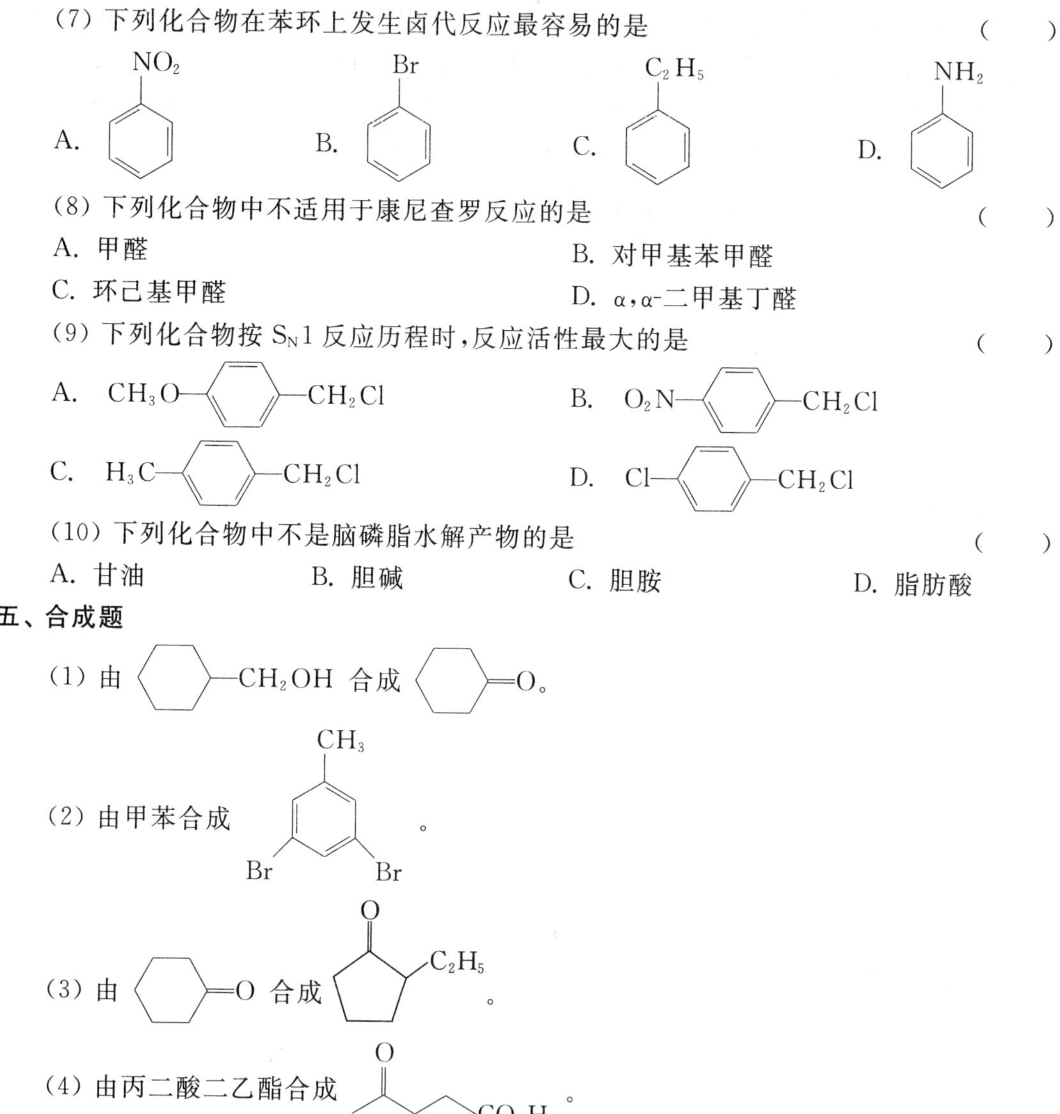

(7) 下列化合物在苯环上发生卤代反应最容易的是 (　)
A. NO2
B. Br
C. C2H5
D. NH2
(8) 下列化合物中不适用于康尼查罗反应的是 (　)
A. 甲醛
B. 对甲基苯甲醛
C. 环己基甲醛
D. α,α-二甲基丁醛
(9) 下列化合物按 SN1 反应历程时,反应活性最大的是 (　)
A. CH3O—　—CH2Cl
B. O2N—　—CH2Cl
C. H3C—　—CH2Cl
D. Cl—　—CH2Cl
(10) 下列化合物中不是脑磷脂水解产物的是 (　)
A. 甘油
B. 胆碱
C. 胆胺
D. 脂肪酸
五、合成题
(1) 由　—CH2OH 合成　=O。
(2) 由甲苯合成
CH3
Br
Br
(3) 由　=O 合成
O
C2H5
(4) 由丙二酸二乙酯合成
O
CO2H

六、反应机理

(1) 提出溴与顺-2-丁烯加成生成两种产物,而与反-2-丁烯加成只生成一种产物的反应机理。

(2) 提出苯基腈水解成苯甲酸盐和氨的碱催化机理。

七、推断结构

(1) 一个化合物 A(C_7H_{12})经催化加氢生成 B(C_7H_{14});A 臭氧化后在锌粉存在下进行水解生成 C($C_7H_{12}O_2$),C 能被湿的氧化银氧化成 D($C_7H_{12}O_3$),D 在碳酸钾溶液中用碘处理生成碘仿和化合物 E($C_6H_{10}O_4$),E 加热被转变成为 F($C_6H_8O_3$),F 在水解时又生成 E;D 经 Clemmensen 还原生成 3-甲基己酸。写出 A～F 的结构式。

(2) 某烃 A,分子式为 C_9H_8,它能与氯化铜氨溶液反应生成红色沉淀, A 催化加氢得 B, B 用酸性高锰酸钾氧化得 C ($C_8H_6O_4$), C 加热得 D ($C_8H_4O_3$)。A 与 1,3-丁二烯作用得 E, E 脱氢得 2-甲基联苯。写出 A～E 的结构式。

(3) 化合物 A 的分子式为 $C_5H_6O_3$，它能与乙醇作用得到两个结构异构体 B 和 C，B 和 C 分别与氯化亚砜作用后再加入乙醇，两者生成同一化合物 D。试推测 A、B、C、D 的结构。

(4) D-型戊糖 A、B、C，分子式均为 $C_5H_{10}O_5$。A 和 B 能与溴水反应，C 则不能。A 和 B 分别与 HNO_3 反应生成的糖二酸都是内消旋体，无旋光性。A、B、C 分别与过量苯肼反应，A 和 C 能生成相同的糖脎。试写出 A、B、C 可能的开链投影式及 A $\xrightarrow[\text{[O]}]{HNO_3}$，C $\xrightarrow{H_2NNHC_6H_5\text{(过量)}}$ 的反应式。

参考答案

一、

(1) γ-丁内酰胺　(2) 环己酮苯腙　(3) β-吡啶甲酰胺　(4) 2-甲基-2′-乙基联苯

(5) 氯甲酸正丙酯　(6) 邻乙酰氨基苯甲酸苄酯　(7) 三氟乙酸酐

(8) (R)-2-溴丁烷　(9) 1,7-二甲基螺[4.5]癸烷　(10) 反-4-硝基-2′,4′-二羟基偶氮苯

二、

(1) 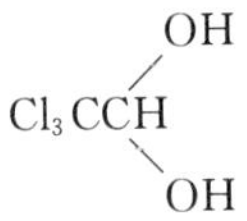 $Cl_3CCH(OH)_2$　(2) 3-吡啶基—CH═NOH　(3) H_3C—S(═O)—CH_3　(4) 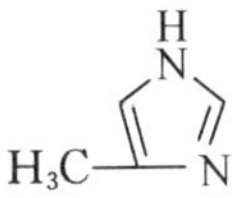 4-甲基咪唑（H_3C—，N—H，N）

(5) 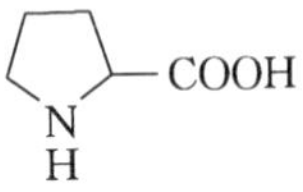 吡咯烷-2-COOH（N—H）　(6) 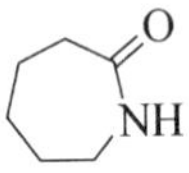 己内酰胺（O，NH）　(7) 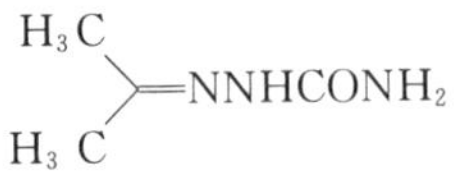 $(H_3C)_2C$═$NNHCONH_2$

(8) 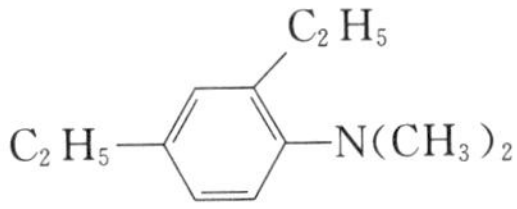 C_2H_5—苯环—$N(CH_3)_2$（邻位 C_2H_5）　(9) 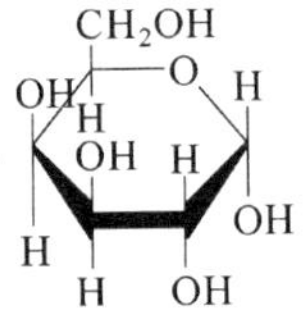 吡喃糖椅式构象（CH_2OH，O，H，OH，H，OH，H，H，OH，H，OH）

(10) 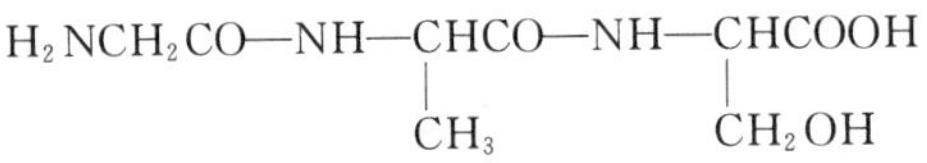 $H_2NCH_2CO—NH—CH(CH_3)CO—NH—CH(CH_2OH)COOH$

三、

(1) 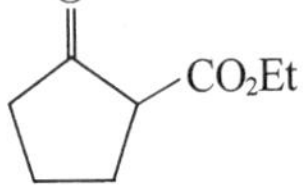 2-氧代环戊烷甲酸乙酯（O，CO_2Et）　(2) 1,2-二甲基环己烯；顺-1,2-二甲基-1,2-环己二醇（CH_3，OH，OH，CH_3）　(3) $ClCH═CH_2$

(4) 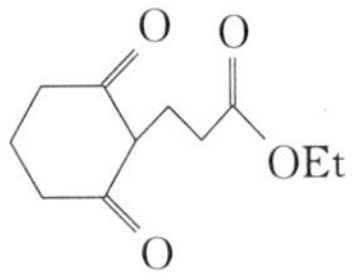 2-(2,6-二氧代环己基)丙酸乙酯（O，O，O，OEt）　(5) 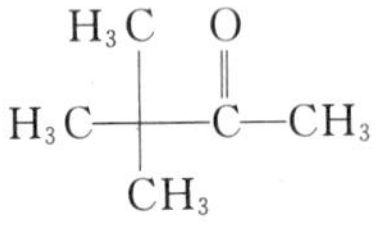 $H_3C—C(CH_3)_2—C(═O)—CH_3$　(6) $C_6H_5CH═CHCH_2OH$

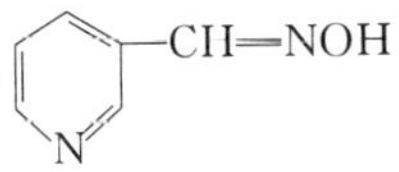

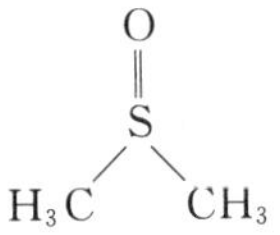

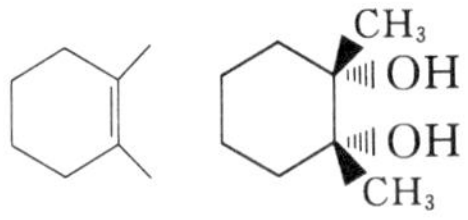

(7) 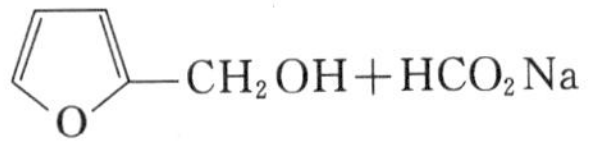 2-呋喃基—$CH_2OH + HCO_2Na$　(8) 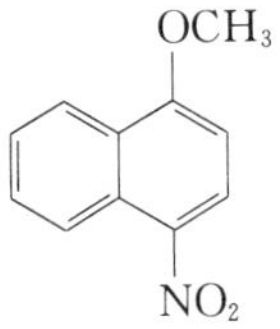 1-甲氧基-4-硝基萘（OCH_3，NO_2）　(9) $NaO_2CCH_2CH_2CO_2Na$

(10) 间硝基苯胺（NH_2、NO_2 处于苯环间位）　(11) Ph、CH_3 同侧，H、H 同侧（顺式）　(12) 3-硝基环己烯（NO_2）

四、

(1) A　(2) D　(3) D　(4) B　(5) B　(6) D　(7) D　(8) C　(9) A　(10) B

五、

(1) 环己基$-CH_2OH$ $\xrightarrow[\triangle]{H_2SO_4}$ 环己亚基$=CH_2$ $\xrightarrow[2)\ Zn/H_2O]{1)\ O_3}$ 环己酮$=O$

(2) 苯$-CH_3$ $\xrightarrow[H_2SO_4]{HNO_3}$ $O_2N-C_6H_4-CH_3$ $\xrightarrow{Fe/HCl}$ $H_2N-C_6H_4-CH_3$ $\xrightarrow{Br_2}$

H_2N-(2,6-二Br)$C_6H_2-CH_3$ $\xrightarrow{NaNO_2/HCl}$ $^-ClN_2^+$-(2,6-二Br)$C_6H_2-CH_3$ $\xrightarrow{H_3PO_2/H_2O}$ 3,5-二Br-$C_6H_3-CH_3$

(3) 环己酮$=O$ $\xrightarrow{HNO_3}$ $HO_2C(CH_2)_4CO_2H$ $\xrightarrow[TsOH]{EtOH}\triangle$ $EtO_2C(CH_2)_4CO_2Et$ $\xrightarrow[EtOH]{NaOEt}$ 2-氧代环戊烷甲酸乙酯（$-CO_2Et$）

$\xrightarrow[2)C_2H_5Br]{1)NaOEt}$ 1-C_2H_5-2-氧代环戊烷甲酸乙酯（C_2H_5，$-COOEt$） $\xrightarrow[2)H^+/\triangle]{1)NaOEt/\triangle}$ 2-乙基环戊酮（$-C_2H_5$）

(4) $CH_3COCH_3\xrightarrow[HAc]{Br_2}CH_3COCH_2Br$

$CH_3COCH_2Br+CH_2(CO_2Et)_2\xrightarrow{NaOEt}CH_3COCH_2CH(CO_2Et)_2\xrightarrow[2)\ HCl]{1)\ NaOH/\triangle}$

$CH_3COCH_2CH_2CO_2H$

六、

(1)

顺-2-丁烯（H、CH_3 / H、CH_3）$\xrightarrow{Br_2}$ 溴鎓离子（Br^+桥连两个C，Br^- 从①或②进攻）$\longrightarrow$

① → 产物 ≡ Fischer投影式：CH_3；Br—C—H；H—C—Br；CH_3　(I)

② → 产物 ≡ Fischer投影式：CH_3；H—C—Br；Br—C—H；CH_3　(I)的对映体

反-2-丁烯（H、CH_3 / H、CH_3）$\xrightarrow{Br_2}$ 溴鎓离子（Br^- 从①或②进攻）$\longrightarrow$

① → 产物 ≡ Fischer投影式：CH_3；H—C—Br；Br—C—H；CH_3　(I)的对映体

② → 产物 ≡ Fischer投影式：CH_3；Br—C—H；H—C—Br；CH_3　(I)

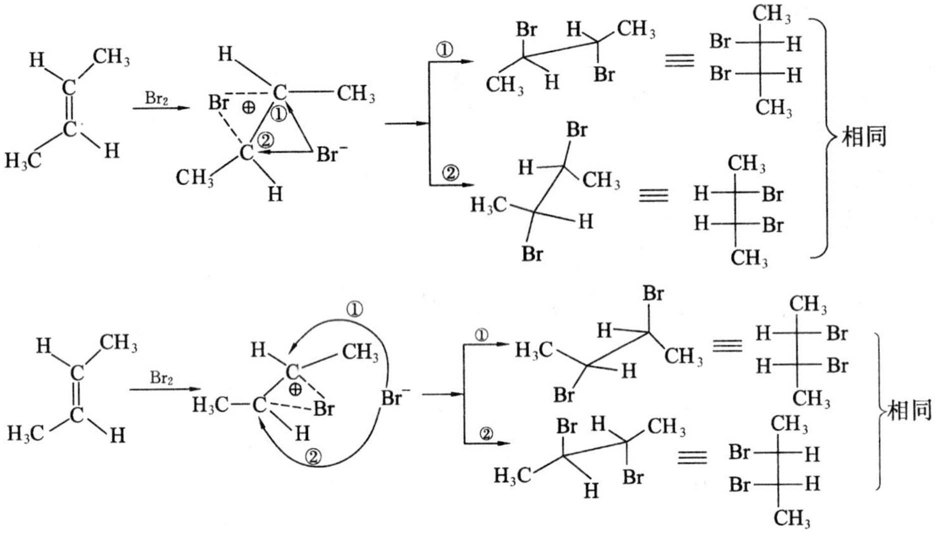

Br₂ 相同

Br₂ 相同

(2) $Ph—C≡N \rightleftharpoons Ph—C(OH)=N^- \xrightarrow{H—O—H} Ph—C(O—H)=N—H + {}^-OH$

$Ph—C(O—H)=N—H \xrightarrow{^-OH} [\ Ph—C(O^-)=N—H \longleftrightarrow Ph—C(=O)—N^-—H\ ] \xrightarrow{H—O—H}$

$Ph—C(=O)—NH_2 + {}^-OH \xrightarrow{H_2O} Ph—C(=O)—O^- + NH_3$

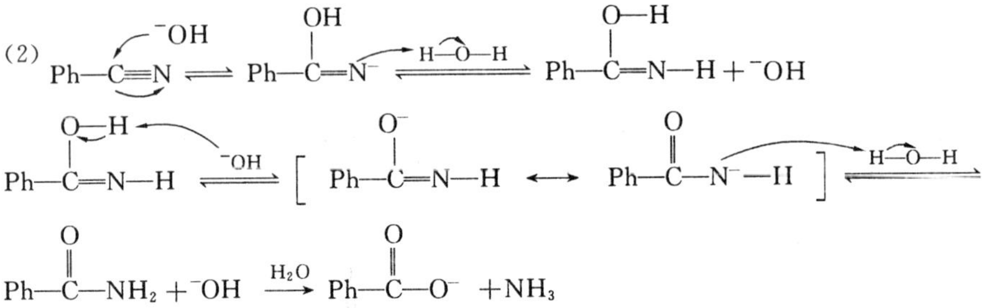

七、

(1) A: B: C: CH_2COCH_3—$CHCH_3$—CH_2CHO

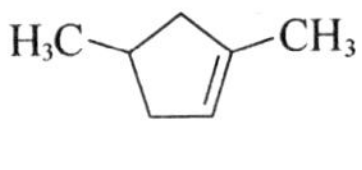

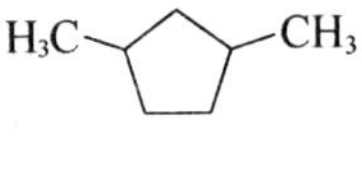

D: CH_2COCH_3—$CHCH_3$—CH_2CO_2H E: CH_2CO_2H—$CHCH_3$—CH_2CO_2H F:

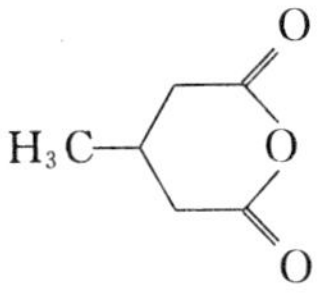

(2) A: 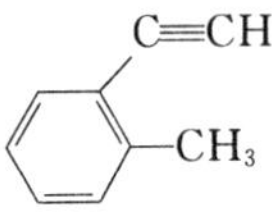 B: 或 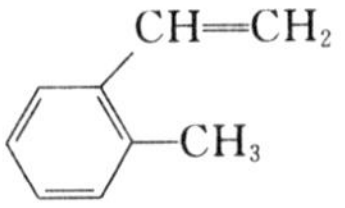 C:

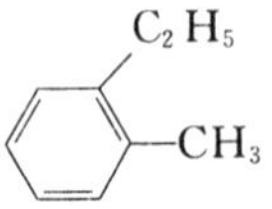

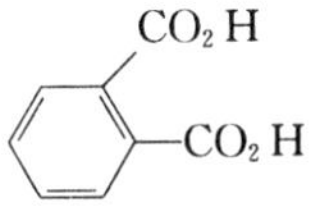

D: 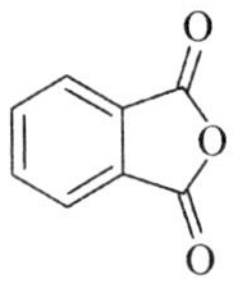 E:

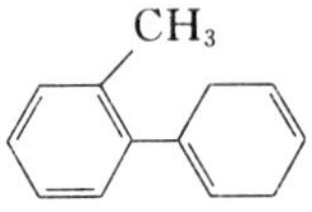

(3) A: 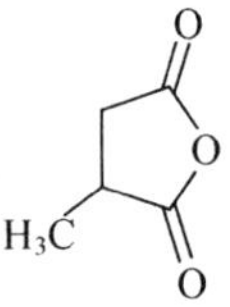 B: C: D:

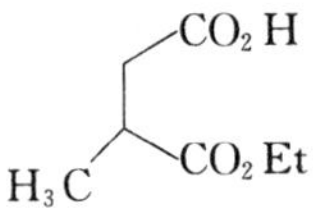

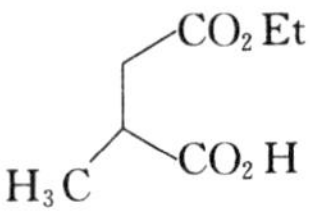

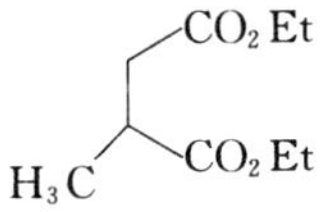

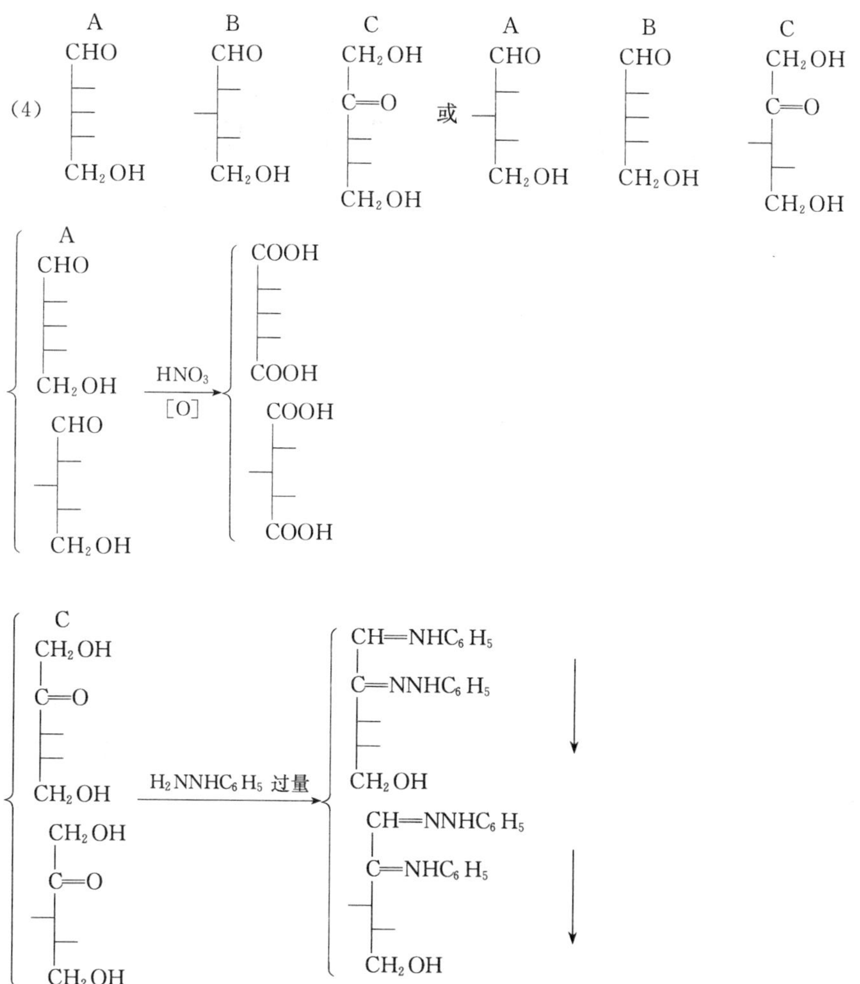
(4)
A CHO CH2OH
B CHO CH2OH
C CH2OH C=O CH2OH
或
A CHO CH2OH
B CHO CH2OH
C CH2OH C=O CH2OH
HNO3 [O]
COOH COOH
H2NNHC6H5 过量
CH=NHC6H5
C=NNHC6H5
CH=NNHC6H5
C=NHC6H5

有机化学水平测试卷(四)

一、命名下列化合物

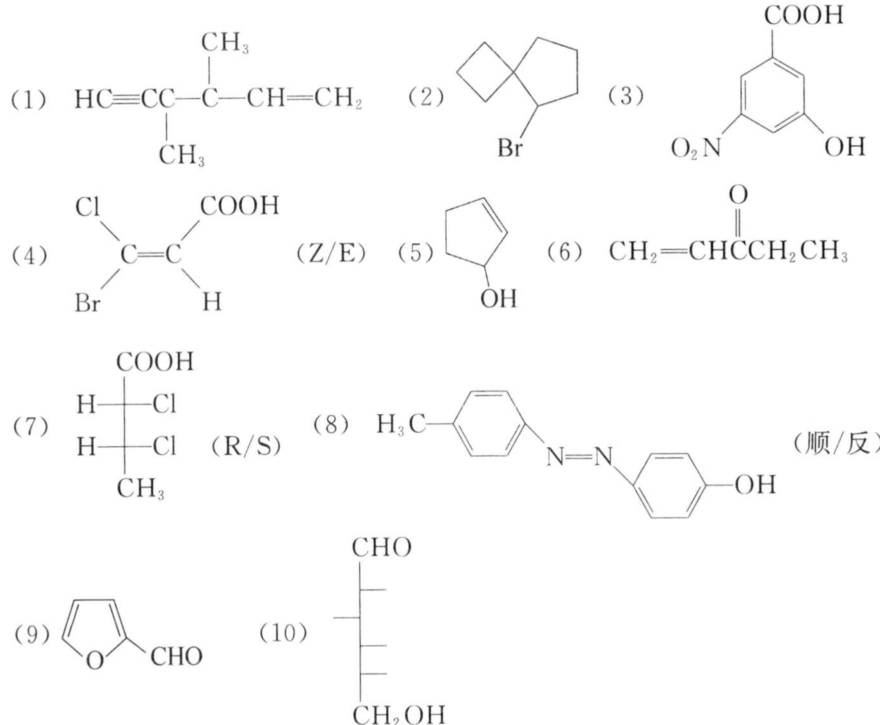

二、写出下列化合物的结构式

(1) 顺-1-甲基-2-异丙基环己烷的优势构象 (2) 1,4-二甲基二环[2.2.2]辛烷

(3) 9,10-二硝基蒽 (4) 1-苯基-2-丁酮 (5) 乙基叔丁基醚 (6) 阿司匹林

(7) 碘化四甲铵 (8) DMSO (9) 肉桂醛 (10) 苯丙氨酸

三、选择题(四选一)

(1) 下列试剂中可与烯烃发生亲电加成反应的是 ( )

A. HCN B. $KMnO_4$ C. CH_3CH_2OH D. Br_2/H_2O

(2) 鉴别环丙烷和丙烯可采用 ( )

A. 溴水 B. 高锰酸钾溶液 C. 硝酸银氨溶液 D. 溴化氢溶液

(3) 化合物(1) 和化合物(2) 互为 ( )

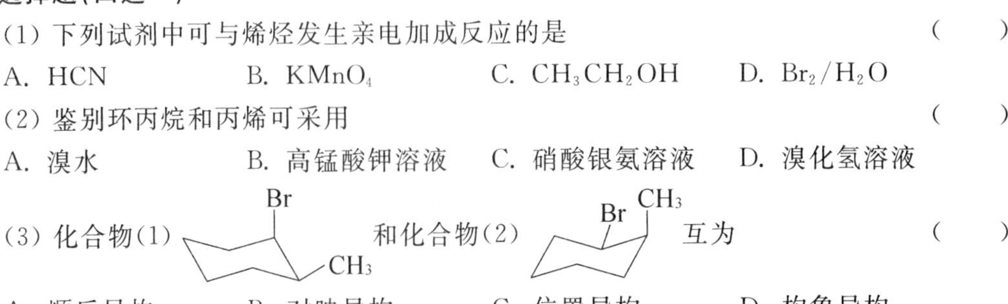

A. 顺反异构 B. 对映异构 C. 位置异构 D. 构象异构

(4) 化合物 $H-\overset{CH_3}{\underset{OCH_3}{C}}-C_2H_5$ 和 $C_2H_5-\overset{CH_3}{\underset{OCH_3}{C}}-H$ 的关系是 (　　)

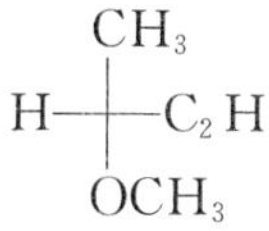

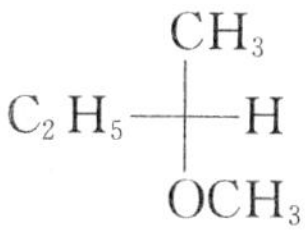

A. 同一化合物　　B. 内消旋体　　C. 对映异构体　　D. 构象异构体

(5) 反应 $C_6H_5-COCH_3 \xrightarrow[\triangle]{Zn/浓HCl} C_6H_5-CH_2CH_3$ 被称为 (　　)

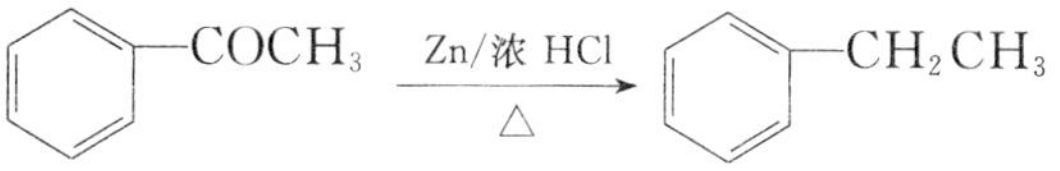

A. 克莱门森还原反应　　B. 狄尔斯-阿尔德反应

C. 威廉逊反应　　D. 康尼查罗反应

(6) 下列化合物在室温下容易发生分子内脱水,生成内酯的是 (　　)

A. $CH_3CH(OH)CH_2CH_2COOH$　　B. $CH_3CH_2CH(OH)CH_2COOH$

C. $CH_3CH_2CH_2CH(OH)COOH$　　D. $HOOC(CH_2)_3COOH$

(7) 用重金属盐沉淀蛋白质时,蛋白质溶液的 pH 最好调节为 (　　)

A. 大于 7　　B. 小于 7　　C. 稍小于等电点　　D. 稍大于等电点

(8) 下列各组糖能生成相同糖脎的是 (　　)

A. 乳糖　葡萄糖　果糖　　B. 半乳糖　甘露糖　葡萄糖

C. 麦芽糖　蔗糖　果糖　　D. 果糖　甘露糖　葡萄糖

(9) 下列化合物加热后能生成缩二脲的是 (　　)

A. $NH_2-\overset{O}{\overset{\|}{C}}-CH_3$　　B. $NH_2CH_2-\overset{O}{\overset{\|}{C}}-NHCH_3$

C. $NH_2-\overset{O}{\overset{\|}{C}}-H$　　D. $NH_2-\overset{O}{\overset{\|}{C}}-NH_2$

(10) 由 D(+)一葡萄糖组成的纤维素分子的苷键是 (　　)

A. α-1,4-苷键　　B. α,β-1,2-苷键　　C. β-1,4-苷键　　D. α-1,6-苷键

四、填空题

(1) 自由基反应分为链引发、链增长和________三个阶段。

(2) 在有机反应中,共价键的断裂方式有均裂和异裂两种,对于离子型反应发生的是共价键的________。

(3) 碳碳双键是由一个 σ 键和一个________键组成,它是________的官能团。

(4) 不对称烯烃与 HX 进行亲电加成反应时, H^+ 总是加到含氢________双键碳原子上;该规律称为________规则。

(5) 实验室中用溴的四氯化碳溶液鉴定烯烃,该反应属于________;苯和溴在铁粉或三溴化铁存在下制备溴苯的反应属于________反应。

(6) 乙酸中的 α-H 被________基团取代后其酸性增强,被________基团取代后其酸性减弱。

(7) 在杂环化合物中,常把不易发生开环反应,环系稳定并符合________规则的杂环化合物称为________杂环化合物。

(8) 构成天然蛋白质的氨基酸除________外,其他各种氨基酸均具有旋光性。

(9) 最常见的甘油磷脂有两种:卵磷脂和脑磷脂。卵磷脂是磷酸脂中的磷酸与

________形成的酯，脑磷脂是磷酸脂中的磷酸与________形成的酯。

(10) 乳糖水解得到一分子________和一分子________。

五、完成下列反应，写出主要产物

(1) 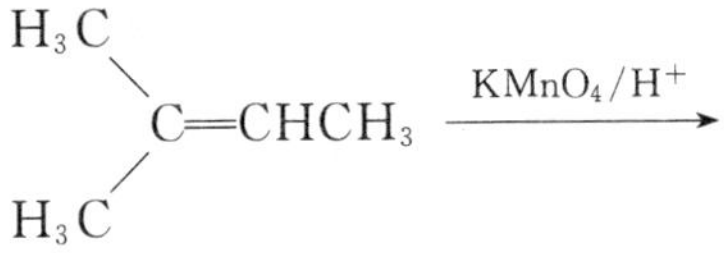 $(H_3C)_2C{=}CHCH_3 \xrightarrow{KMnO_4/H^+}$

(2) 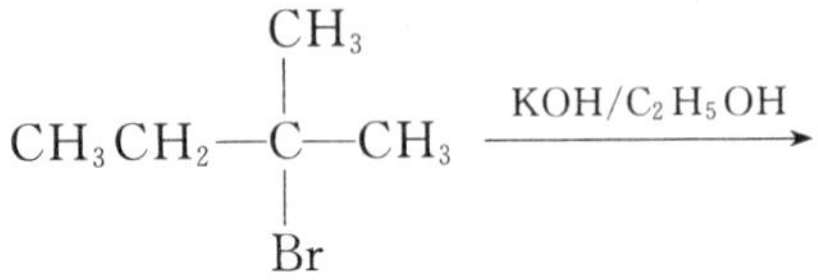 $CH_3CH_2{-}C(CH_3)(Br){-}CH_3 \xrightarrow{KOH/C_2H_5OH}$

(3) $F_3CCH{=}CH_2 + HCl \longrightarrow$

(4) 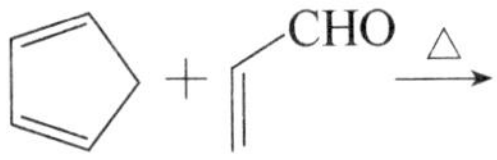 环戊二烯 + $CH_2{=}CH{-}CHO \xrightarrow{\triangle}$

(5) 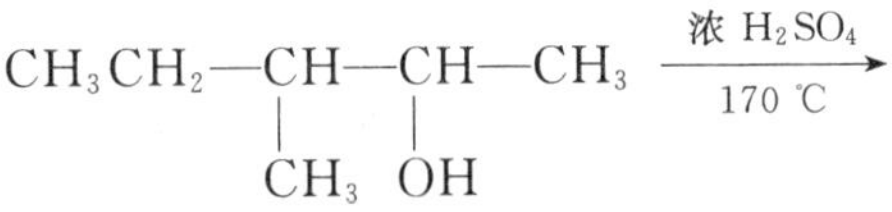 $CH_3CH_2{-}CH(CH_3){-}CH(OH){-}CH_3 \xrightarrow[170\ ℃]{浓\ H_2SO_4}$

(6) 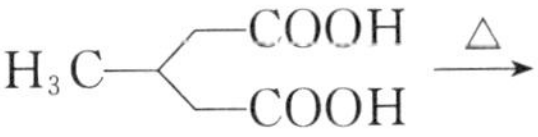 $H_3C{-}CH(COOH)_2 \xrightarrow{\triangle}$

(7) 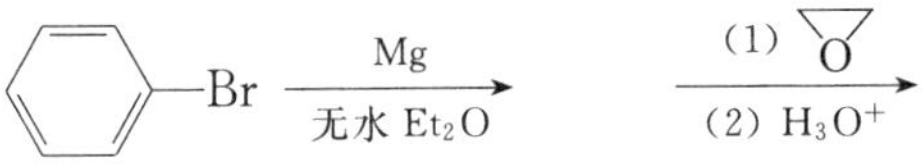 $C_6H_5{-}Br \xrightarrow[无水\ Et_2O]{Mg} \xrightarrow[(2)\ H_3O^+]{(1)\ 环氧乙烷}$

(8) 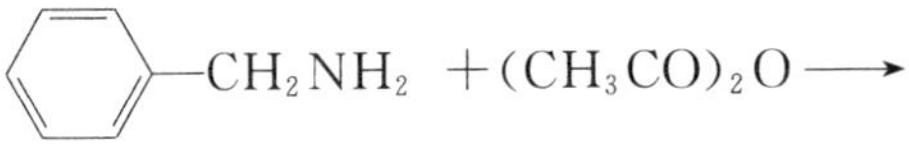 $C_6H_5{-}CH_2NH_2 + (CH_3CO)_2O \longrightarrow$

(9) 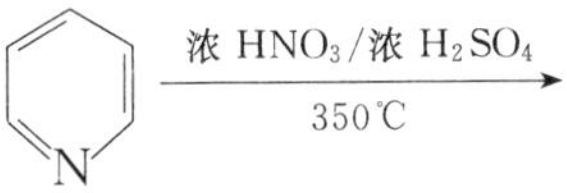 吡啶 $\xrightarrow[350℃]{浓\ HNO_3/浓\ H_2SO_4}$

(10) 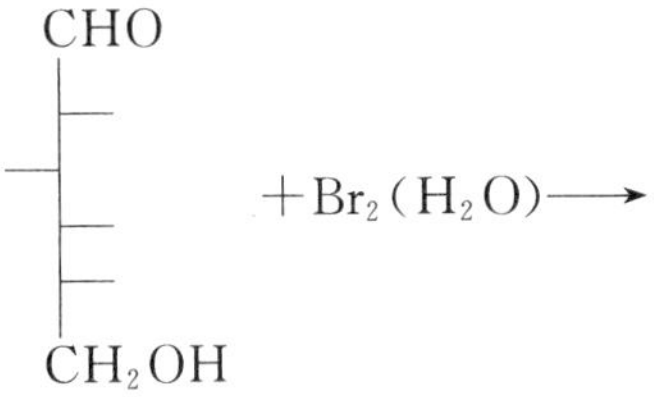 费歇尔投影式（CHO 在上，CH_2OH 在下；C-2 上 OH 在左，C-3、C-4、C-5 上 OH 在右）$+ Br_2(H_2O) \longrightarrow$

六、鉴别题

(1) 丙酮　丙醛　丙酸

(2) 苯胺，N-甲基苯胺，N，N-二甲基苯胺

七、回答问题

把下列化合物按 S_N2 反应的活性由大到小排列成序，并说明原因。

A. $(CH_3)_2CHCl$　B. CH_3CH_2Cl　C. 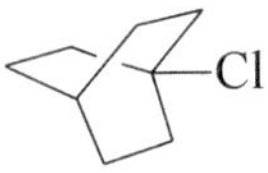 1-氯双环[2.2.2]辛烷（桥头碳上连 Cl）　D. 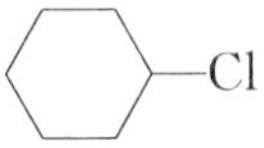 氯代环己烷

八、合成题

(1) 以乙烯为原料合成丙二酸二乙酯。

(2) 以苯为原料合成 1,3,5-三溴苯（Br 取代于苯环 1,3,5 位）。

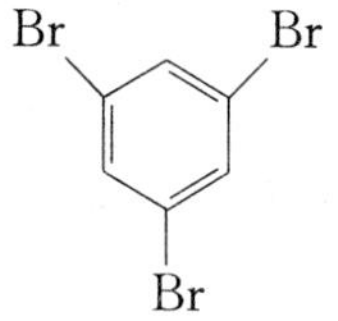

九、推测结构

(1) 某化合物 A,分子式为 $C_9H_{10}O$,能与苯肼反应,用 $I_2/NaOH$ 处理得到碘仿和另一固体 B($C_8H_8O_2$),用 $NaBH_4$ 还原 A 得到 C($C_9H_{12}O$),C 用 $I_2/NaOH$ 处理也得 B,A、B、C 用 $KMnO_4$ 强烈氧化都得到羧酸 D。试推测化合物 A、B、C、D 的结构。

(2) 化合物 A 的分子式 $C_4H_9O_2N$,具有旋光性,与亚硝酸作用放出 N_2,并生成化合物 B($C_4H_8O_3$)。B 与 Tollens 试剂反应有银镜生成,与稀 H_2SO_4 共热可生成化合物 C(C_3H_6O)。C 也能发生银镜反应。但无旋光性,试写出 A、B、C 的结构式及各步反应式。

(3) 某化合物 A,分子式为 $C_6H_{12}O$,氧化得 B,B 能溶于 NaOH 水溶液。B 与乙醇酯化的产物可发生分子内缩合关环反应,生成一环状化合物 C,C 经水解和脱羧后生成 D。C 可以和羟胺作用生成肟,D 用 Zn-Hg/HCl 还原生成 E(C_5H_{10})。试推测 A、B、C、D、E 的结构式。

参考答案

一、

(1) 3,4-二甲基-1,3-己二烯-5-炔　(2) 5-溴螺[3.4]辛烷　(3) 3-硝基-5-羟基苯甲酸
(4) (E)-3-氯-3 溴丙烯酸　(5) 2-环戊烯醇　(6) 1-戊烯-3-酮　(7) (2R,3R)-2.3-二氯丁酸
(8) (反)-4-甲基-4′-羟基偶氮苯　(9) α-呋喃甲醛　(10) α-D(+)-葡萄糖

二、

(1) 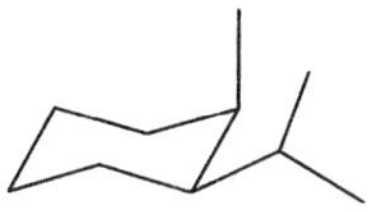 （椅式环己烷构象式）　(2)  （桥环结构式）　(3) 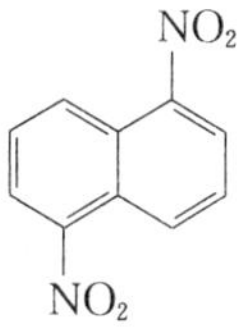 1,5-二硝基萘（NO_2, NO_2）　(4) 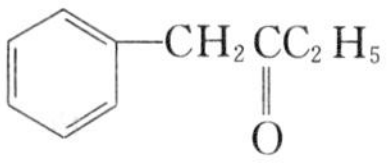 $C_6H_5-CH_2CC_2H_5$（$C=O$）

(5) $(CH_3)_3COCH_2CH_3$　(6) 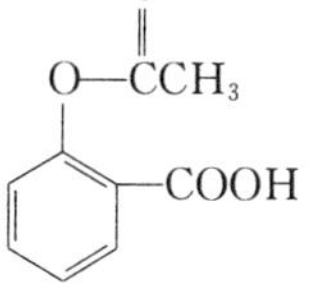 邻乙酰氧基苯甲酸（$O-\overset{O}{\overset{\|}{C}}CH_3$, $COOH$）　(7) 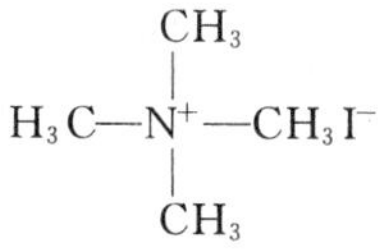 $H_3C-N^+(CH_3)_2-CH_3\ I^-$

(8) 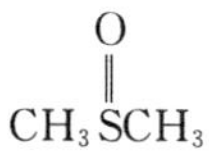 $CH_3\overset{O}{\overset{\|}{S}}CH_3$　(9) 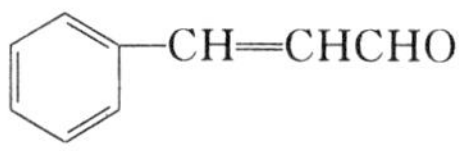 $C_6H_5-CH=CHCHO$　(10) 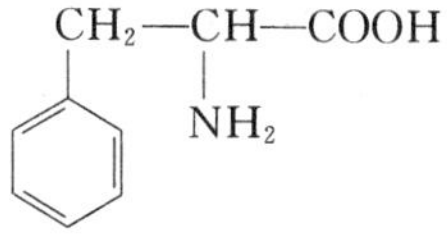 $C_6H_5-CH_2-CH(NH_2)-COOH$

三、

(1) D　(2) B　(3) D　(4) C　(5) A　(6) A　(7) D　(8) D　(9) D　(10) C

四、

(1) 链终止　(2) 异裂　(3) π　烯烃　(4) 较多的　马氏　(5) 亲电加成　亲电取代　(6) 吸电子　给电子　(7) 休克尔　芳香　(8) 甘氨酸　(9) 胆碱　胆胺　(10) 葡萄糖　半乳糖

五、

(1) $H_3C—\overset{O}{\overset{\|}{C}}—CH_3$ $+CH_3COOH$ (2) $CH_3CH{=}C(CH_3)_2$ (3) $F_3CCH_2CH_2Cl$

(4) 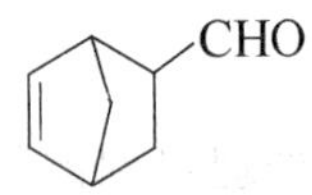 (双环结构)—CHO (5) 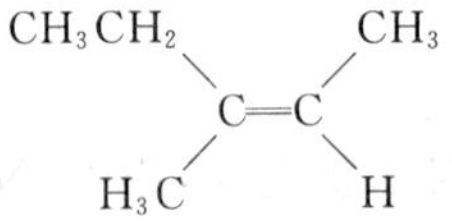 $CH_3CH_2(H_3C)C{=}C(CH_3)H$ (6) 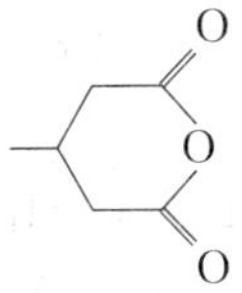 (环状酸酐结构)

(7) 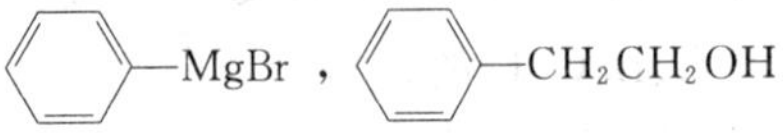 C_6H_5MgBr，$C_6H_5CH_2CH_2OH$ (8)  $C_6H_5CH_2NHCOCH_3$

(9) 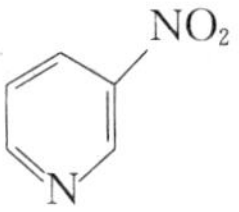 3-硝基吡啶（NO_2） (10) 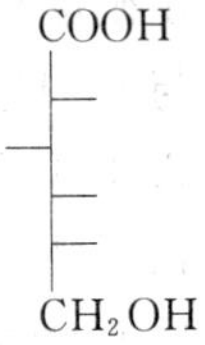 COOH … CH_2OH（费歇尔投影式）

六、

(1) 丙酮、丙醛、丙酸 $\xrightarrow{I_2/NaOH}$ 黄色沉淀；(－)、(－) $\xrightarrow{\text{Felling 试剂}}$ 砖红色沉淀；(－)

(2) 苯胺、N-甲基苯胺、N,N-二甲基苯胺 $\xrightarrow{C_6H_5SO_2Cl}$ 沉淀、沉淀、(－)；沉淀、沉淀 $\xrightarrow{OH^-}$ 沉淀溶解、(－)

七、

B>A>D>C。因为 S_N2 反应过程中构型要完全翻转，对底物要求位阻越小越好。B 是伯卤代烃，位阻最小，A 和 D，虽然都是仲卤代烃，但 D 是环卤代烃，翻转张力较大，C 是桥环卤代烃，且卤原子在桥头碳上，不可能发生翻转。

八、

(1) $CH_2{=}CH_2 \xrightarrow{H_2O/H_3PO_4} CH_3CH_2OH \xrightarrow{K_2Cr_2O_7/H_2SO_4} CH_3COOH \xrightarrow[P]{Cl_2} ClCH_2COOH$

$\xrightarrow{NaCN} NCCH_2COOH \xrightarrow[(2)\ C_2H_5OH]{(1)\ 稀\ H_2SO_4} H_2C(COOC_2H_5)_2$

(2) 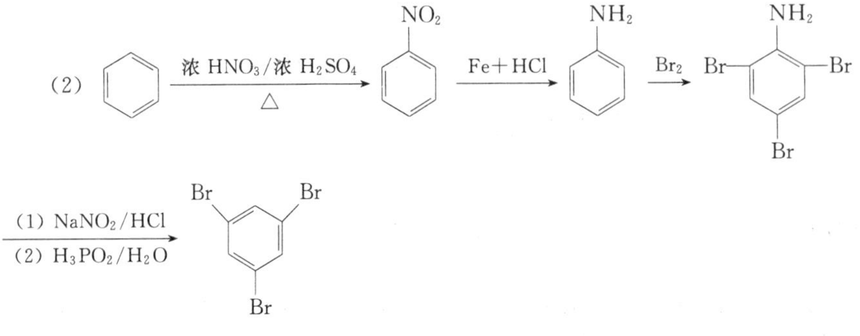 苯 $\xrightarrow[\triangle]{浓\ HNO_3/浓\ H_2SO_4}$ 硝基苯（NO_2） $\xrightarrow{Fe+HCl}$ 苯胺（NH_2） $\xrightarrow{Br_2}$ 2,4,6-三溴苯胺（NH_2，Br，Br，Br）

$\xrightarrow[(2)\ H_3PO_2/H_2O]{(1)\ NaNO_2/HCl}$ 1,3,5-三溴苯（Br，Br，Br）

九、

(1) A　$C_6H_5CH_2\overset{\overset{O}{\|}}{C}CH_3$　B　$C_6H_5CH_2COOH$　C　$C_6H_5CH_2\underset{\underset{OH}{|}}{CH}CH_3$　D　C_6H_5COOH

(2) $\underset{A}{CH_3CH_2\underset{\underset{NH_2}{|}}{CH}COOH} \xrightarrow{HNO_2} \underset{B}{CH_3CH_2\underset{\underset{OH}{|}}{CH}COOH} + N_2\uparrow$

$B \xrightarrow{\text{Tollens 试剂}} CH_3CH_2\overset{\overset{O}{\|}}{C}COO^- + Ag\downarrow$

$B \xrightarrow{\text{稀 } H_2SO_4/\triangle} \underset{C}{CH_3CH_2CHO} + HCOOH$

$CH_3CH_2CHO \xrightarrow{\text{Tollens 试剂}} CH_3CH_2COO^- + Ag\downarrow$

(3) A. 环己醇(六元环—OH)　B. $HOOC(CH_2)_4COOH$　C. 2-氧代环戊烷甲酸乙酯(五元环上连 $COOC_2H_5$ 及 =O)　D. 环戊酮　E. 环戊烷

有机化学水平测试卷(五)

一、命名下列化合物

(1) H, I 与 H, $C\equiv CCH_3$ 连于 C=C 上 (Z/E)　(2) 邻羟基苯基—$COOCH_2$—苯基

(3) $(H_3C)_2HC—\overset{O}{\overset{\|}{C}}—\overset{CH_3}{\overset{|}{C}}HCOOH$　(4) [双环结构式]　(5) Fischer 投影式：C_2H_5；HO—C—H；HO—C—Cl；COOH (R/S)

(6) O_2N—苯环—$NHCOCH_3$　(7) $(CH_3)_4N^+Cl^-$　(8) 萘环（NH_2，CH_2COOH）

(9) $CH_3CH_2COOCH_2CH=CH_2$　(10) 吡喃糖环（HOH_2C，HO，HO，OH，H，OC_2H_5）

二、写出下列化合物的结构式

(1) 对硝基苯磺酰氯　(2) 2-硝基-2′-氯联苯　(3) 聚-2-氯-1,3-丁二烯

(4) (2Z,4E)-己二烯　(5) 顺-4,4′-二羟基偶氮苯　(6) α-吡啶甲醛肟

(7) 6-氨基-7H-嘌呤　(8) 邻乙酰氧基苯乙酸苯酯　(9) 季戊四醇

(10) 2,3-二溴丁烷的纽曼投影式(优势构象)

三、选择题(四选一)

(1) 反应“3-甲基环戊烯 $\xrightarrow{NBS}$?”的主要产物是　(　)

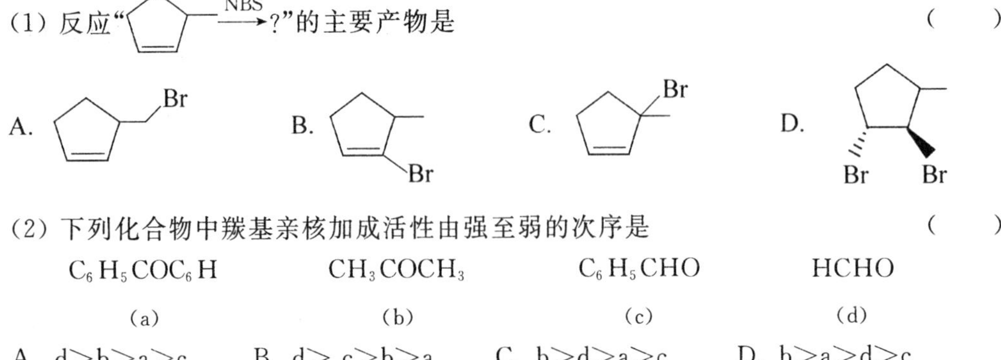

(2) 下列化合物中羰基亲核加成活性由强至弱的次序是　(　)

$C_6H_5COC_6H$ (a)　CH_3COCH_3 (b)　C_6H_5CHO (c)　HCHO (d)

A. d>b>a>c　B. d>c>b>a　C. b>d>a>c　D. b>a>d>c

(3) 顺-1-甲基-4-叔丁基环己烷的最稳定构象是　(　　)

A. 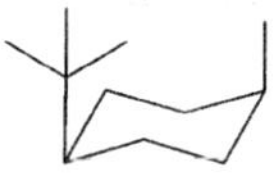　B. 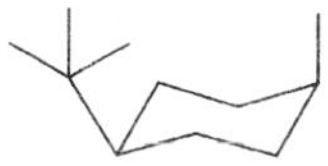　C. 　D.

(4) 下列化合物中不能使溴水褪色的是　(　　)

A. 乙酰乙酸乙酯　B. 丙酮　C. 乙烯　D. 葡萄糖

(5) 下列化合物与 $AgNO_3$ 的乙醇溶液反应最快的是　(　　)

A. 苄基氯　B. 氯乙烯　C. 氯苯　D. 氯乙烷

(6) 缩二脲反应不能用来鉴别的物质是　(　　)

A. 三肽　B. 多肽　C. 丙氨酸　D. 蛋白质

(7) 根据化合物的极性,下列化合物中在薄层板上走得最远的是　(　　)

A. 乙酸　B. 乙醇　C. 乙酸乙酯　D. 正已烷

(8) 下列化合物酸性从强到弱的次序是　(　　)

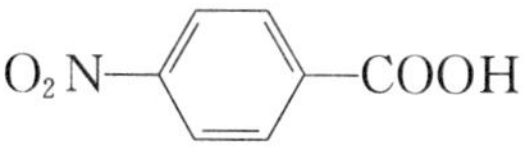

O_2N—⟨苯环⟩—COOH (a)　HO—⟨苯环⟩—COOH (b)　H_3C—⟨苯环⟩—COOH (c)　⟨苯环⟩—COOH (d)

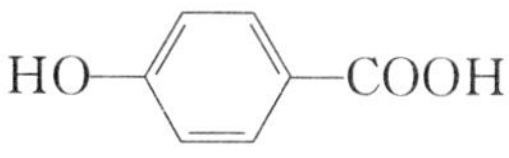

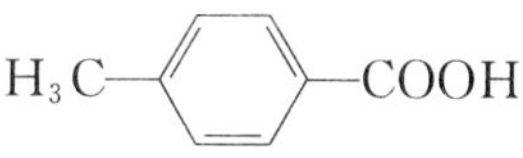

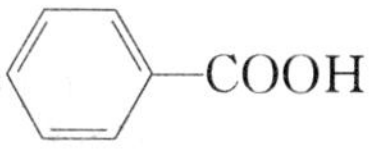

A. a>d>c>b　B. d>a>b>c　C. b>d>a>c　D. b>a>d>c

(9) 下列化合物中碱性最强的是　(　　)

A. $C_2H_5NH_2$　B. $C_6H_5NH_2$　C. $(C_6H_5)_2NH$　D. $(C_6H_5)_3N$

(10) 下列化合物具有旋光性的是　(　　)

A. 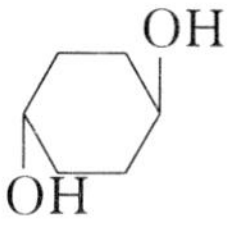 OH OH　B.  OH OH　C. 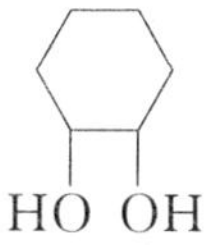 HO OH　D. 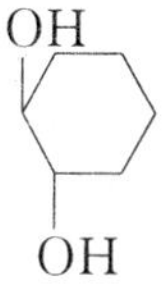 OH OH

四、填空题

(1) 萘在较低温度下(<80 ℃)磺化时主要得到(　　)-萘磺酸,在较高温度下(>165 ℃)磺化时主要得到(　　)-萘磺酸。

(2) 手性卤代烷与氢氧化钠在水与乙醇混合物中反应后,产物的构型发生了反转,该反应属于________历程。

(3) 在实验室中,可用____________________试剂鉴别 2-甲基-2-丙醇、1-丁醇、2-丁醇。

(4) 苯、硝基苯、甲苯分别进行硝化反应,反应由易到难的次序为________________。

(5) 在氢氰酸与乙醛的加成反应中滴加硫酸,反应速率会____________________。

(6) 色氨酸（吲哚环—$CH_2CHCOOH$，N—H，NH_2）的 pI=5.98,在 pH=12 的水溶液中的存在形式是____________。

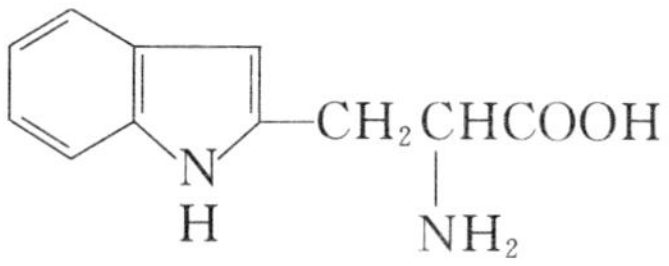

(7) 吡咯比吡啶易发生亲电取代反应,因为吡咯是________芳香体系,而吡啶是________芳香体系。

(8) 烷基苯在紫外光照射下侧链上的氢被卤代的反应属于______________反应历程。

(9) 化合物 H_3C(a)—C_6H_4—CH_2(b)—C_6H_3(H(f))—CH_2(c)—CH_2(d)—CH_3(e) 与溴在 NBS 存在下或在光照下反应，最易被溴代的 H 是＿＿＿＿＿＿＿＿。

(10) $(CH_3)_3CCl$、$CH_3CH_2CH_2CH_2Cl$、$CH_3CH(Cl)CH_2CH_3$、$(CH_3)_2CHCH_2Cl$ 四种化合物在 400MHz 的 ^1H NMR 谱图上有三重峰的化合物是＿＿＿＿＿＿。

五、完成下列反应，写出主要产物

(1) $C_6H_5CH{=}CHCH_3$ ＋HBr ⟶

(2) 2-甲基萘 ＋Br_2/Fe ⟶

(3) 十氢萘-4a,8a-二醇（两个 OH） $\xrightarrow{H^+}$

(4) 双环醇（CH_3、CH_3、H、OH） $\xrightarrow{H^+}$　　$\xrightarrow{[O]}$

(5) Cl、H、$(H_3C)_2HC$ 与 C_2H_5、CH_3、H 取代的乙烷 $\xrightarrow[\triangle]{C_2H_5ONa/C_2H_5OH}$

(6) $BrCH_2CH{=}CHBr \xrightarrow[\triangle]{NaOH+H_2O}$

(7) $C_6H_5CONH_2 \xrightarrow[\triangle]{Br_2/NaOH}$　　$\xrightarrow[0\sim5℃]{NaNO_2/H_2SO_4}$　　$\xrightarrow{H_3O^+}$

(8) 2-甲基吡啶（N、CH_3） $\xrightarrow[光照]{Cl_2}$　　$\xrightarrow[无水乙醚]{Mg}$　　$\xrightarrow[H_3O^+]{环氧乙烷}$

(9) $HOCH_2CH_2CH_2C(=O)CH_3$（OH、CH_3、O） $\xrightarrow[\triangle]{H^+}$

(10) $OHCCH_2CH_2CH_2C(=O)CH_3$（CHO、CH_3、O） $\xrightarrow[\triangle]{OH^-}$

六、回答问题

1. 醋酸苯酯在 $AlCl_3$ 存在下进行 Fries 重排变成邻或对羟基苯乙酮：

$OCOCH_3$（苯酯） $\xrightarrow[CS_2]{AlCl_3}$ 邻-$HOC_6H_4COCH_3$ + 对-$HOC_6H_4COCH_3$

(1) 这两个产物能否用水蒸汽蒸馏分离？为什么？

(2) 为什么在低温时(25℃)产物以对位异构体为主，高温时(165℃)产物以邻位体为主？

2. 如何分离赖氨酸(pI=9.8)和甘氨酸(pI=6.0)？

七、写出下列反应的机理

(1) 螺[4.5]癸-6-醇（OH） $\xrightarrow[\triangle]{H_2SO_4}$ 八氢萘（双键在环连接处）

(2) $H_3C-C(CH_3)(OH)-C(CH_3)(NH_2)-CH_3 \xrightarrow[HCl]{NaNO_2} H_3C-C(CH_3)_2-C(=O)-CH_3$

八、合成题

(1) 由甲苯合成 $H_3CO-C_6H_4-CH_2OC(CH_3)_3$ 。

(2) 由丙二酸二乙酯合成 H_3C-（γ-戊内酯，五元环内酯 =O）。

(3) 由甲苯合成间溴甲苯。

九、推断结构

(1) 化合物 A($C_6H_{12}O_3$)，红外光谱在 $1710cm^{-1}$ 处有强吸收峰，与 $I_2/NaOH$ 作用生成黄色沉淀，与 Tollens 试剂不反应，但是经过稀酸处理后的生成物却与 Tollens 试剂反应。A 的^1H NMR 数据如下：δ 2.1(单峰，3H)；δ 2.6(双峰，2H)；δ 3.4(单峰，6H)；δ 4.7(三峰，1H)。试写出 A 的结构。

(2) 化合物 A($C_{10}H_{14}$)，UV 光谱在 λ_{max}=236 nm 有吸收，催化加氢得 $C_{10}H_{18}$，A 用臭氧氧化后用 Zn/CH_3COOH 处理得 $HC(=O)CH_2CH_2CH_2C(=O)C(=O)CH_2CH_2CH_2C(=O)H$ ；A 可与（马来酸酐）发生 Diels-Alder 反应。试推出 A 的结构。

(3) 某碱性化合物 A(C_4H_9N)经臭氧化再水解，得到的产物中有一种是甲醛。A 经催化加氢得 B($C_4H_{11}N$)。B 也可由戊酰胺和溴的氢氧化钠溶液反应得到。A 和过量的碘甲烷作用，能生成盐 C($C_7H_{16}NI$)，该盐和湿的氧化银反应并加热分解得到 D(C_4H_6)。D 和丁炔二酸二甲酯加热反应得到 E($C_{10}H_{12}O_4$)。E 在钯存在下脱氢生成邻苯二甲酸二甲酯。试推出 A、B、C、D、E 的结构并写出各步反应式。

参考答案

一、

(1) (z)-1-碘-2-戊烯-3-炔 (2) 2-羟基苯甲酸苯甲酯 (3) 2,4-二甲基-3-羰基戊酸 (4) 2,7,7-三甲基-二环[2.2.1]庚烷 (5) (2R,3S)-2,3-二羟基-3-氯戊酸 (6) 对硝基乙酰苯胺 (7) 氯化四甲基铵 (8) 8-氨基-2-萘乙酸 (9) 丙酸烯丙基酯 (10) 乙基-α-D-吡喃葡萄糖

二、

(1) 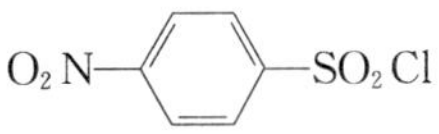 $O_2N-C_6H_4-SO_2Cl$ (2) (2) 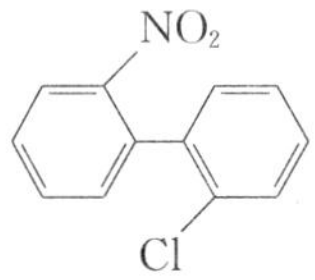 (3) 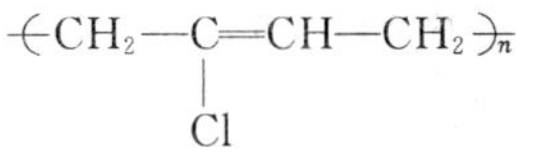 $\text{-(}CH_2-C(Cl)=CH-CH_2\text{)}_n$

(4) 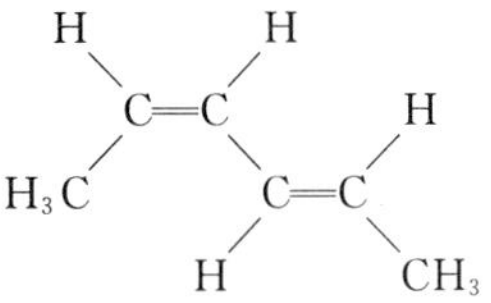 (5) 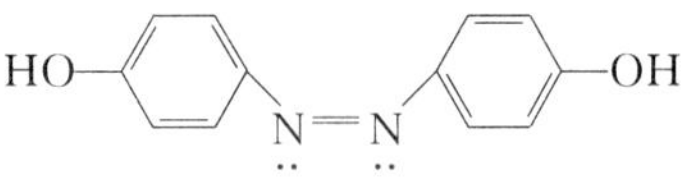 $HO-C_6H_4-N=N-C_6H_4-OH$

(6) 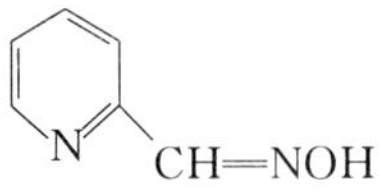 CH=NOH (7) 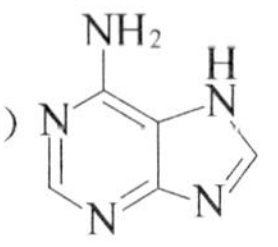 NH_2 (8) 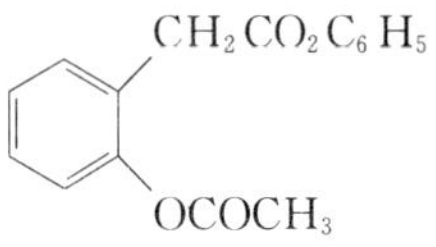 $CH_2CO_2C_6H_5$ OCOCH$_3$

(9) 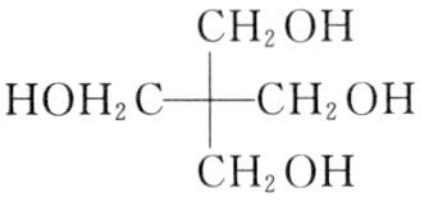 $HOH_2C-C(CH_2OH)_3$ (10)

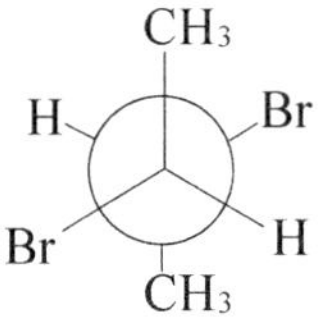

三、

(1) C (2) B (3) B (4) B (5) A (6) C (7) D (8) A (9) A (10) D

四、

(1) α β (2) S_N2 (3) 卢卡斯试剂 (4) 甲苯>苯>硝基苯 (5) 降低

(6) 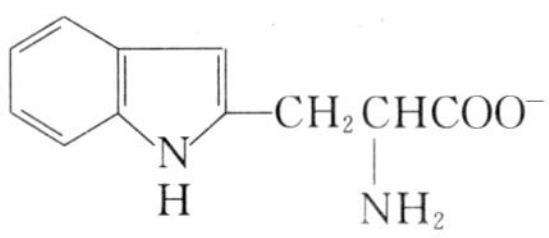 $CH_2CH(NH_2)COO^-$ (7) 富电子 缺电子 (8) 自由基 (9) b (10) $CH_3CH_2CH_2CH_2Cl$

五、

(1) 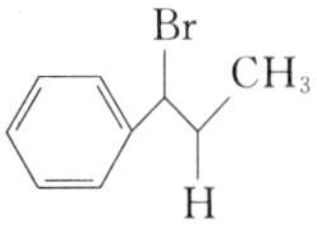 (2) 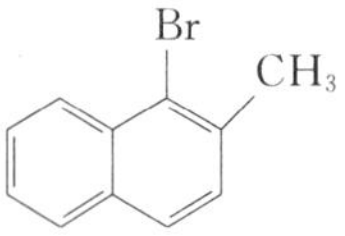 (3) 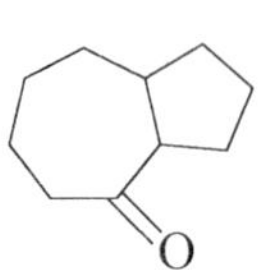 (4) 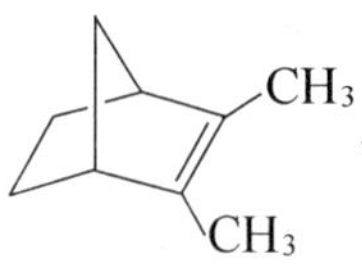 ,

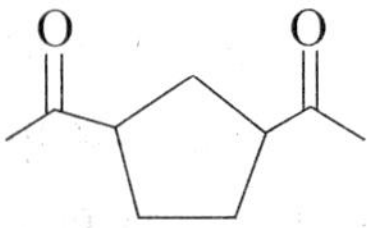

(5) 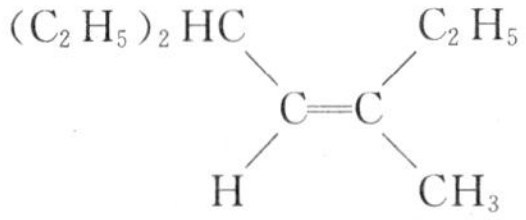 (6) $HOCH_2CH=CHBr$ (7) 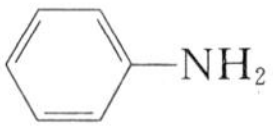 $C_6H_5-NH_2$,

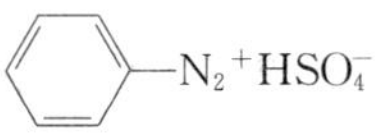

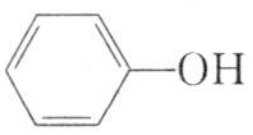

$C_6H_5-N_2^+HSO_4^-$, C_6H_5-OH (8) 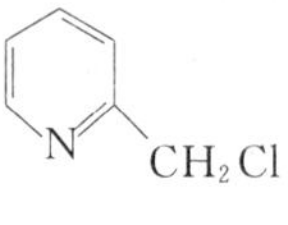 CH_2Cl , CH_2MgCl , $(CH_2)_3OH$

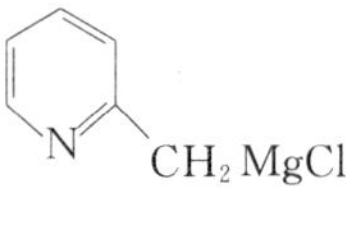

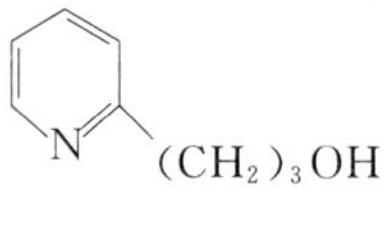

(9) 2-甲基-2-羟基四氢呋喃结构式（H_3C，OH） (10) 环己-2-烯酮结构式（O）

六、

1. (1) 邻羟基苯乙酮能形成分子内氢键，分子间作用力小，100℃时在水蒸气中有一定的分压，能用水蒸气蒸馏分离出来。对羟基苯乙酮不能。

(2) 邻羟基苯乙酮能形成分子内氢键而使体系稳定，是热力学稳定的，但生成它所需的活化能较大，是平衡控制产物，高温时(165℃)邻羟基苯乙酮是主要产物；生成对羟基苯乙酮时两个取代基没有空间位阻，所需活化能较低，故容易形成，它是速度控制产物，在低温时(25℃)以生成对位异构体为主。

2. 氨基酸在水溶液中的存在形式与溶液的 pH 密切相关，在等电点时氨基酸在水中的溶解度最小，用调节等电点的方法可分离氨基酸。

向赖氨酸和甘氨酸的混合物水溶液中加稀盐酸调节 pH＝6.0，甘氨酸先从溶液中析出；过滤后向母液中加入氢氧化钠调至 pH＝9.8，赖氨酸析出，过滤即可。

七、

(1) 螺[4.5]癸-6-醇 $\xrightarrow{H^+}$ 质子化醇（$^+OH_2$） $\xrightarrow{-H_2O}$ 碳正离子（重排） $\longrightarrow$ 十氢萘碳正离子 $\xrightarrow{-H^+}$ $\Delta^{9,10}$-八氢萘

(2) $H_3C-C(CH_3)(OH)-C(CH_3)(NH_2)-CH_3 \xrightarrow[HCl]{NaNO_2} H_3C-C(CH_3)(OH)-C(CH_3)(N_2^+)-CH_3 \xrightarrow{-N_2} H_3C-C(CH_3)(OH)-\overset{+}{C}(CH_3)-CH_3 \longrightarrow$

$H_3C-C(=OH^+)-C(CH_3)_2-CH_3 \xrightarrow{-H^+} H_3C-C(CH_3)_2-C(=O)-CH_3$

八、

(1) 苯-CH_3 $\xrightarrow[H_2SO_4]{HNO_3}$ O_2N-苯-CH_3 $\xrightarrow{Zn/HCl}$ H_2N-苯-CH_3 $\xrightarrow[2.\ \triangle]{1.\ NaNO_2/H_2SO_4}$

HO-苯-CH_3 $\xrightarrow[NaOH]{(CH_3)_2SO_4}$ H_3CO-苯-CH_3 $\xrightarrow[hv]{Br_2}$ H_3CO-苯-CH_2Br $\xrightarrow{^{t-}BuOK}$

H_3CO-苯-CH_2OBu^{-t}

(2) $CH_3COCH_2Br+CH_2(CO_2Et)_2 \xrightarrow[EtOH]{NaOEt} CH_3COCH_2CH(CO_2Et)_2 \xrightarrow[2,HCl/\triangle]{1,NaOH}$

$CH_3\overset{O}{\overset{\|}{C}}CH_2CH_2CO_2H \xrightarrow{NaBH_4} CH_3\overset{OH}{\overset{|}{C}}HCH_2CH_2CO_2H \xrightarrow{\triangle}$ γ-戊内酯（H_3C，O，O）

(3) 甲苯 $\xrightarrow[H_2SO_4]{HNO_3}$ 对硝基甲苯（CH_3，NO_2） $\xrightarrow{Fe/HCl}$ 对甲苯胺（CH_3，NH_2） $\xrightarrow{(CH_3CO)_2O}$ 对甲基乙酰苯胺（CH_3，$NHCOCH_3$） $\xrightarrow{Br_2}$ 2-溴-4-甲基乙酰苯胺（CH_3，Br，$NHCOCH_3$）

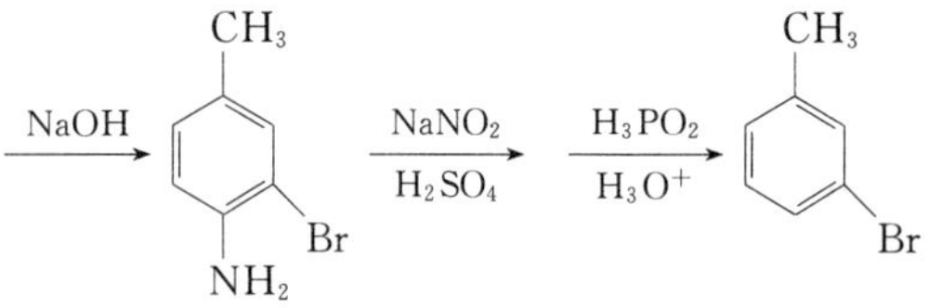

$\xrightarrow{NaOH}$ (4-methyl-2-bromoaniline: CH_3, Br, NH_2) $\xrightarrow[H_2SO_4]{NaNO_2}$ $\xrightarrow[H_3O^+]{H_3PO_2}$ (3-bromotoluene: CH_3, Br)

九、

（1） $MeO-CH(OMe)-CH_2-C(=O)-CH_3$

（2） 1,1'-bi(cyclopentenyl)

（3） A: $CH_2=CHCH_2CH_2NH_2$　B: $CH_3CH_2CH_2CH_2NH_2$　C: $CH_2=CHCH_2CH_2N^+Me_3I^-$　D: $CH_2=CH-CH=CH_2$　E: 1,2-bis(CO_2Me)-cyclohexa-1,4-diene

$$CH_2=CHCH_2CH_2NH_2 \xrightarrow[2.\ H_2O/Zn(粉)]{1.\ O_3} H-C(=O)-CH_2CH_2NH_2$$

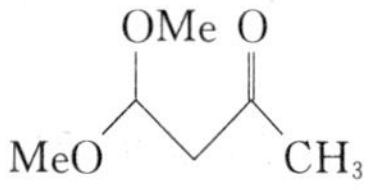

$$CH_2=CHCH_2CH_2NH_2 \xrightarrow{H_2/Pd\text{-}C} CH_3CH_2CH_2CH_2NH_2$$

$$CH_2=CHCH_2CH_2NH_2 \xrightarrow{MeL} CH_2=CHCH_2CH_2N^+Me_3I^-$$

$$CH_2=CHCH_2CH_2N^+Me_3I^- \xrightarrow[\triangle]{Ag_2O/H_2O} CH_2=CHCH=CH_2$$

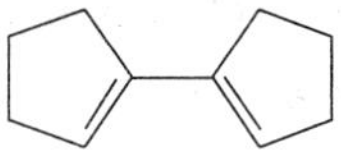

$$CH_2=CH-CH=CH_2 + MeO_2CCH_2CH_2\ CO_2Me \xrightarrow{\triangle} \text{(1,2-bis}(CO_2Me)\text{-cyclohexa-1,4-diene)} \xrightarrow[\triangle]{Pd} \text{(1,2-bis}(CO_2Me)\text{benzene)}$$

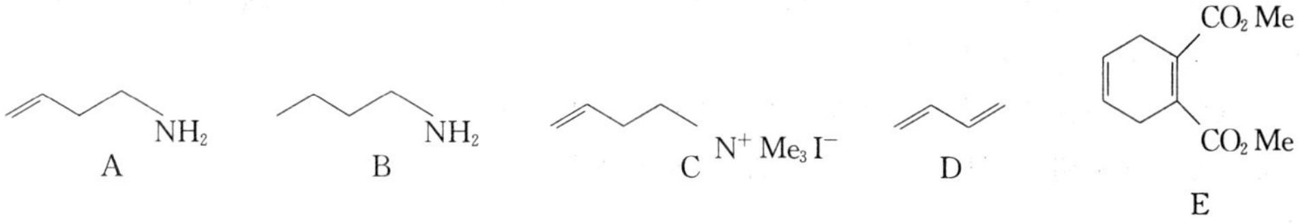

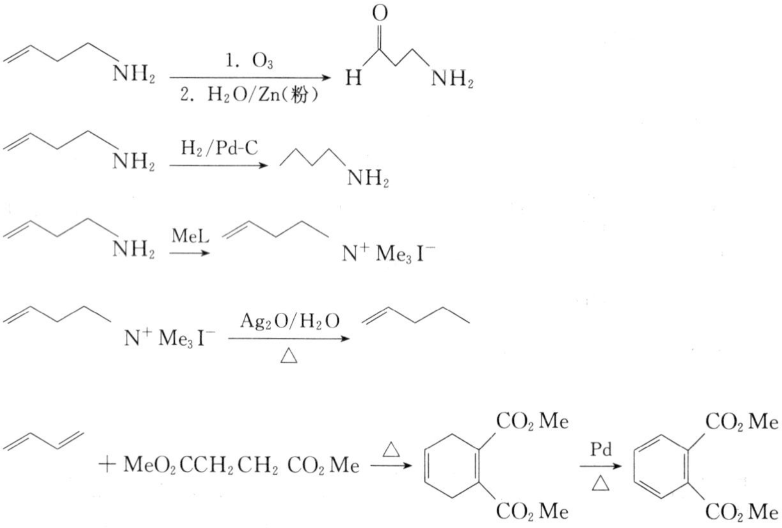

有机化学水平测试卷(六)

一、命名下列化合物

(1) H H CH_2CH_3 —CH_3 OH (Z/E,R/S)　(2) OCH_3 O HO H　(3) CH_3

(4) O O　(5) $HC\equiv CCHCH_2CHCH_3$（Br, OH）

(6) $-CH_3$ N═N NaO_3S (顺/反)　(7) CH_3 N COOH

(8) Cl Br (R/S)　(9) H_2N H N O OH O　(10) O NH

二、写出下列化合物的结构式

(1) (Z)-5-异丙基-5-壬烯-1-炔　(2) 反-1-甲基-3-异丙基环己烷的优势构象

(3) 8-甲基螺[2.5]-4-辛烯　(4) 3-甲基戊内酯　(5) (2S,3S)-2-羟基-3-氯丁酸

(6) 三苯基膦　(7) 没食子酸　(8) 樟脑　(9) 对乙酰基苯磺酰氯　(10) DMF

三、选择题(四选一)

(1) 下列各组化合物进行硝化反应时由难到易的次序是　(　　)

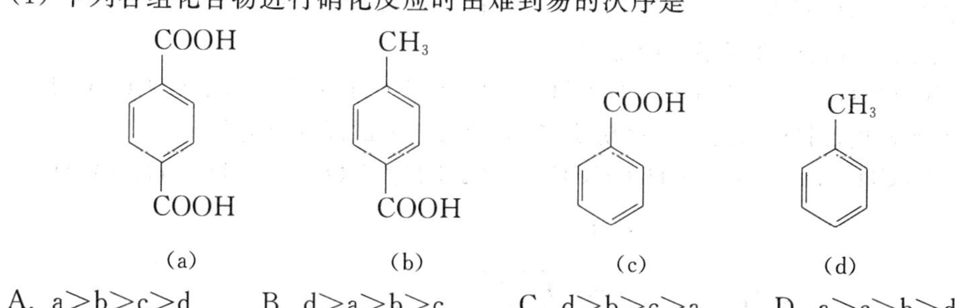

A. a>b>c>d　B. d>a>b>c　C. d>b>c>a　D. a>c>b>d

(2) 下列化合物中碱性最弱的是 (　　)

A. 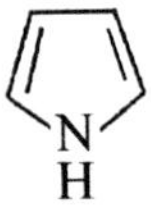 吡咯　B.  吡啶　C. 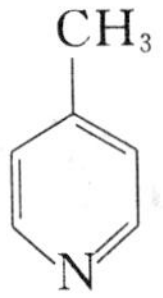 4-甲基吡啶　D. 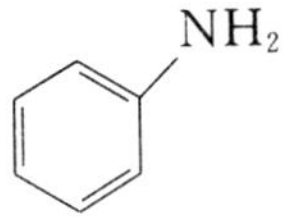 苯胺

(3) 下列化合物与溴加成反应速率最快的是 (　　)

A. $(CH_3)_2C{=}CH_2$　B. $C_2H_5CH{=}CH_2$　C. $C_2H_5C{\equiv}CH$　D. $CH_3C{\equiv}CCH_3$

(4) 下列化合物中具有手性的是 (　　)

A. $CH_3CH{=}C{=}CHCH_3$　B. 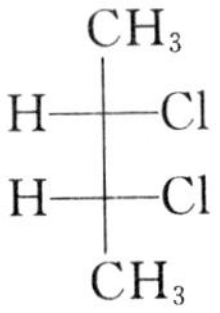 (Fischer投影式：CH_3，H—Cl，H—Cl，CH_3)

C. 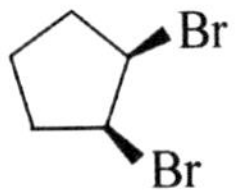 (1,2-二溴环戊烷，两Br同侧)　D. 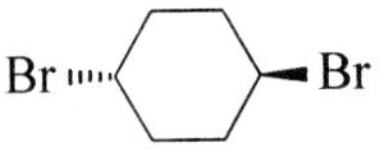 Br(虚楔)—环己烷—Br(实楔)

(5) 下列化合物中具有芳香性的是 (　　)

A. 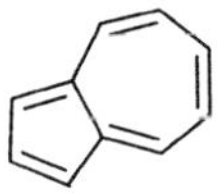　B. 　C. 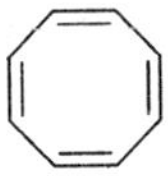　D.

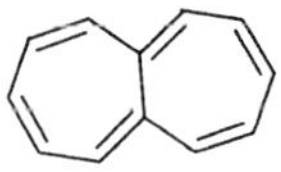

(6) 下列四个 C_6H_{10} 的异构体，燃烧时放热最少的是 (　　)

A. 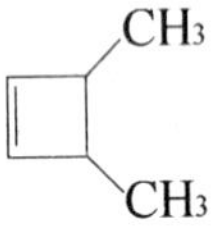 (3,4-二甲基环丁烯，CH_3，CH_3)　B. 　C. 　D.

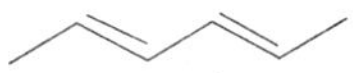

(7) 在室温和光照下，乙苯与氯发生取代反应，主要产物是 (　　)

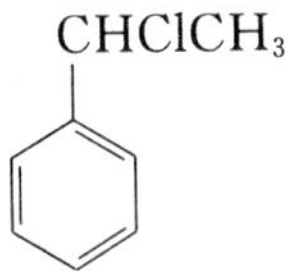

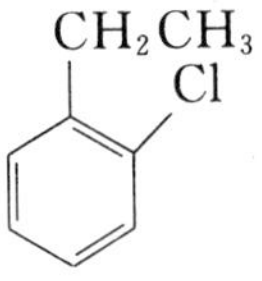

A. 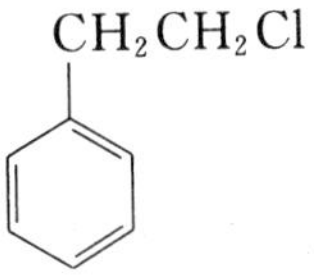 $C_6H_5CH_2CH_2Cl$　B. $C_6H_5CHClCH_3$　C. 邻氯乙苯（CH_2CH_3，Cl）　D. 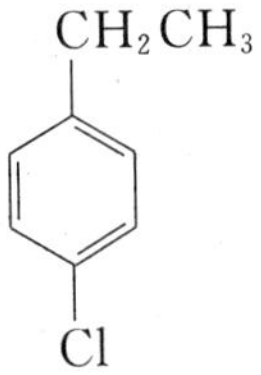 对氯乙苯（CH_2CH_3，Cl）

(8) 皂化值的大小可判断 (　　)

A. 油脂的相对平均分子量　B. 油脂的不饱和度

C. 油脂的酸败程度　D. 油脂的稳定性

(9) 下列化合物中沸点最高的是 (　　)

A. CH_3OCH_3　B. CH_3CH_2OH　C. $CH_3CH_2NH_2$　D. CH_3COOH

(10) 下列化合物中既能发生碘仿反应，又能与托伦试剂反应的是 (　　)

A. CH_3CH_2CHO　B. $CH_3CH(OH)CH_3$　C. CH_3CHO　D. CH_3COCH_3

(11) 反应 (含两端 CH_3 的共轭四烯) $\xrightarrow{?}$ (环辛三烯，CH_3，H，CH_3，H) 正常进行的条件是 (　　)

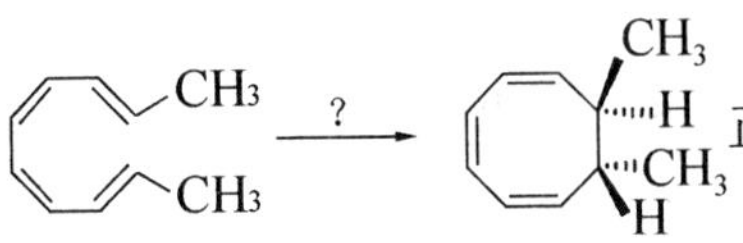

A. 加热顺旋　B. 光照对旋　C. 加热对旋　D. 光照顺旋

四、填空题

(1) 炔烃和烯烃分子中均含有 π 键,都能和溴发生亲电加成反应,其反应速度前者较后者__________。

(2) 环己烯和溴在碘化钠存在下反应,反应混合物中将会有的产物是:

____________________________________。

(3) 下列烷基:a. 甲基 b. 异丙基 c. 叔丁基 d. 乙基,其给电子诱导效应按照从大到小排列的次序为______________。

(4) 化合物 a. 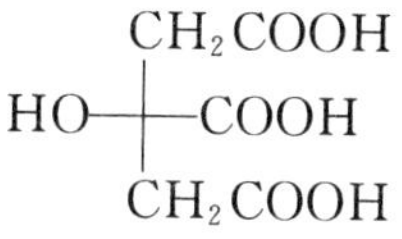 $HO-C(CH_2COOH)_2-COOH$ b. HOOC—CH(OH)—CH(OH)—COOH(费歇尔投影式,两个 OH 均在右侧) c. HOOC—CH=CH—COOH d. 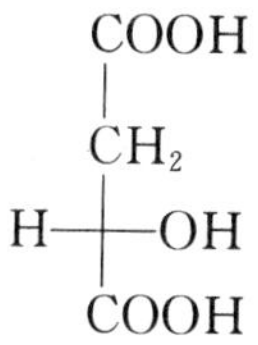 HOOC—CH₂—CH(OH)—COOH(费歇尔投影式,OH 在右侧)

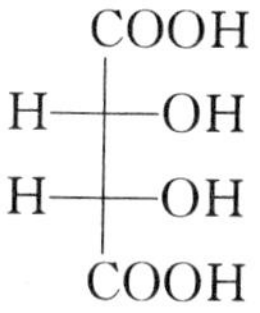

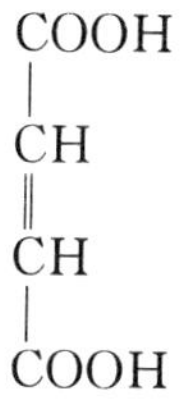

中,具有旋光活性的为__________,用 R/S 标记它的构型为__________构型。

(5) 在 $\overset{4}{C}H_2=\overset{3}{C}H-\overset{2}{C}\equiv\overset{1}{C}H$ 分子中,C(2)的杂化态是________杂化,C(3)的杂化态是________杂化。

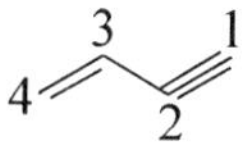

(6) 化合物 a. $CH_3CO\overset{\alpha}{C}H_2COOEt$ b. $CH_3CO\overset{\alpha}{C}H_2COCH_3$ c. $\overset{\alpha}{C}H_2(COOEt)_2$ d. $\overset{\alpha}{C}H_3COCH_2CH_3$ 中 α-H 的活性由大到小的次序为:________________________。

(7) 画出下列化合物的优势构象:a. $CH_3CH_2CH_2CH_3$ ______________(透视式);b. $CH_3CH_2CH_2Cl$ ______________(纽曼投影式)

(8) 偶氮染料 $HO_3S-C_6H_4-N=N-C_6H_4-OH$ 中的重氮组分是______________;偶合组份是____________________。

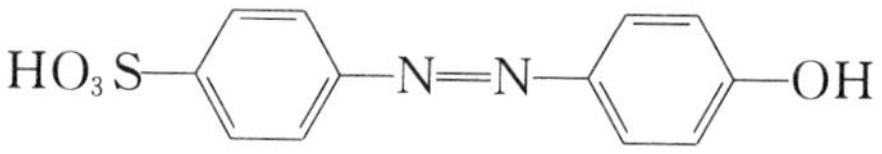

(9) 蔗糖__________发生银镜反应,蔗糖水解后可以得到__________糖和________糖。

(10) 化合物 a. $CH_3CHClCOOH$ b. $CH_3CHOHCOOH$ c. $HOCH_2CH_2COOH$ d. $(CH_3)_2CHCOOH$,其中________酸性最强,________受热后可生成交酯。

(11) 苯与氯丙烷在无水 $AlCl_3$ 存在下反应主要得到异丙苯。该反应的反应过程中发生了____________的重排。

五、完成下列反应,写出主要产物

(1) 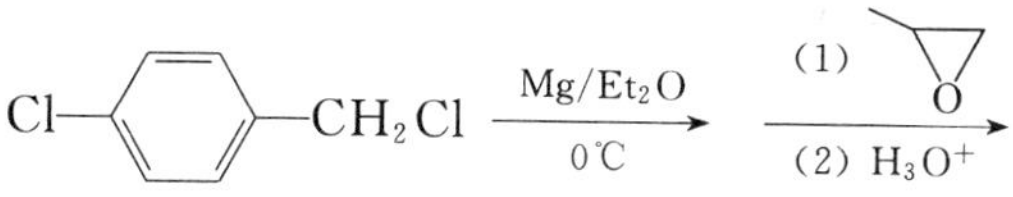 $Cl-C_6H_4-CH_2Cl \xrightarrow[0℃]{Mg/Et_2O} \xrightarrow[(2)\ H_3O^+]{(1)\ \text{甲基环氧乙烷}}$

(2) 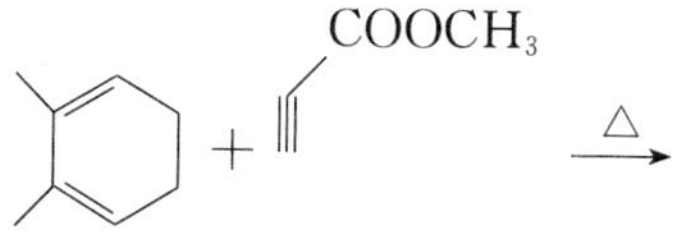 1,2-二甲基-1,3-环己二烯 + $HC\equiv C-COOCH_3$ $\xrightarrow{\triangle}$

(3) 4-甲基-2-环己烯酮 $+CH_2(COOEt)_2 \xrightarrow[(3)\ \triangle]{(1)\ NaOEt,\ (2)\ H_3O^+}$

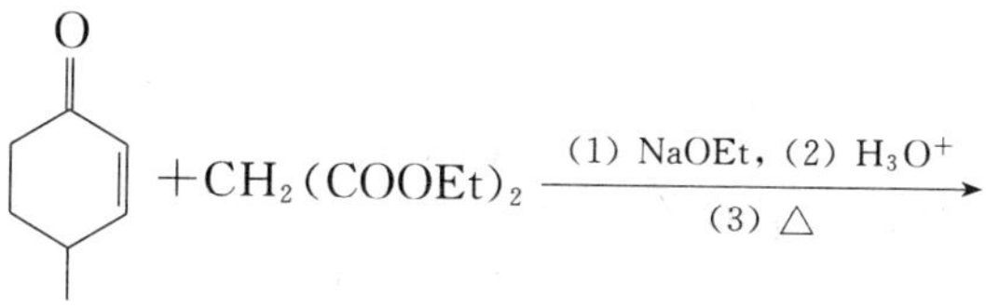

(4) $(CH_3)_2CHCH_2CONH_2 \xrightarrow{Br_2, NaOH}$

(5) 1-甲基-1-三甲铵基环戊烷 OH^- $\xrightarrow{\triangle}$（H_3C $\overset{+}{N}(CH_3)_3$）

(6) 对溴苯胺（Br，NH_2）$\xrightarrow{NaNO_2/HCl}$ $\xrightarrow{\text{1-萘胺}(NH_2)}$

(7) 3-乙炔基环戊烯 $\xrightarrow[\text{Lindlar Pd}]{H_2}$

(8) 1-甲基环己烯（CH_3）$\xrightarrow[(2)\ H_2O_2/OH^-]{(1)\ B_2H_6}$

(9) $CH_2{=}CHCH_2\overset{OH}{\overset{|}{C}}HCH_3 + CH_3\overset{O}{\overset{\|}{C}}CH_3$(过量) $\xrightarrow{[(CH_3)_2CHO]_3Al}$

(10) 苯并噻吩（S）$+ HCHO + HCl \xrightarrow{\text{无水 } ZnCl_2}$

六、回答问题

(1) 试解释为什么环戊二烯($Ka=10^{-16}$)比环庚三烯($Ka=10^{-45}$)酸性强得多?

(2) 简述氨基酸的两性和等电点的含义。

七、反应机理

(1) 解释下列反应现象:

$$H_3C-\overset{CH_3}{\underset{CH_3}{C}}-CH{=}CH_2 \xrightarrow{HCl} H_3C-\overset{CH_3}{\underset{CH_3}{C}}-\underset{Cl}{CH}-CH_3 + H_3C-\overset{Cl}{\underset{CH_3}{C}}-\overset{CH_3}{CH}-CH_3$$

17%　　　83%

(2) 写出下列反应的机理:

$$\text{1-(氨甲基)环戊醇}\ (CH_2NH_2,\ OH) \xrightarrow{HNO_2} \longrightarrow \text{环己酮}\ (O)$$

八、合成题

(1) 以环己酮为原料合成1-乙基环己基甲酸（环己烷，COOH，CH_2CH_3）。

(2) 以对氨基苯酚为原料合成4-甲基-2氨基-6-甲氧基喹啉 [结构式: H_3CO, CH_3, N, NH_2]。

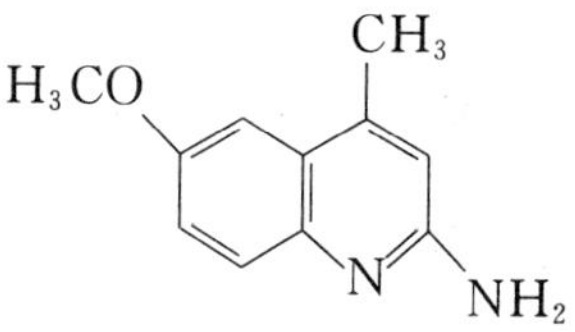

(3) 以苯胺为原料合成1-氯-3-溴-5碘苯 [结构式: I, Cl, Br]。

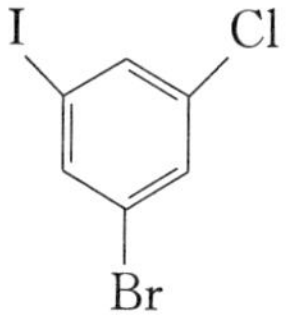

九、推断结构

(1) 某烃 C_3H_6(A)在低温时与氯作用生成 $C_3H_6Cl_2$(B),在高温时则生成 C_3H_5Cl(C)。(C)与乙基碘化镁反应得 C_5H_{10}(D),后者与NBS作用生成 C_5H_9Br(E)。(E)与氢氧化钾的乙醇溶液共热,主要生成 C_5H_8(F),后者又可与顺丁烯二酸酐反应得到(G)。试推出(A)~(G)的结构并写出各步反应式。

(2) 某化合物 A($C_{12}H_{14}O_2$)可在碱存在下由芳醛和丙酮作用得到,红外光谱显示A在 1675 cm^{-1} 处有一强吸收峰,A催化加氢得到B,B在 1715 cm^{-1} 处有强吸收峰。A和碘的碱溶液作用得到碘仿和化合物 C($C_{11}H_{12}O_3$),将B与C进一步氧化均得酸 D($C_9H_{10}O_3$),将D和氢碘酸作用得到另一个酸 E($C_7H_6O_3$),E能用水汽蒸馏出。试推测A、B、C、D、E的结构。

(3) 某化合物A,分子式为 $C_8H_{17}N$,其核磁共振无双峰,它与2 mol碘甲烷反应,然后与 Ag_2O(湿)作用,接着加热,则生成一个中间体B,其分子式为 $C_{10}H_{21}N$。B进一步甲基化后与湿的 Ag_2O 作用,转变为氢氧化物,加热则生成三甲胺、1,5-辛二烯和1,4-辛二烯混合物。写出化合物A和B的结构式。

参考答案

一、

(1) (3S,5Z)-3,7,7-三甲基-5-辛烯-3-醇

(2) 3-甲氧基-4-羟基丁醛

(3) 5-甲基-二环[2.2.2]-2-辛烯

(4) 乙二醇二甲醚

(5) 5-溴-1-己炔-3-醇

(6) 反-对甲基偶氮苯磺酸钠

(7) 5-甲基-2-喹啉甲酸

(8) (1R, 3S)-1-氯-3-溴环己烷

(9) 甘氨酰丙氨酸

(10) 己内酰胺

二、

(1) 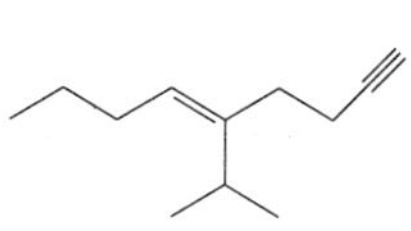 [结构式]　(2) 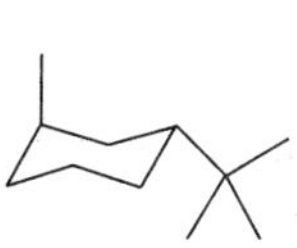 [结构式]　(3) 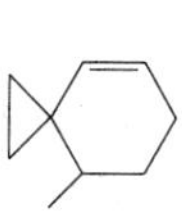 [结构式]　(4) 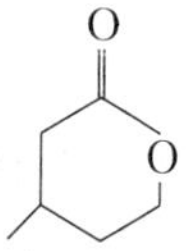 [结构式: O]　(5) 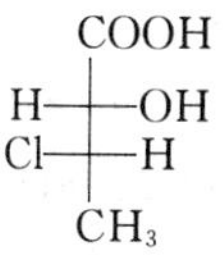 [Fischer投影式: COOH, H—OH, Cl—H, CH_3]

(6) $(C_6H_5)_3P$　(7) 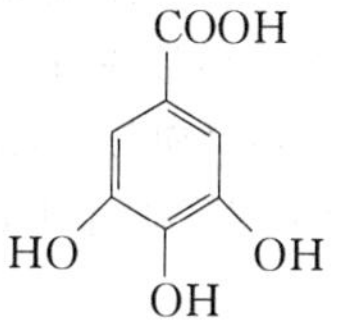 [结构式: COOH, HO, OH, OH]　(8) 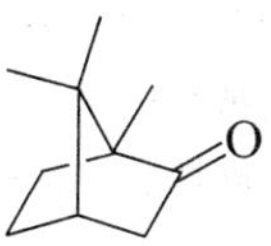 [结构式: O]　(9) 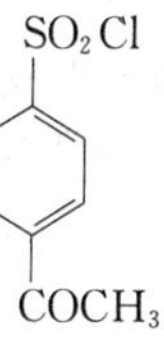 [结构式: SO_2Cl, $COCH_3$]　(10) $HCON(CH_3)_2$

三、

(1) C (2) A (3) A (4) A (5) A (6) D (7) B (8) A (9) D (10) C (11) A

四、

(1) 慢

(2) 1,2-二溴环己烷 1-溴-2-碘环己烷

(3) c> b> d> a

(4) d, S

(5) *sp*, sp^2

(6) b>a>c>d

(7) 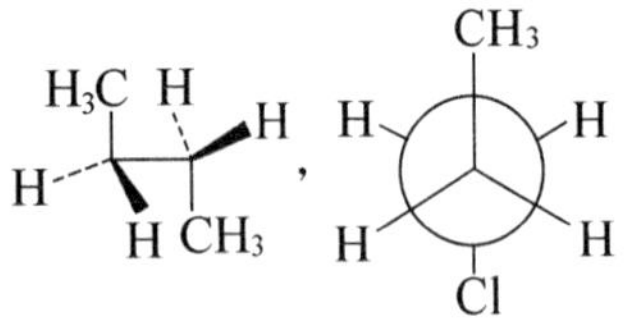 H_3C H H H H CH_3 , CH_3 H H H H Cl

(8) 重氮组分：$HO_3S-C_6H_4-N_2^+$，偶合组分：C_6H_5-OH

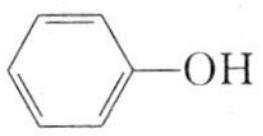

(9) 不能 葡萄 果

(10) a, b

(11) 碳正离子

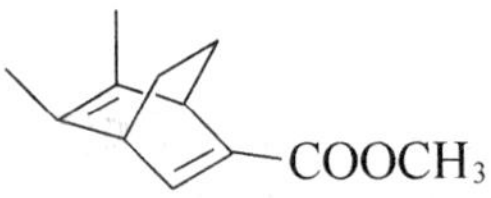

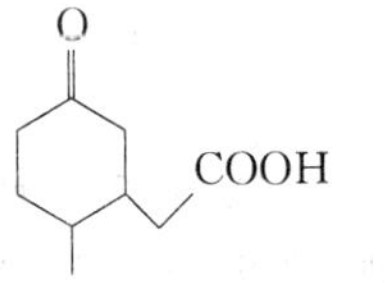

五、

(1) 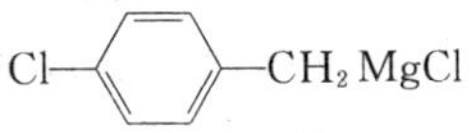 Cl—C_6H_4—CH_2MgCl ，Cl—C_6H_4—(OH)

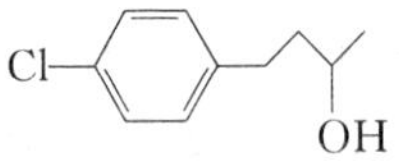

(2) $COOCH_3$

(3) O COOH

(4) NH_2

(5) 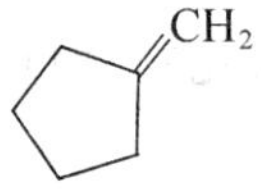 CH_2

(6) 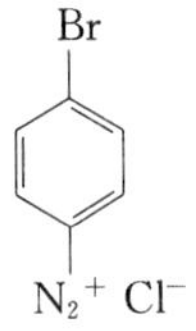 Br N_2^+ Cl^- ，H_2N—N═N—Br

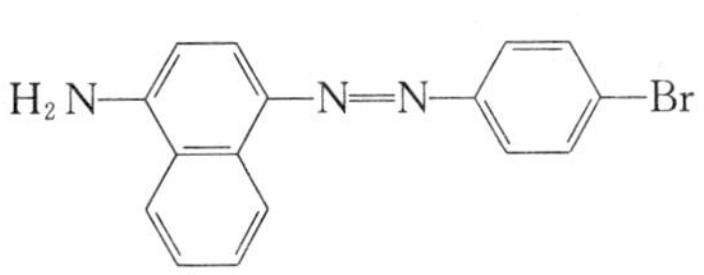

(7) 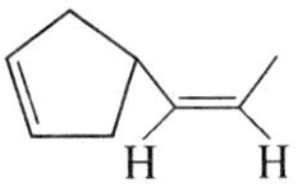 H H

(8) 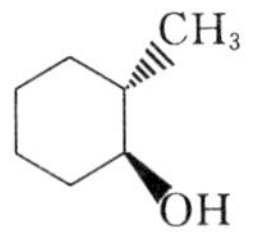 CH_3 OH

(9) CH_2═$CHCH_2$C(═O)CH_3

(10) 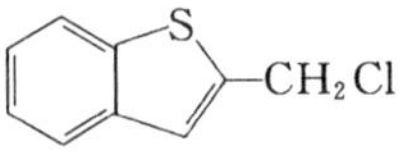 S —CH_2Cl

六、

(1) 环戊二烯负离子具有闭合的平面单环共轭体系，且 π 电子数符合休克尔规则，因此具有芳香性，结构稳定，故环戊二烯容易电离为氢离子和环戊二烯负离子，显示一定的酸性。

环庚三烯负离子也具有闭合的平面单环共轭体系，但 π 电子数不符合休克尔规则，因此无芳香性，结构不稳定，故环庚三烯不容易电离为氢离子和环庚三烯负离子，所以酸性很弱。

(2) 氨基酸结构中既有碱性的氨基又有酸性的羧基，所以氨基酸既能与酸成盐又能与碱成盐，是两性物质。当调节氨基酸溶液的 pH 使氨基酸中的碱性和酸性基团电离度相等，此 pH 值就是该氨基酸的等电点。

七、

(1) $H_3C-C(CH_3)_2-CH=CH_2 \xrightarrow{HCl} H_3C-C(CH_3)_2-CH(Cl)-CH_3 + H_3C-C(Cl)(CH_3)-CH(CH_3)-CH_3$

17%　　83%

$H_3C-C(CH_3)_2-CH=CH_2 \xrightarrow{H^+} H_3C-C(CH_3)_2-\overset{+}{C}H-CH_3$

$H_3C-C(CH_3)_2-\overset{+}{C}H-CH_3 \xrightarrow{Cl^-}$ 17% 产物

$H_3C-C(CH_3)_2-\overset{+}{C}H-CH_3 \xrightarrow{\text{重排}} H_3C-\overset{+}{C}(CH_3)-CH(CH_3)-CH_3$

稳定

$H_3C-\overset{+}{C}(CH_3)-CH(CH_3)-CH_3 \xrightarrow{Cl^-}$ 83% 产物

(2) 1-(CH_2NH_2)-1-OH-环戊烷 $\xrightarrow{HNO_2}\longrightarrow$ 环己酮

1-(CH_2NH_2)-1-OH-环戊烷 $\xrightarrow{HNO_2}$ 1-($CH_2N_2^+$)-1-OH-环戊烷 $\xrightarrow{-N_2}$ 1-($\overset{+}{C}H_2$)-1-OH-环戊烷 $\longrightarrow$ 1-OH-环己基正离子 $\xrightarrow{-H^+}$ 环己酮

八、

(1) 环己酮 $\xrightarrow[(2)\ H_3O^+]{(1)\ CH_3CH_2MgBr}$ 1-乙基环己醇 (OH, CH_2CH_3) $\xrightarrow{HBr}$ 1-溴-1-乙基环己烷 (Br, CH_2CH_3)

$\xrightarrow[(2)\ CO_2,(3)\ H_3O^+]{(1)\ Mg/Et_2O}$ 1-乙基环己烷甲酸 ($COOH$, CH_2CH_3)

(2) 对氨基苯酚 (OH, NH_2) $\xrightarrow{(CH_3)_2SO_4}$ 对甲氧基苯胺 (OCH_3, NH_2) $\xrightarrow{H_2C=CH-\overset{O}{\overset{\|}{C}}-CH_3}$ 6-甲氧基-4-甲基喹啉 (H_3CO, CH_3) $\xrightarrow{NaNH_2}$

2-氨基-6-甲氧基-4-甲基喹啉 (H_3CO, CH_3, NH_2)

(3) 苯胺 (NH_2) $\xrightarrow[(2)\ Br_2]{(1)\ (CH_3CO_2)O}$ 对溴乙酰苯胺 ($NHCOCH_3$, Br) $\xrightarrow[(2)\ H_3O^+]{(1)\ Cl_2}$ 2-氯-4-溴苯胺 (NH_2, Cl, Br) $\xrightarrow{I_2}$ 2-氯-4-溴-6-碘苯胺 (I, NH_2, Cl, Br)

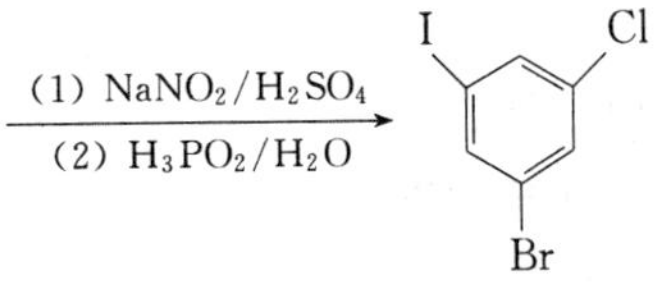

$\xrightarrow[(2)\ H_3PO_2/H_2O]{(1)\ NaNO_2/H_2SO_4}$ 1-溴-3-氯-5-碘苯（I、Cl、Br）

九、

(1) 结构式:(A) $CH_3CH{=}CH_2$ (B) $CH_3CHClCH_2Cl$ (C) $CH_2ClCH{=}CH_2$

(D) $CH_3CH_2CH_2CH{=}CH_2$ (E) $CH_3CH_2CHBrCH{=}CH_2$

(F) $CH_3CH{=}CHCH{=}CH_2$ (G) 3-甲基-1,2,3,6-四氢邻苯二甲酸酐（CH_3）

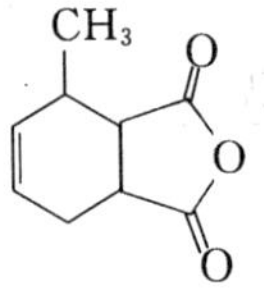

反应式：

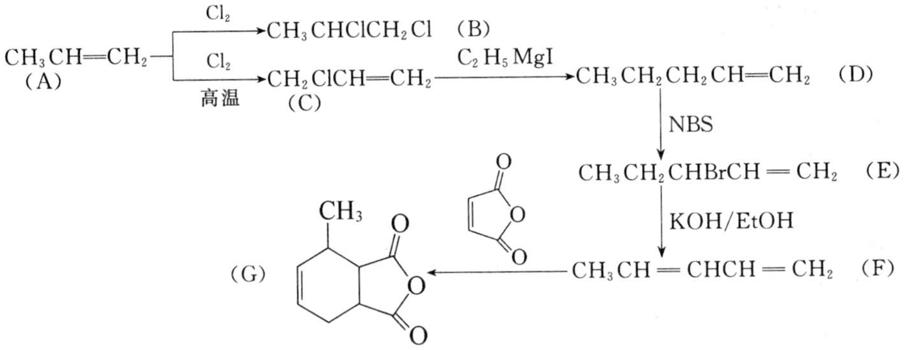

$$CH_3CH{=}CH_2\ (A) \xrightarrow{Cl_2} CH_3CHClCH_2Cl\ (B)$$

$$CH_3CH{=}CH_2\ (A) \xrightarrow[\text{高温}]{Cl_2} CH_2ClCH{=}CH_2\ (C) \xrightarrow{C_2H_5MgI} CH_3CH_2CH_2CH{=}CH_2\ (D)$$

$$\xrightarrow{NBS} CH_3CH_2CHBrCH{=}CH_2\ (E) \xrightarrow{KOH/EtOH} CH_3CH{=}CHCH{=}CH_2\ (F) \xrightarrow{\text{顺丁烯二酸酐}} (G)$$

(2) A. 邻位取代苯：OCH_2CH_3，$CH{=}CHCOCH_3$　B. 邻位取代苯：OCH_2CH_3，$CH_2CH_2COCH_3$

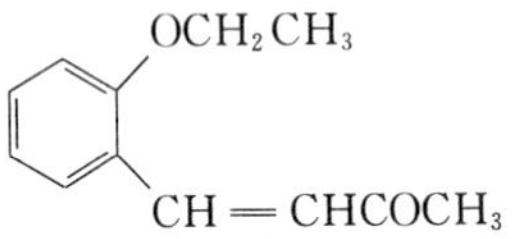

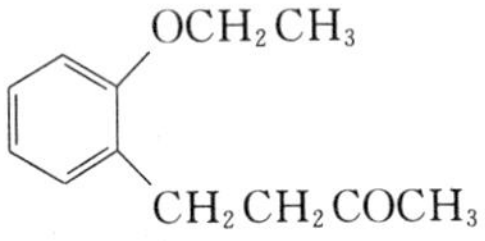

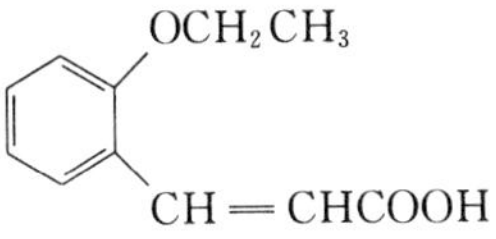

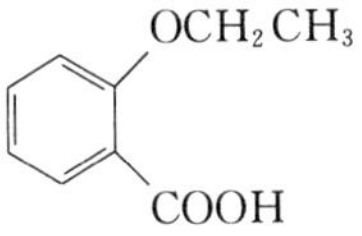

C. 邻位取代苯：OCH_2CH_3，$CH{=}CHCOOH$　D. 邻位取代苯：OCH_2CH_3，$COOH$　E. 邻位取代苯：OH，COOH

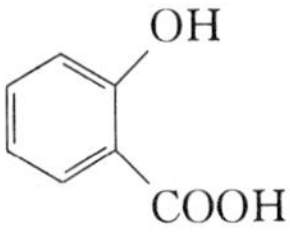

(3) A. 2-丙基哌啶（N-H）　B. $H_2C{=}CHCH_2CH_2CH(N(CH_3)_2)CH_2CH_2CH_3$

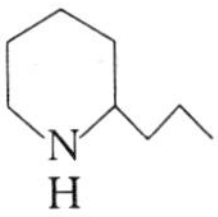